普通高等学校
机器人与智能制造相关专业系列教材

Industrial Robot Virtual Simulation Technology

工业机器人虚拟仿真技术

主　编　唐继武　荣治明　林　木
副主编　赵书强　王冰冰　牛春亮　梅　强
主　审　范存艳

大连理工大学出版社

图书在版编目(CIP)数据

工业机器人虚拟仿真技术 / 唐继武，荣治明，林木主编. -- 大连 ：大连理工大学出版社，2024. 8(2024.8 重印).
ISBN 978-7-5685-5114-4

Ⅰ. TP242.2

中国国家版本馆 CIP 数据核字第 20248EM843 号

工业机器人虚拟仿真技术

GONGYE JIQIREN XUNI FANGZHEN JISHU

大连理工大学出版社出版

地址:大连市软件园路 80 号　邮政编码:116023

发行:0411-84708842　邮购:0411-84708943　传真:0411-84701466

E-mail:dutp@dutp.cn　URL:https://www.dutp.cn

辽宁星海彩色印刷有限公司印刷　大连理工大学出版社发行

幅面尺寸:185mm×260mm　印张:16.5　字数:402 千字

2024 年 8 月第 1 版　2024 年 8 月第 2 次印刷

责任编辑:王晓历　责任校对:齐　欣

封面设计:对岸书影

ISBN 978-7-5685-5114-4　定　价:56.00 元

前言

"君子生非异也，善假于物也。"纵观人类发展史，每一次发展无不得益于新型工具的发明与使用。特别是随着近现代科学技术的快速发展，工业机器人技术以其前所未有之势席卷整个工业社会。工业机器人已被广泛应用于汽车制造、电子设备制造、医疗服务、智慧农业等领域。它们能够执行焊接、装配、喷涂等多种任务，显著提高生产率和产品质量，同时降低人力成本。在物流和仓储领域，工业机器人可以用于货物的搬运、装载和卸载，提高物流效率和准确性，降低物流成本。得益于工业机器人的应用，人们能够从高强度重复性、高危险性和高污染性环境中解放出来，从而提高劳动生活质量。

本教材以 ABB 工业机器人为研究对象，使用 RobotStudio 仿真软件进行基本操作和工作站虚拟仿真。仿真设计可以在设计方案阶段对实际工程项目进行计算机模拟，生成生产动作仿真视频，以生动形象的方式验证设计方案。利用仿真技术可以优化设计方案，节约设计时间，降低成本。在项目调试阶段可充分利用离线编程的优势，提升调试效率。本教材中设计的操作实例由浅入深、由易到难，语言流畅、通俗易懂、图文并茂、思路清晰、步骤详尽，使读者不仅能够快速入门，还能够全面掌握工作站设计基本过程，快速提升设计调试能力。

本教材内容安排以企业项目实例为主，突出技术应用，将基本知识点和操作方法融入具体项目实例实践过程中，对于典型项目实例都给出了参考操作视频，可帮助读者提升学习效率。在仿真案例设计上大都选用工业机器人实际工作中的典型应用，贴近工厂实际，为学以致用打下良好基础。本教材内容全面、层次分明、由浅入深、结构安排合理、可读性和操作性强，可安排 32～48 学时，可以作为普通高等学校机械、机电、数控、模具等专业的教材，也可以作为工业机器人应用工程技术人员的参考资料。

本教材响应党的二十大精神，推进教育数字化，建设全民终身学习的学习型社会、学习型大国，及时丰富和更新了数字化微课资源，以二维码形式融合纸质教材，使得教材更具及时性、内容的丰富性和环境的可交互性等特征，使读者学习时更轻松、更有趣味，促进了碎片化学习，提高了学习效果和效率。

本教材共分 9 章，内容简介如下：

第 1 章介绍了工业机器人虚拟仿真技术的相关知识，RobotStudio 的功能、特点与安装，使学生为进一步深入学习做好准备工作，树立团队协作的责任意识。

第 2～8 章以实际生产中工业机器人典型应用为项目实例，介绍 RobotStudio 仿真软件各功能模块和工作站仿真基本过程，突出问题意识，注重实用技巧的介绍。

第 9 章以两个综合性实例的介绍进一步强化 RobotStudio 仿真软件的基本应用，展现 RobotStudio 仿真系统的强大功能，激发读者进一步深入探究的求知欲。

本教材由大连海洋大学唐继武、荣治明、林木任主编；大连海洋大学赵书强、王冰冰、牛春亮、梅强任副主编。具体编写分工如下：唐继武编写第 6 章；荣治明编写第 4 章、第 8 章；林木编写第 3 章、附录；赵书强编写第 5 章中 5.6 小节及练习与作业内容、第 7 章；王冰冰编写第 2 章；牛春亮编写第 5 章中 5.1 小节至 5.5 小节；梅强编写第 1 章、第 9 章。沈阳中德新松教育科技集团有限公司范存艳审阅了教材，并提出了大量宝贵的意见，在此仅致谢忱。

在编写本教材的过程中，编者参考、引用和改编了国内外出版物中的相关资料以及网络资源，在此表示深深的谢意！相关著作权人看到本教材后，请与出版社联系，出版社将按照相关法律的规定支付稿酬。

尽管我们在教材建设的特色方面做出了许多努力，但由于编者水平有限，书中不足之处在所难免，恳请各教学单位、教师及广大读者批评指正。

编　者

2024 年 8 月

所有意见和建议请发往：dutpbk@163.com

欢迎访问高教数字化服务平台：https://www.dutp.cn/hep/

联系电话：0411-84708445　84708462

第 1 章 绪 论 …… 1
1.1 工业机器人虚拟仿真技术 …… 2
1.2 RobotStudio 仿真软件 …… 5
练习与作业 …… 11
第 2 章 工业机器人基本工作站的创建 …… 12
2.1 概 述 …… 13
2.2 知识储备 …… 14
2.3 创建机器人工作站 …… 17
2.4 工业机器人系统与手动操纵 …… 23
2.5 工业机器人工件坐标与运动轨迹程序 …… 26
2.6 仿真运行机器人轨迹及录制视频 …… 30
练习与作业 …… 34
第 3 章 搬运仿真工作站建模功能应用 …… 35
3.1 概 述 …… 36
3.2 知识储备 …… 37
3.3 模型创建与测量 …… 39
3.4 机械装置的创建 …… 44
3.5 创建机器人所用工具 …… 48
练习与作业 …… 51
第 4 章 涂胶仿真工作站的离线轨迹编程 …… 53
4.1 概 述 …… 54
4.2 知识储备 …… 55
4.3 创建机器人离线轨迹曲线及路径 …… 56
4.4 机器人目标点调整及轴配置参数设置 …… 60
4.5 机器人离线轨迹编程辅助工具 …… 66
练习与作业 …… 71

第 5 章　码垛仿真工作站的 Smart 组件应用 …… 72
5.1　概　述 …… 73
5.2　知识储备 …… 75
5.3　Smart 组件的基本概念 …… 78
5.4　动态输送链 Smart 组件的创建 …… 88
5.5　工具 Smart 组件创建 …… 94
5.6　工作站逻辑设定 …… 99
练习与作业 …… 103
第 6 章　工业机器人工作站事件管理器应用 …… 105
6.1　事件管理器的主要功能 …… 106
6.2　利用事件管理器构建简单机械装置的运动 …… 110
6.3　创建一个提取对象动作 …… 134
练习与作业 …… 146
第 7 章　工业机器人工作站 RAPID 基础编程 …… 147
7.1　基本 RAPID 编程 …… 148
7.2　手动编程 …… 161
7.3　离线编程 …… 168
练习与作业 …… 179
第 8 章　工业机器人控制器连接及在线功能 …… 181
8.1　PC 连接控制器 …… 182
8.2　网络设置与用户授权 …… 184
8.3　处理 I/O …… 195
练习与作业 …… 200
第 9 章　工业机器人工作站应用实例 …… 201
9.1　工作站实例分析 …… 202
9.2　知识储备 …… 205
9.3　创建带导轨的机器人工作站 …… 208
9.4　创建带变位机的多姿态焊接机器人 …… 217
练习与作业 …… 225
参考文献 …… 226
附　录 …… 227

第1章 概述

本章主要介绍了工业机器人虚拟仿真技术的相关知识，特别是关于仿真软件 RobotStudio 的功能、应用及其安装破解等操作。此外，还涉及工业机器人虚拟仿真技术的应用场景和优势。通过本章的学习，学生能够全面了解工业机器人仿真技术的重要性，并学会使用 RobotStudio 软件进行相关操作。同时，本章也着重培养学生的兴趣、自主学习能力、团队协作精神，以及严谨的工作态度。

本章重点：

1. 工业机器人虚拟仿真技术的背景、意义及其发展历程，这是理解后续内容的基础。

2. RobotStudio 软件的功能、应用领域，以及安装破解方法，这是本章的核心内容，旨在让学生掌握该软件的基本操作。

3. RobotStudio 软件界面的恢复与设定技巧，这对于提高软件使用效率和准确性至关重要。

本章难点：

1. RobotStudio 软件的安装和破解过程可能涉及一些技术细节，需要学生具备一定的计算机操作基础。

2. 熟练掌握 RobotStudio 软件中功能选项卡的切换，以及初始界面的恢复与设定，要求学生进行反复的实践操作，以达到熟练程度。

3. 在学习过程中，如何保持对工业机器人技术和 RobotStudio 软件的持续兴趣，并培养自主学习、团队协作和沟通能力，这是本章在情感目标上的难点。

工业机器人虚拟仿真技术

1.1 工业机器人虚拟仿真技术概述

虚拟仿真技术又称虚拟现实技术或模拟技术，是用一个虚拟的系统模仿真实系统的技术。虚拟仿真是20世纪40年代伴随着计算机技术的发展而逐步形成的一类试验研究的新技术；广义上，虚拟仿真在人类认识自然界客观规律的历程中一直被有效使用着。由于计算机技术的发展，仿真技术逐步自成体系，成为继数学推理、科学实验之后人类认识自然界客观规律的第三类基本方法，而且正在发展成为人类认识、改造和创造客观世界的一项通用性、战略性技术。

仿真软件的发展可分为三个较为典型的阶段：

(1)第一阶段。在第二次世界大战的末期，仿真技术在火炮控制和飞行控制动力学研究推动下，开启了发展的道路。其具体发展历程可概括为：20世纪40年代第一台通用电子模拟计算机研制成功；在50年代末至60年代，随着宇宙飞船和导弹轨道动力学的发展，仿真技术被运用于核电站建设与阿波罗登月计划中，50年代末第一台混合计算机系统被用于洲际导弹的仿真。

(2)第二阶段。20世纪70年代，随着国际政治军事格局的改变，仿真技术的发展速度越来越快，发展领域越来越宽。除了在军事领域的普遍运用，仿真技术还被运用于民航客机的驾驶培训中，这在某种程度上标志着仿真技术步入成熟阶段。70年代末，由于世界范围内冷战状态的缓和，世界各个国家的投资重点大都由军事建设转为经济建设。然而，在现代战争中，先进武器的研制成本、操作人员的培训费用、研究开发人员的培养成本等越来越高。在投入资金缩小的情况下，仿真技术为以上种种问题的解决提供了经济、有效的渠道，仿真技术步入成熟阶段。

(3)第三阶段。在经历了发展阶段和成熟阶段后，以国外制定与执行的SIMNET (Simulators Network)研究计划和先进科学半实物仿真试验室为标志，仿真技术在20世纪80年代迈进了发展的高级阶段。

随着社会不断发展，仿真技术在现代工程技术中的作用也日益突出。其不但在航天、化工、通信、电子等工程领域广泛地被运用，而且在教育、经济、生物等非工程领域也被大力地推广和运用，成为现代高科技的重要力量之一。

工业机器人在现代制造系统中起着极其重要的作用。随着机器人技术不断发展，机器人的三维仿真技术也随之得到广泛关注。机器人三维仿真功能是机器人控制系统的独到亮点，可通过预先对机器人及其工作环境乃至生产过程进行模拟仿真，将机器人的运动以动画的方式显示出来，能够比较直观地观察机器人的状态和行走路径，有效地避免了机器人运动限位、碰撞和运动轨迹中奇异点的出现。机器人三维仿真功能可实现先仿真后运行，就是通过将机器人仿真程序直接集成到控制器中，保证了仿真结果与机器人实际的运行情况完全一致，因此机器人可不必中断当前的工作，从而提高了生产率，这种方法既经济又安全。机器人三维仿真功能还能够有效地辅助设计人员进行机器人虚拟示教、机器人工作站布局、机器人工作姿态优化等。

1.1.1 技术优势

传统方法无法应对生产线的快速化设计，无法满足小批量、多品种产品的及时化生产，对生产前的设计、实施与控制也很难达到预期效果。如何合理配置生产制造单元中的各项资源，从而达到最优利用，是当前制造系统迫切需要解决的问题。

计算机仿真技术是企业生产信息化、数字化、网络化的集成，为企业提供了一种新型的包含生产源、工艺流程、仓储及管理等多种动态信息的系统分析方法。它以可视化系统模型代替传统的数学方法分析模型，提供了实时化车间仿真，并能在实际生产前提供合理的生产评估。它可以通过评估产品执行情况寻找生产过程的潜在问题，可以通过改变其响应仿真参数而达到优化车间生产系统的目的。因此，计算机仿真的应用就是产品及工艺在发展初期的基本保障。

通过机器人虚拟仿真技术，可以进行车间的静态建模及全局物流仿真，验证厂房布局是否合理，评估年度产能是否达标，为寻找生产系统工艺瓶颈提供解决手段，能够实现理论计算、仿真设计及评估验证一体化，为生产决策提供数据化支持，为优化车间物流路径提供建设性建议，为实现观测车间作业情况提供可视化模型，从而用以指导物流系统的前期规划设计与后期运作管理，达到节省资源、降低成本、提升质量、提高产能的社会效益和经济效益；并具备实验性、量化性、重复性、快速性等科学层面及经济层面的众多优点，在规划及解决复杂生产系统的多目标离散动态系统决策问题上具有重要意义。

1.1.2 应用领域概述

(1)制造业。工业机器人虚拟仿真技术可以用于制造过程中的组装、焊接、涂装等环节的优化，提高生产率和质量。

(2)汽车行业。虚拟仿真技术可以应用于汽车零部件的设计、装配和测试，减少产品开发周期和成本。

(3)医疗领域。工业机器人虚拟仿真技术可以用于手术机器人的训练和优化，提高手术的精确度和安全性。

(4)物流行业。虚拟仿真技术可以帮助优化物流操作过程，提高物流效率和准确性。

1.1.3 常用的工业机器人虚拟仿真软件

常见的工业机器人虚拟仿真软件有 RobotArt、RobotMaster、RobotWorks、RobotCAD、DELMIA、RobotStudio 等。其中，RobotArt 是国内首款商业化离线编程仿真软件，支持多种品牌工业机器人离线编程操作，如 ABB、KUKA、FANUC、Yaskawa，Staubli、KEBA 系列、新时达、广数等。

1. RobotArt

RobotArt 软件是在航空航天背景下开发的，是国内品牌离线编程软件中的佼佼者。该软件可以根据虚拟场景中的零件形状，自动生成加工轨迹。该软件支持大部分主流的机器人品牌。软件根据几何数模的拓扑信息生成机器人运动轨迹，融合了轨迹仿真、路径优化和后置代码等功能，同时集碰撞检测、场景渲染、动画输出于一体，可快速生成效果逼真的模拟动画。该软件广泛应用于打磨、去毛刺、焊接、激光切割、数控加工等领域。

2. RobotWorks

RobotWorks 是基于 SolidWorks 而开发的，所以在使用时，需要先购买 SolidWorks。其主要功能如下：

(1)全面的数据接口。RobotWorks 支持 IGES、DXF、DWG、PrarSolid、Step、VDA 和 SAT 等格式文件的导入。

(2)强大的工业机器人数据库。系统支持市场上主流的工业机器人，提供各大品牌工业机器人各个型号的三维数模。

(3)完美的仿真模拟。独特的机器人加工仿真系统可对机器人手臂、工具与工件之间的运动进行自动碰撞检查和轴超限检查，自动删除不合格路径并调整，还可以自动优化路径，减少空跑时间。

(4)开放的工艺库定义。系统提供了完全开放的加工工艺指令文件库，用户可以按照自己的实际需求自行定义添加设置自己的独特工艺，添加的任何指令都能输出到机器人加工数据里面。

优点：生成轨迹方式多样，支持多种机器人，支持外部轴。

缺点：因为 RobotWorks 基于 SolidWorks，而 SolidWorks 本身不带 CAM 功能，所以编程烦琐，机器人运动学规划策略智能化程度低。

3. MotoSimEG-VRC

MotoSimEG-VRC 是对安川机器人进行离线编程和实时 3D 模拟的工具。其作为一款强大的离线编程软件，能够在三维环境中实现安川机器人的绝大部分功能，包括以下几点：

(1)工业机器人的动作姿态可以通过六个轴的脉冲值或工具尖端点的空间坐标值来显示。

(2)干涉检测功能能够及时显示界面中两数模的干涉情况，当工业机器人的动作超过设定脉冲值极限时，图像界面对超出范围的轴使用不同颜色来警告。

(3)显示工业机器人的动作循环时间。

(4)真实模拟工业机器人的输入/输出(I/O)关系，具备工业机器人之间、工业机器人与外部轴之间的通信功能，能够实现协调工作。

(5)支持 CAD 文件格式建模，例如 STEP、HSF、HMF 等格式文件。

4. RoboGuide

RoboGuide 是一款 FANUC 自带的支持工业机器人系统布局设计和动作模拟仿真的软件，可以进行系统方案的布局设计，工业机器人干涉性、可达性分析和系统的节拍估算，还具备自动生成工业机器人的离线程序，进行工业机器人故障的诊断和程序的优化等功能。RoboGuide 的主要功能如下：

(1)系统搭建。RoboGuide 提供了一个 3D 的虚拟空间和便于系统搭建的 3D 模型库。

(2)方案布局设计。在系统搭建完毕后，需要验证方案布局设计的合理性。一个合理的工业机器人工作站虚拟仿真教程布局不仅可以有效地避免干涉，而且可以使工业机器人远离限位位置。

(3)干涉性、可达性分析。在进行方案布局过程中，不仅需要确保工业机器人对工作的可达性，而且要避免工业机器人在运动过程中的干涉。

(4)节拍计算与优化。RoboGuide仿真环境下可以估算并且优化生产节拍。依据工业机器人的运动速度、工艺因素和外围设备的运行时间进行节拍估算，并通过优化工业机器人的运动轨迹来提高节拍。

5. KUKA Sim

KUKA Sim是KUKA公司用于高效离线编程的智能模拟软件。使用KUKA Sim可轻松、快速地优化设备和工业机器人生产工艺，提高生产力和竞争力。该软件具备直观操作方式，以及多种功能和模块，操作快速、简单和高效，拥有64位应用程序，具有高CAD性能、全面的在线数据库，包含当前可用的工业机器人型号等。

6. DELMIA

DELMIA是一款数字化企业的互动制造应用软件。DELMIA向随需应变和准时生产的制造流程提供完整的数字解决方案，使制造厂商缩短产品上市时间，同时降低生产成本，促进创新。

DELMIA数字制造解决方案可以应用于制造部门设计数字化产品的全部生产流程，可在部署任何实际材料和机器之前进行虚拟演示。它们与CATIA设计解决方案、ENOVIA和SMARTEAM的数据管理及协同工作解决方案紧密结合，给PLM的客户带来了实实在在的益处。结合这些解决方案，使用DELMIA的企业能够提高贯穿产品生命周期的协同、重用和集体创新的机会。DELMIA的运用以工艺为中心，针对用户的关键性生产工艺提供市场上较完整的3D数字化设计、制造和数字化生产线解决方案。DELMIA在国内外广泛应用于航空航天、汽车、造船等制造业支柱行业。

1.2 RobotStudio仿真软件

1.2.1 软件概览

RobotStudio仿真软件是ABB工业机器人的配套产品，作为本体制造仿真软件制作最为精良的一款，它具有如下功能：

(1)CAD导入。可方便地导入各种主流CAD格式的数据，包括ICES、STEP、VRML、VDAFS、ACIS及CATIA等。机器人程序员可依据这些精确的数据编制精度更高的机器人程序，从而提高产品质量。

(2)AutoPath功能。该功能通过使用待加工零件的CAD模型，仅在数分钟之内便可自动生成跟踪加工曲线所需要的机器人位置(路径)，而这项任务以往通常需要数小时甚至数天。

(3)程序编辑器。可生成机器人程序，使用户能够在Windows环境中离线开发或维护机器人程序，可显著缩短编程时间、改进程序结构。

(4)路径优化。如果程序包含接近奇异点的机器人动作，RobotStudio 可自动检测并发出报警，从而防止机器人在实际运行中发生这种现象。仿真监视器是一种用于机器人运动优化的可视工具，红色线条显示可改进之处，使机器人按照最有效的方式运行。可以对 TCP 速度、加速度、奇异点或轴线等进行优化，缩短周期时间。

(5)可达性分析。通过 Autoreach 可自动进行可到达性分析，使用十分方便，用户可通过该功能任意移动机器人或工件，直到所有位置均可到达，在数分钟之内便可完成工作单元平面布置验证和优化。

(6)虚拟示教台。虚拟示数台是实际示教台的图形显示，其核心技术是 VitualRobot。从本质上讲，所有可以在实际示教台上进行的工作都可以在虚拟示教器上完成，因而其是一种非常出色的教学和培训工具。

(7)事件表。一种用于验证程序的结构与逻辑的理想工具。程序执行期间，可通过该工具直接观察工作单元的 I/O 状态。可将 I/O 连接仿真事件，实现工位内机器人及所有设备的仿真。它是一种十分理想的调试工具。

(8)碰撞检测。碰撞检测功能可避免设备碰撞造成的严重损失。选定检测对象后，RobotStudio 可自动监测并显示程序执行时这些对象是否会发生碰撞。

(9)VBA 功能。可采用 VBA 改进和扩充 RobotStudio 功能，根据用户具体需求开发功能强大的外接插件、宏，或定制用户界面。

(10)直接上传和下载。整个机器人程序无须任何转换便可直接下载到实际机器人系统，该功能得益于 ABB 独有的 VirtualRobot 技术。

1.2.2 安装流程

在 ABB 官网(ABB 网站地址：www. robotstudio. com)上提供 RobotStudio 软件的试用版，下载完成后，解压，进入解压文件夹，找到 setup. exe，双击进行安装，如图 1-1 所示。

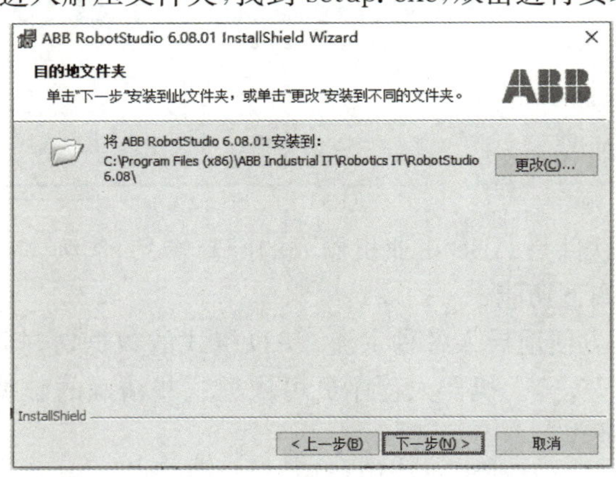

图 1-1 安装位置选择

为确保 RobotStudio 能够被正确安装，请注意下述事项：

(1)计算机的系统配置建议(表 1-1)。

表 1-1 计算机的系统配置建议

硬件	要求
CPU	i5 或以上
内存	2 GB 或以上
硬盘	空闲 20 GB 以上
显卡	独立显卡
操作系统	Windows 7 或以上

(2)安装故障处理。操作系统中的防火墙可能会造成 RobotStudio 不能正常运行,如无法连接虚拟控制器,此时建议关闭防火墙或对防火墙的参数进行设定。

合理选用安装位置,预留充足的软件运行空间。

(3)RobotStudio 安装类型说明(图 1-2)。

①最小安装:仅安装为了设置、配置和监控通过以太网相连的真实控制器所需要的功能。

②完整安装:安装运行完整 RobotStudio 所需要的功能。选择此安装选项,可以使用基本版和高级版的所有功能。

③自定义:安装用户自定义的功能。选择此安装选项,可以选择不安装用户不需要的工业机器人库文件和 CAD 转换器。

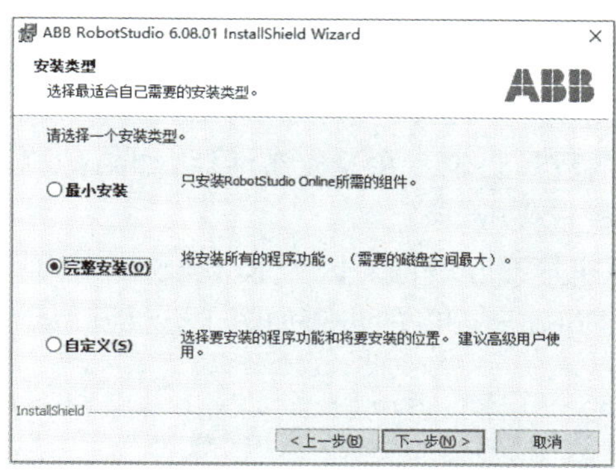

图 1-2 确定安装类型

RobotStudio 的授权在第一次正确安装 RobotStudio 后,软件会提供 30 天的全功能高级版免费试用,如图 1-3 所示。RobotStudio 软件有以下版本:

(1)基本版。提供基本的 RobotStudio 功能,如配置、编程和运行虚拟控制器。基本版还可以通过以太网对实际控制器进行编程、配置和监控等在线操作。

(2)高级版。提供 RobotStudio 所有的离线编程功能和多机器人仿真功能。高级版中包含基本版中的所有功能。用户要使用高级版需进行激活。

(3)学校版。针对学校使用,用于教学。

如果用户已经从 ABB 获得 RobotStudio 的授权许可证,那么可以通过以下方式激活 RobotStudio 软件:

单机许可证只能激活一台计算机的 RobotStudio 软件,而网络许可证可在一个局域网内建立一台网络许可证服务器,对局域网内的 RobotStudio 客户端进行授权许可,客户端的

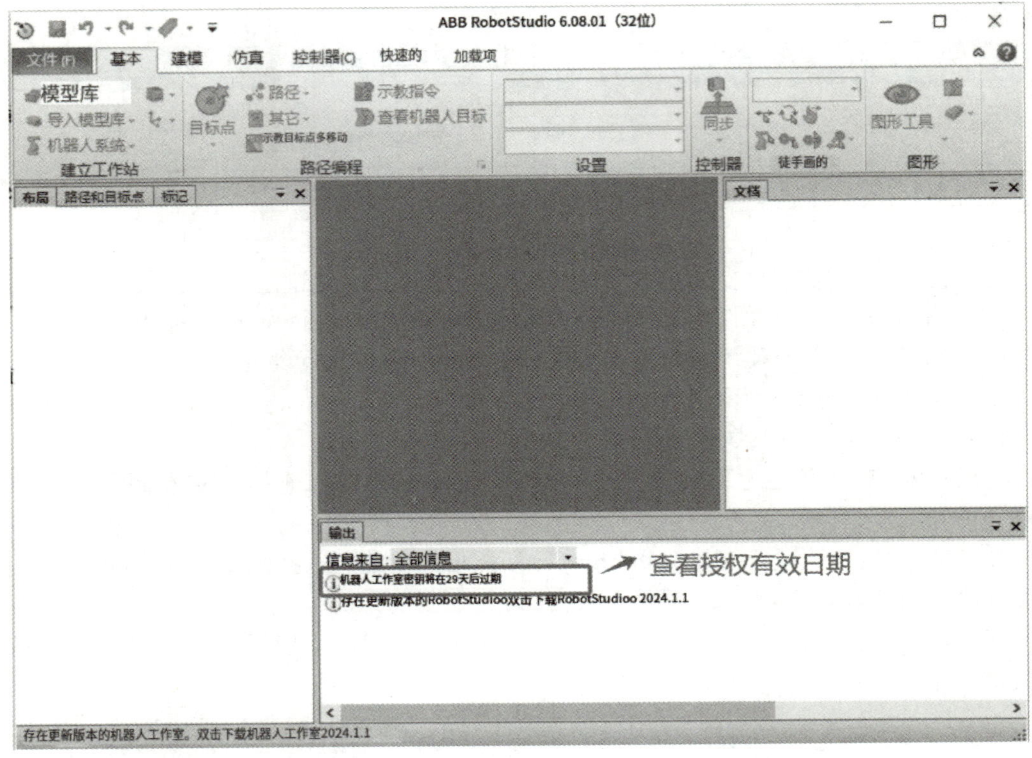

图 1-3　查看软件有效期

数量由网络许可证所允许的数量决定。在授权激活后，如果计算机系统出现问题并重新安装 RobotStudio，将会造成授权失败。

在激活之前，请将计算机连接互联网。因为 RobotStudio 可以通过互联网进行激活，这样操作会便捷很多。激活 RobotStudio 的步骤如图 1-4 和图 1-5 所示。

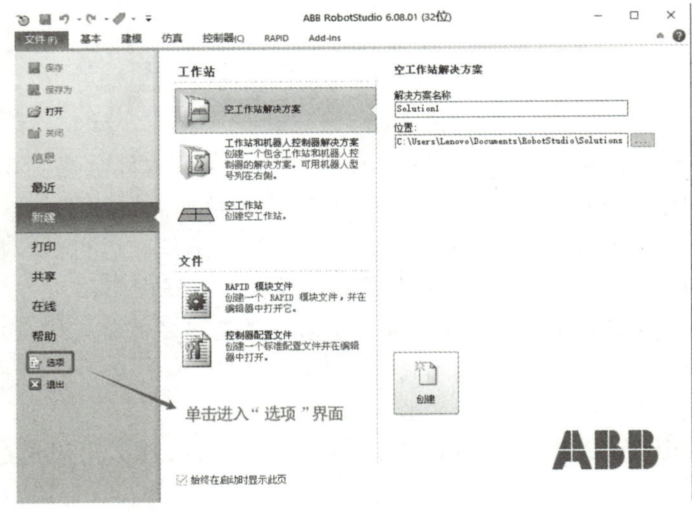

图 1-4　文件选项界面

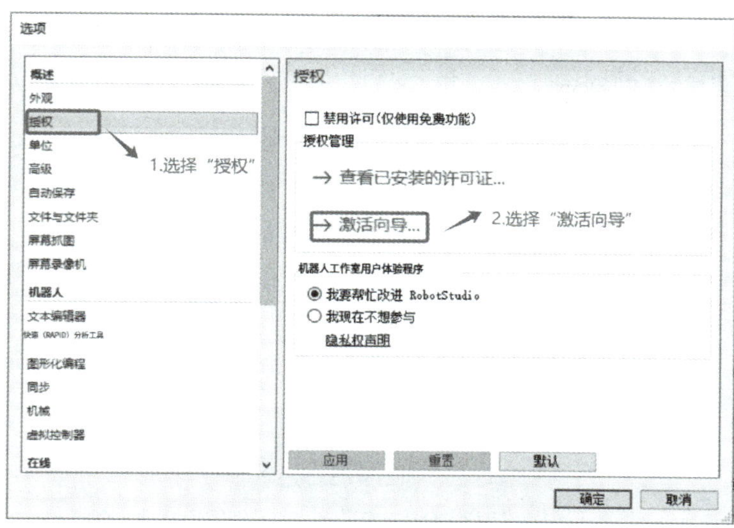

图 1-5　激活操作

1.2.3 软件界面详解

1. 功能选项卡

①“文件”功能选项卡包含创建新工作站、创造新机器人系统、连接控制器等功能。

②“基本”功能选项卡包含建立工作站、路径编程和摆放物体所需要的控件，如图 1-6 所示。

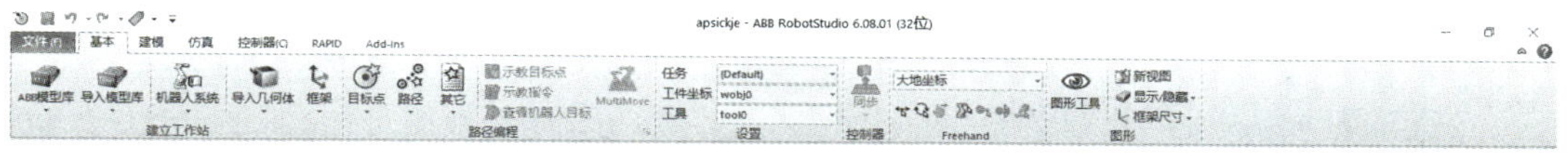

图 1-6　“基本”功能选项卡

③“建模”功能选项卡包含创建和分组工作站组件、创建实体、测量，以及其他 CAD 操作需要的控件，如图 1-7 所示。

图 1-7　“建模”功能选项卡

④“仿真”功能选项卡包含碰撞监控、配置、仿真控制、监控、信号分析器和录制短片，如图 1-8 所示。

图 1-8　“仿真”功能选项卡

⑤“控制器”功能选项卡包含用于虚拟控制器(VC)同步、配置和分配给它的任务控制措施,以及用于管理真实控制器的控制功能,如图 1-9 所示。

图 1-9 “控制器”功能选项卡

⑥“RAPID”功能选项卡包含 RAPID 编辑器的功能、RAPID 文件的管理,以及用于 RAPID 编程的其他控件,如图 1-10 所示。

图 1-10 “RAPID”功能选项卡

⑦“Add-Ins”功能选项卡包含社区、RobotWare 和 VSTA 的相关控件,如图 1-11 所示。

图 1-11 “Add-Ins”功能选项卡

2. 恢复默认 RobotStudio 界面

刚开始操作 RobotStudio 时,常常会遇到操作窗口被意外关闭,从而无法找到对应的操作对象和查看相关信息的情况,此时可执行“自定义快速工具栏”→“默认布局”选项,即可恢复默认的 RobotStudio 界面,如图 1-12 所示;也可执行“自定义快速工具栏”→“窗口”选项,选中需要的窗口即可。

图 1-12 恢复后界面

练习与作业

一、基础操作

下载安装与启动：下载、安装并启动 RobotStudio 软件，记录关键步骤。

二、核心实践

激活 RobotStudio 软件，熟悉界面，浏览软件界面，了解各功能模块。

三、综合应用

与同学合作，共同完成“文件“选项卡配置。

第 2 章

工业机器人基本工作站的创建

本章将深入介绍工业机器人 RobotStudio 软件的基本概念、功能、安装与启动方法，以及软件中的关键组成部分如机器人模型、工作单元、程序等。通过学习，学生将掌握 RobotStudio 软件的基本操作命令和工具，并能够运用软件进行机器人创建、配置、编程、控制、模拟调试，以及数据采集和分析。此外，本章还旨在激发学生对工业机器人技术和 RobotStudio 软件的兴趣和热情，同时培养自主学习、团队协作、沟通，以及安全严谨的工作态度。

本章重点：

1. 基本概念与功能理解：理解 RobotStudio 软件在工业机器人领域的应用及其重要性，掌握软件中机器人模型、工作单元、程序等基本概念与功能。

2. 安装与启动方法：详细学习 RobotStudio 软件的安装步骤和启动方法，确保学生能够在个人计算机上安装并启动软件。

3. 基本操作命令和工具：掌握 RobotStudio 软件中的基本操作命令和工具，如建模、编程、仿真等，为后续的机器人应用打下基础。

本章难点：

1. 软件安装与配置：RobotStudio 软件的安装与配置可能因操作系统版本、硬件环境等因素不同而有所不同，学生需要根据具体情况进行调整，这可能会带来一定的挑战。

2. 复杂操作与编程：RobotStudio 软件的功能强大，但相应的操作也较为复杂。学生需要花费较多时间进行实践操作，才能熟练掌握软件中的各项功能，特别是机器人编程和控制部分。

3. 团队协作与沟通：在机器人编程和调试过程中，团队协作和沟通至关重要。学生需要学会如何与团队成员有效沟通，共同解决问题，这需要一定的实践经验和技巧。

4. 安全意识和严谨的工作态度：工业机器人操作涉及一定的安全风险，因此，学生需要树立强烈的安全意识，并在操作过程中保持严谨的工作态度，确保操作的安全性和准确性。

2.1　概　述

本章深入解析了如何在 ABB RobotStudio 6.08 软件平台上，充分利用 ABB 模型库中的 IRB2600 机器人模型，打造一个符合实际工业应用需求的机器人工作站。对于初学者而言，这不仅是一次技术的学习过程，更是一次对工业自动化领域深入了解的宝贵机会。

用户需要熟悉 ABB RobotStudio 6.08 软件的基本操作，包括软件的启动和界面布局。在界面中，可以看到各个功能模块的分布，便于后续的操作。之后，用户需要从 ABB 模型库中选择合适的 IRB2600 机器人模型。这一步骤至关重要，因为机器人模型的选择将直接影响后续工作站的工作效率和准确性。

在选定模型后，需要开始配置机器人的各项参数，这包括机器人的运动范围、工作速度、精度要求等，每一项参数都需要根据实际应用场景进行精确设定。同时，还需要导入外部设备，如夹具、传送带等，这些设备将与机器人协同工作，共同完成生产任务。

另一个关键步骤是设定工具和载荷。需要根据实际的工作需求，为机器人选择合适的工具，并设定相应的载荷。随后，定义初始位置和姿态也是必不可少的。这确保了机器人在开始工作时，能够准确定位到预定位置，并按照预定的姿态进行工作。

完成以上步骤后，需要对整个工作站进行验证，确保所有设备都能够正常工作，并且机器人能够按照预定的轨迹和姿态进行作业。最后，将配置好的工作站保存并导出，以便后续的使用和修改。整个过程中，将全面掌握 ABB RobotStudio 6.08 软件的操作技巧，以及创建机器人工作站的实际流程。

如图 2-1 所示，ABB 模型库中的 IRB2600 机器人模型是 ABB 公司开发的一款工业机器人。IRB2600 是一款六轴关节型机器人，以其高精度、高速度、高可靠性，以及广泛的应用领域而著称。这款机器人适用于各种工业环境，包括装配、搬运、焊接、码垛、涂胶、打磨等。

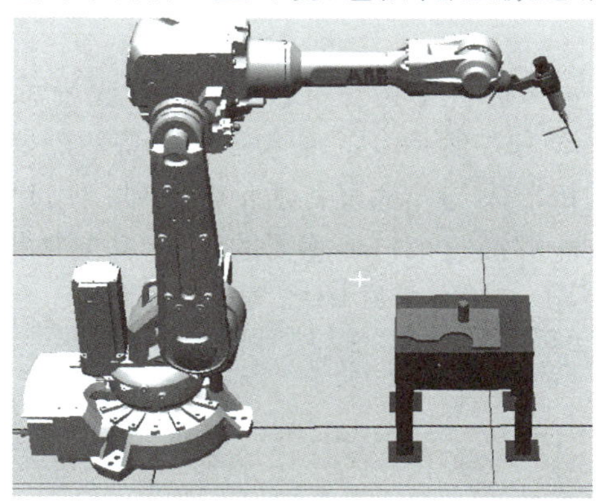

图 2-1　工业机器人工作站

(1)IRB2600 的主要特点。

①高精度与高速度。IRB2600 机器人具备出色的运动性能和定位精度，能够快速而准确地完成各种复杂的作业任务。

②高可靠性。机器人经过严格的质量控制和耐久性测试，能够在高负荷和长时间的工

作环境下保持稳定的性能。

③灵活的作业范围。IRB2600 具有较大的作业范围，可以覆盖较大的工作空间，满足多种应用场景的需求。

④易于编程与集成。ABB 提供了强大的离线编程软件 RobotStudio，使得用户能够轻松对机器人进行编程和模拟，同时也易于与其他设备和系统进行集成。

④安全性与易用性。IRB2600 机器人的设计注重人机协同作业的安全性，具备多种安全保护功能。同时，机器人的操作界面直观易用，降低了操作难度和培训成本。

(2)IRB2600 的技术规格。

①负载能力。IRB2600 的负载能力通常在 8～15 kg，具体取决于配置和安装的方式。

②作业范围。机器人的作业范围覆盖了一个较大的三维空间，使得它可以在不同的工作区域内灵活作业。

③重复定位精度。IRB2600 具有出色的重复定位精度，能够在多次重复作业中保持高度一致性。

④控制方式。通常采用先进的运动控制技术，如路径插补、速度控制、加速度控制等，以实现精准的运动轨迹。

(3)IRB2600 的应用领域。IRB2600 机器人广泛应用于汽车制造、电子装配、食品加工、医疗器械、物流等行业。在这些行业中，机器人可以执行各种复杂的作业任务，提高生产率、降低劳动成本，同时保证产品质量和一致性。

(4)在 RobotStudio 中的使用。在 ABB 的 RobotStudio 软件中，IRB2600 机器人模型可以作为一个虚拟的机器人实体进行模拟和配置。用户可以在软件中创建工作站、配置机器人参数、导入外部设备、设定工具和载荷等，从而在实际生产前对机器人系统进行全面的模拟和优化。这有助于减少现场调试的时间和成本，提高生产率。

2.2 知识储备

在 ABB RobotStudio 6.08 软件中构建符合实际工业应用需求的机器人工作站时，需要具备关于 I/O 配置、运动指令和控制指令的深入知识储备。需要了解表 2-1 所列的 I/O 配置，即输入/输出配置，这是机器人与外部设备通信的基础。用户需要知道如何设置数字输入和输出信号，以便机器人能够接收来自传感器的信号，并向执行器发送指令。

表 2-1　　工作站使用 I/O 信号控制机器人

I/O 信号名称	类型	地址	描述
inputSignal	输入	DIG_IN(1)	外部启动信号，用于触发机器人动作
outputSignal	输出	DIG_OUT(1)	机器人状态信号，用于指示机器人当前状态

表 2-2 所列的运动指令是机器人执行动作的关键。需要熟悉各种运动指令，如关节运动、直线运动和圆弧运动等，并了解如何在编程中正确应用它们。

控制指令是确保机器人按预期运行的重要工具。用户需要掌握条件判断、循环执行、延时等待等控制指令，以便编写出高效、稳定的机器人程序。

表 2-2 工作站使用运动指令控制机器人

运动指令	描述	参数
MoveJ	关节运动	目标位置、速度、加速度、工具等
MoveL	直线运动	目标位置、速度、加速度、工具等
MoveC	圆弧运动	目标位置、速度、加速度、工具等

2.2.1 I/O 配置

(1)输入/输出(I/O)信号的概念:理解什么是数字输入/输出信号,以及它们在工业自动化中的作用。

(2)ABB 机器人 I/O 模块:熟悉 ABB 机器人系统中用于 I/O 配置的硬件模块,如数字输入/输出板卡。

(3)配置 I/O 信号:学习如何在 RobotStudio 中配置 I/O 信号,包括定义信号名称、类型(数字输入、数字输出、模拟输入、模拟输出)以及信号地址。

(4)I/O 信号与程序的关联:了解如何将 I/O 信号与机器人程序中的指令关联起来,以实现外部触发、状态监测等功能。

(5)故障诊断与 I/O 监控:掌握使用 I/O 信号进行故障诊断和监控的方法,例如通过监控 I/O 信号的状态来判断外部设备的工作状态。

以下是一个简化的 ABB 机器人程序示例,展示了如何使用 I/O 信号来控制机器人的动作:

```
plaintext 复制代码
    ! ROBPROG MyProgram
    VAR
    inputSignal BOOL; ! 定义输入信号
    ENDVAR
    PROC Main()
    inputSignal := DIG_IN(1); ! 从数字输入板卡读取信号
    IF inputSignal THEN
    MoveJ pTarget1, v500, z10, \Tool\WObj:=wTool1; ! 如果输入信号为 TRUE,执行关节运动
到 pTarget1
    ELSE
    MoveL pTarget2, v500, z10, \Tool\WObj:=wTool1; ! 如果输入信号为 FALSE,执行线性运
动到 pTarget2
    ENDIF
    ENDPROC
```

2.2.2 运动指令

(1)机器人运动的概念:理解机器人运动的基本术语,如关节运动、直线运动、圆弧运动等。

(2)ABB 机器人的运动指令:熟悉 ABB 机器人编程语言中用于控制机器人运动的指令,如 MoveJ(关节运动)、MoveL(直线运动)、MoveC(圆弧运动)等。

(3)运动指令的参数设置:学习如何设置运动指令的参数,包括目标位置、速度、加速度等,以实现精确的运动控制。

(4)运动轨迹规划:理解如何根据作业需求规划机器人的运动轨迹,包括轨迹的起点、终点和中间点。

(5)运动指令的编程实践:通过编程实践,掌握如何在实际应用中运用运动指令控制机器人的运动。

以下是一个包含多种运动指令的 ABB 机器人程序示例:

plaintext 复制代码

```
! ROBPROG MyMotionProgram
VAR
pStart POSE; ! 定义起始位置
pEnd POSE; ! 定义结束位置
vSpeed VELOC; ! 定义速度
aAccel ACCEL; ! 定义加速度
ENDVAR
PROC Main()
pStart := [100, 0, 0, 0, 0, 90]; ! 设置起始位置
pEnd := [200, 0, 0, 0, 0, 90]; ! 设置结束位置
vSpeed := [500, 500, 500, 500, 500, 500]; ! 设置速度
aAccel := [500, 500, 500, 500, 500, 500]; ! 设置加速度
MoveJ pStart, v500, z10, \Tool\WObj:=wTool1; ! 关节运动到起始位置
MoveL pEnd, vSpeed, z10, \Tool\WObj:=wTool1; ! 直线运动到结束位置
MoveC pEnd, vSpeed, z10, \Tool\WObj:=wTool1; ! 圆弧运动到结束位置
ENDPROC
```

2.2.3 控制指令

(1)机器人控制的基本概念:了解机器人控制的基本原理,包括位置控制、速度控制、力控制等。

(2)ABB 机器人的控制指令:熟悉 ABB 机器人编程语言中用于实现控制功能的指令,如速度控制指令、加速度控制指令、力控制指令等。

(3)控制指令的参数设置与调整:学习如何设置和调整控制指令的参数,以实现对机器人运动性能的精确控制。

(4)控制逻辑与程序的结合:理解如何将控制逻辑与机器人程序相结合,以实现复杂的作业任务和高效的作业流程。

(5)控制指令的实践应用:通过实践应用,掌握如何在实际操作中运用控制指令优化机器人的作业效率和性能。

以下是一个简化的 ABB 机器人控制指令示例,展示了如何控制机器人的速度和加速度:

plaintext 复制代码

```
! ROBPROG MyControlProgram
VAR
vSpeed VELOC;! 定义速度
aAccel ACCEL;! 定义加速度
ENDVAR
PROC Main()
vSpeed := [500, 500, 500, 500, 500, 500];! 设置速度
aAccel := [500, 500, 500, 500, 500, 500];! 设置加速度
Speed vSpeed;! 设置机器人速度
Accel aAccel;! 设置机器人加速度
MoveL pTarget, vSpeed, z10
```

2.3 创建机器人工作站

创建机器人工作站

在工业自动化领域中,机器人工作站的重要性不言而喻,它们是执行精准、高效、复杂任务的关键角色。本节将深入探究如何在 RobotStudio 软件中,构建并配置一个基础但功能完善的机器人工作站。RobotStudio 是由 ABB 公司精心打造的机器人仿真软件,为工程师们提供了一个极具价值的平台。在这里,用户不仅能够进行机器人的编程工作,更能通过仿真技术模拟真实环境下的机器人操作,从而进行细致的参数调整和优化。借助 RobotStudio,能够在虚拟世界中创建出与实际工作场景高度一致的机器人工作站,为工业自动化的发展提供强有力的技术支持。

2.3.1 了解工业机器人工作站

工业机器人工作站是现代制造业中不可或缺的一环,它集合了工业机器人的高效性、精确性和灵活性,以及工作站周边设备的辅助支持,形成了一套用于执行特定作业任务的自动化系统。这一系统的设计和构建,旨在提高生产率、降低人力成本、保障产品质量,并为制造业的智能化、自动化发展奠定坚实基础。

在设计工业机器人工作站时,首先需要考虑的是工业机器人的类型。不同类型的机器人具有不同的特点和应用场景,如焊接机器人、搬运机器人、喷涂机器人等。每种机器人都有其独特的机械结构和控制系统,以适应不同的作业任务。因此,在选择机器人类型时,需要根据具体的作业需求,如工作范围、精度要求、负载能力等,进行综合考虑。

在确定了机器人类的型后,就需要考虑工作站内的其他设备。这些设备包括夹具、传送带、传感器等,它们与机器人共同协作,完成自动化生产。夹具是工业机器人用来抓取和固定工件的装置,它的设计和选择直接影响机器人的作业效率和工件的质量。传送带则用于将工件从一处输送到另一处,实现生产线的连续运行。传感器则用于实时监测工作站内的各种参数,如温度、压力、位置等,为机器人的作业提供精确的数据支持。

在设计工作站的过程中,还需要考虑机器人的工作范围。工作范围是指机器人能够到达并进行作业的空间区域。为了确保机器人能够顺利完成作业任务,需要合理设计工作站

的空间布局，确保机器人在其工作范围内能够自由移动，并与其他设备无缝对接。

精度要求也是设计工作站时需要考虑的重要因素。精度是指机器人完成作业任务的精确程度。对于需要高精度加工的工件，如精密零件、电子元器件等，需要使用高精度的工业机器人和相应的夹具、传感器等设备，以确保工件的加工精度和质量。

此外，负载能力也是机器人工作站设计中不可忽视的一环。负载能力是指机器人能够承受的最大质量。在选择机器人时，需要根据工作站内工件的质量和尺寸，以及机器人的作业频率和持续时间，来确定机器人的负载能力。如果机器人的负载能力不足，将无法完成作业任务，甚至可能导致机器人损坏或工件受损。

除上述因素外，设计工业机器人工作站还需要考虑一些其他因素，如安全性、可维护性、成本等。安全性是工作站设计的首要原则，需要确保机器人在作业过程中不会对人员造成伤害，同时还需要考虑紧急情况下的应对措施。可维护性是指工作站设备在出现故障时能够方便地进行维修和更换。成本是工作站设计中需要考虑的经济因素，需要在保证性能和质量的前提下，尽可能降低设备的购置和维护成本。

工业机器人工作站的设计是一个复杂而精细的过程，需要综合考虑机器人的类型、工作范围、精度要求、负载能力等因素，以及工作站内的其他设备。只有设计出符合实际需求、高效稳定、安全可靠的机器人工作站，才能为制造业的自动化、智能化发展提供有力支持。

2.3.2 导入机器人

在 RobotStudio 软件中，创建机器人工作站的第一步是导入机器人模型。具体步骤如下：

(1)打开 RobotStudio 软件，如图 2-2 所示新建或打开一个空工作站项目。

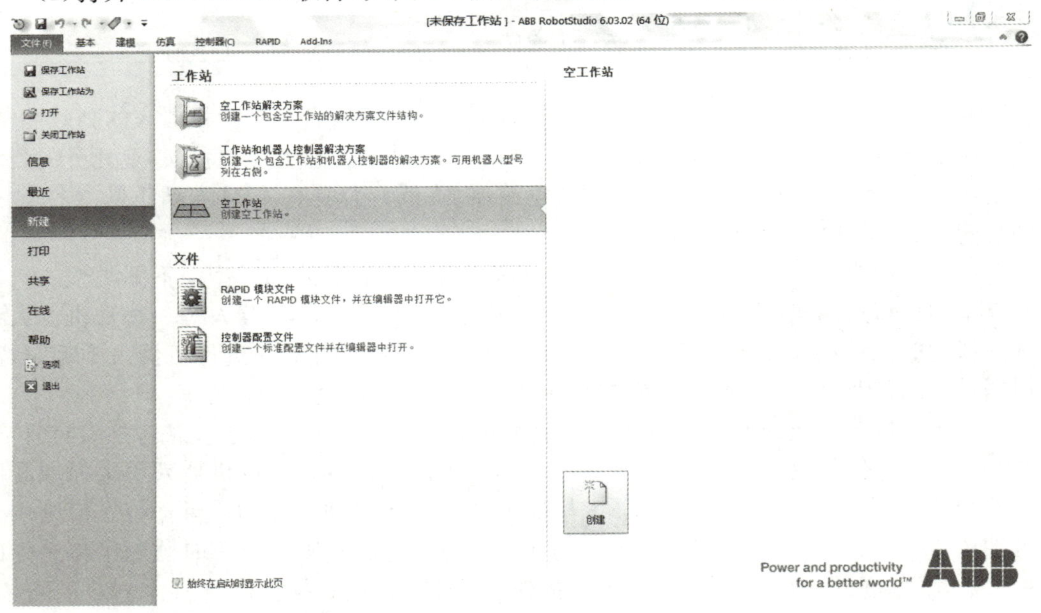

图 2-2 新建一个空工作站项目

（2）在如图 2-3 所示的软件界面的菜单栏中，依次选择“基本”→“ABB 模型库”，然后选择“机器人”选项。

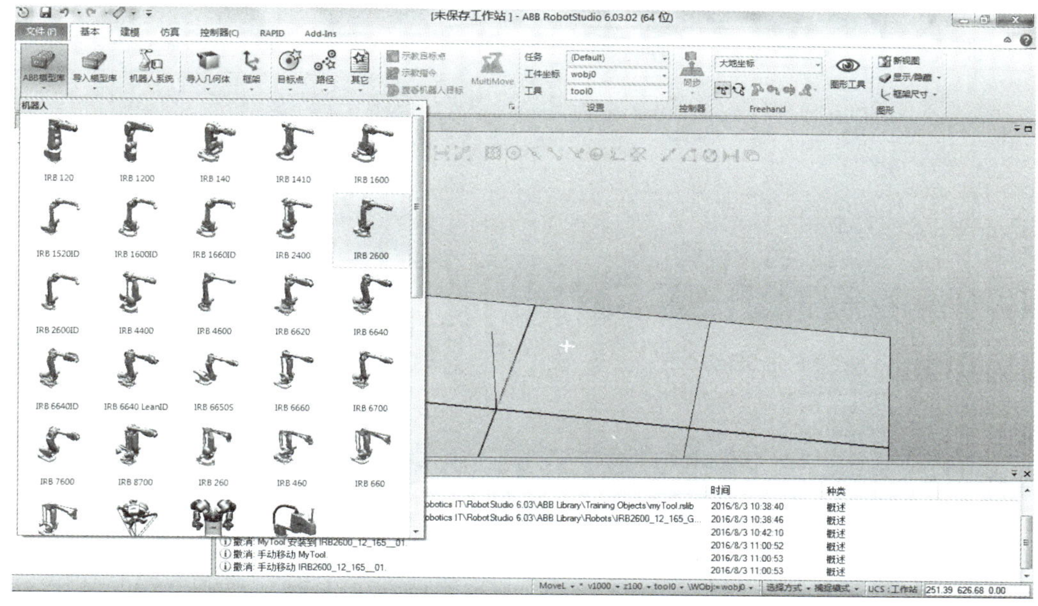

图 2-3　工作站导入机器人

（3）在如图 2-4 所示的弹出的文件选择对话框中，浏览并选择需要导入的机器人模型文件（通常是厂商提供的特定格式文件）。

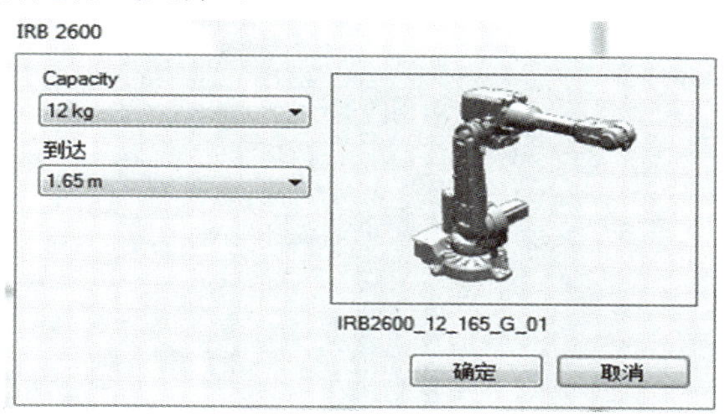

图 2-4　浏览并选择机器人模型文件

（4）单击“打开”或“导入”按钮，软件将自动加载机器人模型到当前工作站中。

（5）导入完成后，可以通过软件中的视图工具对机器人进行旋转、平移等操作，以便更好地观察机器人的结构和姿态。

2.3.3　加载机器人的工具

在机器人工作站中，机器人通常需要配备各种工具来执行特定的作业任务。在 RobotStudio 中加载机器人工具的步骤如下：

（1）在如图 2-5 所示界面的菜单栏中，依次选择“基本”→“导入模型库”选项，进入工具编辑界面。

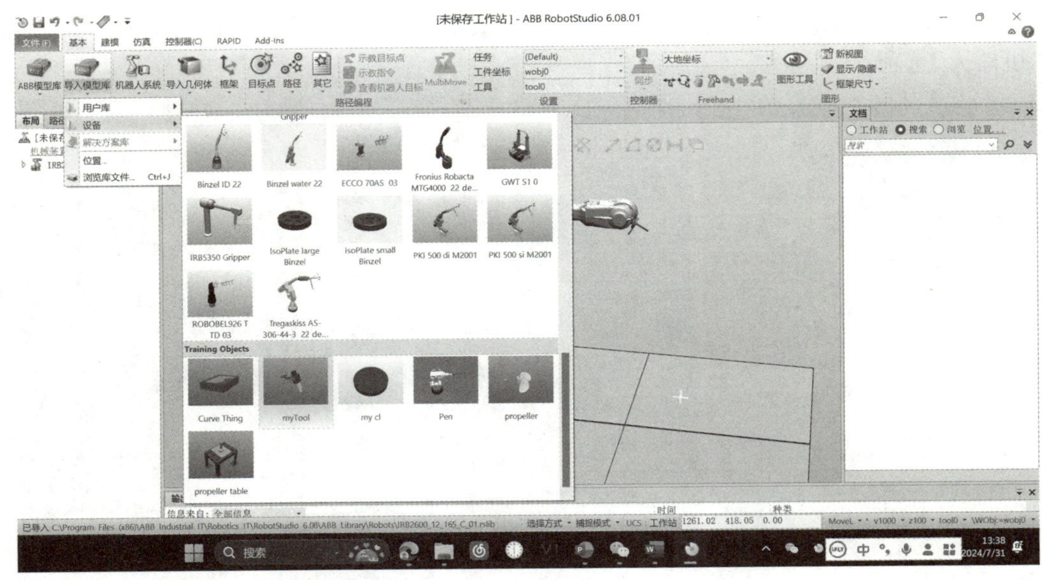

图 2-5 浏览并加载机器人工具

(2)单击“新建”按钮创建一个新的工具,或者选择已有的工具进行编辑。

(3)在如图 2-6 的工具编辑界面中,设置工具的质量、质心位置、惯性矩等参数。这些参数对于后续的机器人动力学计算和轨迹规划至关重要。

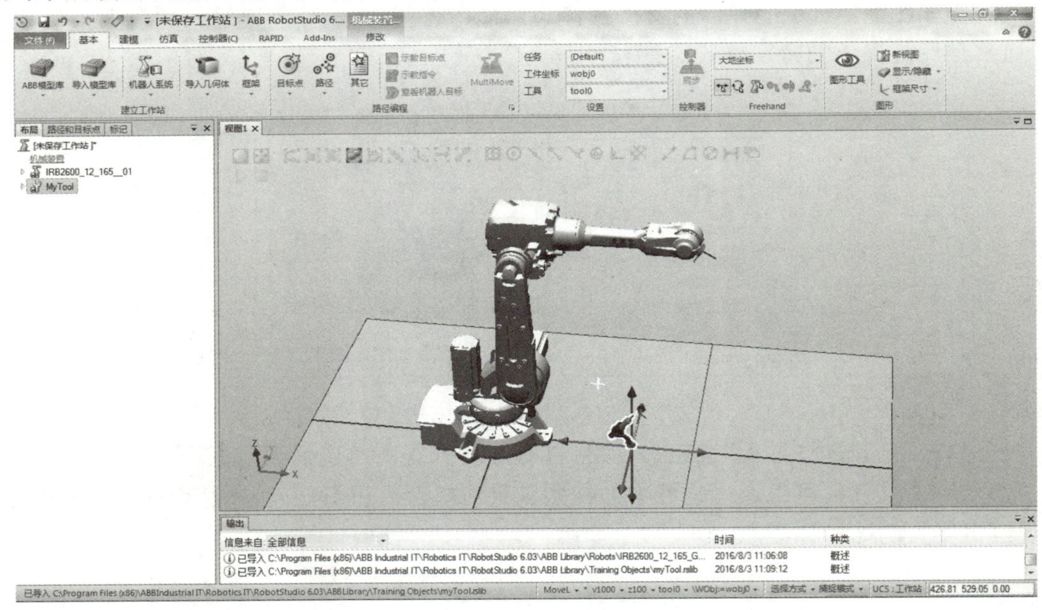

图 2-6 导入机器人工具

(4)如果需要,还可以为工具添加几何模型,以便在仿真中更直观地显示工具的形态和位置。

(5)保存并退出工具编辑界面,然后在如图 2-7 所示机器人模型上选择适当的安装位置,将工具附加到机器人上。

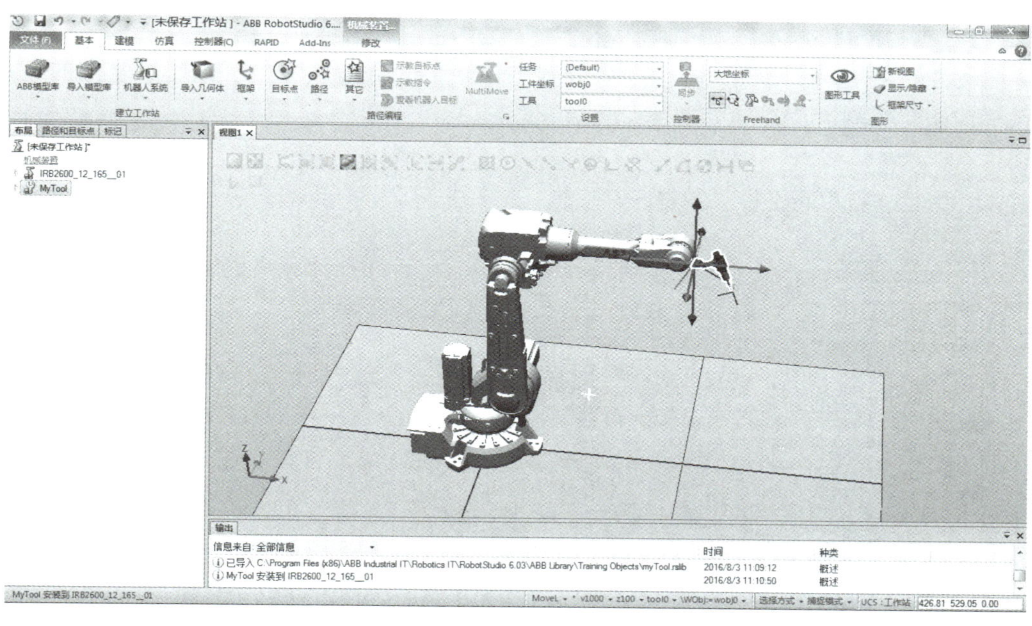

图 2-7　编辑机器人工具的位置

2.3.4 摆放周边的模型

在机器人工作站中，除了机器人本身和工具外，还需要摆放其他周边设备模型，如工作台、传送带、货架等。这些模型可以通过以下步骤进行摆放：

(1) 在如图 2-8 所示界面的菜单栏中，依次选择“基本”→“导入模型库”选项，进入模型库。

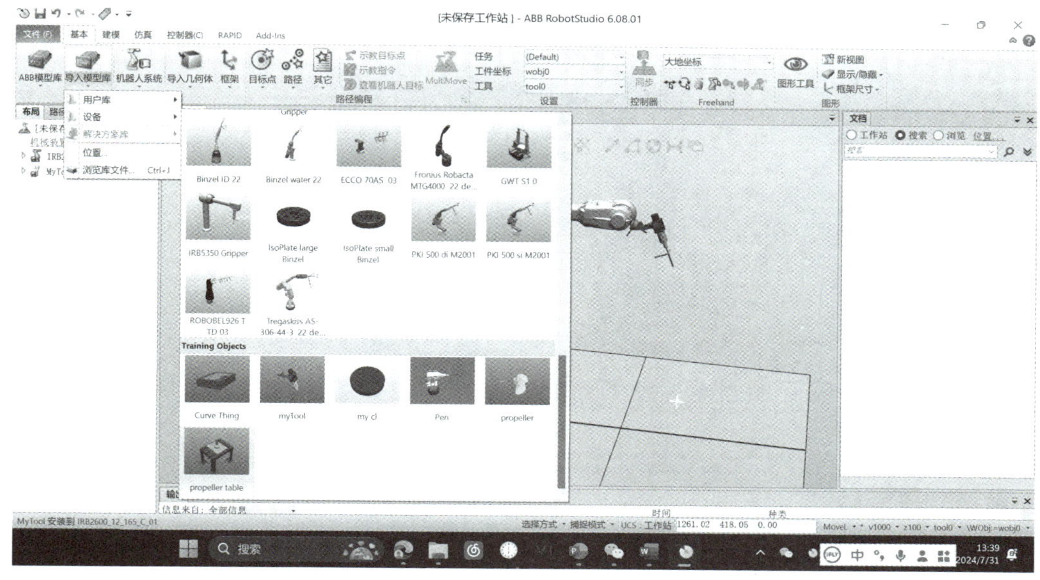

图 2-8　导入其他周边设备模型

(2)在模型库中浏览并选择需要的模型，如工作台、传送带等。

(3)如图 2-9 所示，将选中的模型拖放到工作站中的合适位置。可以通过软件的平移、旋转等功能对模型进行精确的定位。

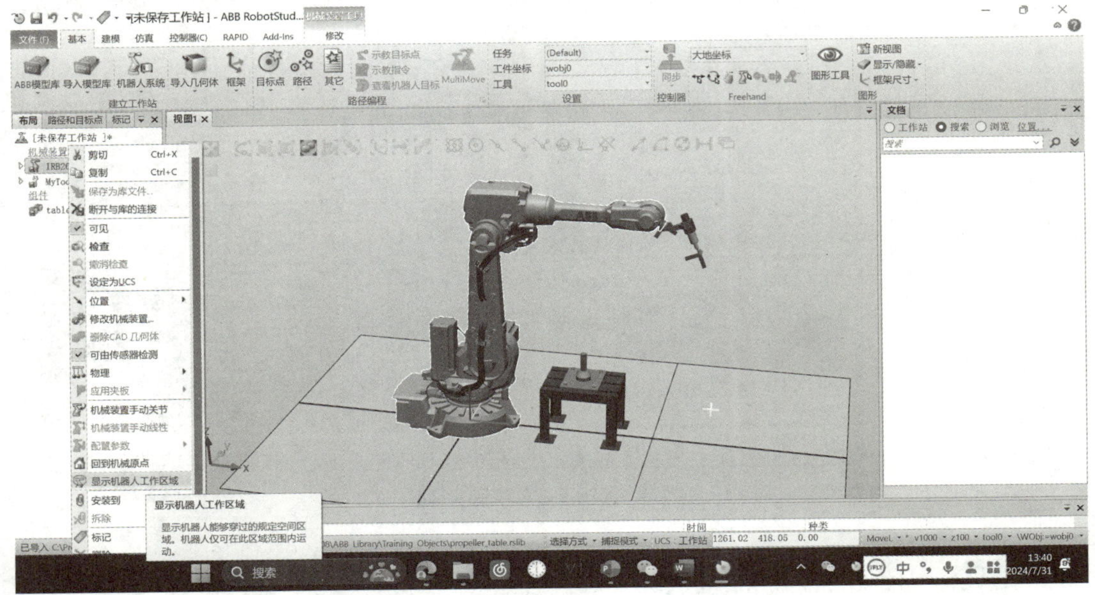

图 2-9　编辑其他周边设备模型位置

(4)如果有需要，还可以对模型进行缩放、调整颜色等操作，以满足工作站的设计要求，如图 2-10 所示。

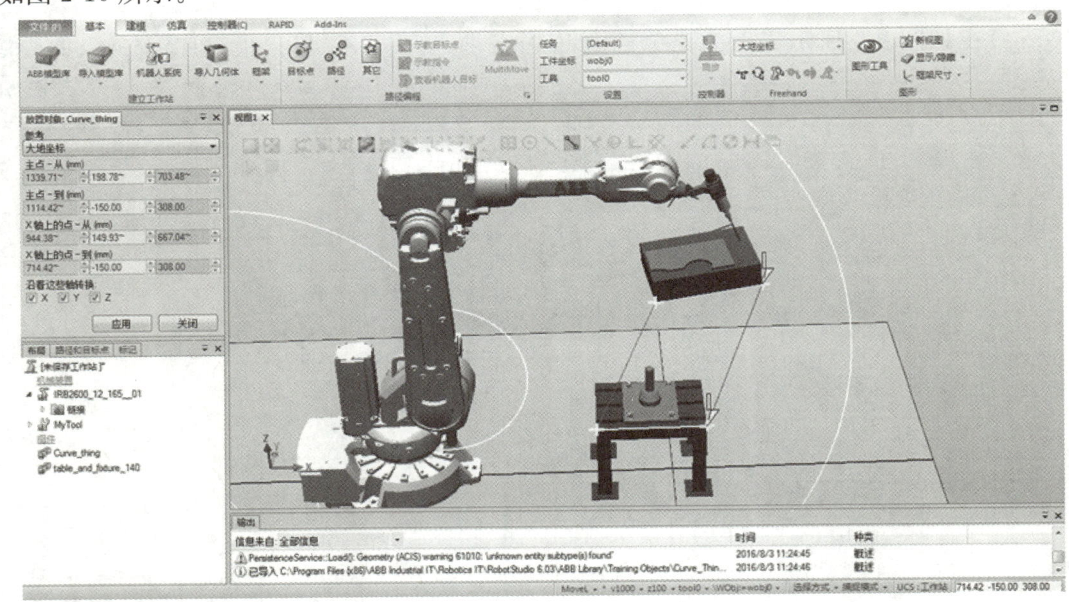

图 2-10　编辑其他周边设备模型

(5)如图 2-11 所示，模型摆放完成后，可以通过软件的视图工具从不同角度观察工作站的整体布局和效果。

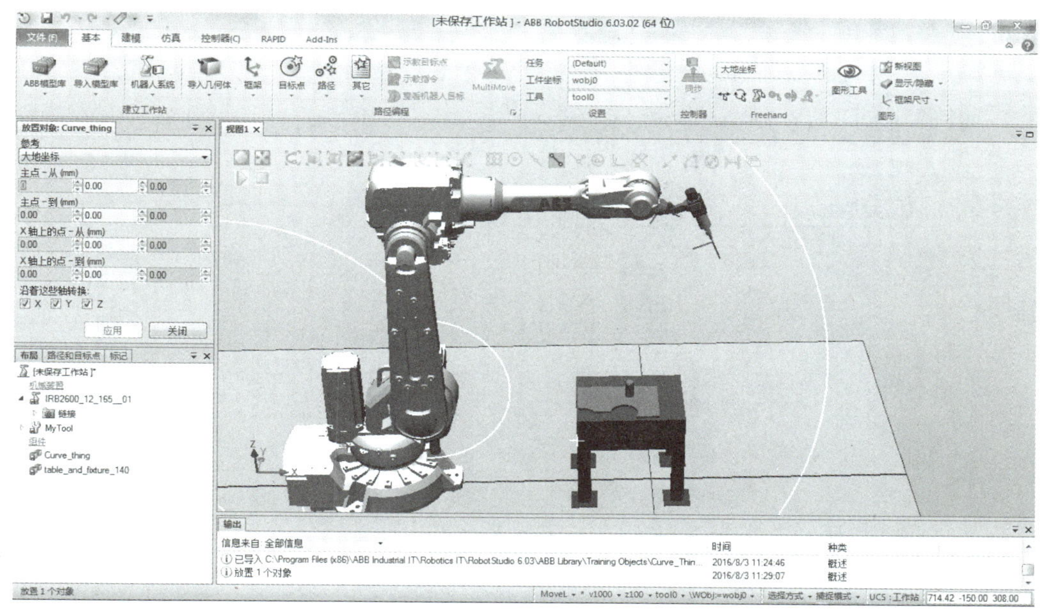

图 2-11　观察工作站的整体布局

通过以上步骤，就可以在 RobotStudio 软件中创建一个包含机器人、工具和周边设备的完整工作站模型。在此基础上，可以进一步进行机器人的轨迹规划、碰撞检测、动力学仿真等操作，以验证和优化工作站的设计和性能。

2.4　工业机器人系统与手动操纵

2.4.1　创建工业机器人系统操作

在 RobotStudio 软件中建立工业机器人系统是一个综合的过程，它涉及创建工作站、配置机器人参数、设定任务等一系列步骤。以下是详细的功能实现过程：

1. 新建或打开工作站

如图 2-12 所示，在 RobotStudio 软件中新建一个空白工作站或者打开一个已有的工作站项目。这将是机器人系统的基础。

2. 导入机器人模型

从机器人的制造商提供的库中导入所需要的机器人模型。这通常涉及选择机器人型号、配置和颜色等。导入后，机器人模型会出现在工作站中。

3. 配置机器人参数

根据任务需求，配置机器人的参数，如运动范围、速度、加速度等。这些参数将直接影响机器人的运动性能和工作效率。

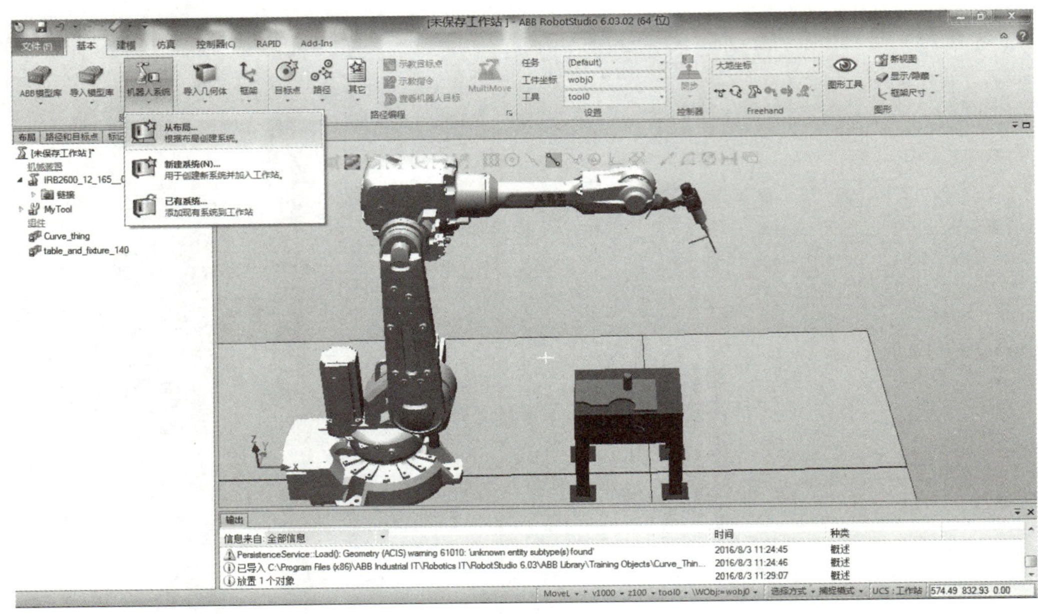

图 2-12　新建机器人系统

4. 定义机器人任务

通过 RobotStudio 软件的编程功能或示教器，为机器人定义具体的任务。这包括设置机器人的运动轨迹、执行的动作序列，以及与其他设备的交互方式等。

5. 仿真与调试

在定义完任务后，利用 RobotStudio 软件的仿真功能进行任务的模拟运行。通过观察和分析仿真结果，如图 2-13 所示可以调整和优化机器人的参数和任务设置，以确保其在实际工作中的稳定性和效率。

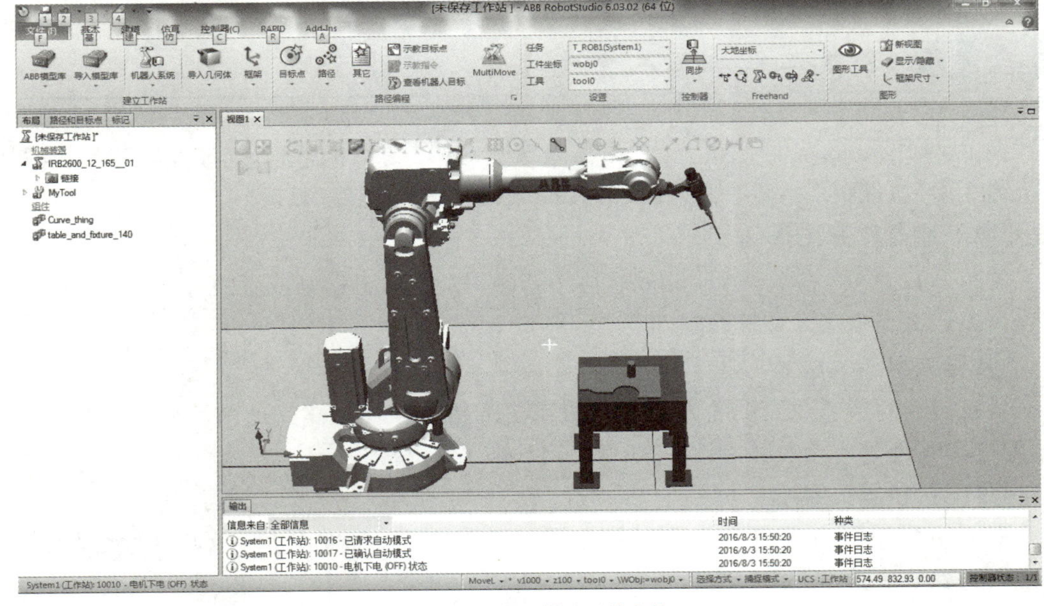

图 2-13　配置机器人系统参数

6. 保存与导出

完成以上步骤后，保存工作站的项目和配置。如果需要，还可以将配置导出为机器人控制器可以识别的格式，以便在实际机器人上应用。

2.4.2 工业机器人的手动操纵

RobotStudio 软件提供了强大的手动操纵功能，允许用户直接控制机器人在工作站中的运动。以下是手动操纵的详细步骤：

1. 进入手动模式

在 RobotStudio 软件中，选择手动控制模式。这通常通过界面上的按钮或菜单选项来实现。

2. 选择操纵工具

如图 2-14 所示，根据需要选择合适的手动操纵工具，如关节操纵、位置操纵或轨迹操纵等。这些工具将影响手动操纵的精度和灵活性。

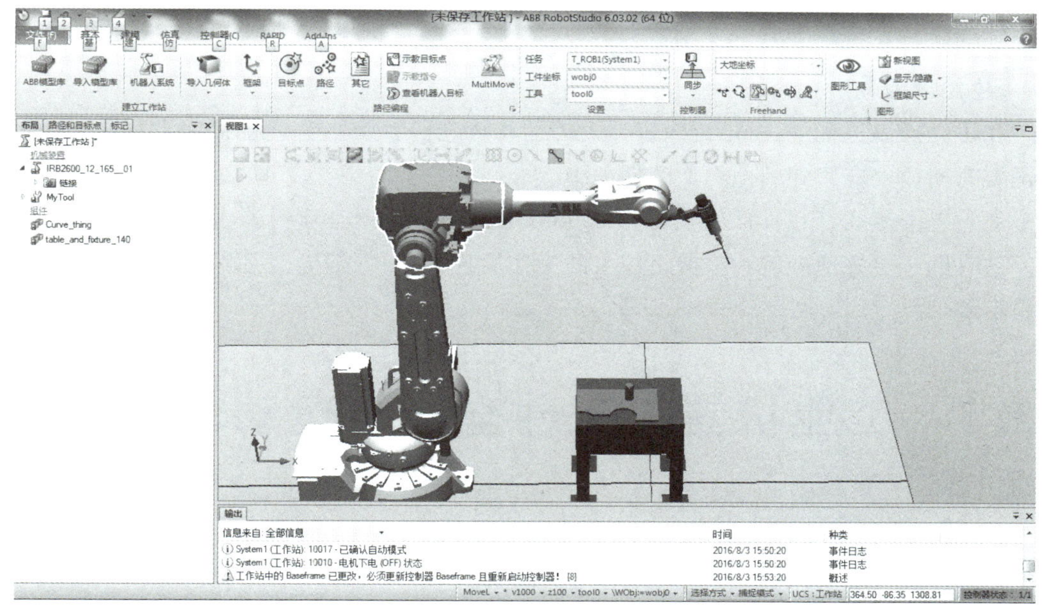

图 2-14 手动操纵机器人关节

3. 控制机器人运动

如图 2-15 所示，利用操纵工具，通过鼠标、键盘或其他输入设备控制机器人的运动。用户可以调整机器人的姿态、位置和速度等参数，观察机器人在工作站中的实时运动情况。

4. 碰撞检测与避障

RobotStudio 软件还提供了碰撞检测和避障功能。在手动操纵过程中，如果机器人与工作站中的其他物体发生碰撞或接近障碍物，软件会发出警告或自动停止机器人运动，以避

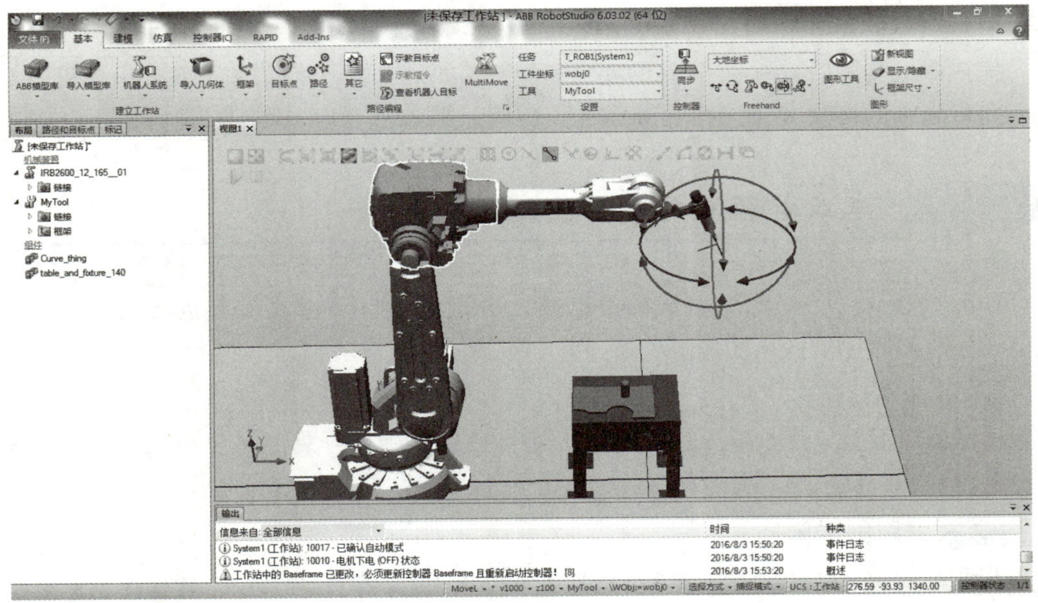

图 2-15 手动操纵机器人工具

免损坏或事故发生。

5. 记录与回放

在手动操纵过程中，可以记录机器人的运动轨迹和参数。这些记录可以保存为文件，并在需要时回放或应用到其他类似的任务中。

通过以上步骤，用户可以在 RobotStudio 中方便地建立工业机器人系统并进行手动操纵。这有助于更好地理解和掌握机器人的工作原理和操作技巧，为后续的编程和自动化应用打下基础。

2.5 工业机器人工件坐标与运动轨迹程序

2.5.1 创建工业机器人工件坐标

在工业机器人应用中，工件坐标是机器人进行定位和操作的基准。在 RobotStudio 中，可以通过以下步骤来建立工件坐标：

1. 新建或选择工件坐标系

在 RobotStudio 软件中打开工作站项目，如图 2-16 所示，选择“基本”菜单下的“其他”选项。单击“创建工件坐标”按钮来创建一个新的工件坐标系，或者从已有的坐标系列表中选择一个进行修改。

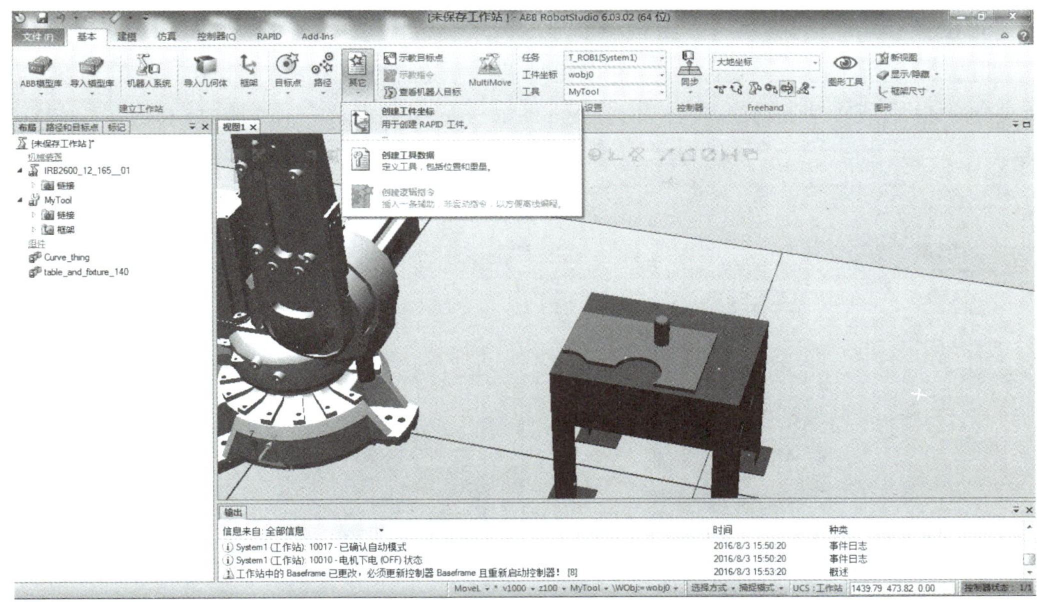

图 2-16　创建工件坐标

2. 定义坐标原点与方向

在创建或编辑工件坐标系时，如图 2-17 所示需要定义坐标系的原点位置，以及 X、Y、Z 轴的方向。这通常通过选择机器人或工作站中的某个特征点或面来实现。例如，可以选择工件上的一个角点作为原点，然后选择工件上的两个相互垂直的边来确定 X 轴和 Y 轴的方向。

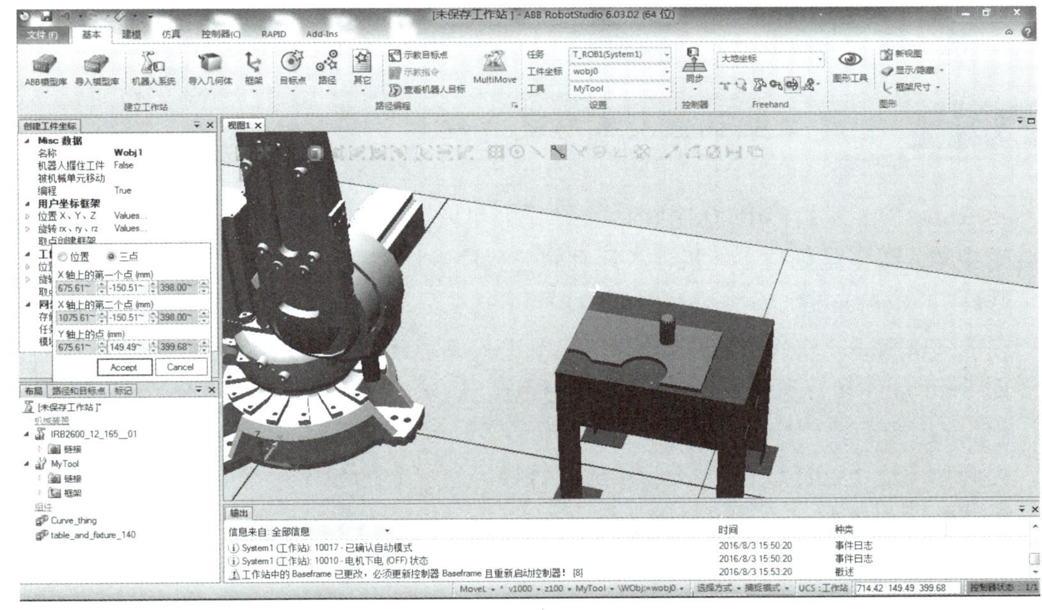

图 2-17　定义坐标原点与 X、Y、Z 轴方向

3. 设置坐标系的参数

如图 2-18 所示，用户根据需要，可以进一步设置坐标系的参数，如坐标系的名称、类型（如直角坐标系或极坐标系）、单位等。这些参数将影响机器人在该坐标系下的定位和计算。

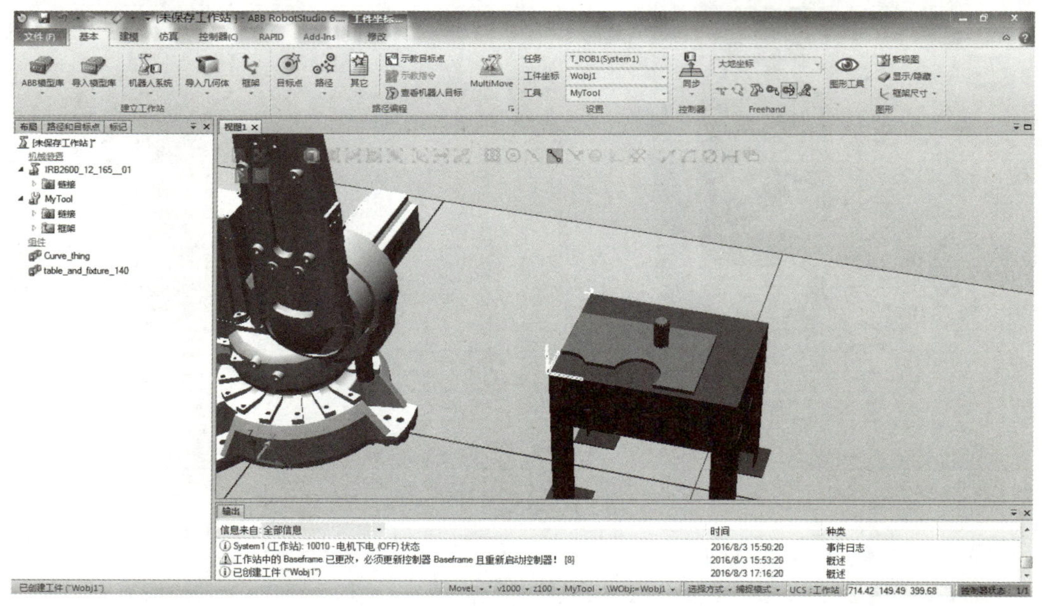

图 2-18 设置坐标系参数

4. 保存并应用坐标系

完成坐标系的定义和设置后，保存坐标系配置。在后续的机器人编程和操作中，可以选择该工件坐标系作为参考坐标系，以便机器人能够准确地定位和操作工件。

2.5.2 创建工业机器人运动轨迹程序

在 RobotStudio 软件中，如图 2-19 创建工业机器人的运动轨迹程序是实现自动化操作的关键步骤。以下是创建工业机器人运动轨迹程序的详细过程：

1. 打开编程环境

在 RobotStudio 软件中，选择“编程”菜单进入编程环境。这里提供了丰富的编程工具和界面，用于创建和管理机器人的运动轨迹程序。

2. 新建或编辑程序

在编程环境中，可以新建一个程序或者打开一个已有的程序进行编辑。每个程序通常由一系列的运动指令和逻辑控制指令组成，用于指导机器人的运动和行为。

3. 添加运动指令

根据任务需求，如图 2-20 所示在程序中添加相应的运动指令。这些指令可以包括点到点移动、直线插补、圆弧插补等，用于控制机器人的位置、姿态和速度等。用户通过设置指令的参数，可以精确地定义机器人的运动轨迹和动作序列。

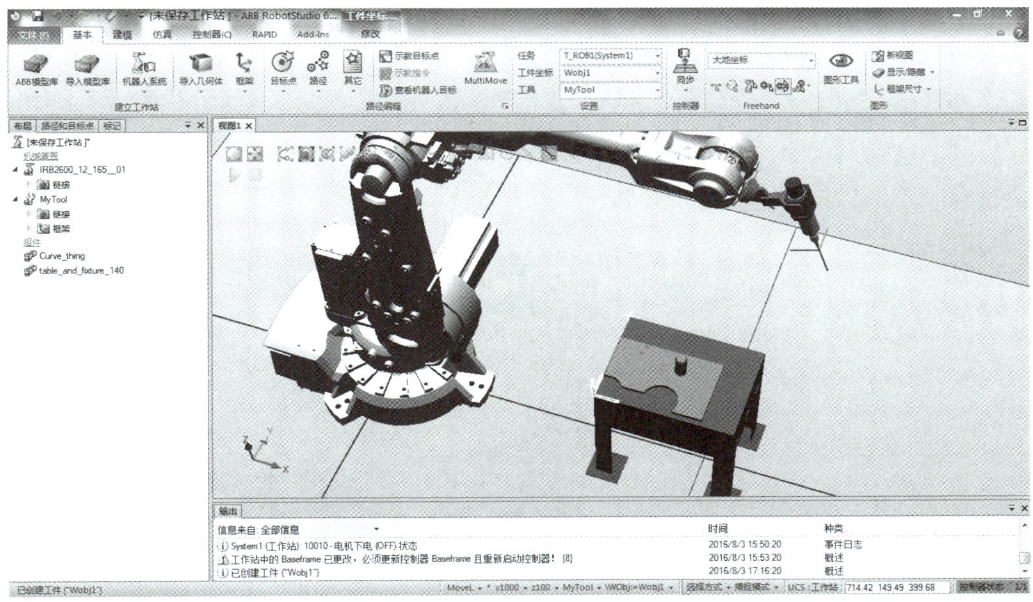

图 2-19　创建工业机器人运动轨迹

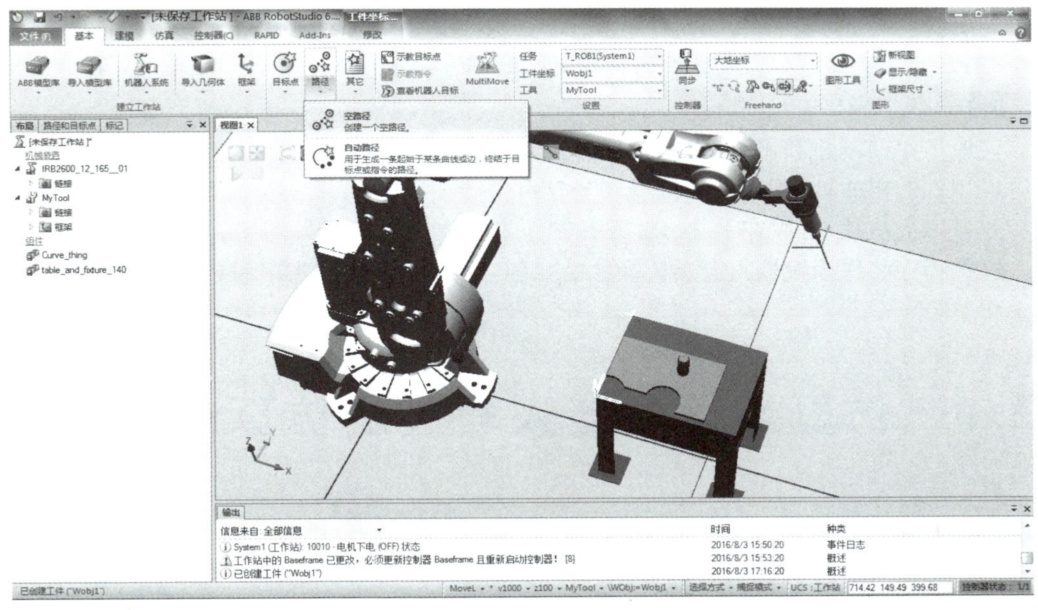

图 2-20　创建工业机器人空路径

4. 设置逻辑控制

除了运动指令外，还需要在程序中设置逻辑控制指令，以实现复杂的任务逻辑和条件判断。例如，可以使用条件语句来控制机器人在不同情况下的行为，或者使用循环语句来重复执行某个动作序列。

5. 仿真与调试

添加完指令后，如图 2-21 所示可以利用 RobotStudio 软件的仿真功能进行程序的模拟运行。观察机器人在工作站中的运动轨迹和动作是否符合预期,并进行必要的调整和优化。通过调试过程,可以确保程序的正确性和稳定性。

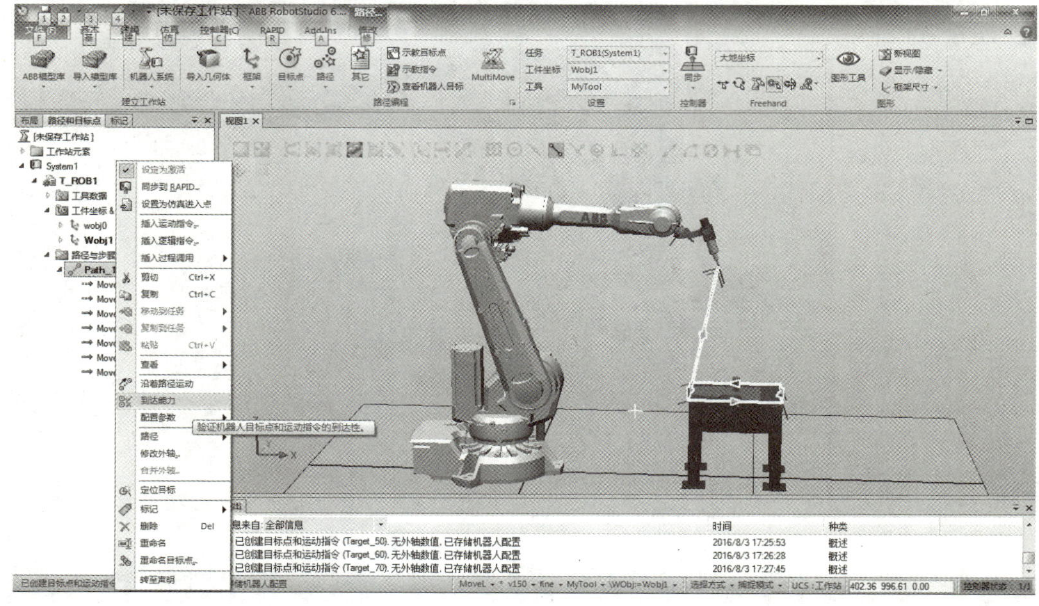

图 2-21 调试工业机器人路径

6. 保存与导出

完成程序的创建和调试后,保存程序配置。如果需要,还可以将程序导出为机器人控制器可以识别的格式,以便在实际机器人上应用。

通过以上步骤,可以在 RobotStudio 软件中创建工业机器人的工件坐标和运动轨迹程序。这些程序将作为机器人自动化操作的基础,帮助机器人实现精确的定位和操作,提高生产率和质量。

2.6 仿真运行机器人轨迹及仿真录制视频

2.6.1 仿真运行机器人轨迹

在 RobotStudio 软件中,可以通过仿真功能来运行之前创建的机器人轨迹程序,以便观察机器人在工作站中的实际运动情况。以下是仿真运行机器人轨迹的详细步骤:

1. 打开工作站与程序

在 RobotStudio 软件中打开包含机器人和工作站的项目文件,如图 2-22 所示同步并确保已经创建了相应的机器人轨迹程序。

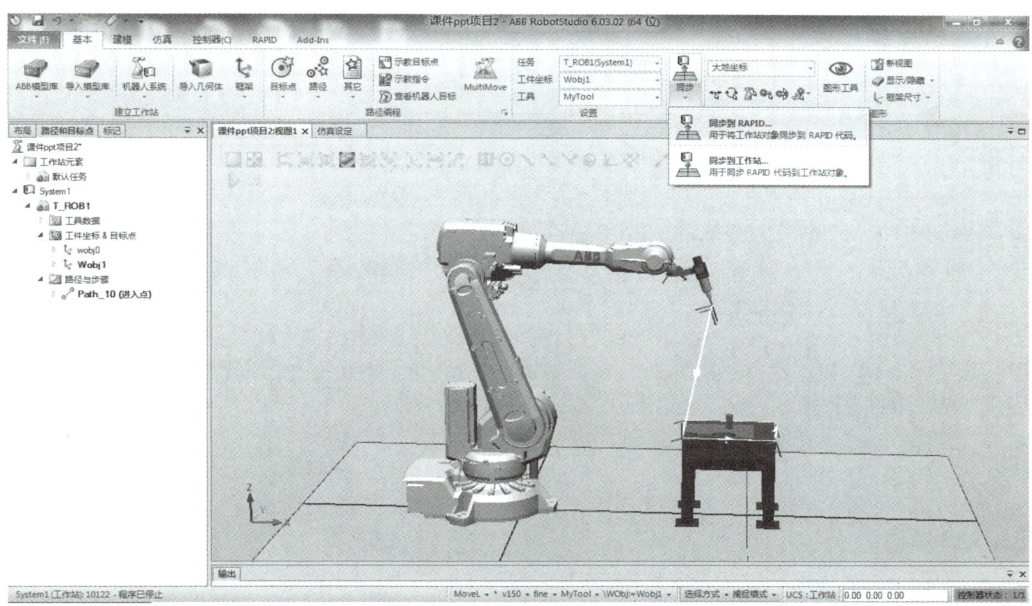

图 2-22　同步机器人轨迹程序

2. 设置仿真参数

在仿真开始之前，如图 2-23 所示可以根据需要设置仿真参数。这些仿真参数包括仿真的速度、精度、时间、步长等，它们将影响仿真的运行效果和计算效率。

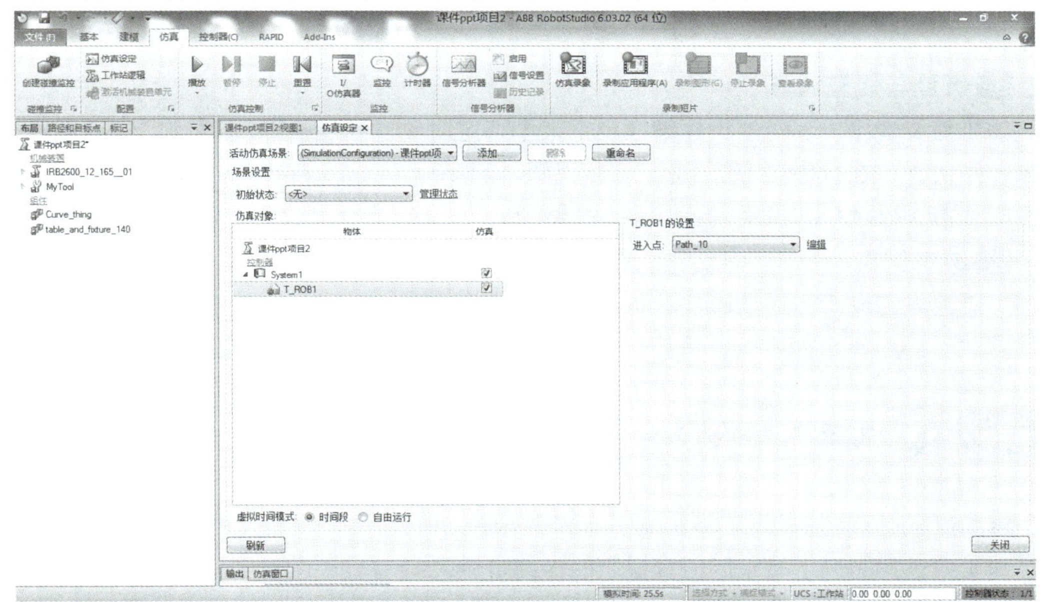

图 2-23　设置机器人仿真参数

3. 启动仿真

设置好仿真参数后，如图 2-24 所示单击 RobotStudio 软件界面上的“仿真”→“播放”按钮或选择相应的菜单选项来启动仿真。此时，机器人将按照程序中定义的轨迹进行运动。

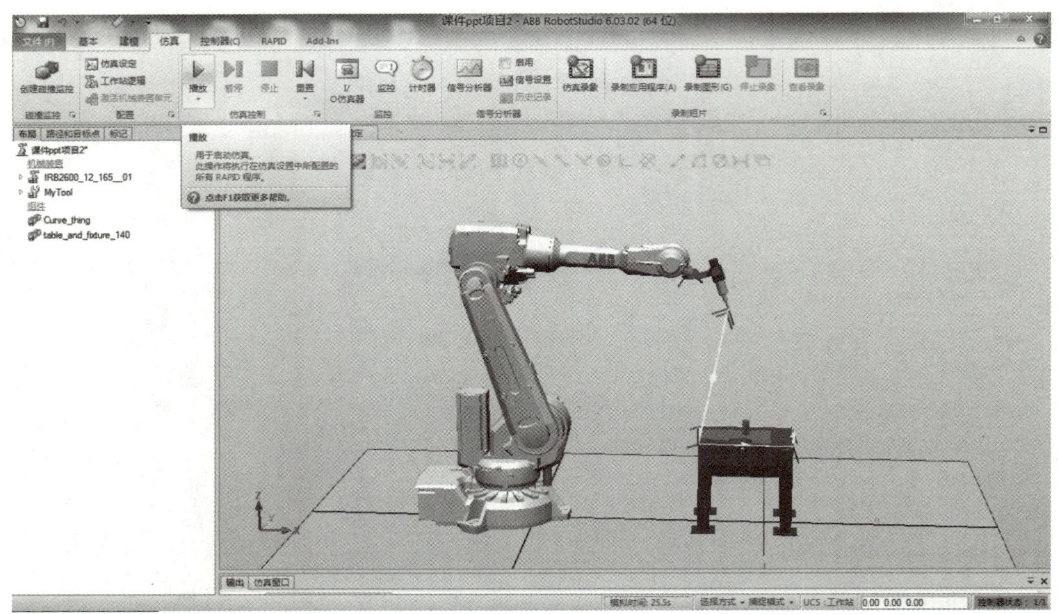

图 2-24 启动机器人仿真

4. 观察仿真过程

在仿真运行过程中，可以通过 RobotStudio 软件的视图工具来观察机器人在工作站中的运动情况。可以调整视图的角度、缩放和位置，以便更好地观察机器人的运动轨迹和动作。

5. 暂停与恢复仿真

如果需要暂停仿真以便更仔细地观察某个特定时刻的机器人状态，可以单击“暂停”按钮来暂停仿真。在暂停状态下，可以调整视图、检查机器人仿真参数或进行其他操作。当准备好继续仿真时，单击“恢复”按钮即可继续运行。

6. 结束仿真

当机器人完成所有运动轨迹的仿真后，单击“结束”按钮或选择相应的菜单选项来结束仿真。此时，RobotStudio 软件将停止模拟机器人的运动，并返回编辑或查看模式。

2.6.2 机器人的仿真录制视频

RobotStudio 软件提供了将仿真过程录制成视频的功能，这有助于展示机器人的运动轨迹和操作过程。以下是录制仿真视频的详细步骤：

1. 打开仿真录制功能

在 RobotStudio 软件中，选择“工具”或“选项”菜单，找到与仿真录制相关的选项，并启用该功能。有些版本的 RobotStudio 软件可能直接在主界面提供了录制按钮。

2. 设置录制参数

在录制之前，如图 2-25 所示可以设置一些录制参数，如视频的分辨率、帧率、输出格式等。这些参数将影响录制视频的质量和大小。

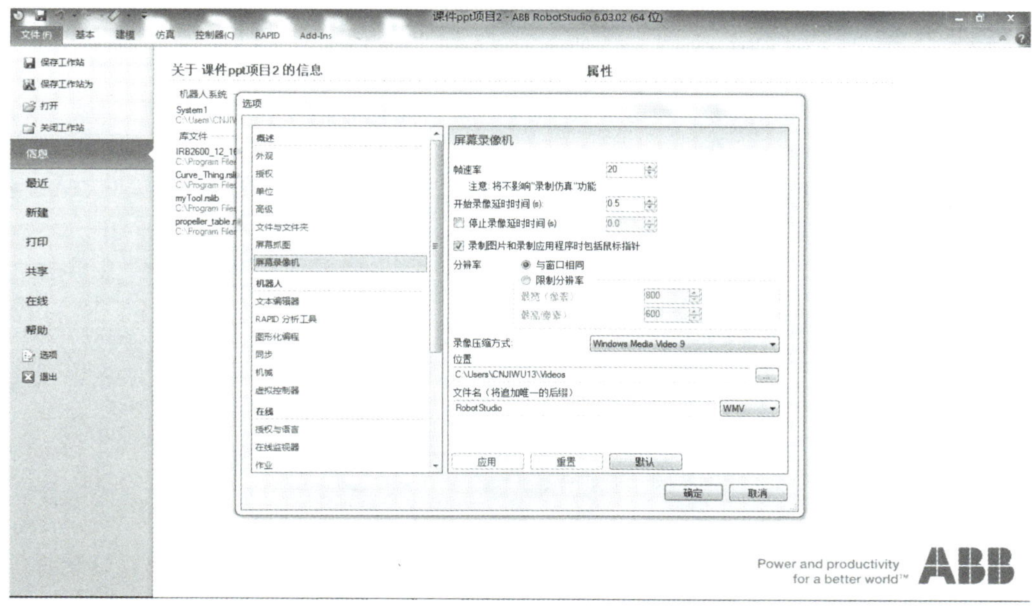

图 2-25　设置录制参数

3. 开始仿真并录制

设置好录制参数后，如图 2-26 所示启动机器人的仿真运行。一旦仿真开始，录制功能将自动捕捉机器人和工作站的动态画面。

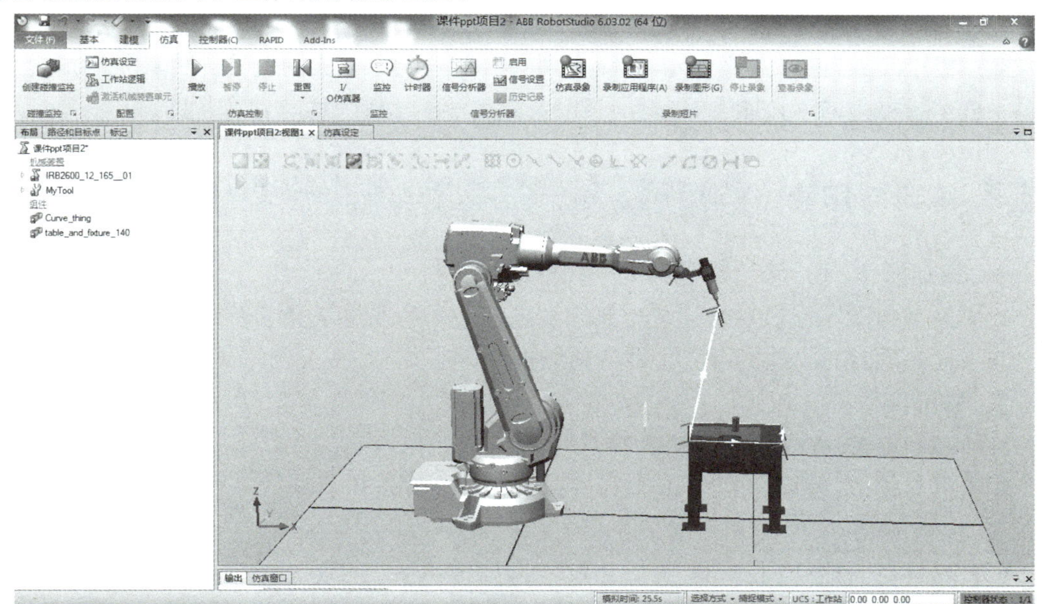

图 2-26　开始仿真并录制

4. 停止录制

当需要结束录制时，可以选择暂停仿真或结束仿真，并在 RobotStudio 软件中找到停止录制的按钮或选项。此时，软件将停止捕捉画面，并生成录制的视频文件。

5. 保存和查看视频

如图 2-27 所示录制的视频文件通常会自动保存在 RobotStudio 的项目文件夹中，或者在录制设置时指定的其他位置。可以在文件浏览器中找到并播放该视频文件，以查看机器人在仿真过程中的运动轨迹和操作情况。

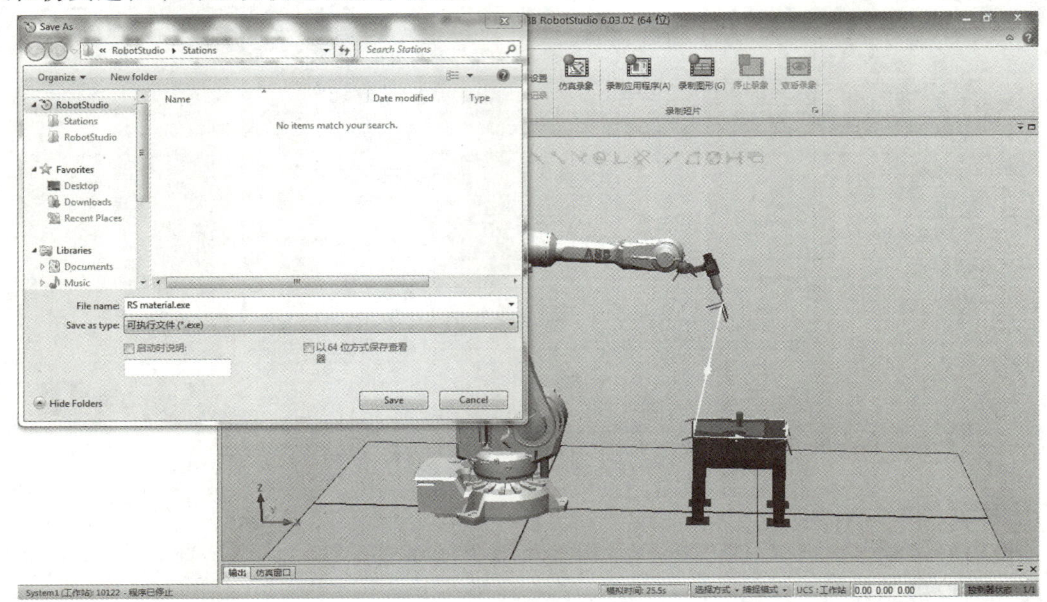

图 2-27 保存和查看视频

通过以上步骤，可以在 RobotStudio 软件中仿真运行机器人的轨迹并将其录制成视频。这对于展示机器人的工作能力、进行项目汇报或教学演示等方面非常有帮助。

练习与作业

一、基础操作

1. 安装与启动：下载、安装并启动 RobotStudio 软件，记录关键步骤。
2. 界面熟悉：浏览软件界面，了解各功能模块。

二、核心实践

1. 建模与配置：在软件中创建机器人模型，配置工作单元。
2. 编程与模拟：编写简单程序，运行并模拟机器人动作。

三、综合应用

1. 数据分析：收集模拟数据，进行基本分析。
2. 团队协作：与同学合作，共同完成一个小项目。

第3章 搬运仿真工作站建模功能应用

本章旨在全面介绍RobotStudio软件在搬运仿真工作站建模中的应用。首先，将引导学生掌握RobotStudio软件的基本操作界面及其功能模块，为后续的建模工作打下基础。其次，将详细讲解搬运仿真工作站建模的基本原理和步骤，以及模型建立与测量的基本方法和技术。同时，学生还将学习机械装置创建的机械原理和设计规范，以及吸盘工具建模的理论知识。最后，通过实际操作，学生将掌握机器人工具创建的基本流程和注意事项，并能够独立在RobotStudio软件中完成搬运仿真工作站的创建和配置。

本章重点：

1. RobotStudio软件的基本操作界面与功能模块：了解并熟悉软件界面布局，明确各功能模块的作用和使用方法，为后续建模工作提供有力支持。

2. 搬运仿真工作站建模的基本原理与步骤：掌握搬运仿真工作站建模的核心流程，包括需求分析、方案设计、模型创建与调试等。

3. 模型建立与测量的基本方法：学习如何准确进行模型建立与测量，包括尺寸调整、位置校准等关键技术，确保模型的准确性和可靠性。

4. 机械装置创建的机械原理与设计规范：了解机械装置的基本原理和设计规范，为自主设计和创建机械装置模型提供理论依据。

5. 吸盘工具建模与机器人工具创建：掌握吸盘工具建模的具体操作技能和机器人工具创建的基本流程，为实际搬运任务提供合适的工具支持。

本章难点：

1. RobotStudio软件的高级操作：对于初学者而言，RobotStudio软件的高级操作可能具有一定难度，需要通过反复练习和实际操作来掌握。

2. 搬运仿真工作站建模的复杂性：搬运仿真工作站建模涉及多个环节和要素，需要考虑的因素较多，需要学生具备一定的系统思维和综合能力。

3. 机械装置创建的机械原理：机械装置创建的机械原理较为抽象和复杂，需要学生具备一定的物理和机械基础知识，并能够将其应用到实际建模中。

4. 吸盘工具建模的参数设置：吸盘工具建模的参数设置需要根据具体应用场景进行调整和优化，这需要学生具备丰富的实践经验和灵活的思维。

5. 机器人工具创建的细节处理：机器人工具创建过程中需要注意各种细节问题，如工具与机器人的匹配性、工具的稳定性等，这些都需要学生在实际操作中仔细考虑和处理。

3.1 概　述

在现代工业领域，自动化技术的迅猛发展为生产带来了革命性的变革。特别是在搬运环节，机器人已逐步取代人力，成为生产线上的重要角色。这些机器人不仅提高了工作效率，还确保了操作的精准性和安全性，减少了人为因素带来的误差和潜在风险。

为了确保机器人的搬运操作达到最佳效果，前期的模拟和优化工作显得尤为关键。RobotStudio 软件便发挥了其不可或缺的作用。通过这款专业的机器人仿真软件，可以轻松创建一个模拟的搬运工作站，为机器人的实际操作提供虚拟的试验平台。

如图 3-1 所示，本任务将从基础模型的建立开始，逐步深入高级机器人工具的创建。这个过程不仅涵盖了从零件到整体工作站的设计，还包括了机器人动作路径的规划、抓取工具的选择与优化等。通过不断模拟与调整，将确保机器人在实际操作中能够流畅、高效地完成搬运任务，从而达到提高生产率、降低生产成本的目的。同时，这一过程也将增强我们对机器人搬运仿真技术的理解和应用，为未来的自动化生产奠定坚实的基础。

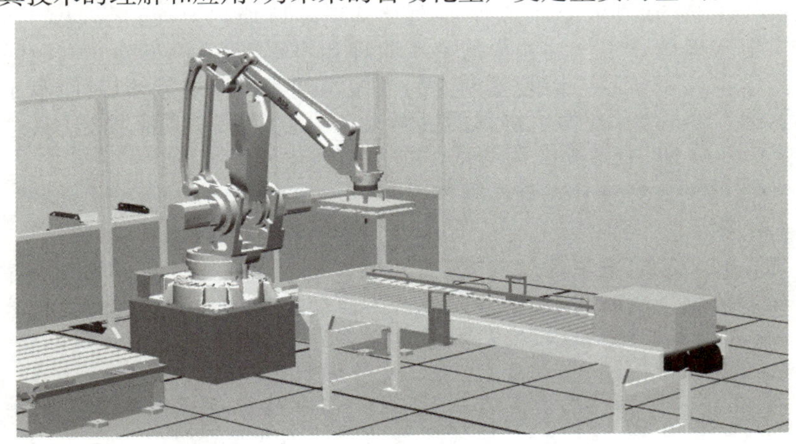

图 3-1　工业机器人搬运仿真工作站

3.1.1 任务目标

(1)模型建立与测量：在 RobotStudio 软件创建立一个精确的搬运工作站模型，并能够使用软件中的测量工具对工作站模型的关键尺寸进行精确测量，以确保模型符合设计要求。

(2)机械装置创建：设计并创建搬运工作站所需要的机械装置，如传送带、定位装置等，确保这些装置能够与机器人协同工作，实现顺畅的搬运流程。

(3)吸盘工具建模：根据搬运物品的形状和材质，设计并创建一个吸盘工具模型。该模型需要能够准确模拟吸盘在实际操作中的吸附和释放过程，以确保搬运的可靠性和稳定性。

(4)机器人工具创建：在 RobotStudio 软件中创建一个适用于搬运任务的机器人工具，包括工具坐标系定义、工具姿态调整等，以确保该工具能够与机器人协同工作，实现高效、准确的搬运操作。

3.1.2 任务要求

（1）遵循 RobotStudio 软件的操作规范，确保建模过程的准确性和规范性。
（2）注重细节，确保每个步骤都符合设计要求，并进行必要的测量和验证。
（3）在完成任务的过程中，注重团队协作和沟通，共同解决遇到的问题和挑战。
（4）提交完整的搬运仿真工作站模型，包括机械装置、吸盘工具和机器人工具等。

3.1.3 任务评估

任务完成后，将根据以下几个方面对成果进行评估：
（1）模型的准确性：模型是否符合设计要求，尺寸和位置是否正确。
（2）机械装置的合理性：机械装置是否能够与机器人协同工作，实现顺畅的搬运流程。
（3）吸盘工具的有效性：吸盘工具是否能够准确模拟吸附和释放过程，保证搬运的可靠性和稳定性。
（4）机器人工具的适用性：机器人工具是否能够高效、准确地完成搬运任务。
（5）团队协作和沟通能力：在完成任务过程中是否展现出良好的团队协作和沟通能力。

3.2 知识储备

3.2.1 模型建立与测量

1. 基本概念

（1）计算机辅助设计工具用于建立 3D 模型。
（2）测量工具用于验证模型尺寸和位置。

2. 实例程序代码

实例代码（伪代码）展示如何在 RobotStudio 中创建基础模型：

plaintext 复制代码

```
// 打开 RobotStudio 软件
Open RobotStudio
// 创建新工作空间
CreateNewWorkspace("MyWorkstation")
// 导入或创建基础模型
Model baseModel = ImportModel("base_model.stl")
// 调整模型位置和尺寸
baseModel.Move(X=100, Y=200, Z=50)
baseModel.Scale(FactorX=1.2, FactorY=1.2, FactorZ=1.2)
// 保存工作空间
SaveWorkspace("MyWorkstation.rws")
```

3.2.2 机械装置创建

1. 基本概念

(1)机械装置包括传送带、夹具、定位器等。

(2)需要理解机械原理相关知识来设计合理的装置。

2. 实例程序代码

实例代码(伪代码)展示如何创建机械装置:

plaintext 复制代码

```
// 在当前工作空间创建传送带
ConveyorBelt conveyor = CreateConveyorBelt(StartPoint=(0,0,0), EndPoint=(1 000,0,0))
// 设置传送带速度
conveyor. SetSpeed(50)
// 创建夹具
Clamp clamp = CreateClamp(Position=(500, 400, 200))
// 打开夹具
clamp. Open()
// 打开夹具
clamp. Close()
// 保存更改
SaveWorkspace("MyWorkstation_with_Mechanisms. rws")
```

3.2.3 吸盘工具建模

1. 基本概念

(1)吸盘工具通常用于抓取和搬运不规则或平滑表面的物体。

(2)需要了解吸盘的工作原理和选择合适的吸盘类型,见表 3-1。

表 3-1　不同类型的吸盘及其特点

吸盘类型	特点	适用场景
橡胶吸盘	柔软、适应性强	不规则表面物体的抓取
真空吸盘	强大的吸力	平滑表面物体的抓取
磁性吸盘	仅适用于金属表面	金属工件的抓取

2. 实例程序代码

实例代码(伪代码)展示如何创建吸盘工具:

plaintext 复制代码

```
// 创建吸盘工具
SuctionCup suctionCup = CreateSuctionCup(Diameter=100, Material="Rubber")
// 设置吸盘参数
suctionCup. SetSuctionForce(50) // 设置吸力
suctionCup. SetAttachmentPoint(Position=(0, 0, -50)) // 设置吸附点位置
// 将吸盘添加到机器人工具中
```

```
RobotTool robotTool = CreateRobotTool(Name="SuctionCupTool")
robotTool. AddAttachment(suctionCup)
// 保存机器人工具
SaveRobotTool("SuctionCupTool. rtool")
```

吸盘的吸力公式为

$$F=\pi \cdot (\frac{D}{2})^2 \cdot P$$

式中，F 为吸力；D 为吸盘直径；P 为吸盘内的压强。

3.2.4 机器人工具创建

1. 基本概念

(1)机器人工具是机器人用来执行特定任务的装置，如吸盘、夹具等。

(2)需要了解机器人工具坐标系和工具姿态的定义，机器人工具坐标系的基本参数见表 3-2。

表 3-2　机器人工具坐标系的基本参数

参数	描述
位置(x, y, z)	工具坐标系原点在机器人基坐标系中的位置
姿态(roll, pitch, yaw)	工具坐标系相对于机器人基坐标系的旋转角度

2. 实例程序代码

实例代码(伪代码)展示如何创建机器人工具：

plaintext 复制代码

```
// 创建机器人工具
RobotTool robotTool = CreateRobotTool(Name="搬运工具")
// 定义工具坐标系
robotTool. DefineToolFrame(Position=(0, 0, 0), Orientation=(0, 0, 0, 1))
// 设置工具姿态
robotTool. SetToolPose(Position=(0, 0, 100), Orientation=(0, 0, 0, 1))
// 将之前创建的吸盘添加到工具中
robotTool. AddAttachment(suctionCup)
// 保存机器人工具
SaveRobotTool("搬运工具. rtool")
```

注意：以上伪代码仅用于展示概念，并非真实的 RobotStudio 软件代码。实际使用时，请参照 RobotStudio 的官方文档和 API 指南进行操作。

3.3 模型创建与测量

模型创建与测量

RobotStudio 软件不仅是一个机器人编程和仿真软件，它还提供了强大的建模功能，允许用户创建和编辑 3D 模型。这些模型可以用于机器人路径规划、工作空间分析、碰撞检测等多种应用场景。

3.3.1 使用 RobotStudio 软件建模功能进行 3D 模型的创建

1. 启动 RobotStudio 软件并打开新项目

打开 RobotStudio 软件，如图 3-2 所示，依次选择“文件”→“新建”→“空工作站”，输入项目名称和保存路径，然后单击“确定”按钮。

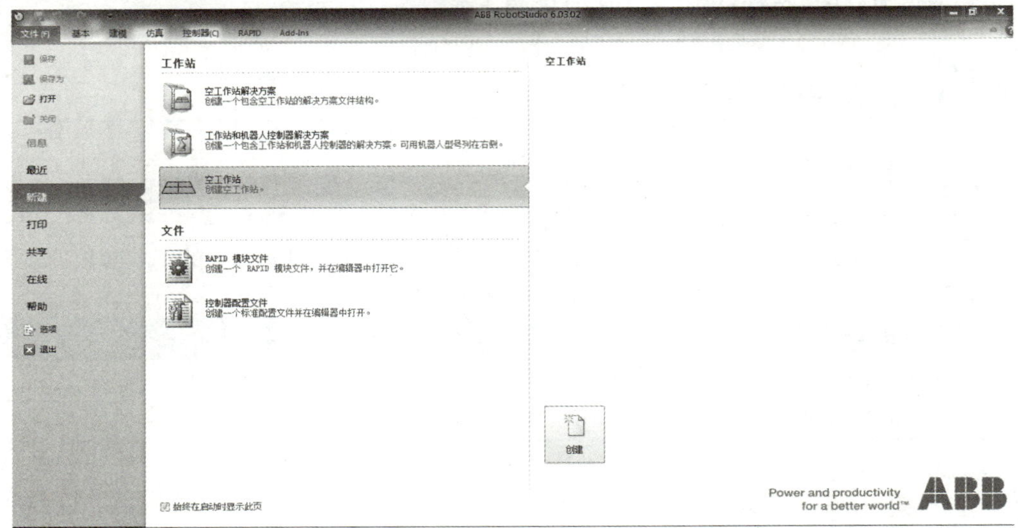

图 3-2　启动 RobotStudio 软件并打开新项目

2. 选择建模工作环境

在新建的项目中，如图 3-3 所示，选择“建模”工作环境。这将打开建模工具栏，其中包含创建 3D 模型所需要的各种工具。

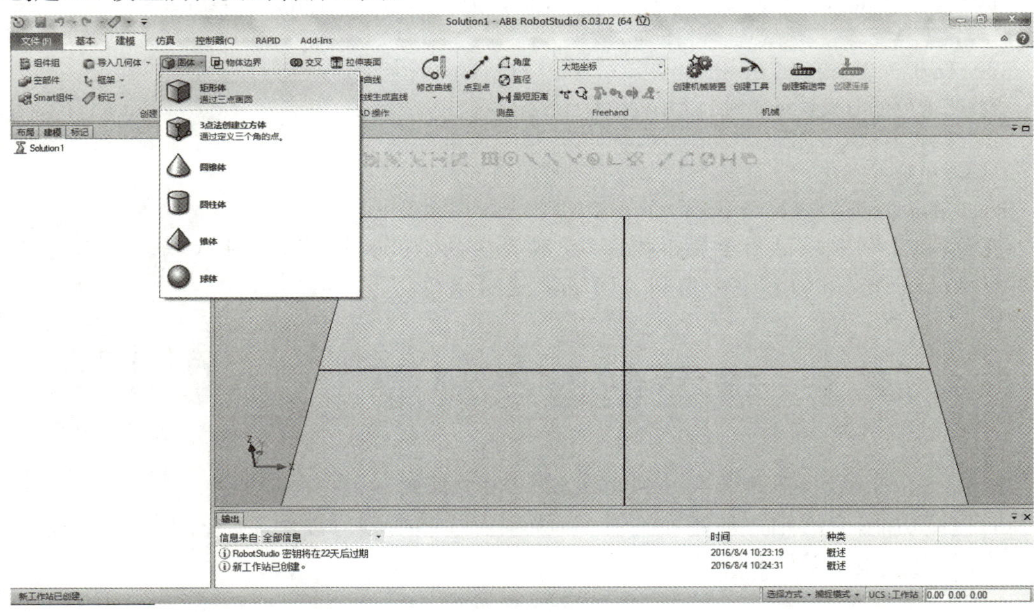

图 3-3　选择建模工作环境

3. 创建基本形状

在建模工具栏中，如图 3-4 所示，选择“基本形状”工具。这将允许用户创建如立方体、球体、圆柱体等基本形状。选择所需要的形状，然后在工作区域中单击并拖动以创建形状。用户可以通过调整形状的属性（如大小、位置等）来定制它。

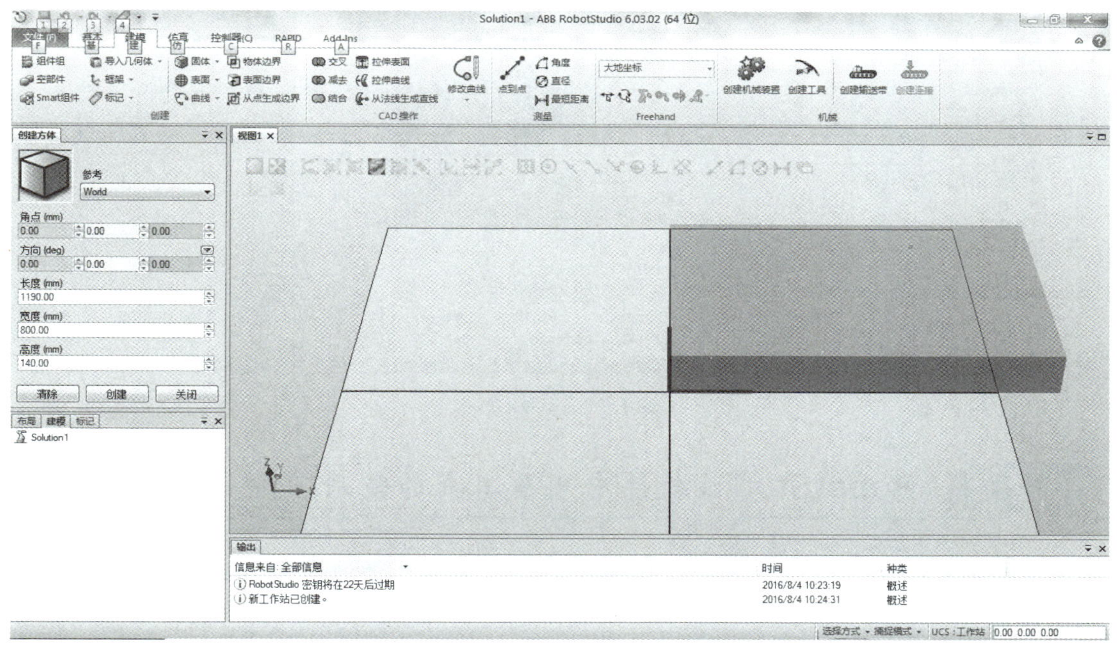

图 3-4　编辑基本形状

4. 编辑形状

使用建模工具栏中的“编辑”工具，用户可以对创建的形状进一步编辑。例如，用户可以使用“移动”工具来移动形状，使用“旋转”工具来旋转形状或使用“缩放”工具来改变形状的大小。

5. 创建复杂形状

对于更复杂的形状，用户可以使用建模工具栏中的“曲线”和“表面”工具来创建。这些工具允许用户创建自定义的曲线和曲面，然后将其组合在一起来创建复杂的 3D 模型。

6. 保存模型

完成模型的创建后，如图 3-5 所示，依次选择“文件”→“保存”来保存模型。用户可以选择保存为 RobotStudio 软件的专有格式(. rst)，也可以选择保存为更通用的 3D 文件格式(如. STL 或. IGES)。

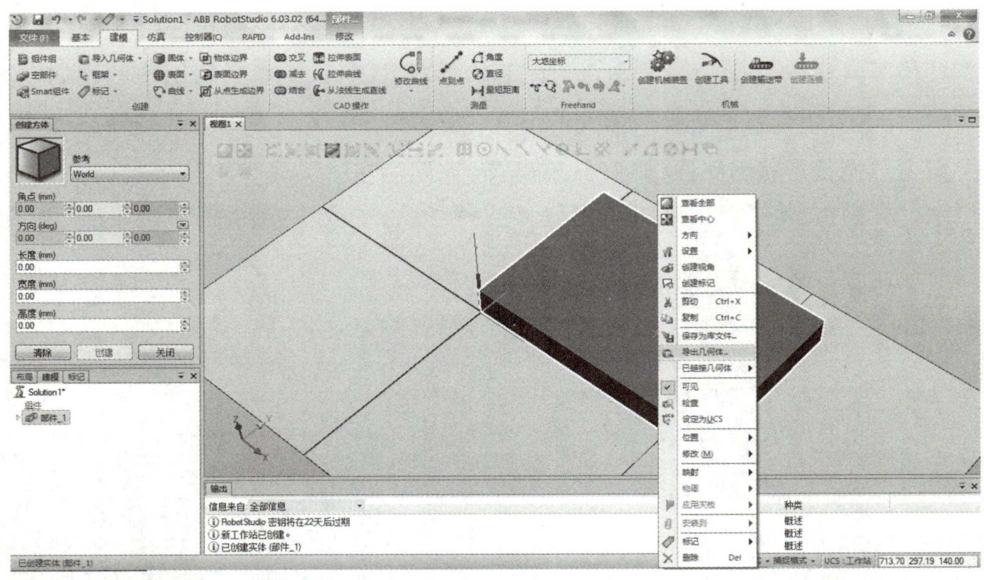

图 3-5 保存基本形状

3.3.2 RobotStudio 软件中测量工具的使用

测量工具在 RobotStudio 软件中扮演着重要的角色，它能够帮助用户精确地测量机器人的工作空间、轨迹和物体尺寸等。本节将详细介绍如何在 RobotStudio 软件中使用测量工具。

1. 打开 RobotStudio 软件并加载工作场景

(1)打开 RobotStudio 软件。

(2)在软件界面中选择“文件”菜单，加载需要进行测量的工作场景，如图 3-6 所示。

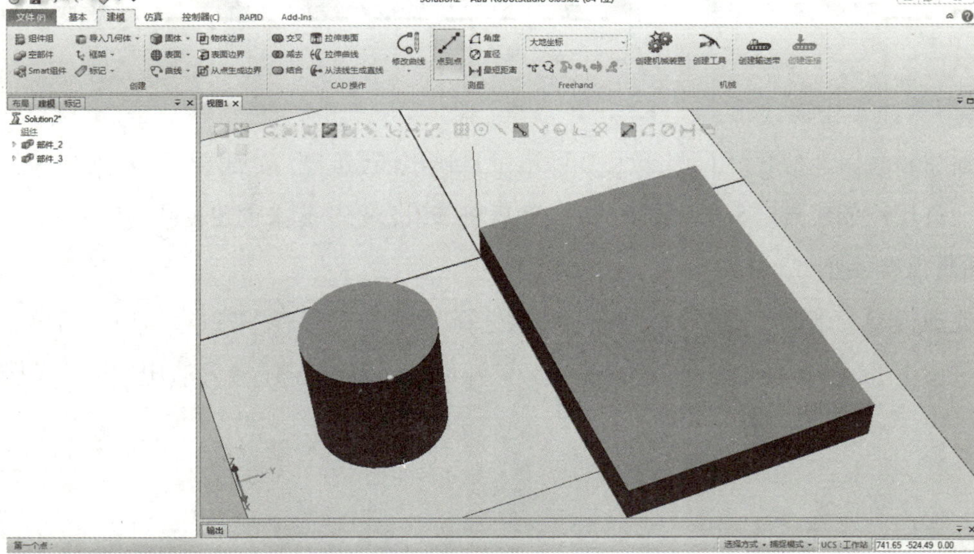

图 3-6 打开 RobotStudio 软件并加载工作场景

2. 选择测量工具

(1)在 RobotStudio 软件的工具栏中,找到并单击“测量”工具图标。

(2)如果没有在工具栏中看到“测量”工具图标,可以在菜单栏中依次选择“视图”→“工具栏”→“测量”,以显示“测量”工具图标。

3. 设置测量参数

(1)在选择测量工具后,根据需要测量的对象类型(如点、线、面等),在测量工具的设置面板中选择相应的测量参数。

(2)如果需要,还可以设置测量单位(如毫米、厘米等)。

4. 执行测量操作

(1)用户可以在工作场景中,选择想要测量的对象。

(2)单击“测量”工具图标,并将鼠标移动到测量的对象上,按照提示进行测量。

(3)如图 3-7 所示,根据测量参数,RobotStudio 软件会显示相应的测量结果。

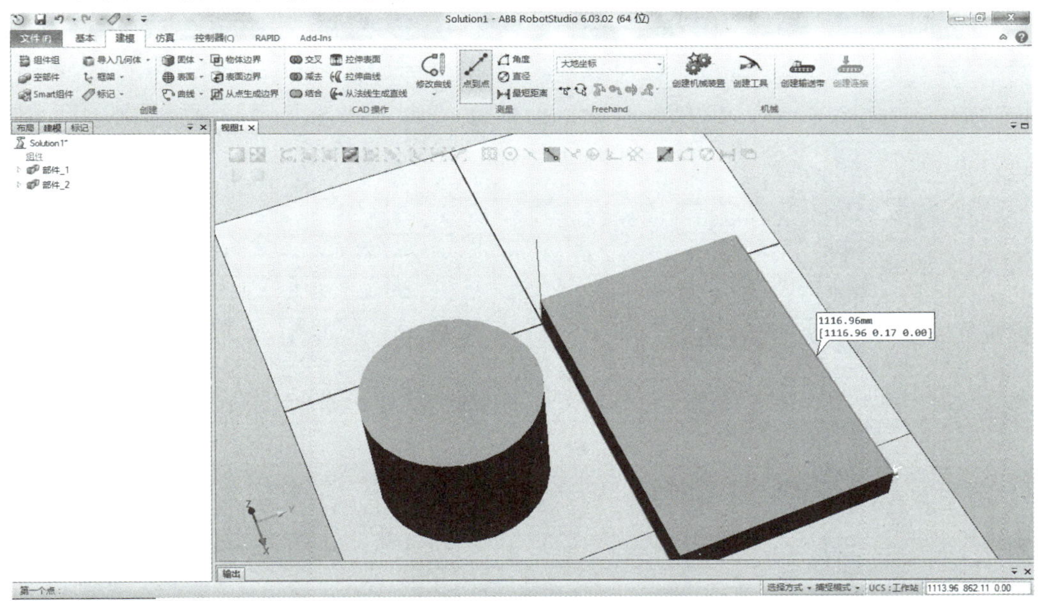

图 3-7 测量工具的使用

5. 查看和分析测量结果

(1)测量结果将显示在测量工具的面板中,也可以在工作场景中直接查看。

(2)用户可以根据需要对测量结果进行分析和处理,例如将结果导出为报告或与其他数据进行比较。

注意事项

(1)在进行测量前,确保工作场景中的对象已经正确加载和定位。

(2)根据测量需求选择合适的测量参数和单位。

(3)如果测量结果不准确,可以重新执行测量操作或检查测量参数的设置。

3.4 机械装置的创建

机械装置的创建

RobotStudio 软件中允许用户创建、编辑和模拟各种机械装置。通过 RobotStudio 软件，用户可以设计复杂的机械系统，并在虚拟环境中进行测试和优化。

3.4.1 创建滑台模型

1. 打开 RobotStudio 软件并新建项目

(1)启动 RobotStudio 软件。

(2)如图 3-8 所示，依次选择“文件”→“新建”来创建一个新的项目。

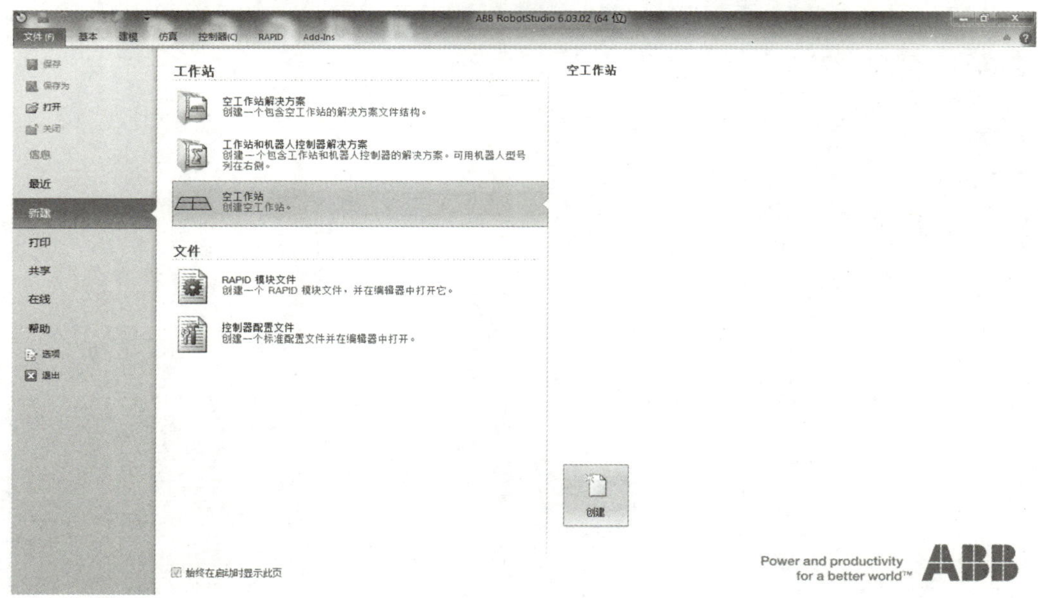

图 3-8 打开 RobotStudio 软件并新建项目

2. 创建滑台模型几何体

(1)如图 3-9 所示在“建模”模块中，利用基本形状(如立方体、长方体等)来构建滑台的主体结构。

(2)根据滑台的实际尺寸调整几何体的参数。

3. 添加滑台的运动组件

(1)使用“装配”功能，将滑台的运动部件(如滑块、导轨等)添加到模型中。

(2)如图 3-10 所示，确保各部件之间的相对位置关系正确。

4. 保存滑台模型

在完成滑台模型的创建后，用户可以依次选择“文件”→“保存”来保存模型。

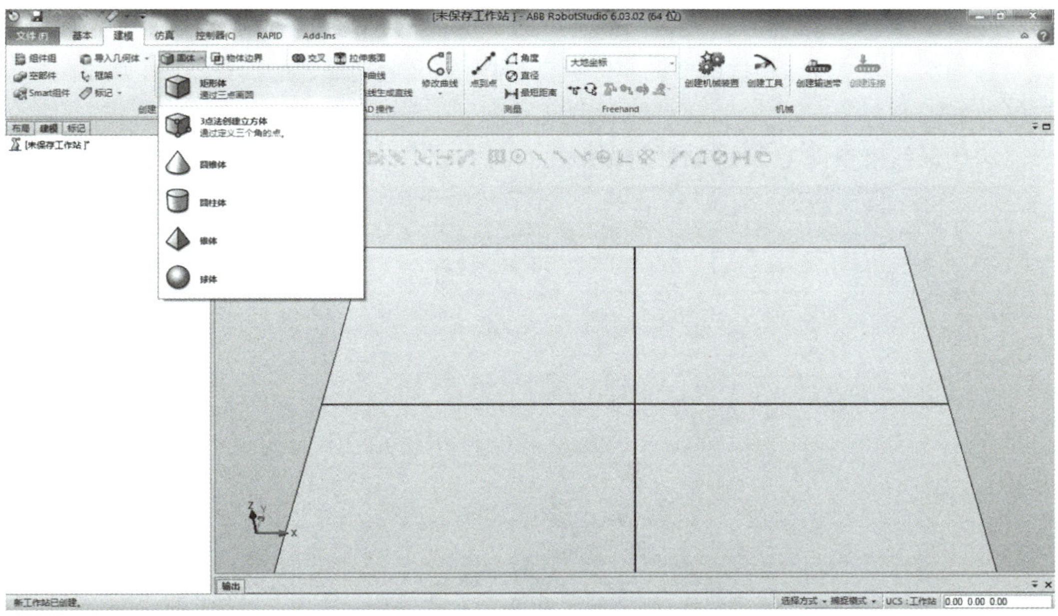

图 3-9 创建滑台模型几何体

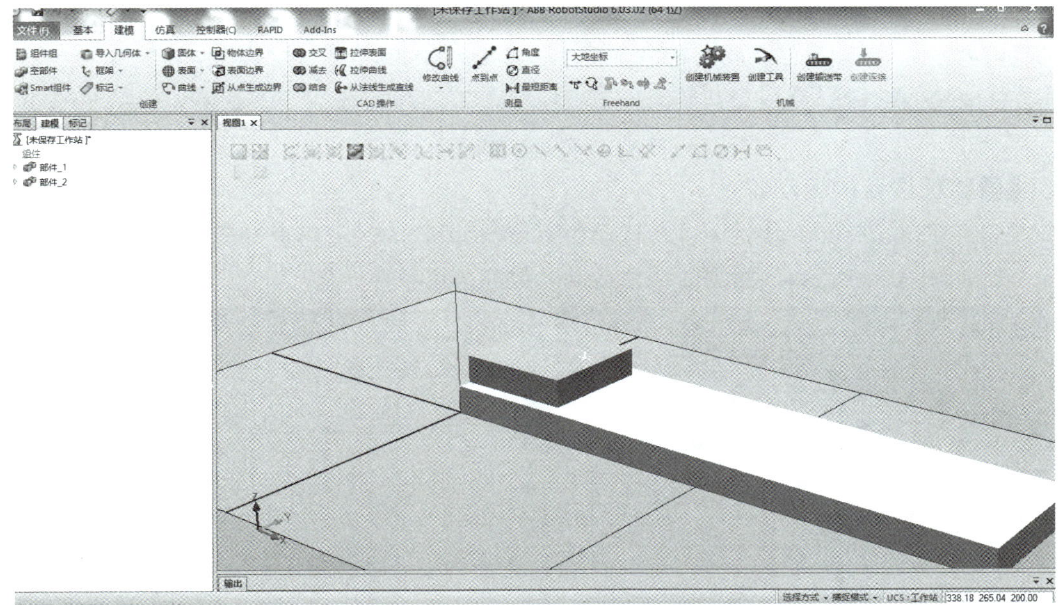

图 3-10 添加滑台的运动组件

3.4.2 建立滑台的机械运动特性

1. 设置滑台的运动参数

(1)在 RobotStudio 软件的“运动”模块中,选择滑台的运动部件。

(2)设置运动部件的行程、速度、加速度等参数。

2. 定义滑台的运动约束

(1)如图 3-11 所示,根据滑台的实际运动特性,定义运动部件的约束条件(如线性运动、旋转运动等)。

(2)确保约束条件与实际机械结构相符。

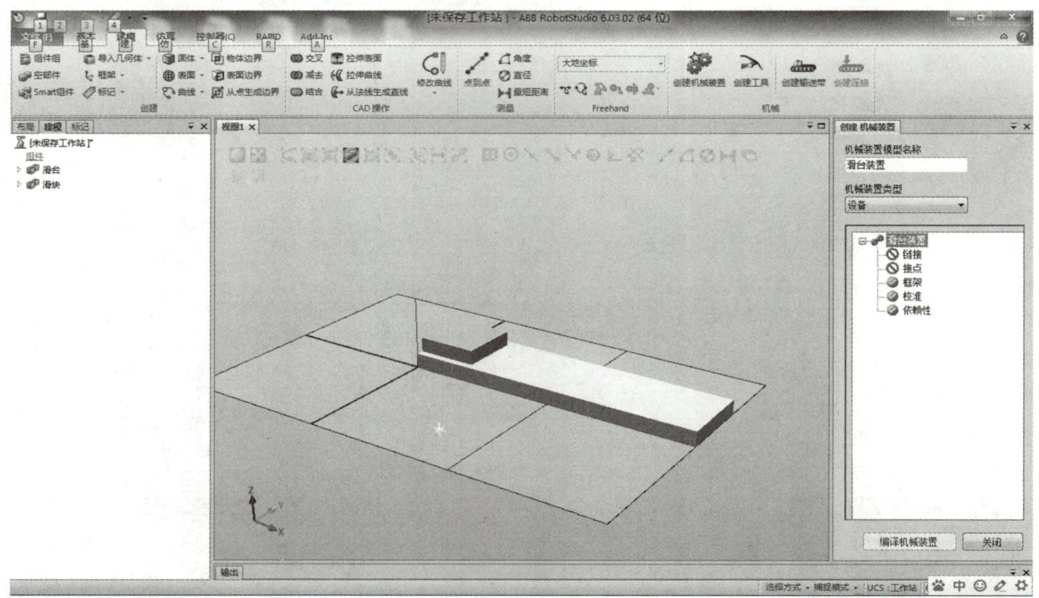

图 3-11 定义滑台的运动约束

3. 验证滑台的运动特性

(1)在 RobotStudio 软件中进行运动仿真,观察滑台的运动是否符合预期。

(2)如图 3-12 所示,根据需要调整运动参数和约束条件。

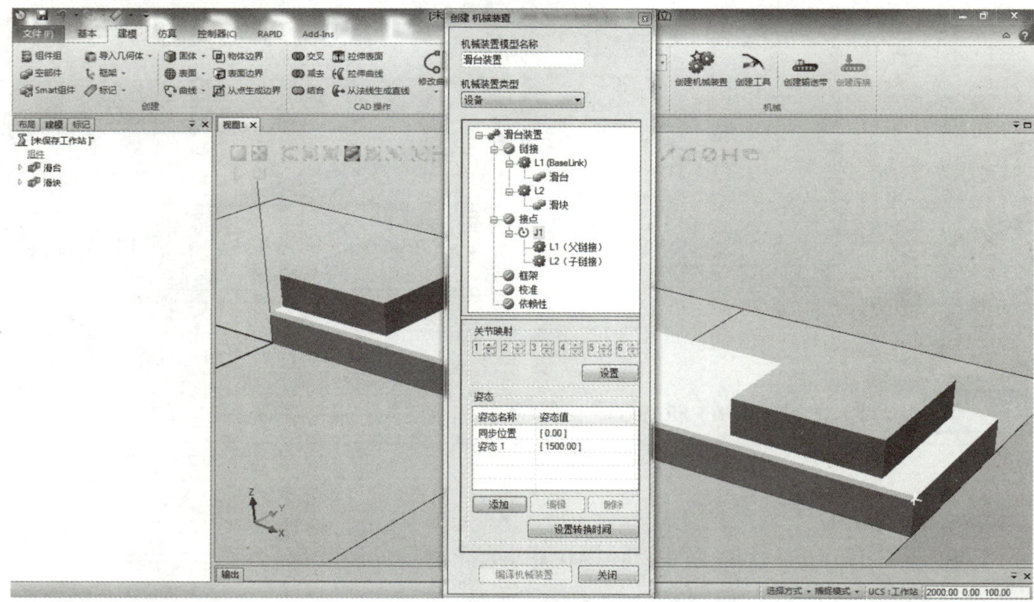

图 3-12 验证滑台的运动特性

3.4.3 导入机器人

1. 选择并导入机器人模型

(1)在 RobotStudio 软件的“机器人”模块中,选择适合项目的机器人型号。

(2)如图 3-13 所示,单击“导入”按钮,将机器人模型添加到项目中。

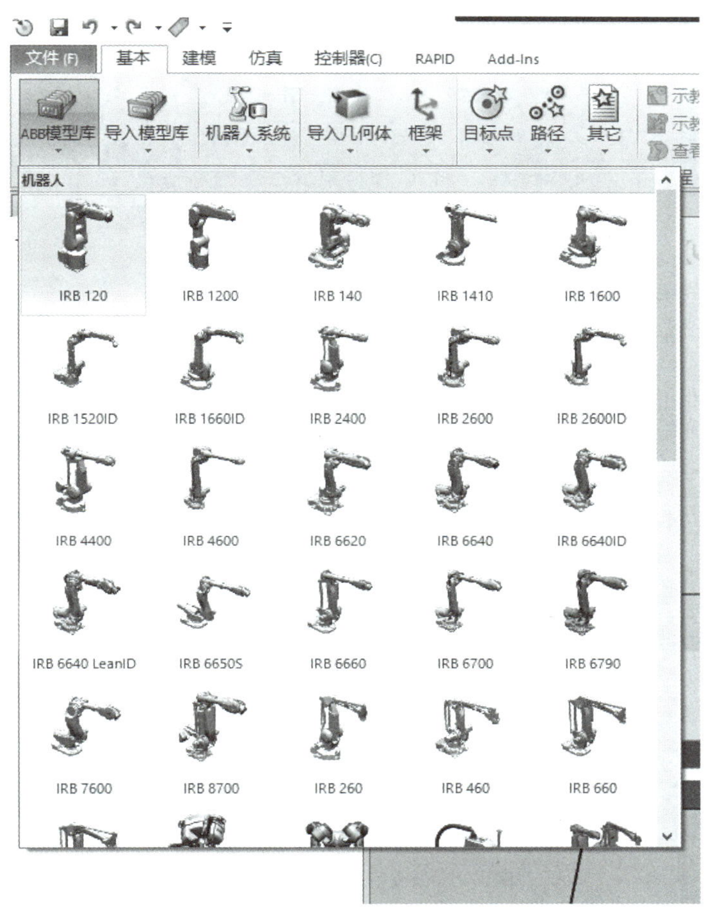

图 3-13　选择并导入机器人模型

2. 配置机器人与滑台的相对位置

(1)如图 3-14 所示,将机器人放置在滑台附近,并调整其位置和姿态。

(2)确保机器人与滑台之间的相对位置关系正确。

3. 定义机器人与滑台的交互

(1)根据项目需求,如图 3-15 所示,定义机器人与滑台之间的交互方式(如机器人通过滑台移动、滑台为机器人提供支撑等)。

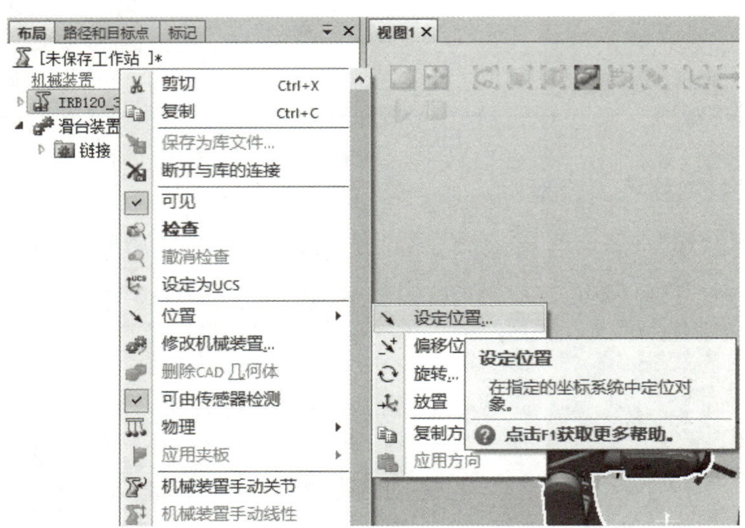

图 3-14 配置机器人与滑台的相对位置

(2)确保交互方式符合实际应用场景。

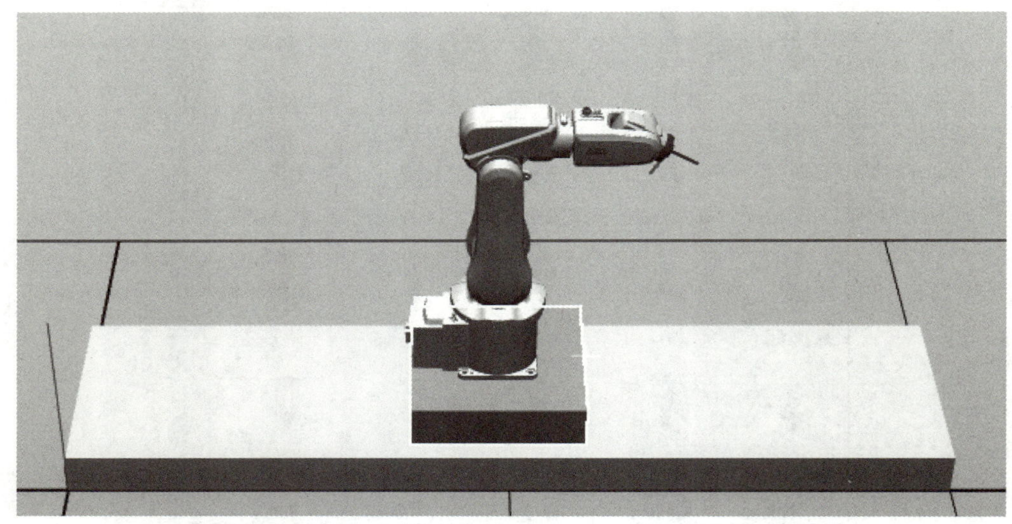

图 3-15 定义机器人与滑台的交互

4. 保存项目

完成机器人导入和配置后,用户可以依次选择"文件"→"保存"来保存项目。

3.5 创建机器人所用工具

在 RobotStudio 软件中创建和安装合适的工具对于机器人来说至关重要,它能够提高机器人的工作效率和准确性。

3.5.1 吸盘工具建模

1. 启动 RobotStudio 软件并打开工作场景

(1)打开 RobotStudio 软件。

(2)加载需要创建工具的工作场景。

2. 选择“工具”模块

在 RobotStudio 软件的主界面中,找到并单击“工具”模块或选项卡。

3. 创建新工具

(1)在“工具”模块中,选择“创建新工具”选项。

(2)在弹出的对话框中,为新工具命名,例如“吸盘工具”。

4. 设计吸盘工具

(1)使用 RobotStudio 软件的建模工具,如线条、形状和体积等,来设计吸盘的外形。

(2)根据吸盘的实际尺寸和形状,精确绘制其轮廓。

(3)如果需要,可以为吸盘添加物理属性,如质量、质心等。

5. 保存吸盘工具模型

(1)如图 3-16 所示,在完成吸盘工具的设计后,单击“保存”按钮。

(2)选择保存位置和文件名,确保文件命名清晰明了。

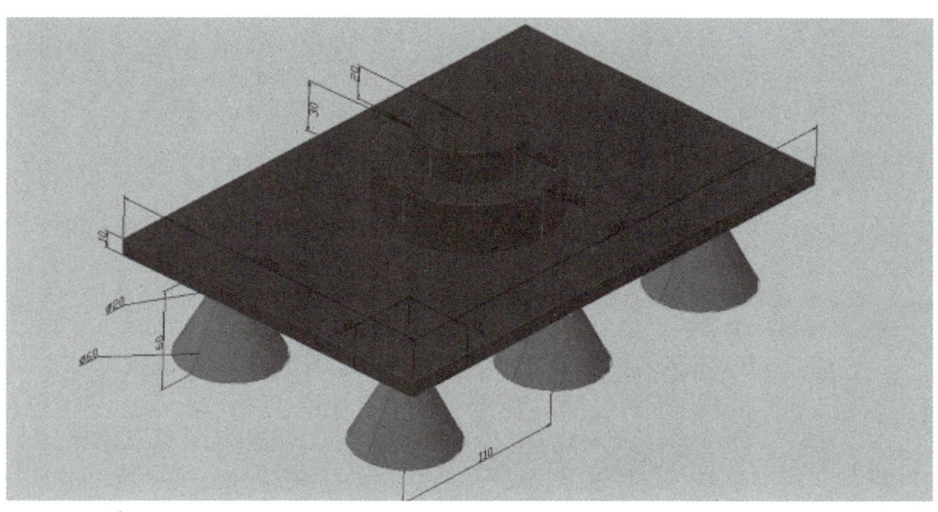

图 3-16 机器人吸盘工具建模

3.5.2 安装机器人工具

1. 选择机器人和工具

(1)在 RobotStudio 软件中,如图 3-17 所示,选择需要安装工具的机器人。

(2)从工具库中选择之前创建的“吸盘工具”。

2. 安装工具

(1)将吸盘工具拖拽到机器人的法兰盘上,或按照提示将工具安装到机器人上。

(2)确保工具的安装位置和方向正确。

3. 验证工具安装

(1)如图 3-18 所示,在 RobotStudio 软件中进行仿真,观察机器人是否能够正确使用吸盘工具。

(2)如有必要,可以调整工具的安装位置或方向。

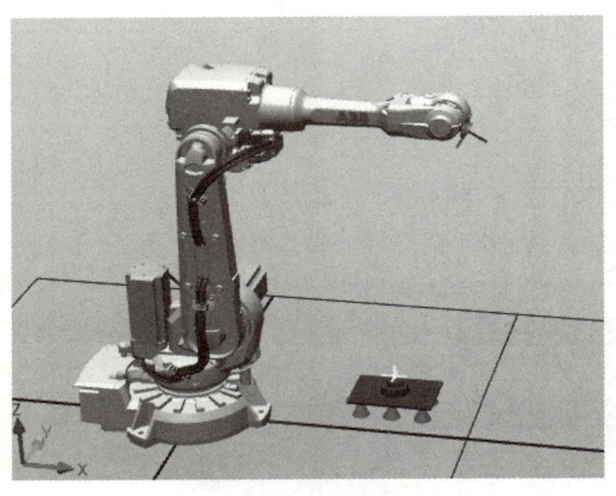

图 3-17 安装机器人工具

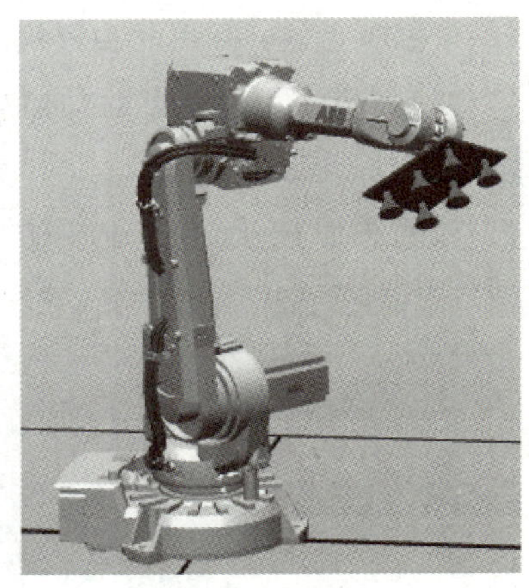

图 3-18 验证机器人工具

3.5.3 保存工具

1. 保存工作场景

(1)在完成工具的安装和验证后,保存整个工作场景。

(2)选择“文件”菜单,然后选择“保存”选项。

2. 导出工具文件

(1)如图 3-19 所示,如果需要将创建的吸盘工具与其他项目或用户共享,可以选择导出工具文件。

(2)在 RobotStudio 软件中依次选择“文件”→“导出”→“工具”选项。

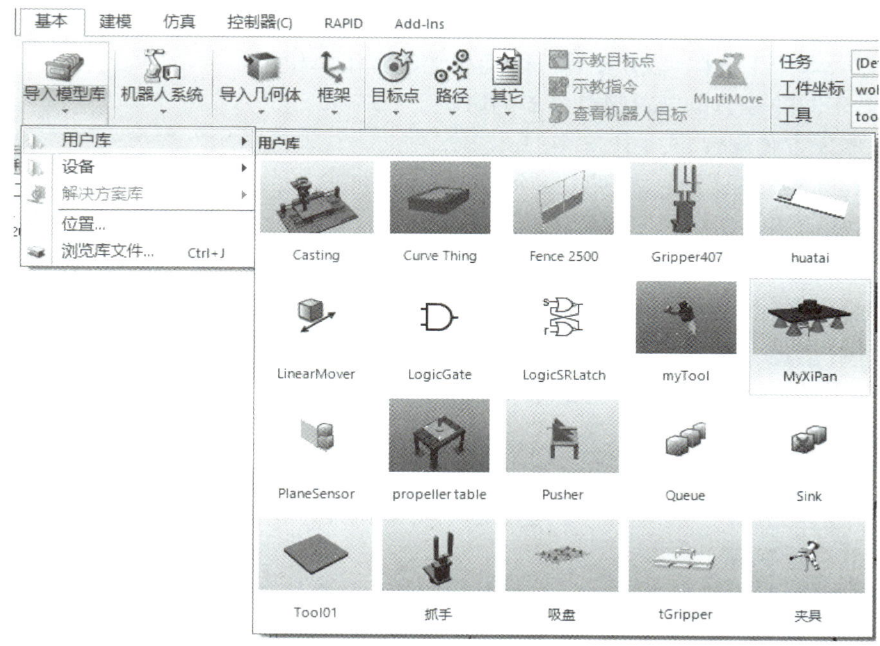

图 3-19　保存机器人工具

(3)选择保存位置和文件名，然后按照提示完成工具的导出过程。

注意事项

(1)在创建和安装工具时，确保所有尺寸和参数都是准确的。

(2)在进行仿真验证时，注意观察机器人与工具的交互，确保没有干涉或碰撞。

(3)导出工具文件时，确保文件格式与 RobotStudio 软件版本兼容。

练习与作业

一、基础知识练习

(1)RobotStudio 软件基本操作

①打开 RobotStudio 软件，熟悉其界面布局和功能模块。

②练习创建新的工作场景，并保存和加载已有场景。

(2)搬运仿真工作站建模

①设计一个简单的搬运工作站场景，包括机器人、工作台、物料等。

②掌握如何调整模型的位置、方向和尺寸。

(3)模型测量与校准

①在已创建的搬运工作站中，使用测量工具测量物体间的距离和角度。

②练习校准模型的位置，确保它们按照实际需求进行排列。

(4)机械装置设计

①设计一个简单的传送带或夹具，了解机械装置的基本构成。

②思考并实践如何将设计规范应用于实际模型中。

(5)吸盘工具建模

①学习吸盘的工作原理,并创建一个简单的吸盘工具模型。

②探索不同的参数设置对吸盘性能的影响。

(6)机器人工具配置

①在 RobotStudio 软件中,创建一个新的机器人工具,并配置到机器人上。

②练习如何调整工具的安装位置和姿态。

二、综合应用作业

(1)完整的搬运工作站建模

①设计并创建一个复杂的搬运工作站,包括多个机械装置、机器人和物料。

②使用测量工具验证模型的准确性,并进行必要的调整。

(2)吸盘工具的实际应用

①在搬运工作站模型中,应用吸盘工具进行物料搬运的仿真。

②分析吸盘工具在实际应用中的优、缺点,并提出改进建议。

(3)团队合作项目

①分组进行,每组设计并创建一个具有独特功能的搬运工作站。

②团队成员需要分工合作,发挥各自专长,共同完成项目。

③提交项目报告,包括设计思路、实现过程、遇到的问题及解决方案等。

三、思考与讨论

(1)建模经验分享

①总结在建模过程中的经验教训,分享建模技巧和方法。

②讨论如何提高建模的准确性和效率。

(2)理论知识应用

①分析理论知识在实际建模过程中的作用和意义。

②探讨如何将理论知识与实践操作相结合,提高学习效果。

(3)未来展望

①讨论机器人技术在未来的发展趋势和应用前景。

②思考自己在机器人领域的学习和发展方向。

第 4 章

涂胶仿真工作站的离线轨迹编程

本章将深入探讨机器人离线轨迹编程的核心概念与实践技能。学生将了解涂胶仿真工作站的基本架构和工作原理，从而建立起对机器人离线编程环境的全面认识。本章还将着重介绍如何创建机器人的离线轨迹曲线和路径，以及如何通过调整机器人的目标点和轴配置参数来优化编程效果。通过本章的学习，学生不仅能够掌握离线轨迹编程的基础知识和实践技能，还能在涂胶仿真工作站中测试验证自己的编程成果，从而加深对机器人离线编程的理解和应用。

本章重点：

1. 离线轨迹编程基础：掌握机器人离线轨迹编程的基本概念、原理及其重要性，为后续实践操作奠定理论基础。

2. 涂胶仿真工作站：深入理解涂胶仿真工作站的结构和工作流程，以便模拟实际应用场景。

3. 轨迹曲线与路径创建：掌握机器人离线轨迹曲线及路径创建的基本方法，这是离线编程的核心技能。

4. 目标点与轴配置调整：了解如何根据任务需求调整机器人的目标点和轴配置参数，以实现更精确的轨迹控制。

本章难点：

1. 轨迹编程的实践操作：将理论知识转化为实际操作，特别是创建复杂的轨迹曲线和路径。

2. 目标点与轴配置参数的优化：如何根据具体任务需求精确调整机器人的目标点和轴配置参数，以达到最佳的轨迹编程效果，这需要学生具备一定的实践经验和技巧。

3. 仿真工作站的测试验证：将离线编程的轨迹导入仿真工作站进行测试验证，涉及多个软件和硬件的协调操作，对学生的综合能力要求较高。

4.1 概　述

在现代工业生产中，涂胶工艺的重要性不言而喻，其广泛应用于汽车制造、电子产业、家具生产等领域。涂胶不仅关系产品的外观美观，更直接决定了产品的性能、耐用性和使用寿命。随着自动化技术不断进步，越来越多的企业开始寻求涂胶过程的自动化解决方案，以提高生产率、降低成本，并确保产品质量的稳定性。

涂胶过程的自动化涉及多个方面的技术挑战，其中之一就是如何精确控制涂胶机器人的运动轨迹。轨迹的准确性和稳定性直接影响涂胶的均匀性和一致性，进而影响产品的整体质量。本章利用 RobotStudio 软件，学习如何实现涂胶仿真工作站的离线轨迹编程，以确保涂胶机器人能够在真实环境中准确、高效地执行涂胶任务。

在涂胶仿真工作站的创建过程中，将首先进行轨迹曲线及路径的创建。这包括确定涂胶机器人的起始位置、终止位置，以及中间的运动轨迹。通过 RobotStudio 软件，可以直观地看到机器人的运动路径，并根据需要进行调整和优化。学习如何调整目标点，以确保涂胶机器人能够准确到达指定的涂胶位置。

除了轨迹曲线和路径的创建外，轴配置参数的设定也是离线轨迹编程的关键环节。轴配置参数决定了涂胶机器人的运动方式和姿态，直接影响涂胶的均匀性和一致性。用户应仔细研究 RobotStudio 软件中的轴配置参数设置功能，确保机器人能够以最佳的状态执行涂胶任务。

离线编程轨迹辅助工具的使用也是本项目的重要内容之一。这些辅助工具可以更加高效地进行轨迹编程和仿真验证，提高编程的准确性和工作效率。学习如何使用这些工具进行轨迹的编辑、优化和验证，确保涂胶机器人在真实环境中能够准确地执行设定的轨迹。

如图 4-1 所示，通过本章的学习和实践，将掌握涂胶仿真工作站的离线轨迹编程技术，为涂胶过程的自动化提供有力的技术支持。

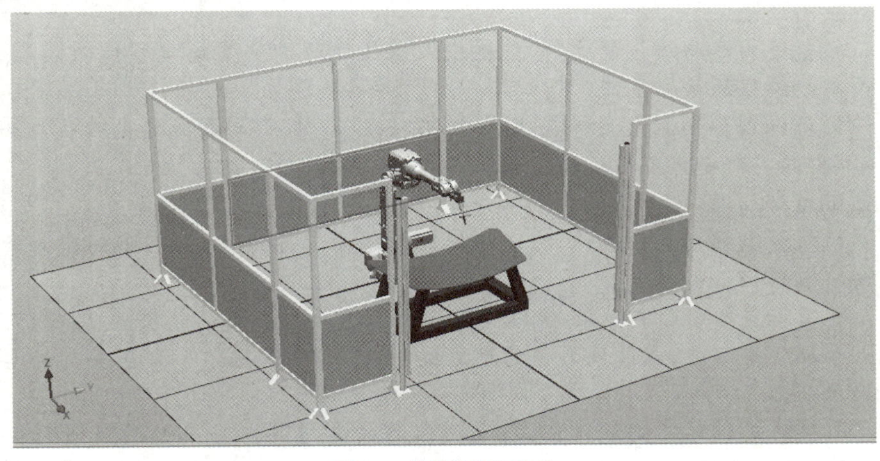

图 4-1　涂胶仿真工作站

4.1.1 任务目标

本章的任务目标是让学生掌握在 RobotStudio 软件中创建机器人离线轨迹曲线和路径的基本方法和步骤。通过实际操作，使学生能够熟悉软件的界面和工具，理解轨迹创建的原理和技巧，为后续的涂胶仿真工作打下基础。

4.1.2 任务要求

(1)导入工件模型：在 RobotStudio 软件中导入需要涂胶的工件 3D 模型。

(2)轨迹规划：根据工件的形状和涂胶要求，使用软件提供的轨迹规划工具创建机器人的运动轨迹。轨迹要求平滑、连续，并且能够覆盖工件需要涂胶的全部区域。

(3)路径生成：将创建的轨迹转换为机器人可执行的路径，并设置合适的涂胶参数(如速度、加速度等)。

(4)导出路径文件：将生成的路径文件导出为机器人控制器可识别的格式，以便后续的实际应用。

4.1.3 任务评估

任务完成后，将根据以下几个方面对成果进行评估：

(1)轨迹创建的准确性和完整性：评估学生创建的轨迹是否能够准确覆盖工件需要涂胶的区域，且轨迹连续、平滑，无遗漏或重复部分。

(2)路径生成的合理性和可行性：评估学生生成的路径是否符合机器人的运动学特性和涂胶工艺要求，并且在实际应用中能够顺利执行。

(3)软件操作的熟练程度：评估学生在使用 RobotStudio 软件过程中的操作熟练程度、对软件工具的掌握情况，以及解决问题的能力。

(4)报告和文档的规范性：评估学生提交的报告和文档是否规范、清晰，能够准确反映任务完成的过程和结果。

通过以上评估，可以全面了解学生在涂胶仿真工作站离线轨迹编程方面的掌握情况，为后续的教学和实践提供有针对性的指导。

4.2 知识储备

在进行涂胶仿真工作站的离线轨迹编程前，学生需要掌握一些基本的知识点和工具。这些知识储备不仅有助于理解轨迹规划的原理，还能提高编程的工作效率和准确性。

在轨迹规划中，经常需要用到一些数学公式来描述机器人的运动。例如，直线轨迹可以使用两点间的距离公式来表示，即

$$d=(x_2-x_2)^2+(y_2-y_1)^2+(z_2-z_1)^2$$

式中，(x_1,y_1,z_1)和(x_2,y_2,z_2)分别为轨迹的起点和终点坐标。

圆弧轨迹则需要使用圆弧的半径和圆心角来计算其长度，即

$$L=r\cdot\theta$$

式中，r 为圆弧的半径；θ 为圆心角(以弧度为单位)。

在进行涂胶任务时，需要设置机器人的各种参数。表 4-1 展示了涂胶任务中涉及的参数及其描述。

表 4-1　涂胶任务中涉及的参数及其描述

参数名称	描述	示例值
涂胶速度/$mm\cdot s^{-1}$	机器人执行涂胶动作时的速度	50
涂胶加速度/$mm\cdot s^{-2}$	机器人速度变化时的加速度	500
涂胶厚度/mm	涂胶层的厚度	0.5
涂胶宽度/mm	涂胶区域的宽度	10
涂胶间隔/mm	相邻涂胶轨迹之间的间隔	5

通过合理设置这些参数，可以确保涂胶过程的准确性和工作效率。

在 RobotStudio 软件中，轨迹编程通常涉及编写或修改机器人的运动程序。以下是一个简单的程序示例，展示了如何使机器人按照预定的轨迹进行移动：

robot 复制代码

```
PROC Main()
VAR pos targetPos；！定义目标位置变量
！设置目标位置(示例值)
targetPos ：= [100，200，300，0，0，0]；！X，Y，Z，W，P，R
！移动机器人到目标位置
MOVEJ pJoint1，v1000，z10，tool0；！从起始点到过渡点
MOVEL targetPos，v500，tool0；！沿直线移动到目标点
ENDPROC
```

在这个示例中，Main 是主程序，targetPos 是一个存储目标位置的变量。MOVEJ 指令用于使机器人以关节方式移动到过渡点，而 MOVEL 指令则用于使机器人以直线方式移动到目标位置。v1000 和 v500 是速度参数，z10 是过渡区的大小，tool0 是使用的工具坐标系。

通过学习和理解这些程序示例，可以掌握在 RobotStudio 中编写机器人运动程序的基本方法和技巧。这些知识储备将为后续进行涂胶仿真工作站的离线轨迹编程提供有力的支持。

4.3　创建机器人离线轨迹曲线及路径

在 RobotStudio 软件中，创建机器人离线轨迹曲线及路径是涂胶仿真工作站编程的关键步骤。下面将详细介绍如何创建机器人激光切割曲线，以及生成对应的切割路径。

4.3.1 创建机器人激光切割曲线

1. 导入工件模型

如图 4-2 所示，在 RobotStudio 软件中打开一个新的工作站项目，然后导入需要进行激光切割的工件 3D 模型。确保模型的比例和位置正确，以便后续的轨迹规划。

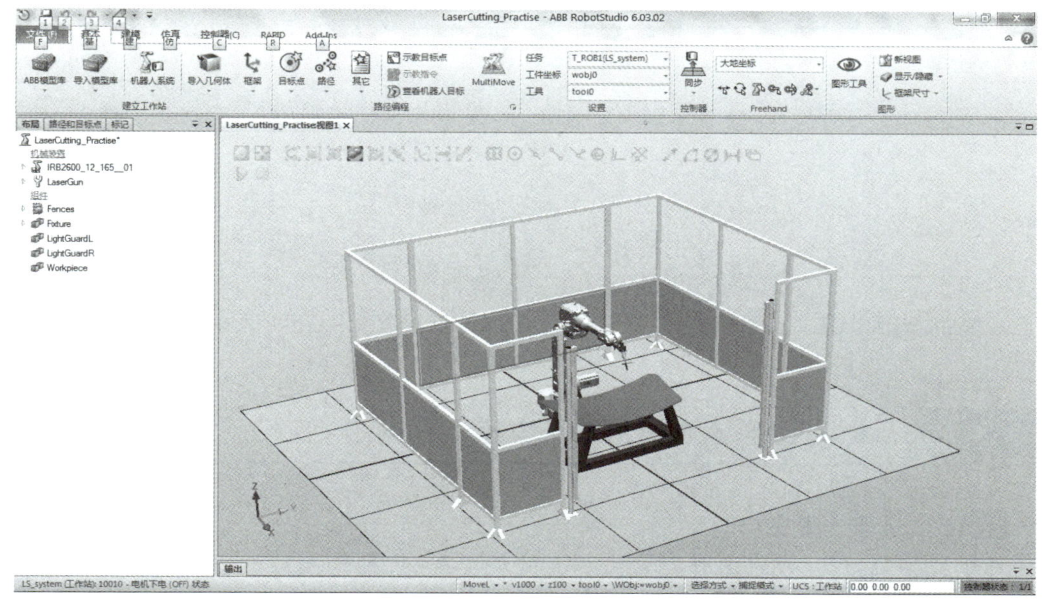

图 4-2　导入工件模型

2. 选择轨迹规划工具

在 RobotStudio 软件的工具栏中，选择适当的轨迹规划工具。通常，这些工具包括直线、圆弧、样条曲线等，用于创建机器人的运动轨迹。

3. 创建切割曲线

如图 4-3 所示，根据工件的形状和切割要求，使用选定的轨迹规划工具在工件上绘制切割曲线。可以通过单击鼠标或输入坐标值的方式来定义曲线的起点和终点，以及曲线的形状和走向。确保切割曲线能够完全覆盖需要切割的区域，并且曲线连续、平滑，避免出现急剧的转折或突变。

4. 调整曲线参数

根据需要，可以调整切割曲线的参数，如曲线的粗细、曲率等。这些参数将影响机器人切割时的精度和效率，因此需要根据实际情况进行合理设置。

5. 保存切割曲线

完成切割曲线的创建后，将其保存为可识别的文件格式，以便后续的路径生成和仿真使用。

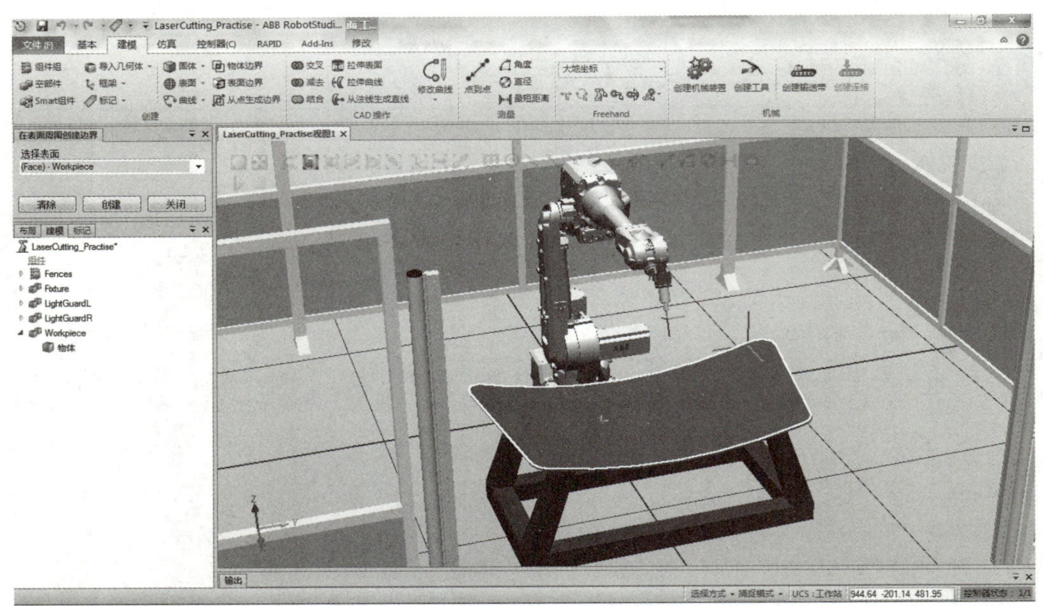

图 4-3　创建切割曲线

4.3.2 生成机器人激光切割路径

1. 配置机器人参数

在生成切割路径之前，需要配置机器人的相关参数，如切割速度、加速度、工具坐标系等，如图 4-4 所示。这些参数将直接影响切割的质量和工作效率，因此需要根据实际切割工艺和机器人性能进行合理设置。

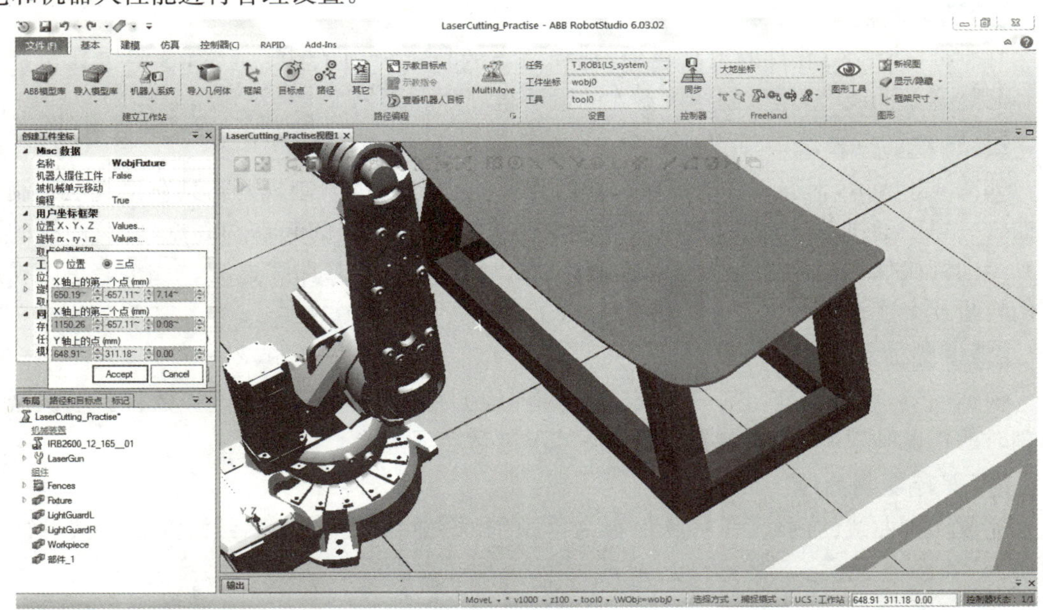

图 4-4　配置机器人参数

2. 选择路径生成工具

如图 4-5 所示，在 RobotStudio 软件中，选择路径生成工具。这些工具通常能够根据已创建的切割曲线自动生成机器人的运动路径。

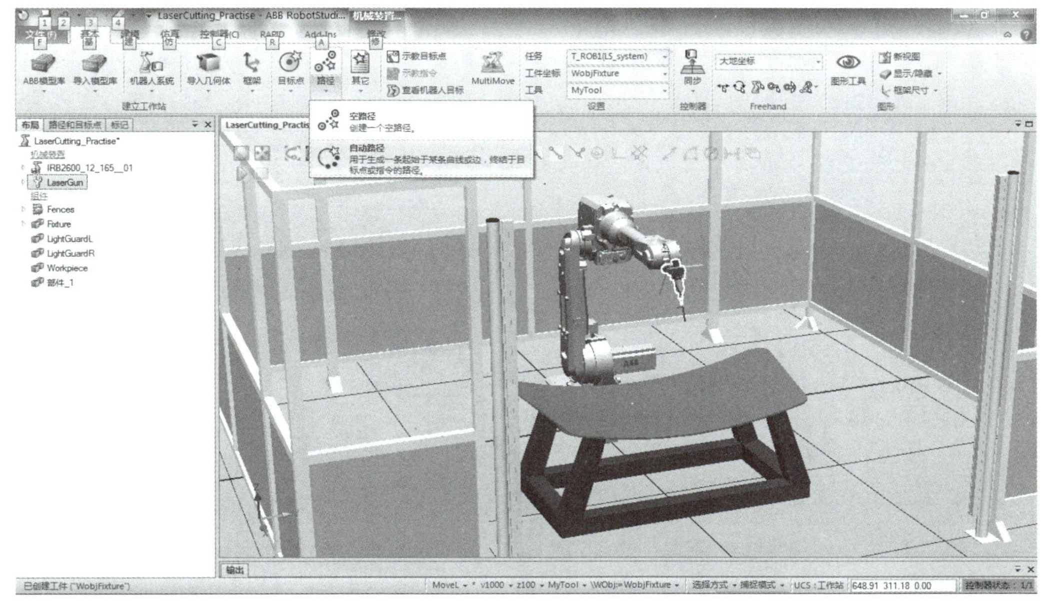

图 4-5　选择路径生成工具

3. 生成切割路径

如图 4-6 所示使用路径生成工具，将之前创建的切割曲线转换为机器人的运动路径。在转换过程中，可以根据需要设置路径的插补方式、精度等参数，以确保生成的路径符合切割要求。

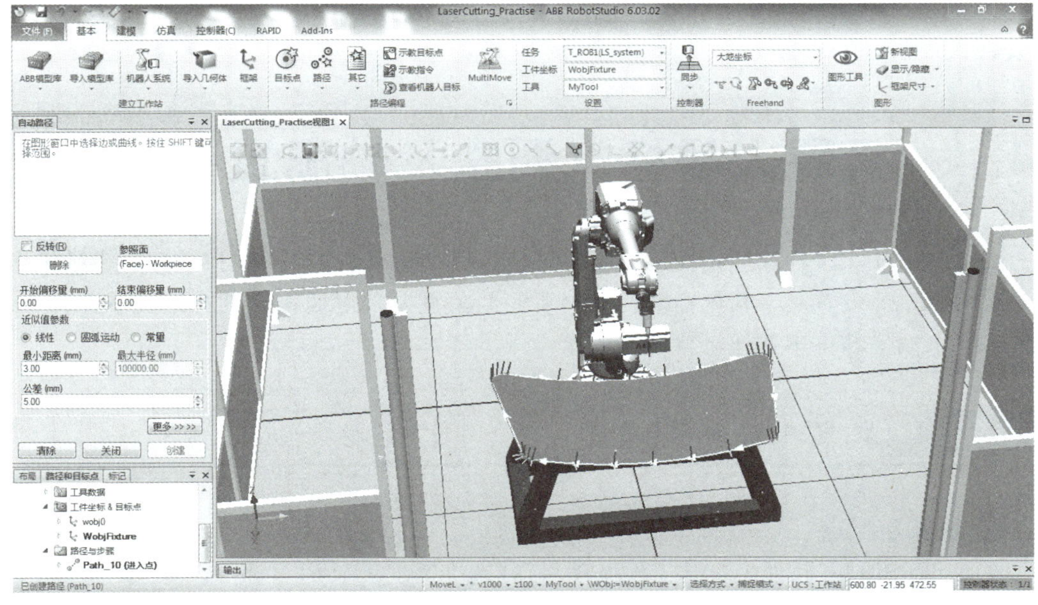

图 4-6　生成切割路径

4. 优化和调整路径

如图 4-7 所示生成的切割路径可能需要进行一些优化和调整，以消除冗余动作、减少空行程等。用户可以使用 RobotStudio 软件提供的路径优化工具进行自动或手动调整，以提高切割效率和机器人运动的平稳性。

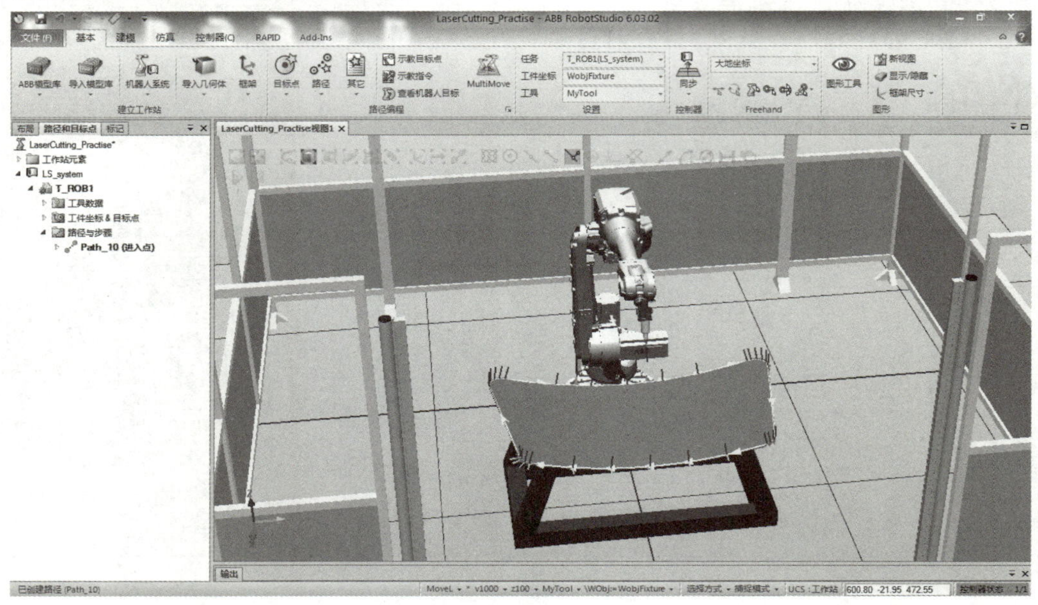

图 4-7　优化和调整路径

5. 导出路径文件

完成路径生成和优化后，将其导出为机器人控制器可识别的文件格式。这样，就可以将生成的路径文件导入实际的机器人控制器中，进行实际的激光切割操作。

通过以上步骤，可以在 RobotStudio 软件中成功创建机器人的离线激光切割轨迹曲线及路径。

4.4　机器人目标点调整及轴配置参数设置

机器人目标点调整及轴配置参数设置

在涂胶仿真工作站中，机器人目标点的准确调整和轴配置参数的合理设置对于实现精确的涂胶轨迹至关重要。下面将详细介绍在 RobotStudio 软件中如何进行这些操作。

4.4.1　机器人目标点调整

1. 选择目标点

在 RobotStudio 软件中打开工作站项目，并选中需要调整的目标点。如图 4-8 所示，这些目标点通常是通过离线轨迹规划工具生成的，用于指示机器人在涂胶过程中的位置。

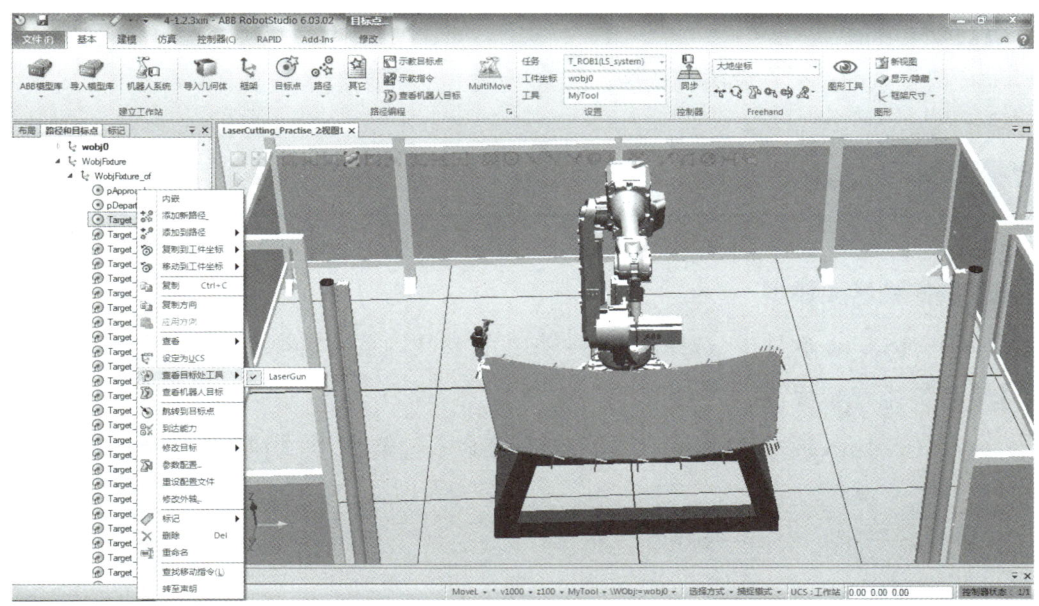

图 4-8　机器人目标点调整

2. 编辑目标点位置

选中目标点后，可以通过手动输入坐标值或使用软件中的移动工具来精确调整其位置。确保目标点的位置与涂胶工艺要求相符，并且考虑机器人的运动学特性和工作范围。

3. 姿态调整

除了位置调整外，还需要对机器人的姿态进行调整。如图 4-9 所示姿态调整涉及机器人末端执行器的方向和角度，以确保涂胶枪能够以正确的姿态接触工件并完成涂胶任务。可以通过调整机器人的关节角度或使用姿态编辑工具来实现姿态的调整。

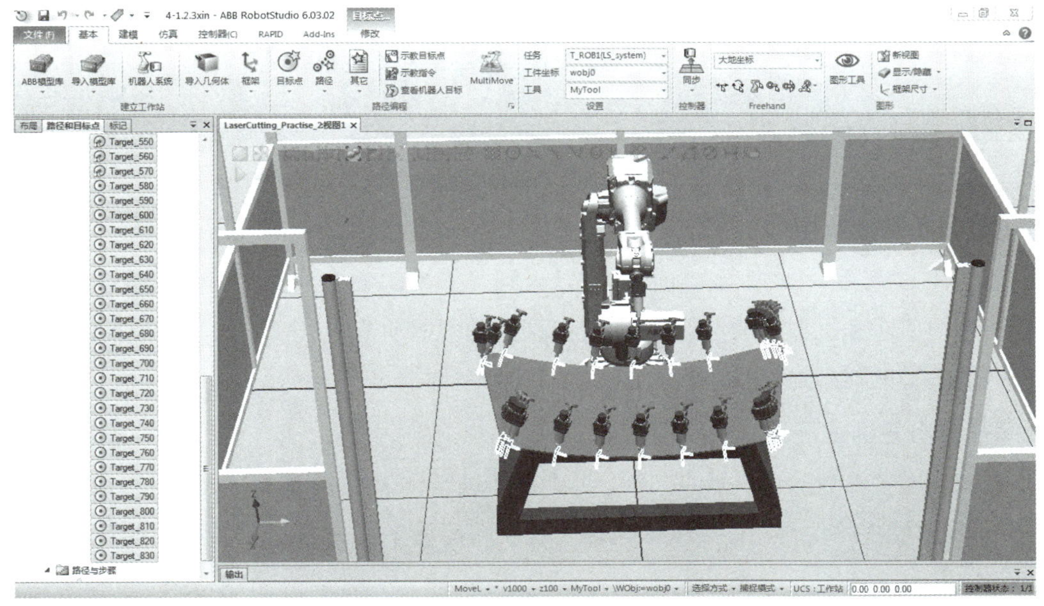

图 4-9　机器人姿态调整

4. 保存调整

完成目标点的位置和姿态调整后，保存这些更改以便后续的仿真和编程使用。

4.4.2 轴配置参数设置

1. 选择机器人模型

在 RobotStudio 软件中，选择需要进行轴配置参数调整的机器人模型。

2. 打开轴配置界面

如图 4-10 所示，通过软件界面中的相关选项或右键菜单，进入机器人的轴配置界面。

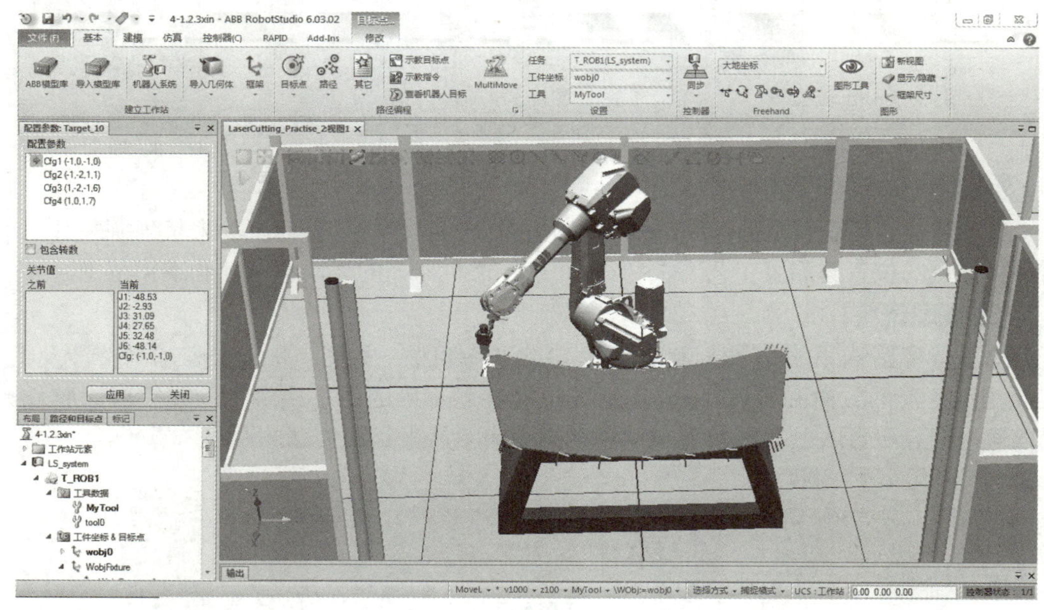

图 4-10 打开轴配置界面

3. 调整轴配置参数

如图 4-11 所示，在轴配置界面中，可以看到机器人的各个轴及其相关参数。用户根据涂胶工艺的要求和机器人的性能特点，可以调整轴的运动范围、速度、加速度等参数，确保这些参数的设置能够满足涂胶过程的精度和工作效率要求。

4. 应用并测试配置

完成轴配置参数的调整后，应用这些更改并进行测试。如图 4-12 所示，可以通过 RobotStudio 软件中的仿真功能来观察机器人在新的配置参数下的运动情况，以验证调整的合理性。

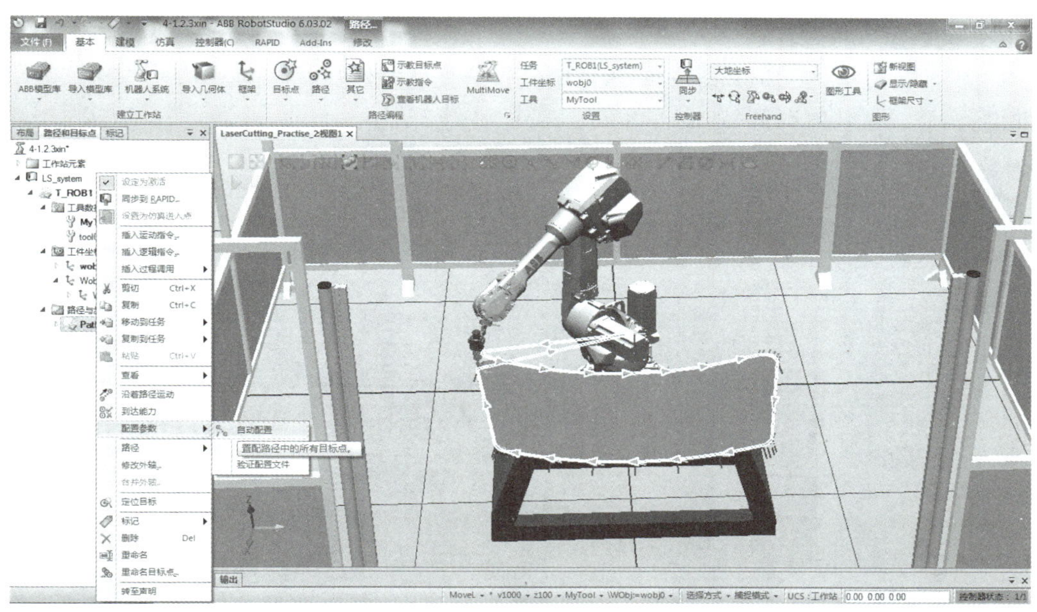

图 4-11　调整轴配置参数

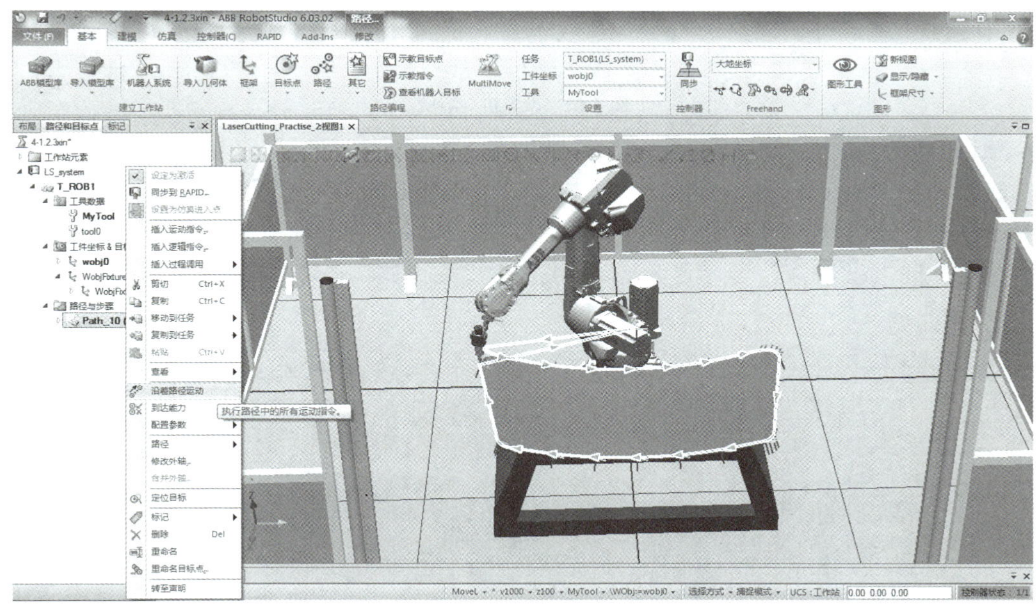

图 4-12　应用并测试配置

4.4.3　仿真运行

在进行实际的离线轨迹编程之前，通过仿真运行来验证轨迹和配置的准确性是非常重要的。

1. 设置仿真环境

如图 4-13 所示，在 RobotStudio 软件中配置仿真环境，包括添加必要的传感器、夹具等辅助设备，并设置仿真时间、速度等参数。

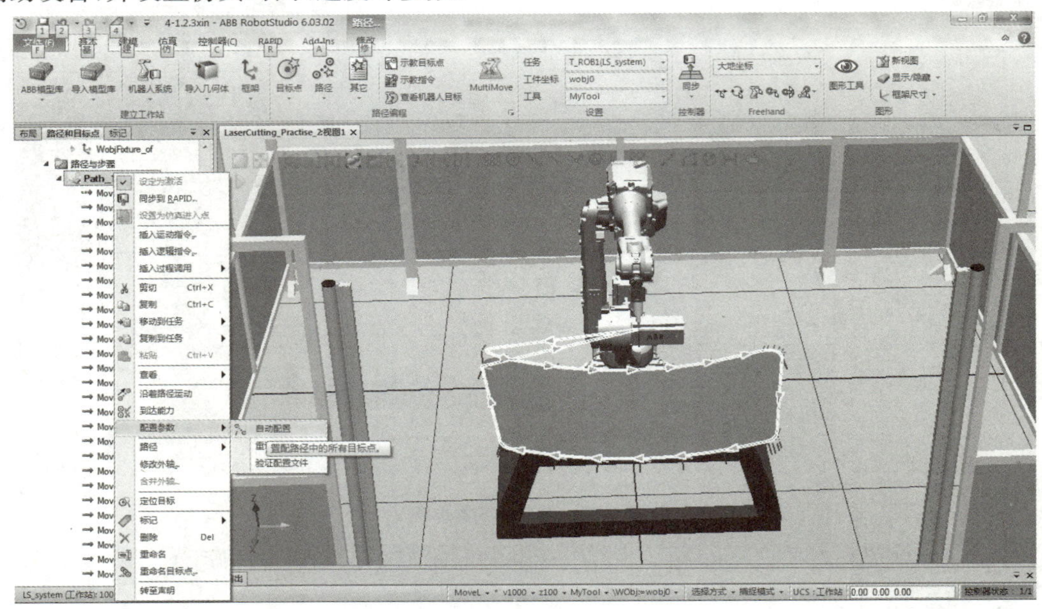

图 4-13 设置仿真环境

2. 启动仿真

如图 4-14 所示，开始仿真运行，观察机器人在调整后的目标点和轴配置参数下的运动情况。注意检查机器人的运动轨迹是否平滑、连续，以及是否存在碰撞或干涉等问题。

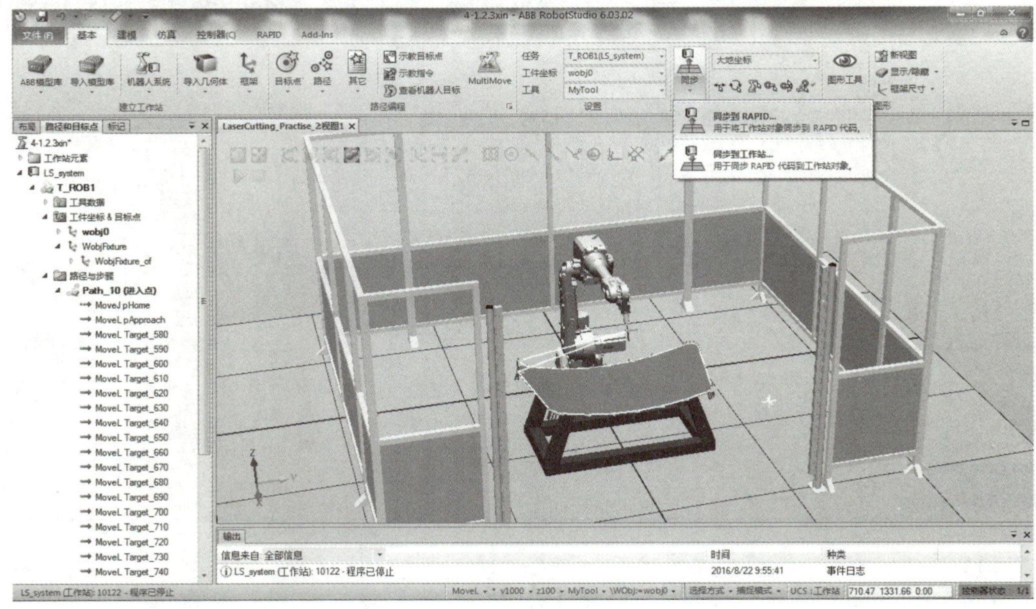

图 4-14 启动仿真

3. 记录仿真数据

在仿真运行过程中，记录关键数据，如机器人的运动时间、速度、加速度等，如图 4-15 所示。这些数据可以用于后续的轨迹优化和性能分析。

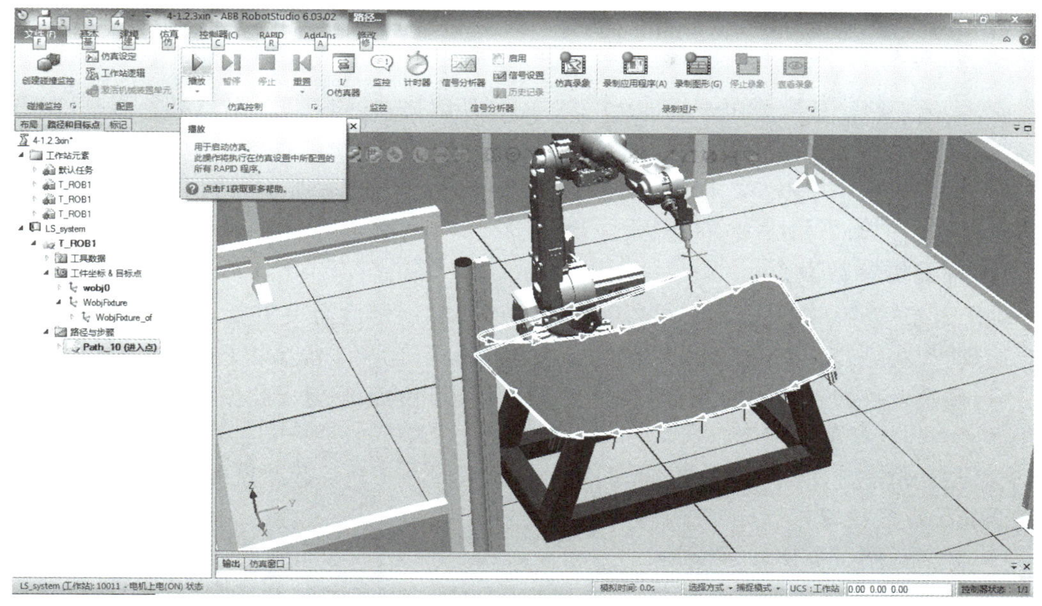

图 4-15　记录仿真数据

4.4.4 离线轨迹编程的关键点说明

在进行涂胶仿真工作站的离线轨迹编程时，图形曲线生成、目标点调整和轴配置参数设置是关键的三个步骤。下面将详细阐述这些步骤在 RobotStudio 软件中的实现过程及操作要点。

1. 图形曲线生成

在 RobotStudio 软件中，图形曲线生成是轨迹规划的基础。除了先创建曲线再生成轨迹的传统方法外，还可以采用以下两种方式：

（1）直接捕捉 3D 模型边缘。利用 RobotStudio 软件的捕捉功能，可以直接从导入的 3D 模型中捕捉边缘轮廓，进而生成机器人的运动轨迹。这种方法特别适用于形状复杂或不规则的工件。

（2）预处理 3D 模型。在导入 RobotStudio 软件之前，可以在专业的制图软件（如 SolidWorks、AutoCAD 等）中对 3D 模型进行预处理。在数模表面绘制相关曲线或标注特征点，然后将处理后的模型导入 RobotStudio 软件。根据这些已有的曲线或特征点，可以快速而准确地转换成机器人的运动轨迹。

在生成轨迹时，需要注意选择合适的近似值参数并调整数值的大小，以确保轨迹的平滑性和连续性。

2. 目标点调整

目标点调整是轨迹编程中的关键步骤，其准确性直接影响机器人的运动精度。目标点调整的方法多样，通常建议综合运用多种方法进行调整：

（1）单一目标点调整。对单一目标点进行位置和姿态的调整，可以通过手动输入坐标值或使用软件的移动工具来实现。

（2）参考调整。在完成单一目标点的调整后，其他目标点的某些属性（如姿态）可以参考已调整好的目标点进行方向对准，以提高调整效率和一致性。

（3）实时预览。在调整过程中，利用 RobotStudio 软件的实时预览功能，可以观察机器人在新目标点下的运动情况，以便及时调整和优化。

3. 轴配置参数设置

轴配置参数的合理设置对于机器人的运动性能和稳定性至关重要。在配置过程中，可能会遇到“无法跳转，检查轴配置”的问题。针对这类问题，可以尝试以下解决方案：

（1）调整轨迹起始点的轴配置参数。尝试使用不同的轴配置参数作为轨迹的起始点，以寻找最适合当前任务的配置。

（2）改变轨迹起始点位置。有时，问题的根源可能在于轨迹起始点的位置设置不当。通过微调起始点的位置，可以解决跳转问题。

（3）灵活运用指令。如 SingArea、ConfL、ConfJ 等指令，在轴配置调整中可以起到关键作用。它们分别代表单轴区域、线性配置和关节配置，合理使用这些指令可以提高机器人在复杂轨迹中的运动性能。

在完成轴配置参数的调整后，应再次进行仿真运行以验证调整的效果。确保机器人在新的配置参数下能够稳定、高效完成任务。

离线轨迹编程是一个综合性的过程，需要综合考虑图形曲线的生成、目标点的调整，以及轴配置参数的设置。用户通过熟练掌握 RobotStudio 软件中的相关功能和操作技巧，可以大大提高编程的工作效率和准确性，为涂胶仿真工作站的顺利运行奠定基础。

通过以上步骤和关键点说明，可以在 RobotStudio 软件中完成机器人目标点的调整和轴配置参数的设置，并进行仿真运行以验证编程的准确性。这将为后续进行实际的涂胶仿真工作站编程提供有力的支持和指导。

机器人离线轨迹编程辅助工具

4.5 机器人离线轨迹编程辅助工具

在 RobotStudio 软件中进行离线轨迹编程时，辅助工具的使用可以大大提高编程的工作效率和准确性。下面将详细介绍机器人碰撞监控功能和 TCP 跟踪功能的使用方法和操作步骤。

4.5.1 机器人碰撞监控功能的使用

碰撞监控功能可以帮助用户在编程过程中检测机器人与工件或其他设备之间的潜在碰撞，从而避免在实际运行中发生碰撞事故。

操作步骤如下：

1. 打开碰撞监控功能

在 RobotStudio 软件中，打开工作站的仿真界面，找到碰撞监控功能选项，并将其启用。通常，该功能会在软件的工具栏或菜单栏中提供。如图 4-16 所示。

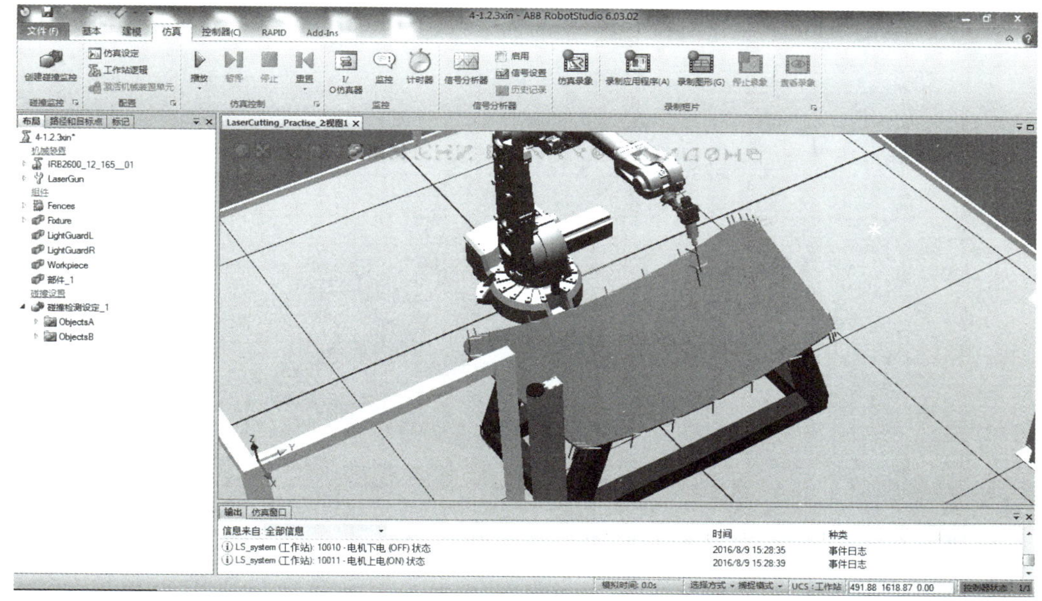

图 4-16　打开碰撞监控功能

2. 设置碰撞检测参数

用户可以根据需要，设置碰撞检测的灵敏度、检测范围等参数。这些参数将影响碰撞检测的准确性和工作效率，因此需要根据实际情况进行合理设置。如图 4-17 所示。

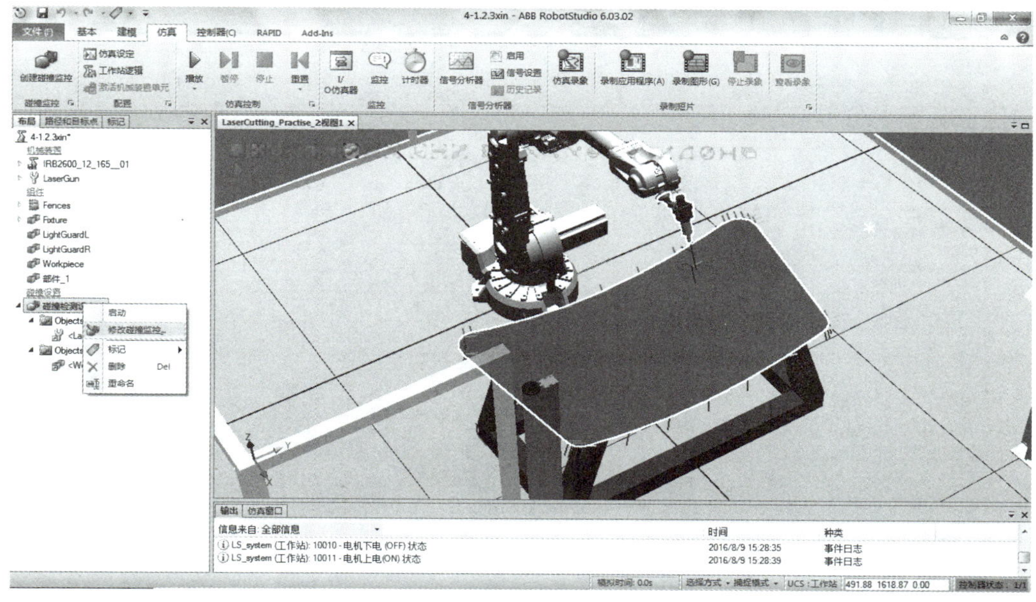

图 4-17　设置碰撞检测参数

3. 运行仿真并观察碰撞情况

在启用了碰撞监控功能后，运行机器人的仿真程序。在仿真过程中，观察机器人是否与工件或其他设备发生碰撞。如果发生碰撞，RobotStudio 软件通常会以视觉提示（如高亮显示碰撞区域）或声音报警的方式提醒用户。如图 4-18 所示。

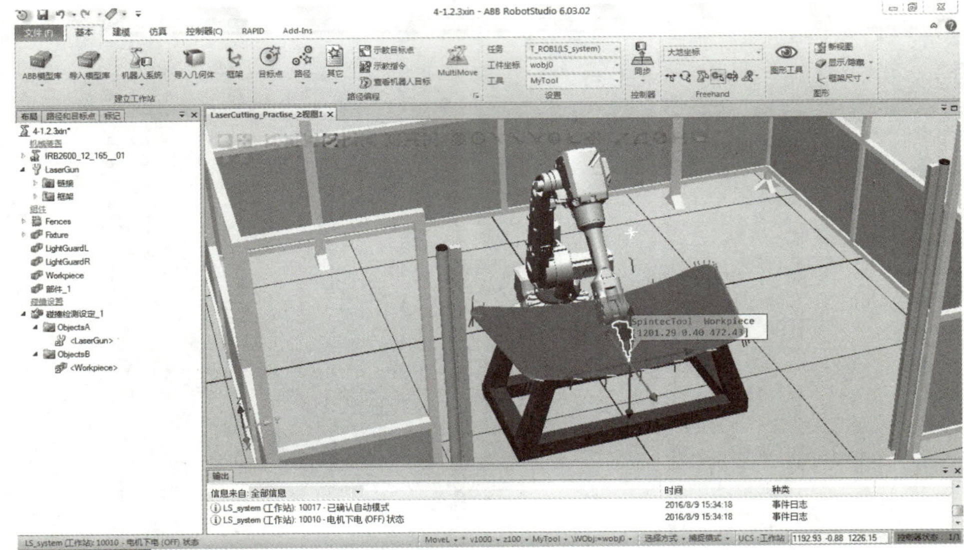

图 4-18 运行仿真并观察碰撞情况

4. 处理碰撞问题

如果检测到碰撞，用户需要回到轨迹规划阶段，调整机器人的运动轨迹或姿态，以避免碰撞的发生。可以重新规划轨迹曲线、调整目标点位置或修改机器人的轴配置参数等。

5. 反复测试与验证

在调整轨迹后，重新运行仿真并观察是否仍存在碰撞问题。如图 4-19 所示，通过反复测试与验证，确保机器人的运动轨迹安全、可靠。

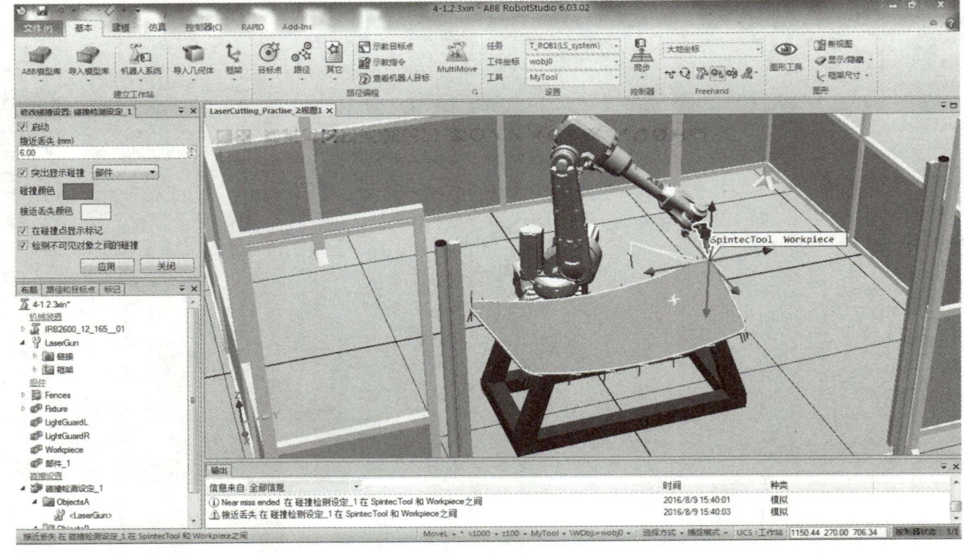

图 4-19 反复测试与验证

4.5.2　机器人 TCP 跟踪功能的使用

工具中心点(Tool Center Point,TCP)跟踪功能可以帮助用户实时观察机器人在运动过程中 TCP 的位置和姿态变化,从而验证轨迹的准确性和机器人的运动性能。

操作步骤如下:

1. 启用 TCP 跟踪功能

如图 4-20 所示,在 RobotStudio 软件的仿真界面中,找到 TCP 跟踪功能选项并启用它。通常,该功能会在软件的工具栏或菜单栏中提供。

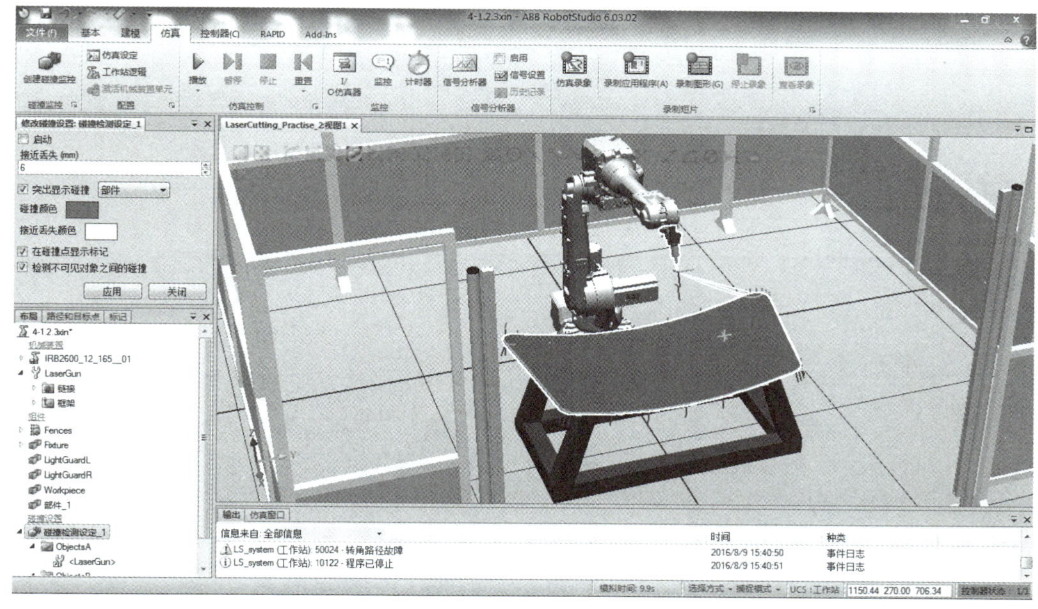

图 4-20　启用 TCP 跟踪功能

2. 设置 TCP 跟踪参数

用户可以根据需要,设置 TCP 跟踪的显示方式、颜色、大小等参数。这些参数将影响 TCP 跟踪的可视化效果,可以根据个人喜好或实际需求进行调整。

3. 运行仿真并观察 TCP 运动

在启用 TCP 跟踪功能后,如图 4-21 所示运行机器人的仿真程序。在仿真过程中,观察 TCP 的运动轨迹和姿态变化。TCP 的运动应该与预设的轨迹保持一致,并且平滑、连续。

4. 分析 TCP 运动数据

RobotStudio 软件通常会提供 TCP 的运动数据,如位置、速度、加速度等。如图 4-22 所示,用户可以根据需要分析这些数据,以评估机器人的运动性能是否符合要求。

5. 调整轨迹或参数

如果发现 TCP 的运动与预期不符或存在性能问题,用户需要回到轨迹规划阶段或调整

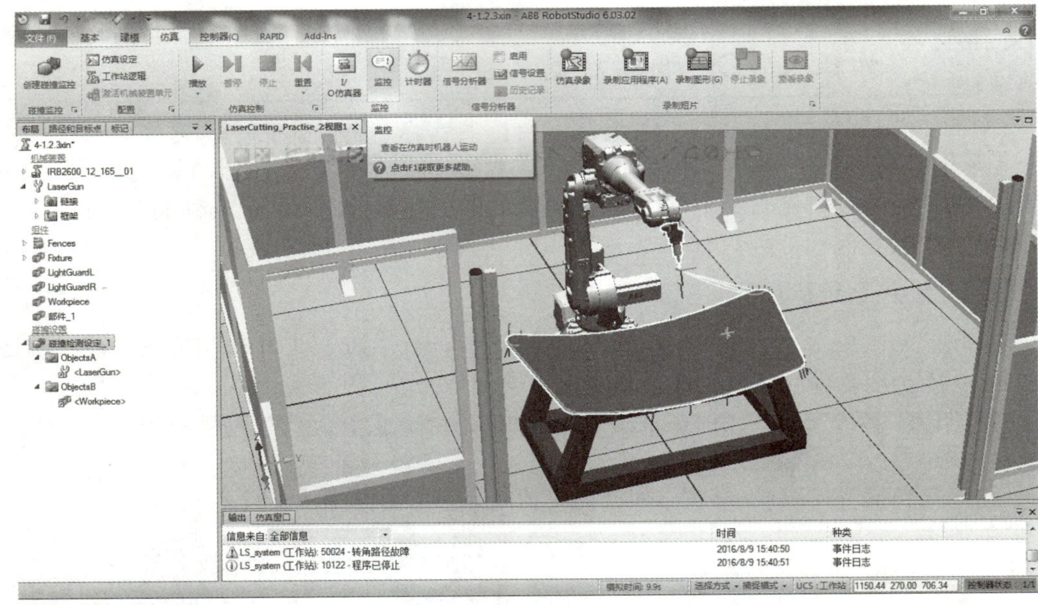

图 4-21 运行仿真并观察 TCP 运动

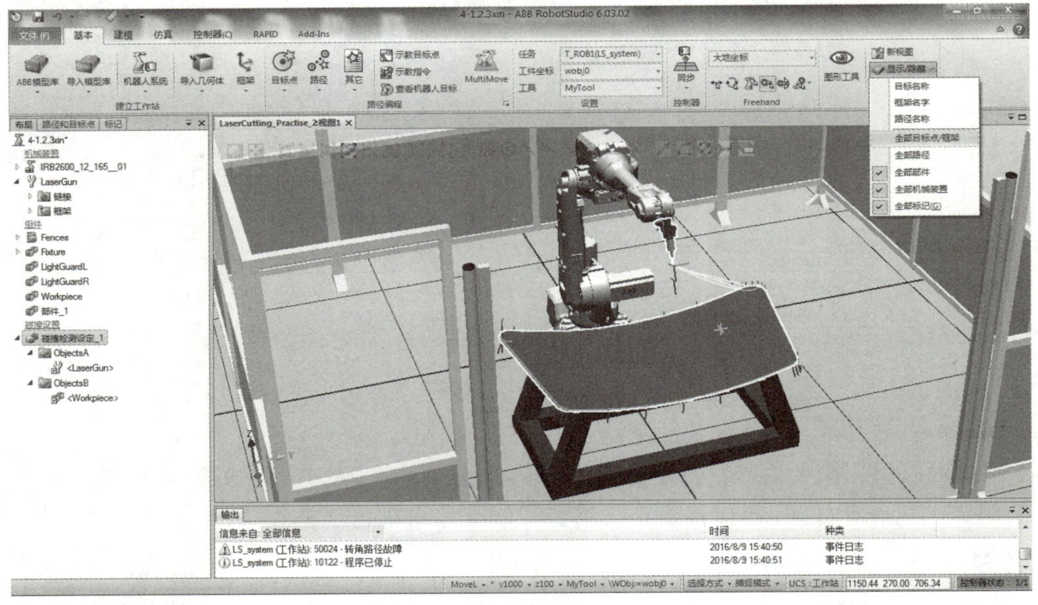

图 4-22 分析 TCP 运动数据

机器人的相关参数。用户通过优化轨迹曲线、调整目标点位置或修改机器人的轴配置参数等,可以改善 TCP 的运动性能和轨迹的准确性。

通过以上辅助工具的使用,用户可以在 RobotStudio 软件中更加高效、准确地进行机器人的离线轨迹编程。这些工具不仅提高了编程的工作效率,还有助于发现和解决潜在的问题,从而确保涂胶仿真工作站的安全和稳定运行。

练习与作业

练习一:创建简单的机器人切割轨迹

(1)在 RobotStudio 中创建一个新的工作站项目。

(2)导入一个简单的 3D 模型作为工件,如一个平面板材。

(3)使用轨迹规划工具,在工件上创建一条简单的直线切割轨迹。

(4)将轨迹保存为可识别的文件格式。

(5)配置机器人的参数,包括切割速度和工具坐标系。

(6)使用路径生成工具将切割轨迹转换为机器人的运动路径。

(7)导出路径文件为机器人控制器可识别的格式。

练习二:优化机器人切割路径

(1)使用 RobotStudio 软件打开一个已有的工作站项目,该项目包含一个机器人切割任务。

(2)分析已有的切割路径,识别可能存在的问题或冗余动作。

(3)使用路径优化工具或手动调整的方式对路径进行优化。

(4)比较优化前、后的路径,记录优化效果(如路径长度减少、动作减少等)。

(5)导出优化后的路径文件,并准备进行实际切割测试。

练习三:碰撞检测与处理

(1)在 RobotStudio 软件中打开一个复杂的工作站项目,该项目包含多个机器人和工件。

(2)启用碰撞监控功能,并设置适当的碰撞检测参数。

(3)运行仿真程序,观察是否有碰撞发生。

(4)如有碰撞,分析碰撞原因,并调整机器人的轨迹或姿态以避免碰撞。

(5)反复测试与验证,确保机器人的运动轨迹安全无碰撞。

练习四:TCP 跟踪与运动分析

(1)使用 RobotStudio 软件打开一个已完成的机器人轨迹编程项目。

(2)启用 TCP 跟踪功能,并设置合适的跟踪参数。

(3)运行仿真程序,观察 TCP 的运动轨迹和姿态变化。

(4)记录并分析 TCP 的关键位置数据,如起始点、终点和中间点的坐标值。

(5)根据分析结果,评估机器人运动的准确性和平滑性,提出可能的改进建议。

(6)(选做)使用其他软件工具对 TCP 运动数据进行更详细的分析和可视化处理,如绘制 3D 轨迹曲线图等。

第5章

码垛仿真工作站的 Smart 组件应用

本章将详细介绍 Smart 组件在工业自动化领域的核心应用，特别是在码垛仿真工作站中的作用和重要性。首先，学生将学习 Smart 组件的基本概念及其在工业自动化中的应用，以建立对 Smart 组件的初步认识。接着，本章将深入探讨 Smart 组件在码垛仿真工作站中的具体作用和工作原理，帮助学生理解 Smart 组件如何提升自动化水平和工作效率。同时，学生将学习动态输送链和工具的 Smart 组件创建的基本步骤和要点，以及工作站逻辑设定的基本原则和方法。通过本章的学习，学生能够掌握 Smart 组件在工业自动化中的应用技能，并能够在实际项目中创建和配置 Smart 组件，实现自动化控制和操作。

本章重点：

1. Smart 组件的基本概念与应用：深入理解 Smart 组件的定义、特点和在工业自动化中的广泛应用，为后续学习奠定坚实基础。

2. 码垛仿真工作站中 Smart 组件的作用：分析 Smart 组件在码垛仿真工作站中的关键作用和工作原理，突出其在提升自动化水平和工作效率方面的优势。

3. Smart 组件的创建与配置：掌握动态输送链和工具的 Smart 组件创建的基本步骤和要点，学会在仿真环境中创建和配置 Smart 组件。

4. 工作站逻辑设定：学习工作站逻辑设定的基本原则和方法，确保码垛仿真工作站的高效、稳定运行。

本章难点：

1. Smart 组件的深入理解：Smart 组件作为一个相对抽象的概念，需要学生通过具体案例和实践操作来深入理解其内涵和应用。

2. Smart 组件创建与配置的复杂性：动态输送链和工具的 Smart 组件创建与配置涉及多个步骤和要点，需要学生具备扎实的专业知识和实践能力。

3. 工作站逻辑设定的挑战：工作站逻辑设定需要考虑多种因素，如设备性能、任务需求、工作环境等，需要学生具备综合分析和解决问题的能力。

4. 实践操作的难度：本章内容强调实践操作，需要学生具备一定的动手能力和实验条件，以便在实际操作中掌握和应用所学知识。

5.1 概　述

本章旨在通过 RobotStudio 软件平台，提供一个全面、系统的学习与实践环境，使其能够深入理解和掌握码垛仿真工作站中 Smart 组件的应用技巧，进而提升在工业自动化领域的实践能力。

Smart 组件作为工业自动化中的核心元素，其集成了先进的控制算法和传感器技术，能够实现对工业机器人的智能化管理和控制。通过详细讲解 Smart 组件的工作原理、特点，以及应用场景，使学生们对其有了初步的认识和了解。

当项目进入实践阶段，设计了一系列具体任务，引导学生们在仿真环境中进行实际操作。需要学习如何在 RobotStudio 软件中创建动态输送链的 Smart 组件。这一过程涉及对输送链的建模、参数设置，以及控制逻辑的编写。通过反复的实践与调试，学生们逐渐掌握了创建动态输送链的技巧和要点。

进一步学习如何在仿真环境中创建工具的 Smart 组件。这一过程不仅要求学生们对工具的结构和功能有深入了解，还需要他们根据实际需求进行工具的选择和配置。在完成了动态输送链和工具的 Smart 组件创建后，需要设定工作站逻辑，以实现码垛仿真工作站的自动化运行，这一环节是整个项目的核心和难点所在。需要综合考虑各个组件之间的关系和协作方式，设计出合理的逻辑流程和控制策略。通过不断地尝试和改进，最终成功实现码垛仿真工作站的自动化运行(图 5-1)。

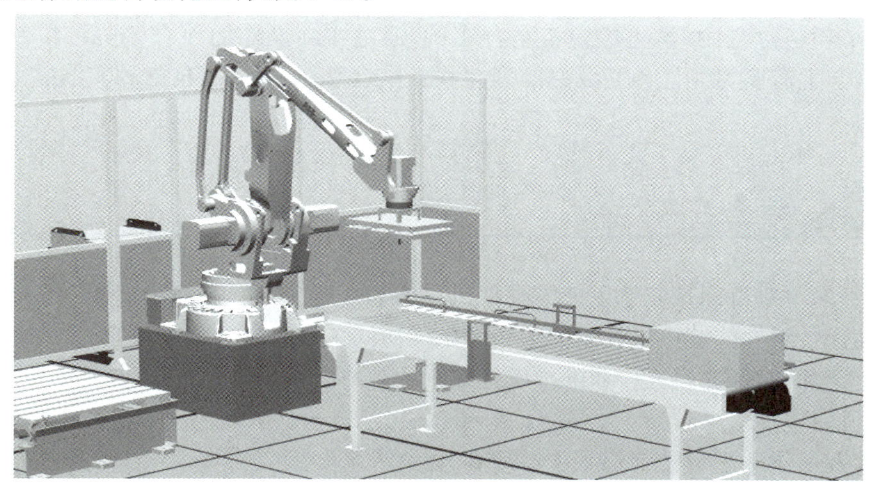

图 5-1　码垛仿真工作站

5.1.1 Smart 组件的基本概念

本任务要求学生理解 Smart 组件的定义、功能及其在工业自动化领域中的重要作用。通过案例分析，学生将学习 Smart 组件的基本组成和工作原理，为后续任务奠定理论基础。

5.1.2 动态输送链的 Smart 组件创建

本任务要求学生利用 RobotStudio 软件，根据实际需求创建动态输送链的 Smart 组件。学生需要掌握 Smart 组件的创建流程，包括组件的添加、参数设置、接口配置等。通过本任务，学生将能够熟悉动态输送链的自动化控制方法，提高仿真工作站的运行效率。

5.1.3 工具的 Smart 组件创建

本任务要求学生为码垛仿真工作站中的工具创建 Smart 组件。学生需要根据工具的实际功能和特点，在 RobotStudio 软件中设置相应的参数和接口，实现工具的自动化操作。通过本任务，学生将掌握工具 Smart 组件的创建技巧，提升仿真工作站的自动化水平。

5.1.4 工作站逻辑设定

本任务要求学生根据码垛仿真工作站的实际需求，设定合理的逻辑控制策略。学生需要利用 RobotStudio 软件中的逻辑编辑功能，实现工作站各组件之间的协同工作，确保仿真工作站的稳定运行。通过本任务，学生将掌握工作站逻辑设定的基本原则和方法，提高仿真工作站的可靠性和稳定性。

在整个项目过程中，学生应紧密结合实例，通过实际操作加深对 Smart 组件应用的理解。同时，学生需要关注任务完成的准确性和工作效率，不断提高自己的实践能力和解决问题的能力。

5.1.5 任务目标

本任务的主要目标是使学生能够根据码垛仿真工作站的实际工作流程，合理设定工作站逻辑，确保各组件能够按照预定的顺序和条件协同工作。通过逻辑设定，实现工作站的高效、稳定运行，同时提高码垛作业的准确性和工作效率。

具体目标包括：

(1)掌握工作站逻辑设定的基本原理和方法。

(2)学会使用 RobotStudio 软件中的逻辑编辑工具。

(3)能够根据实际需求，设计合理的逻辑控制策略。

(4)实现工作站各组件之间的协同工作，确保仿真工作站的稳定运行。

5.1.6 任务要求

(1)学生需要详细分析码垛仿真工作站的工作流程，明确各组件的功能和相互关系。

(2)根据分析结果,设计逻辑控制策略,并绘制逻辑流程图。

(3)使用 RobotStudio 软件中的逻辑编辑工具,实现逻辑控制策略的编程和调试。

(4)在编程过程中,注意逻辑的正确性和完整性,确保无逻辑错误和遗漏。

(5)完成逻辑设定后,进行仿真测试,验证工作站的运行效果。

5.1.7 任务评估

任务完成后,将根据以下几个方面对成果进行评估:

(1)逻辑设计的合理性:评估学生设计的逻辑控制策略是否合理,是否能够满足工作站的实际需求。逻辑流程图是否清晰、准确,是否能够直观反映工作站的工作流程。

(2)编程实现的准确性:检查学生在 RobotStudio 软件中实现的逻辑编程是否正确,无逻辑错误和遗漏。评估编程的规范性,包括代码结构、注释等。

(3)仿真测试的效果:通过仿真测试,观察工作站的实际运行效果,评估逻辑设定的有效性。检查工作站是否能够按照预定的顺序和条件协同工作,实现高效、稳定的码垛作业。

(4)团队协作与创新能力:评估学生在任务完成过程中的团队协作精神和创新能力,是否积极参与讨论、互相协作,是否能够提出创新性的解决方案。

(5)报告与展示:要求学生提交任务报告,详细记录任务完成的过程、遇到的问题及解决方案,并展示仿真测试的结果。评估报告的完整性和清晰度,以及展示的表达能力和逻辑性。

通过以上评估,旨在全面、客观地评价学生在工作站逻辑设定任务中的表现,为今后的学习和实践提供有益的反馈和指导。

5.2 知识储备

在进行工作站逻辑设定之前,学生需要掌握相关的知识储备,以便更好地理解和完成任务。以下是一些关键的知识点和概念:

5.2.1 逻辑控制基础知识

逻辑控制是工业自动化中的重要组成部分,它决定了设备或系统的运行方式和顺序。在码垛仿真工作站中,逻辑控制主要用于协调各组件的动作,确保它们能够按照预定的流程工作。

(1)逻辑运算符:与(AND)、或(OR)、非(NOT)等,用于构建复杂的逻辑表达式。

(2)条件判断:根据特定条件执行不同的操作,如 IF—THEN—ELSE 结构。

(3)循环控制:用于重复执行某些操作,直到满足特定条件为止。

5.2.2 RobotStudio 软件操作基础

RobotStudio 是 ABB 机器人公司开发的一款机器人仿真软件，用于模拟机器人的运动和工作过程。在逻辑设定任务中，学生需要熟悉 RobotStudio 软件的基本操作和逻辑编辑功能。

（1）界面布局：了解软件的主界面、工具栏、菜单等布局和功能。

（2）模型导入与编辑：学会导入工作站模型，并进行必要的编辑和调整。

（3）逻辑编辑工具：掌握逻辑编辑器的使用方法，包括逻辑块的添加、连接和配置。

5.2.3 工作站组件与接口

了解码垛仿真工作站中各个组件的功能和接口，是实现逻辑控制的关键。

（1）输送链接口：掌握输送链的启动、停止、速度控制等接口。

（2）机器人接口：了解机器人的运动控制、I/O 信号等接口。

（3）传感器接口：熟悉各种传感器的信号输出和触发条件。

5.2.4 公式与算法

在进行复杂的工作站逻辑设定时，通常需要引入数学公式和算法来优化工作流程，提升工作站的运行效率。以下是一些在码垛仿真工作站逻辑设定中可能用到的公式与算法。

1. 运动学公式

在工业自动化中，特别是在涉及机器人运动的场合，运动学公式起着至关重要的作用。它们描述了物体在空间中的位置、速度和加速度随时间的变化规律。对于机器人而言，运动学公式用于计算机器人末端执行器（如夹爪）在空间中的路径、速度和加速度，确保机器人能够精确、平稳地完成任务。

常见的运动学公式包括位置公式、速度公式和加速度公式等。这些公式可以根据机器人的结构、关节角度和连杆长度等参数进行推导和计算。通过运动学公式，可以预测机器人在不同时间点的位置和姿态，从而实现对机器人运动的精确控制。

2. 排序算法

在码垛作业中，优化码垛顺序对于提高作业效率和减少空间占用至关重要。排序算法用于对码垛物品进行排序，以便按照最优的顺序进行码放。常见的排序算法包括冒泡排序、选择排序、插入排序等。这些算法可以根据物品的大小、形状、质量等属性进行排序，确保码垛结果既稳定又高效。

除了传统的排序算法外，还可以根据具体需求设计特定的排序策略。例如，可以根据物品的优先级、稳定性或空间利用率等因素进行排序，以满足特定的码垛要求。

3. 路径规划算法

路径规划算法用于确定机器人从起点到终点的最优路径。在码垛仿真工作站中，机器人需要在复杂的空间中移动，避开障碍物，并快速准确地到达指定位置。路径规划算法可以帮助机器人找到这样的路径。

常见的路径规划算法包括 A＊算法、Dijkstra 算法、遗传算法等。这些算法可以根据工作站的布局、障碍物的位置和机器人的运动能力等因素进行路径规划。通过路径规划算法，机器人可以在保证安全的前提下，以最短的时间或最小的能耗完成任务

5.2.5 程序示例

以下是一个简化的程序示例，用于演示在 RobotStudio 软件中如何应用 Smart 组件来实现码垛仿真工作站的逻辑控制。请注意，这只是一个概念性的示例，实际程序可能会因工作站的配置、使用的 Smart 组件和特定的业务需求不同而有所不同。

robot 复制代码

```
VAR robot_1 Robot; ! 定义机器人变量
VAR convBelt convBeltType; ! 定义输送链变量
VAR smartSensor smartSensorType; ! 定义智能传感器变量
PROC main()
! 初始化机器人和输送链
robot_1. InitRobot();
convBelt. InitConveyorBelt();
! 初始化智能传感器
smartSensor. InitSensor();
! 循环检测传感器信号
WHILE TRUE DO
! 读取传感器信号
IF smartSensor. ReadSignal() THEN
! 如果传感器检测到物品，启动输送链
convBelt. StartConveyorBelt();
! 等待物品到达机器人工作区域
WAITUNTIL convBelt. IsItemAtPickPosition();
! 控制机器人执行抓取操作
robot_1. MoveJ(pPickPose, vPickSpeed, zPickZone, tool0);
robot_1. GrabItem();
! 控制机器人移动至码垛位置
robot_1. MoveL(pPlacePose, vPlaceSpeed, zPlaceZone, tool0);
robot_1. ReleaseItem();
! 停止输送链，等待下一次物品检测
convBelt. StopConveyorBelt();
ELSE
! 如果没有物品被检测到，保持输送链停止状态
convBelt. StopConveyorBelt();
ENDIF
! 可以加入延时或检测其他条件来优化逻辑
```

```
WAITFOR Time, 0.5;
ENDWHILE
ENDPROC
```

在这个示例中,定义了一个主程序 main,它首先初始化了机器人、输送链和智能传感器。程序进入一个无限循环,在每次循环中,它均会检查智能传感器的信号。如果传感器检测到物品,程序将启动输送链,等待物品到达机器人的拾取位置,然后控制机器人执行抓取和码放操作。完成这些操作后,程序将停止输送链,并等待下一次物品检测。如果没有物品被检测到,程序将保持输送链停止状态。

请注意,这个示例仅用于演示,并没有考虑实际应用中可能需要的错误处理、同步机制、通信协议等复杂因素。在实际应用中,用户需要根据 RobotStudio 软件的具体版本、工作站配置,以及业务逻辑需求来编写和调整程序。此外,还需要确保 Smart 组件之间的通信和同步正确无误,以实现稳定可靠的码垛仿真工作站运行。

5.3 Smart 组件的基本概念

在 RobotStudio 软件中,Smart 组件是一套强大的工具,用于构建、模拟和优化工业自动化系统中的复杂逻辑和流程。这些组件可以方便地集成到工作站模型中,实现各种自动化任务。下面将详细介绍几个常用的 Smart 组件及其功能实现过程。

5.3.1 Source 组件

如图 5-2 所示,Source 组件用于在工作站模型中生成物品流。它可以模拟物品从生产线或其他源头进入工作站的过程。在 RobotStudio 中,使用 Source 组件需要设置物品的生成速率、生成位置,以及物品的属性(如大小、形状等)。通过配置这些参数,可以模拟出不同生产场景下的物品流动情况。

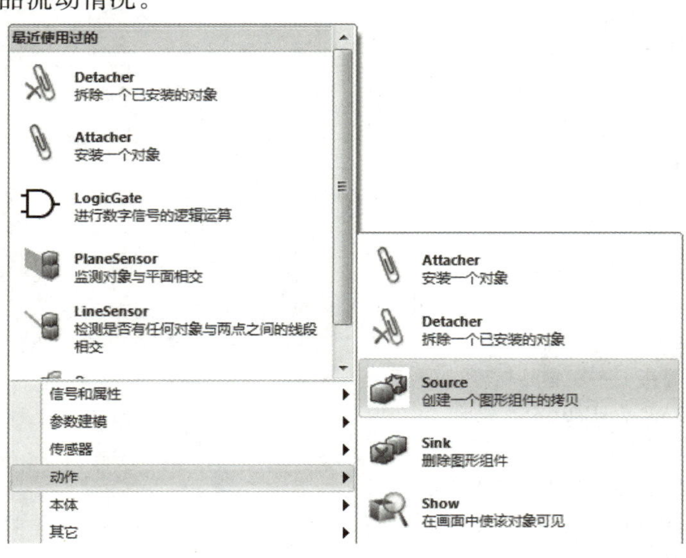

图 5-2 RobotStudio 软件的 Smart 组件

功能实现过程：

（1）在 RobotStudio 软件中创建工作站模型，并添加 Source 组件。

（2）如图 5-3 所示，配置 Source 组件的参数，包括生成速率、生成位置和物品属性。

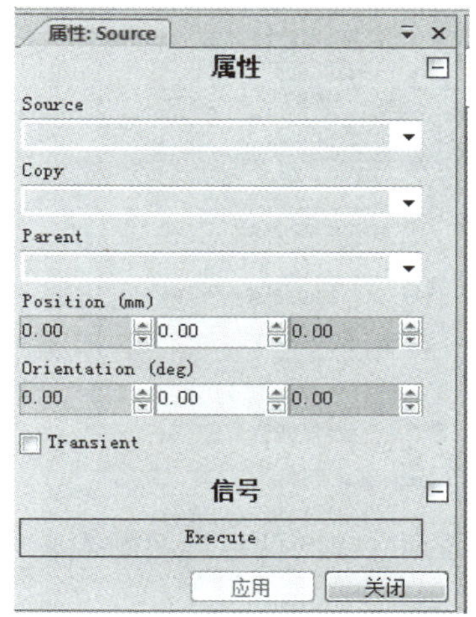

图 5-3　配置 Source 组件参数

（3）如图 5-4 所示，运行 Source 组件模拟，观察物品从 Source 组件进入工作站的过程，并根据需要调整参数以优化物品流动。

图 5-4　运行 Source 组件模拟

5.3.2　LineSensor 和 PlaneSensor 组件

如图 5-5 所示，LineSensor 和 PlaneSensor 组件用于检测物品在工作站中的位置和状态。LineSensor 通常用于检测物品是否通过特定线路，而 PlaneSensor 则用于检测物品是否进入某个平面区域。这些传感器可以与逻辑控制块结合使用，实现复杂的逻辑判断和自动化控制。

功能实现过程：

（1）如图 5-6 所示，在工作站模型中放置 LineSensor 或 PlaneSensor 组件，并设置其检测范围和参数。

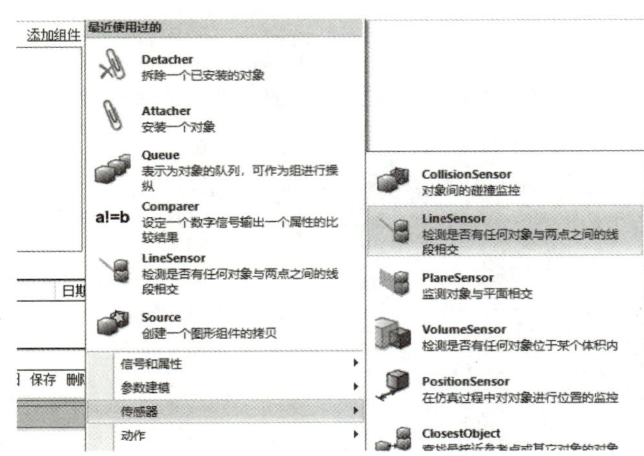

图 5-5　LineSensor 和 PlaneSensor 组件

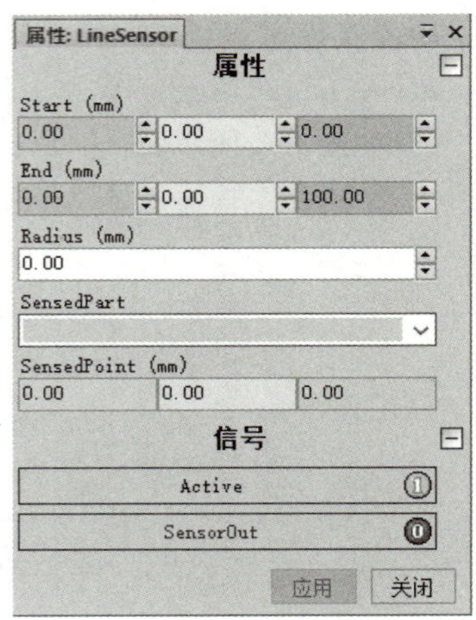

图 5-6　设置组件检测范围和参数

①LineSensor：检测是否有任何对象与两点之间的线段相交。

②Start：起点。

③End：结束点。

④Radius：感应半径。

⑤SensedPart：已有的部件已靠近开始点。

⑥SensedPoint：包含的点是线段与接近的部件相交。

⑦Active：设定为 1 去激活传感器。

⑧SensorOut：当对象与线段相交时变成 high (1)。

(2)如图 5-7 所示，将传感器与逻辑控制块连接，配置相应的逻辑判断条件。

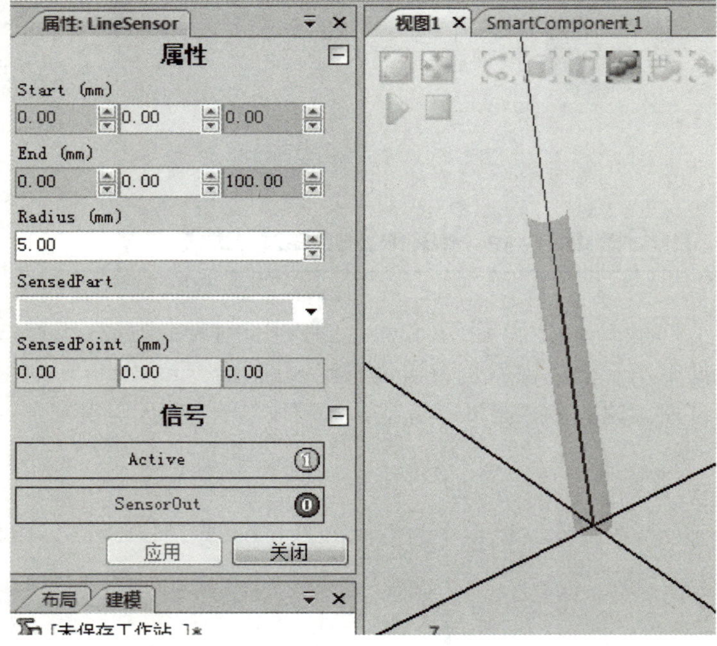

图 5-7　配置逻辑判断条件

(3)如图 5-8 所示运行模拟，观察传感器对物品的检测情况，并根据需要调整传感器位置和参数以优化检测效果。

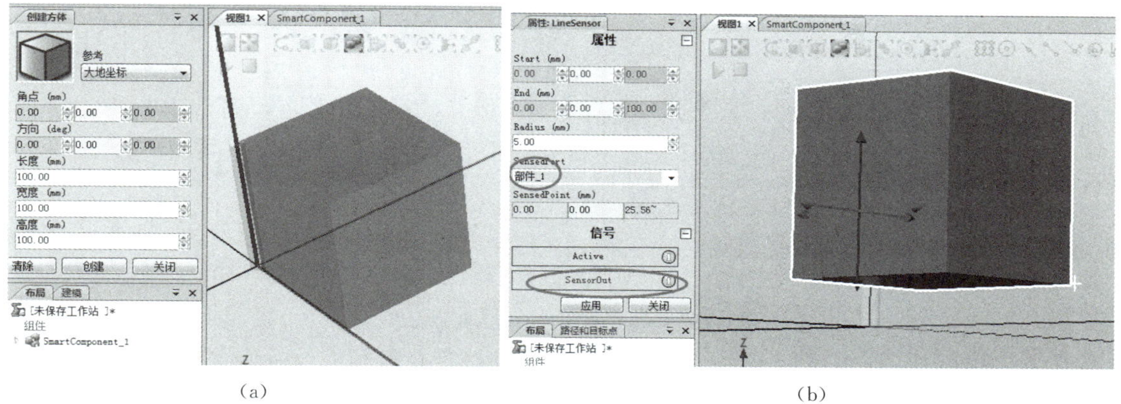

图 5-8　运行模拟并观察传感器检测情况

5.3.3 LogicGate 组件

如图 5-9 所示，LogicGate 组件用于实现逻辑判断和条件控制。它可以根据输入信号的状态(如传感器的检测结果)来输出相应的控制信号。常见的 LogicGate 组件包括与门、或门和非门等，可以用于构建复杂的逻辑控制网络。

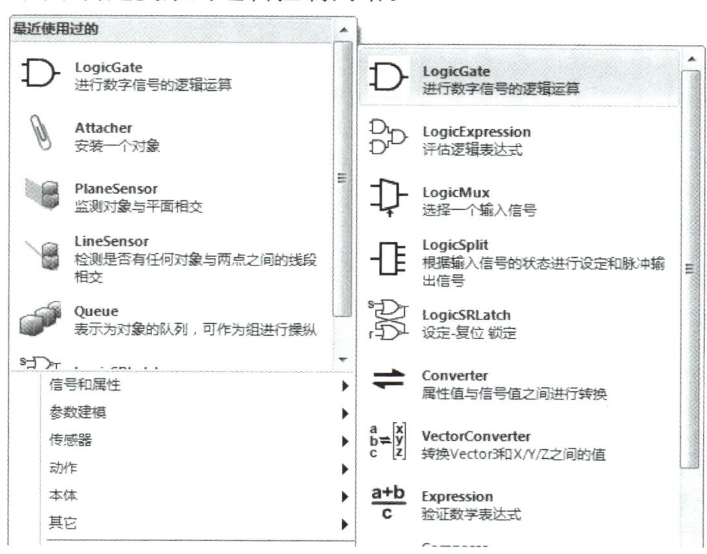

图 5-9　LogicGate 组件

功能实现过程：

(1)如图 5-10 所示，在逻辑控制块中添加 LogicGate 组件，并设置其输入和输出端口。

(2)配置 LogicGate 组件的逻辑判断条件，如使用与门实现多个条件同时满足时的控制。

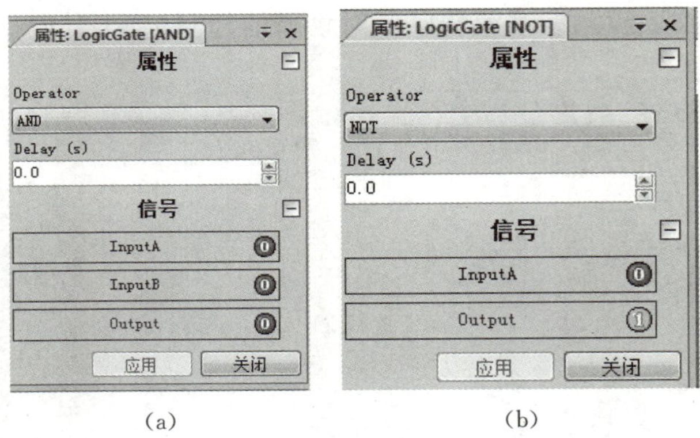

(a)　　　　(b)

图 5-10　LogicGate 组件的输入和输出端口

(3)如图 5-11 所示,将 LogicGate 组件的输出连接需要控制的设备或组件上。

图 5-11　LogicGate 组件的逻辑判断

①LogicGate:进行数字信号的延迟计算。

②Operator:逻辑操作符。

③Delay:输出变化延迟时间。

④InputA:第一个输入。

⑤Output:逻辑操作结果。

(4)运行模拟。观察 LogicGate 组件的逻辑判断和控制效果,并根据需要调整逻辑条件以优化控制流程。

5.3.4 Attacher 和 Detacher 组件

如图 5-12 所示,Attacher 和 Detacher 组件用于控制物品与其他物体之间的连接和分离。Attacher 组件可以将物品固定到某个位置或与其他物体连接起来;Detacher 组件则用于解除这种连接。这些组件在自动化装配、物料搬运等任务中非常有用。

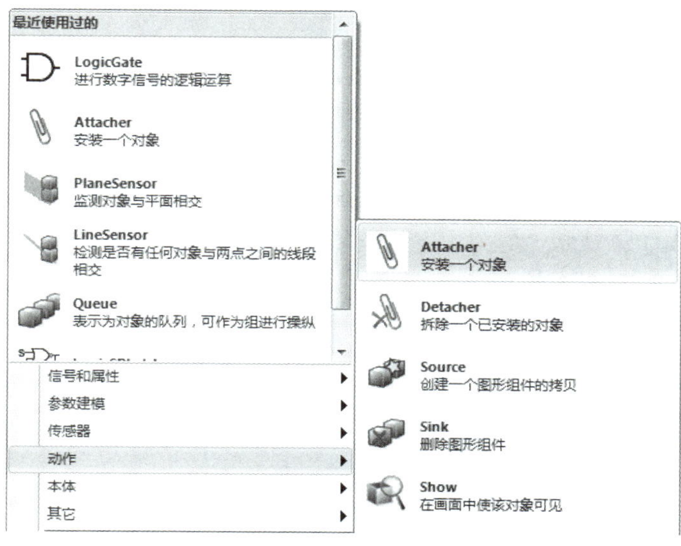

图 5-12　Attacher 和 Detacher 组件

功能实现过程：

(1)如图 5-13 所示，在工作站模型中放置 Attacher 或 Detacher 组件，并设置其工作范围和参数。

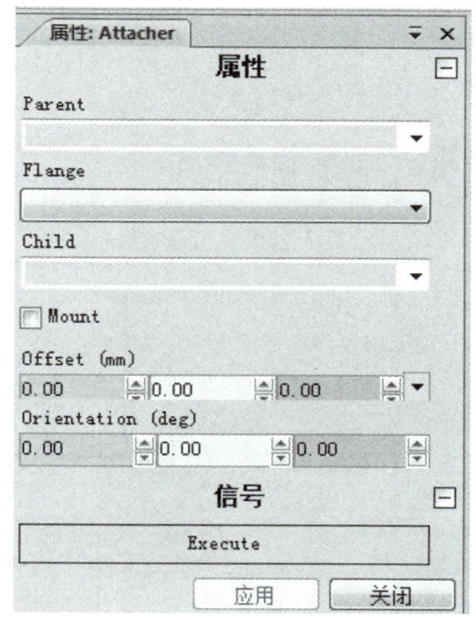

图 5-13　Attacher 和 Detacher 组件设置参数

①Attacher：安装一个对象。

②Parent：安装的父对象。

③Flange：机械装置或工具数据安装。

④Child：安装对象。

⑤Mount：移动对象到其父对象。

⑥Offset：当进行安装时位置与安装的父对象相对应。

⑦Orientation：当进行安装时，方向与安装的父对象相对应。

⑧Execute (Digital):设定为 high (1)去安装。

⑨Executed (Digital):当此操作完成变成 high (1) 。

(2)如图 5-14 所示,将组件与需要连接的物品或其他物体关联起来。

(3)如图 5-15 所示,配置组件的控制逻辑,如使用逻辑控制块触发连接或分离操作。

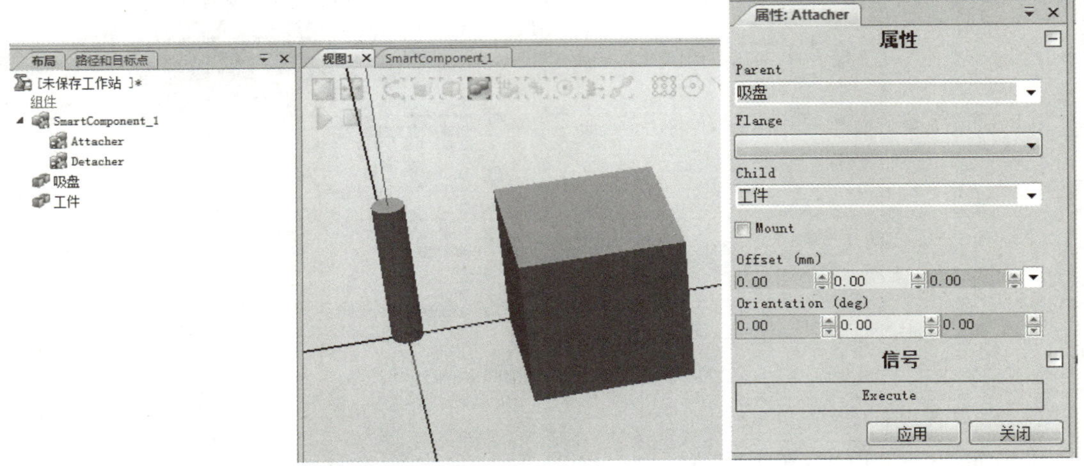

图 5-14 将组件与需要连接的物品关联起来

图 5-15 配置组件的控制逻辑

(4)如图 5-16 所示,运行模拟,观察 Attacher 和 Detacher 组件对物品连接和分离的控制效果,并根据需要调整参数以优化操作过程。

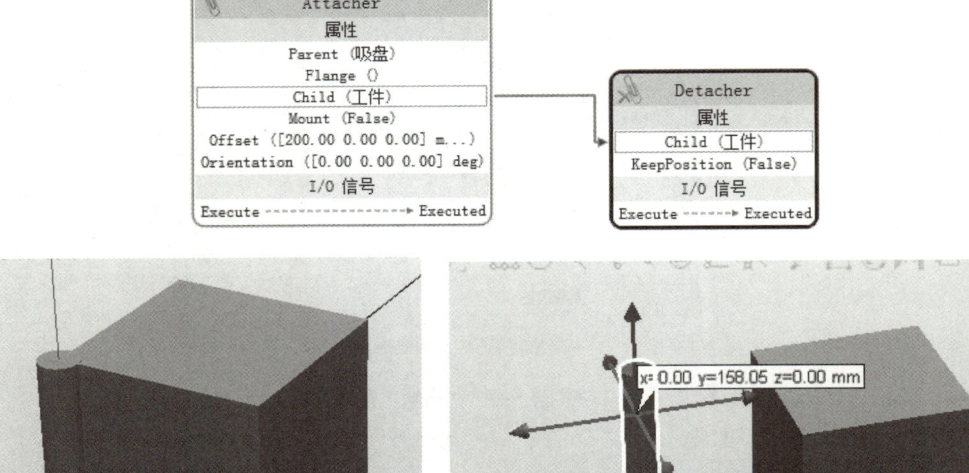

图 5-16 运行模拟并观察 Attacher 和 Detacher 组件控制效果

5.3.5 Queue 组件

如图 5-17 所示，Queue 组件用于实现物品的排队和缓存功能。在自动化工作站中，当物品处理速度不匹配或需要暂时存储物品时，可以使用 Queue 组件来平衡物流。

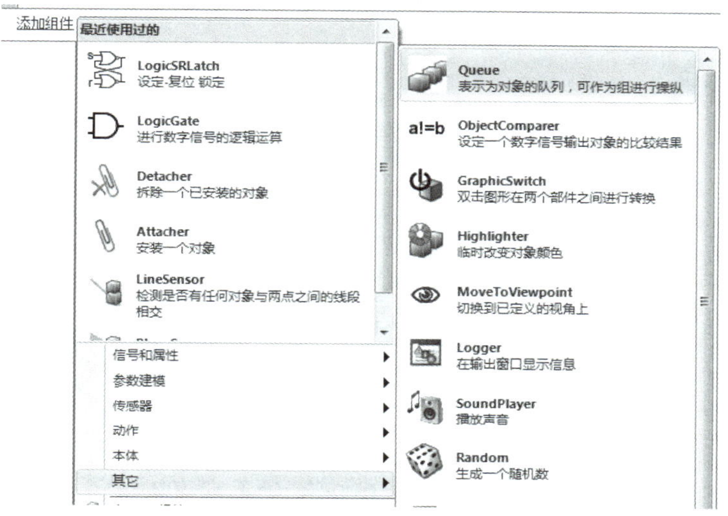

图 5-17　Queue 组件

功能实现过程：

（1）如图 5-18 所示，在工作站模型中放置 Queue 组件，并设置其容量和进、出端口。

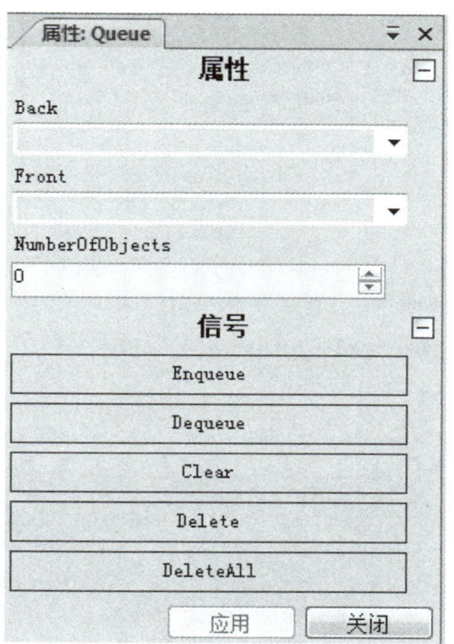

图 5-18　设置 Queue 组件容量和进、出端口

①Back：对象进入队列。

②Front：第一个对象在队列。

③NumberOfObjects：队列中对象的数量。

④Enqueue:添加后面的对象到队列中。

⑤Dequeue:删除队列中前面的对象。

⑥Clear:清空队列。

⑦Delete:在工作站和队列中移除 Front 对象。

⑧DeleteAll:清除队列和删除所有工作站的对象。

(2)如图 5-19 所示,将 Queue 组件与 Source 组件、处理设备或目标位置连接起来,形成完整的物流路径。

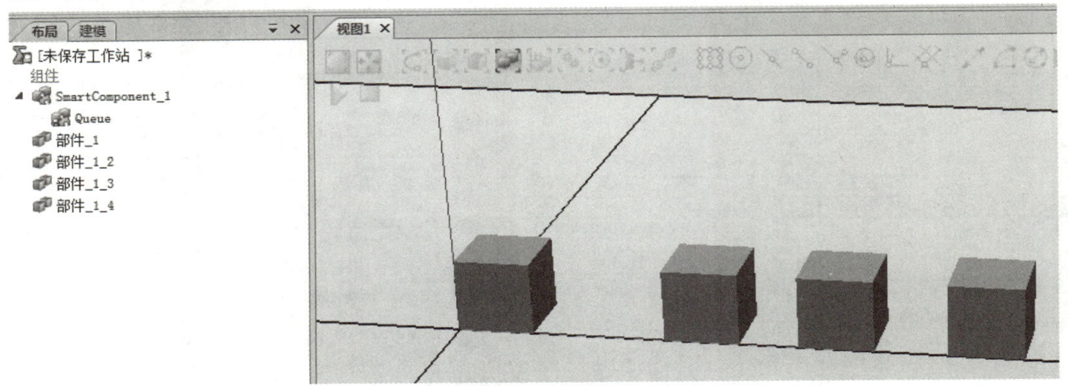

图 5-19 基于 Queue 组件与 Source 组件形成完整的物流路径

(3)如图 5-20 所示,配置 Queue 组件的控制逻辑,如设置最大容量限制、优先级控制等。

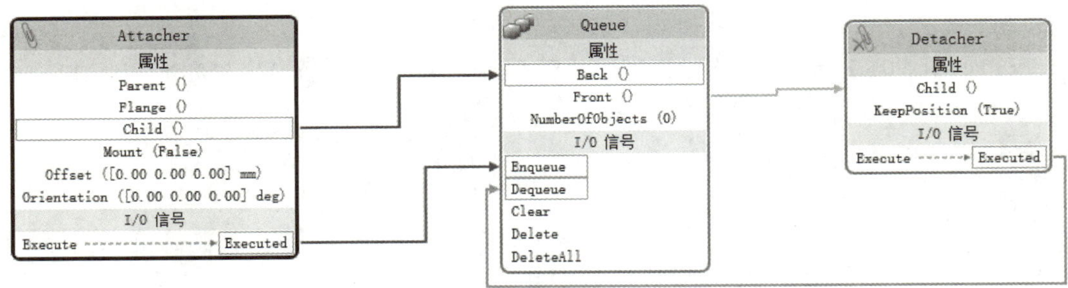

图 5-20 配置 Queue 组件的控制逻辑

(4)如图 5-21 所示运行模拟,观察 Queue 组件对物品的排队和缓存效果,并根据需要调整参数以优化物流效率。

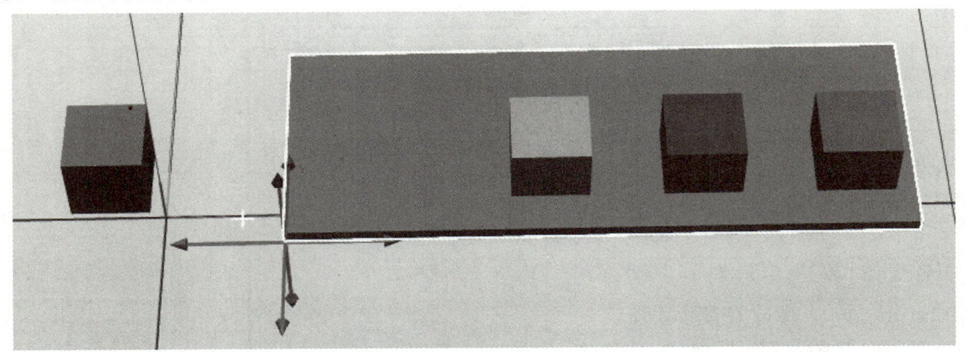

图 5-21 运行模拟并观察 Queue 组件对物品的排队和缓存效果

5.3.6 Timer 组件

如图 5-22 所示，Timer 组件用于在自动化工作站中引入时间控制。它可以用于触发定时事件、控制执行周期或实现延时操作等。

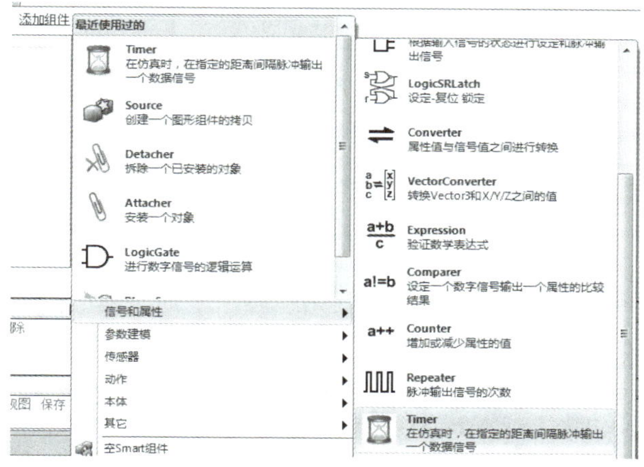

图 5-22　Timer 组件

功能实现过程：

(1)如图 5-23 所示，在逻辑控制块中添加 Timer 组件，并设置其时间参数(如延时时间、周期时间等)。

(2)将 Timer 组件的输出连接需要控制的设备或组件上。

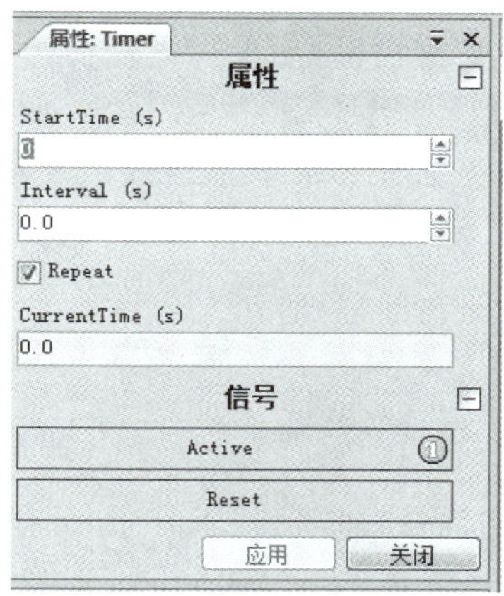

图 5-23　设置 Timer 组件的时间参数

①Timer：在仿真时，在指定的距离间隔输出一个数字信号。

②StartTime：第一个脉冲之前的时间。

③Interval：脉冲宽度。

④Repeat：指定信号脉冲是重复还是单次。

⑤CurrentTime：输出当前时间。

⑥Active：设定为 high (1)，并激活计时器。

⑦Reset：设定为 high (1)，并复位当前计时器。

⑧Output：在指定的间隔距离变成 high (1)，然后变成 low (0)。

(3)如图 5-24 所示，配置 Timer 组件的触发条件和动作，如当计时结束时触发某个动作或开始一个新的周期。

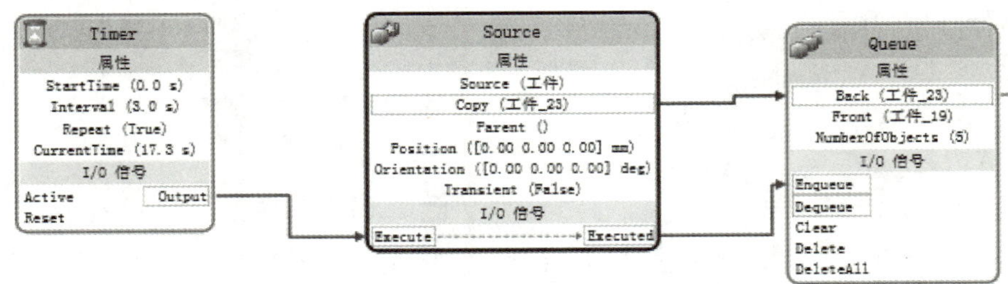

图 5-24 配置 Timer 组件触发条件和动作

(4)运行模拟，观察 Timer 组件对时间控制的效果，并根据需要调整时间参数以满足特定的控制要求。

通过详细了解和掌握这些 Smart 组件的功能和用法，用户可以在 RobotStudio 软件中构建出高效、灵活的自动化工作站模型，并进行有效的逻辑控制和优化。

5.4 动态输送链 Smart 组件的创建

动态输送链Smart组件的创建

在 RobotStudio 软件中，动态输送链 Smart 组件的创建是实现自动化码垛工作站的关键步骤之一。如图 5-25 所示，通过设定输送链的产品源、运动属性、限位传感器，以及创建“属性与连结”“信号和连接”，可以模拟输送链在实际工作环境中的动态行为，从而验证和优化码垛逻辑。

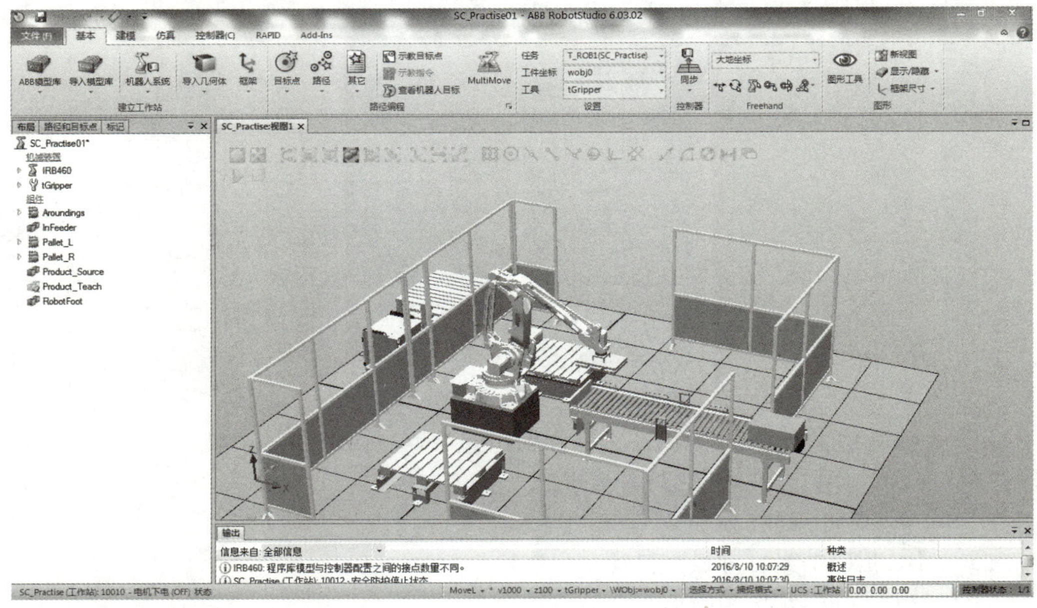

图 5-25 导入码垛仿真工作站

5.4.1 设定输送链的产品源

在 RobotStudio 软件中打开工作站模型，并找到输送链组件。选择输送链组件后，进入其属性编辑器。在属性编辑器中，找到“产品源”设置项。

如图 5-26 所示，在“产品源”设置项中，可以定义输送链上物品的来源和类型。这包括设置物品的几何形状、大小、质量等参数，以及定义物品的生成速度和间隔。根据实际需要，可以通过手动输入或导入外部文件来设定产品源。

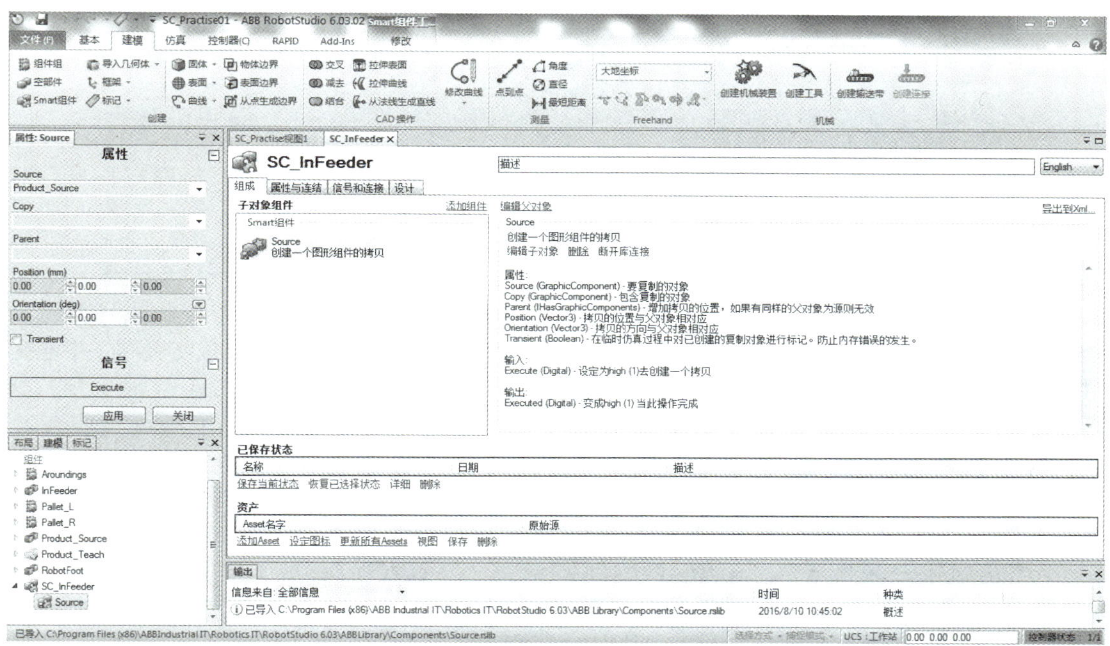

图 5-26　设定输送链的产品源

5.4.2 设定输送链的运动属性

输送链的运动属性包括输送链的启动速度、运行速度、停止速度，以及加速度等参数，如图 5-27 所示，这些参数决定了输送链在运输物品时的动态性能。

在属性编辑器中，找到与运动属性相关的设置项，并根据实际需求进行调整。确保设定的运动属性符合输送链的实际工作条件，以保证仿真结果的准确性。

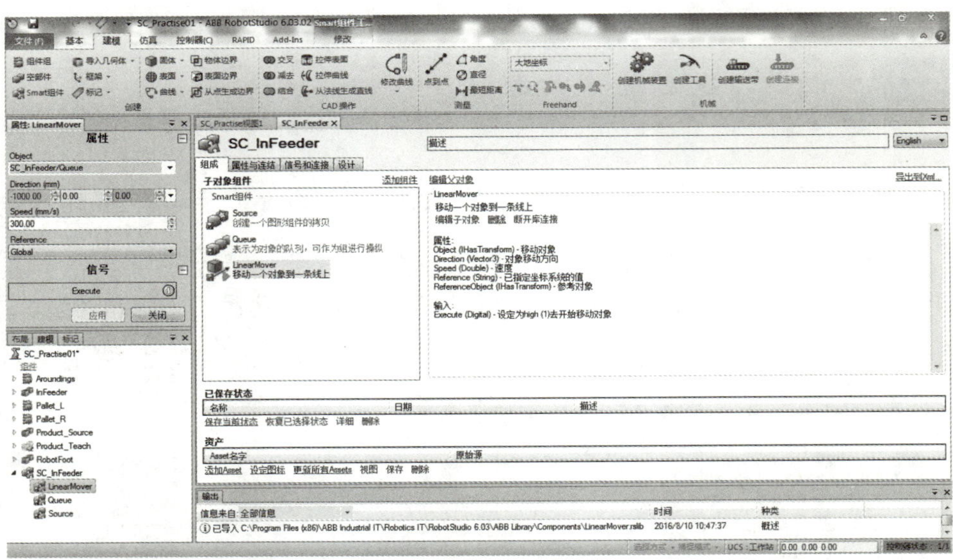

图 5-27　设定输送链的运动属性

5.4.3 设定输送链限位传感器

限位传感器是输送链中的重要组成部分，用于检测物品是否到达指定位置或是否超出工作范围。如图 5-28 所示，在 RobotStudio 软件中，需要为输送链设定限位传感器，并定义其触发条件和响应动作。

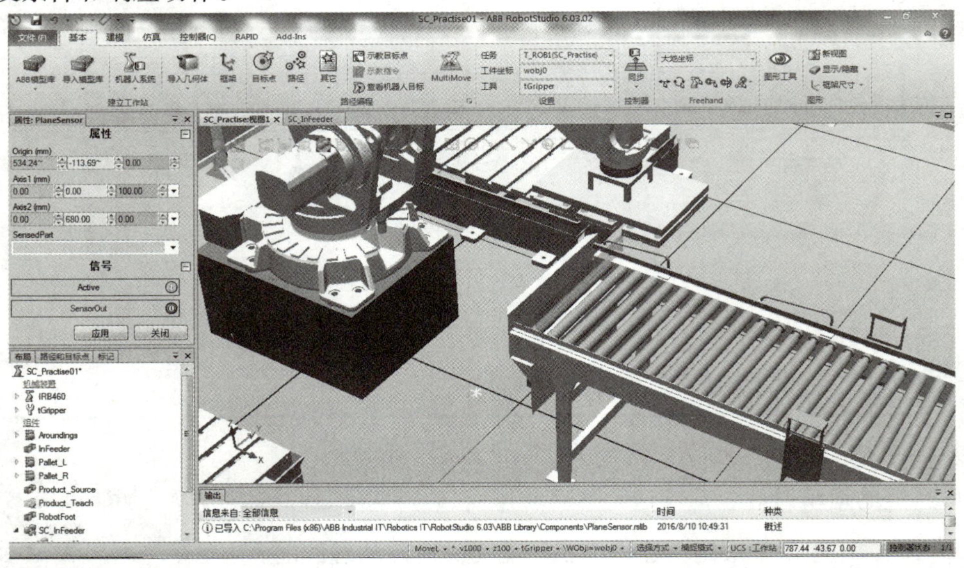

图 5-28　设定输送链限位传感器

在输送链上选择适当的位置放置限位传感器。如图 5-29 所示，在属性编辑器中设定传感器的触发条件和响应动作。例如，当物品到达传感器位置时，传感器发出信号，控制输送链停止运行或触发其他相关动作。

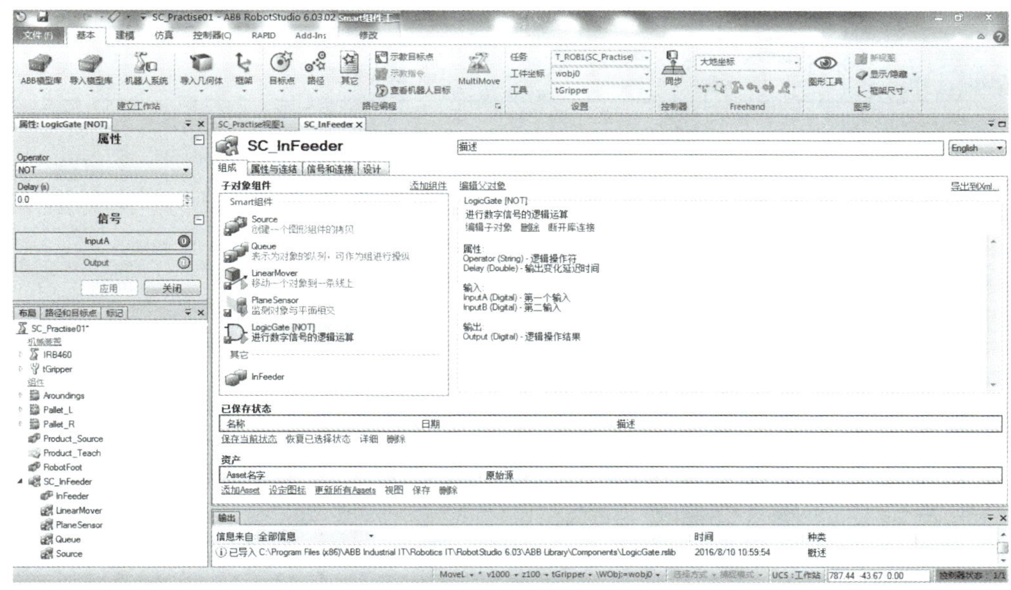

图 5-29 定义触发条件和响应动作

5.4.4 创建“属性与连结”

在 RobotStudio 软件中，“属性与连结”是实现组件之间交互的关键。如图 5-30 所示，对于输送链 Smart 组件，需要创建与机器人、传感器等其他组件的“属性与连结”。

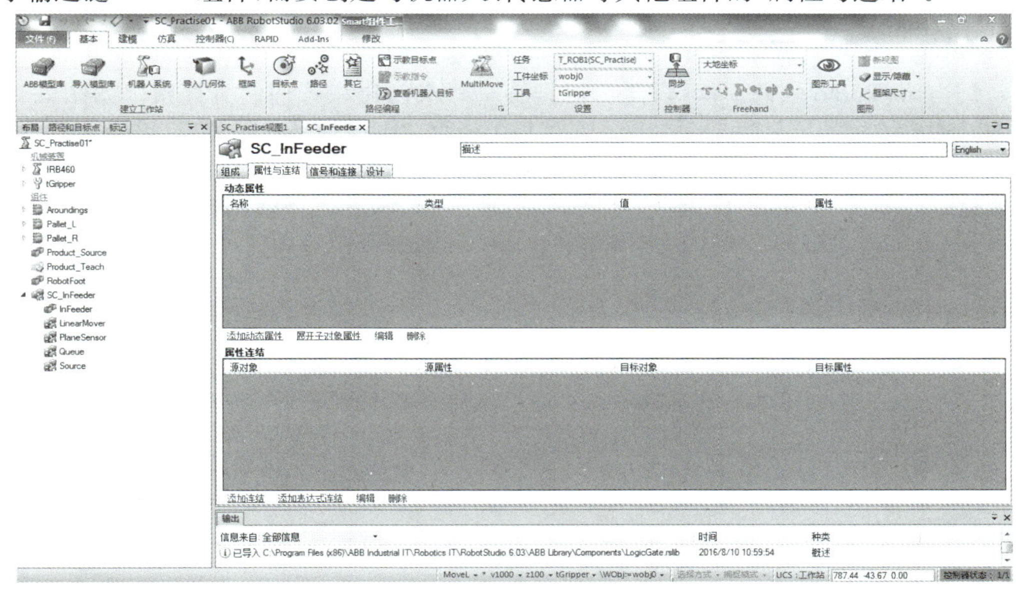

图 5-30 创建“属性与连结”1

用户应确定需要连结的属性和组件，在属性编辑器中创建相应的连结关系，这包括定义连结的名称、类型、输入和输出参数等。通过创建“属性与连结”，可以实现输送链与其他组件之间的数据共享和动作协同。

5.4.5 创建“信号和连接”

“信号和连接”是实现组件之间通信的重要手段。如图 5-31 所示，在输送链 Smart 组件的创建过程中，需要建立与其他组件之间的信号连接，以便在仿真运行时传递控制信号和状态信息。

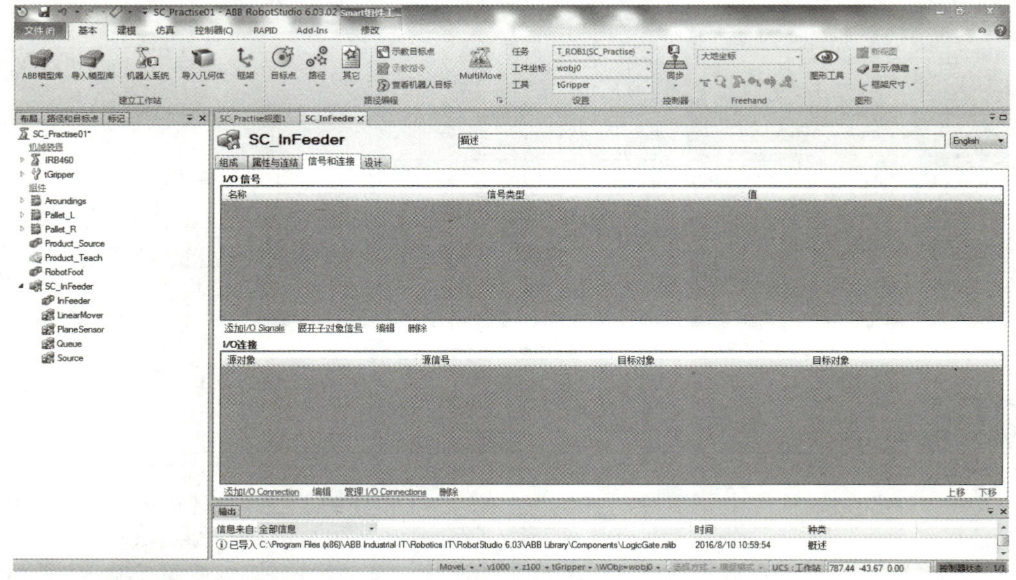

图 5-31 创建“信号和连接”1

在 RobotStudio 软件中，可以使用信号编辑器来创建和管理信号连接。如图 5-32 所示，定义需要连接的信号类型和名称。在信号编辑器中创建信号连接关系，将输送链的输出信号与其他组件的输入信号相连。确保信号连接正确无误后，可以开始仿真运行。

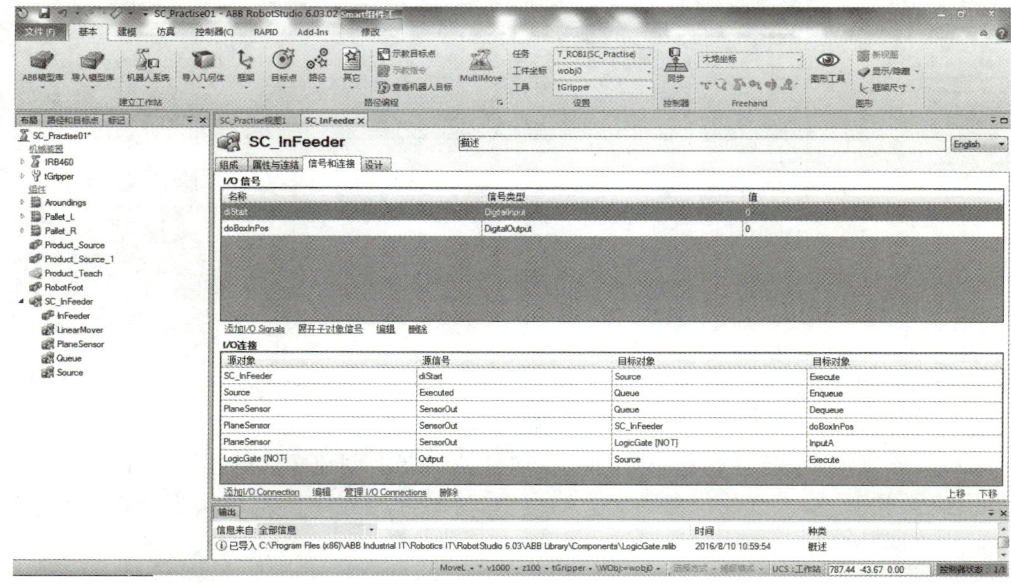

图 5-32 定义信号类型和名称

5.4.6 仿真运行

完成以上步骤后，可以开始进行仿真运行。如图 5-33 所示，在 RobotStudio 软件中，启动仿真功能，并观察输送链 Smart 组件的动态行为。

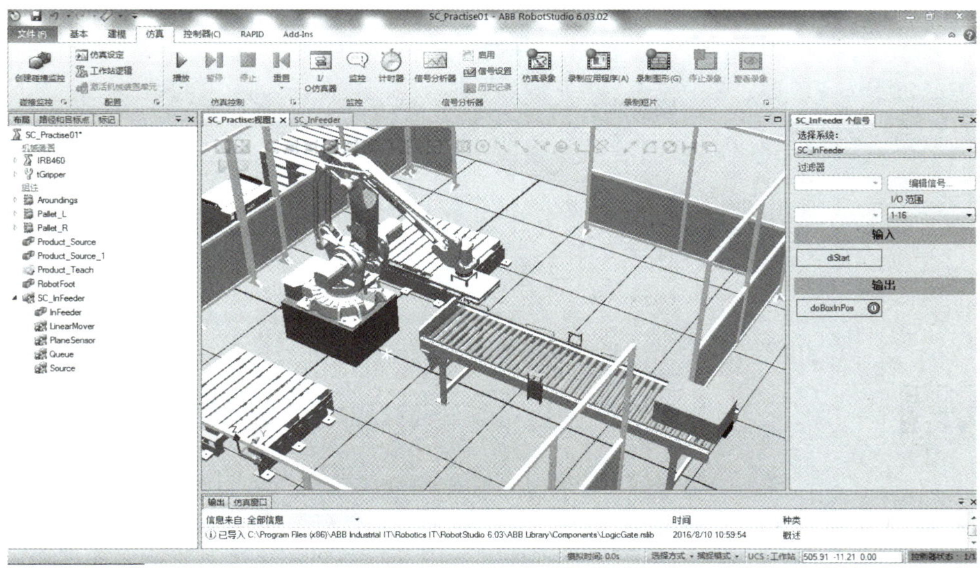

图 5-33　启动仿真功能

如图 5-34 所示，在仿真运行过程中，注意观察输送链的运动状态、物品传输情况，以及与其他组件的交互情况。如果发现问题或异常行为，可以根据仿真结果进行调整和优化。如图 5-35 所示，通过反复仿真和调试，可以确保输送链 Smart 组件在实际应用中能够稳定、可靠地工作。

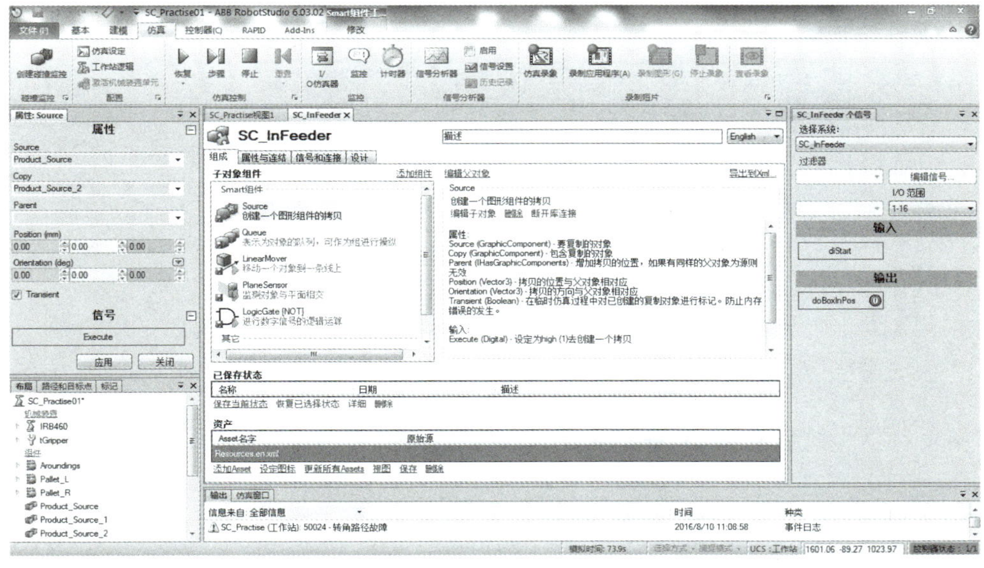

图 5-34　观察输送链 Smart 组件的动态行为

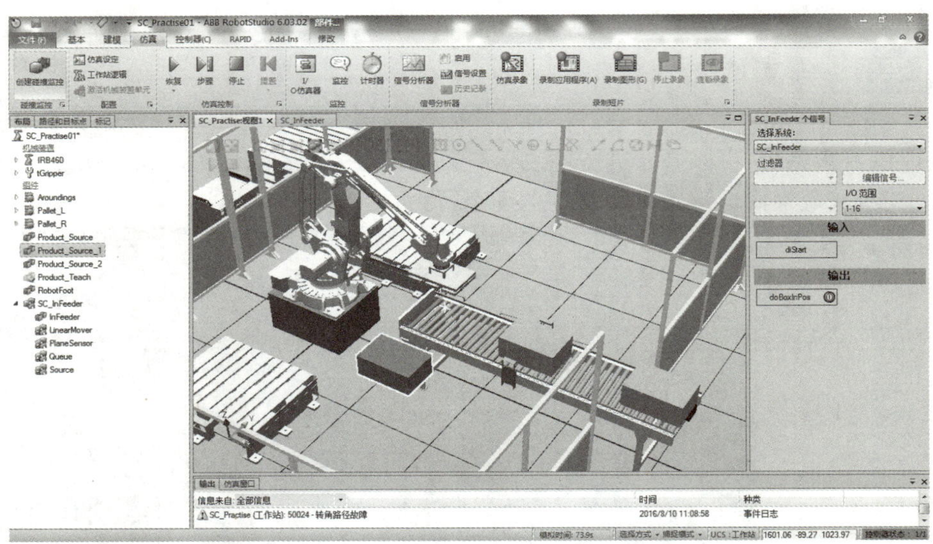

图 5-35 调整和优化输送链 Smart 组件

工具Smart组件创建

5.5 工具 Smart 组件创建

在 RobotStudio 软件中，工具 Smart 组件的创建对于机器人执行精确和高效的拾取与放置动作至关重要。工具组件通常包括夹具、传感器等，它们共同协作以完成码垛任务。下面将详细阐述在 RobotStudio 软件中创建工具 Smart 组件的步骤。

5.5.1 设定夹具属性

打开 RobotStudio 软件并加载工作站模型。如图 5-36 所示，选择机器人所使用的夹具，进入属性编辑器。

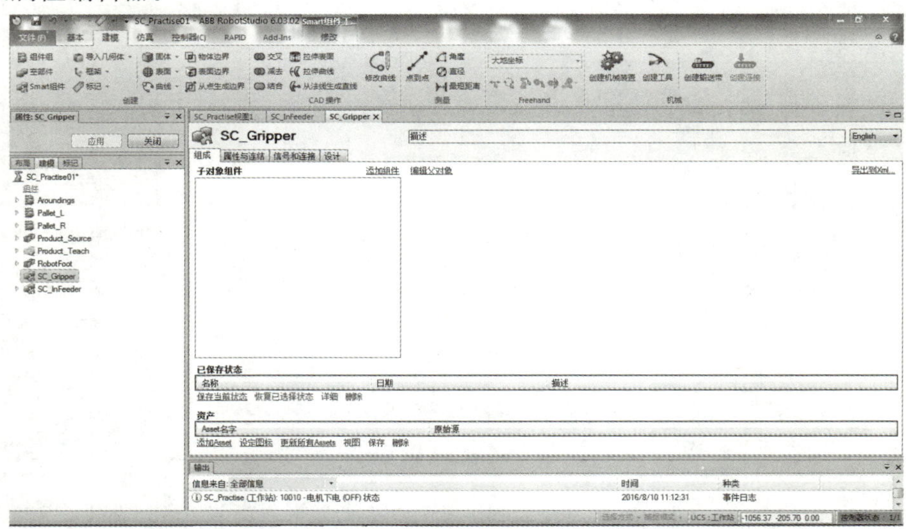

图 5-36 设定夹具属性

在属性编辑器中，设定夹具的基本属性，如尺寸、质量和质心位置。这些属性对于机器人运动规划和动力学计算至关重要。

根据实际需要，定义夹具的夹持力、夹持范围，以及夹持精度等参数。这些参数将直接影响机器人执行拾取动作时的稳定性和准确性。

5.5.2 设定检测传感器

如图 5-37 所示，在工具组件中，通常需要集成检测传感器以判断夹具是否已成功夹取物品或是否到达放置位置。

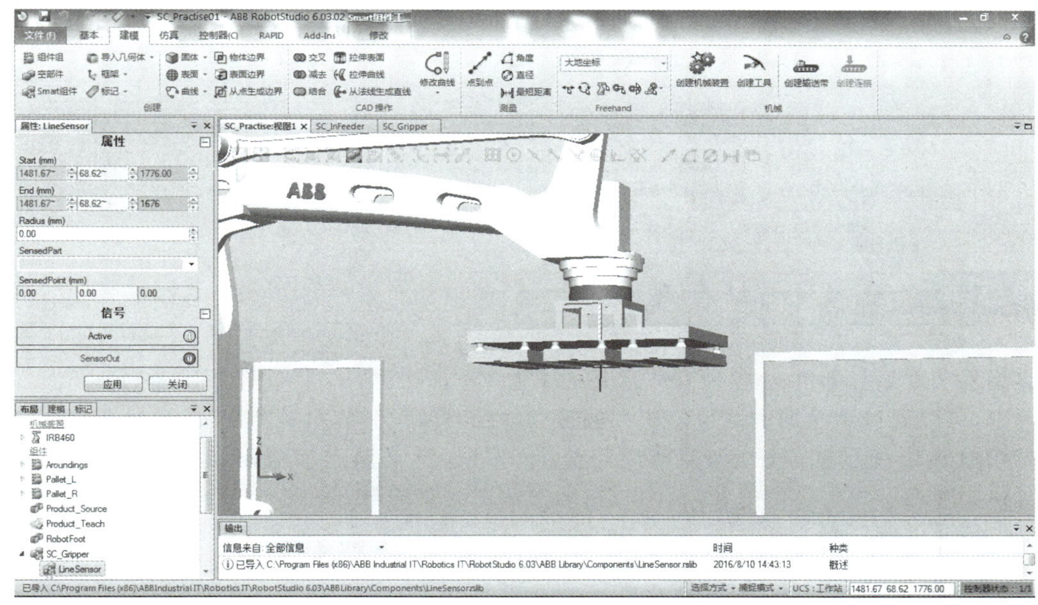

图 5-37　设定检测传感器

在 RobotStudio 软件中，可以通过添加虚拟传感器来模拟实际传感器的工作。选择适当的传感器类型(如接近传感器、力传感器等)，并设定其触发条件和响应动作。

例如，可以设定当夹具接近物品时，接近传感器发出信号，机器人开始执行夹取动作；当夹具夹持物品时，力传感器检测到夹持力达到预设值，机器人确认夹取成功。

5.5.3 设定拾取放置动作

如图 5-38 所示，在属性编辑器中为夹具设定拾取和放置动作。这包括定义夹具的运动轨迹、速度、加速度，以及夹持和释放物品的动作顺序。

可以通过手动编程或利用 RobotStudio 软件提供的路径规划功能来生成这些动作。确保动作序列合理且符合实际需求，以保证机器人能够准确、高效地执行拾取和放置任务。

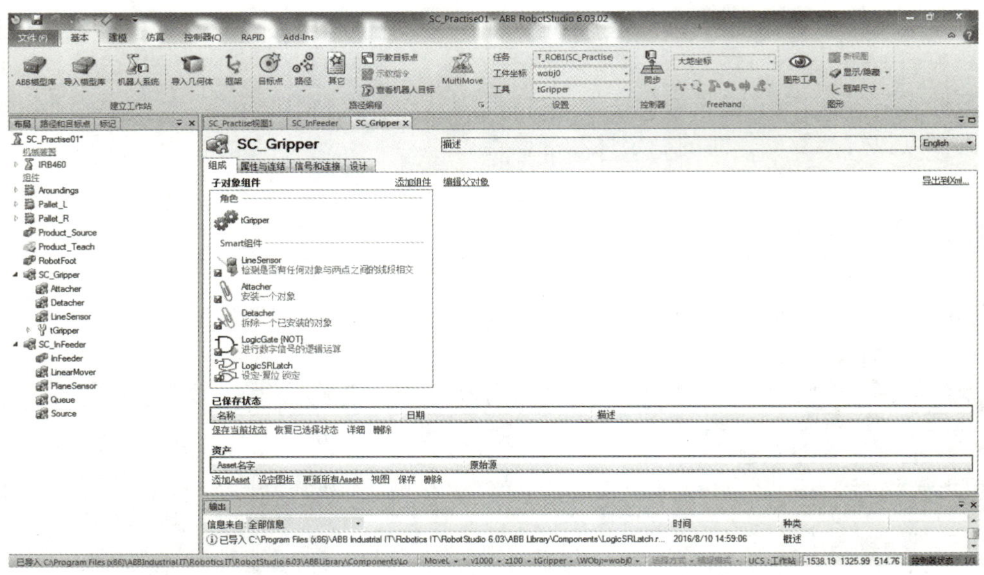

图 5-38　设定拾取放置动作

5.5.4 创建“属性与连结”

为了实现工具组件与其他组件之间的交互，需要创建“属性与连结”。在 RobotStudio 软件中，可以通过属性编辑器来创建和编辑“属性与连结”。

如图 5-39 所示创建相应的“属性与连结”关系，定义输入和输出参数，以及数据传递方式。

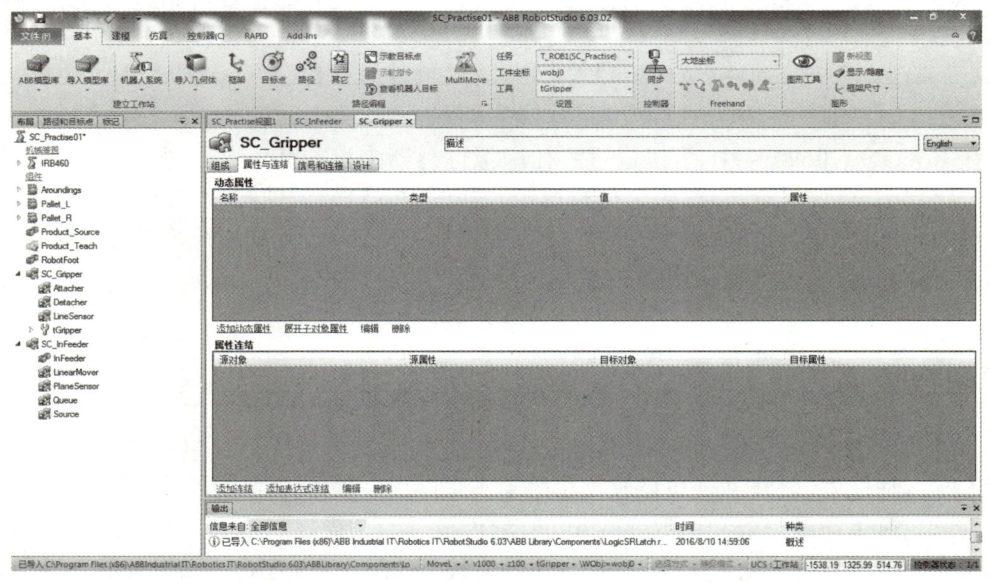

图 5-39　创建“属性与连结”2

例如，可以创建机器人与夹具之间的“属性与连结”，使机器人能够获取夹具的状态信息（如是否夹持物品）并控制夹具的动作。

5.5.5 创建“信号和连接”

为了实现工具组件与其他组件之间的通信，需要创建“信号和连接”。如图 5-40 所示，在 RobotStudio 软件中，可以利用信号编辑器来管理和编辑信号连接。

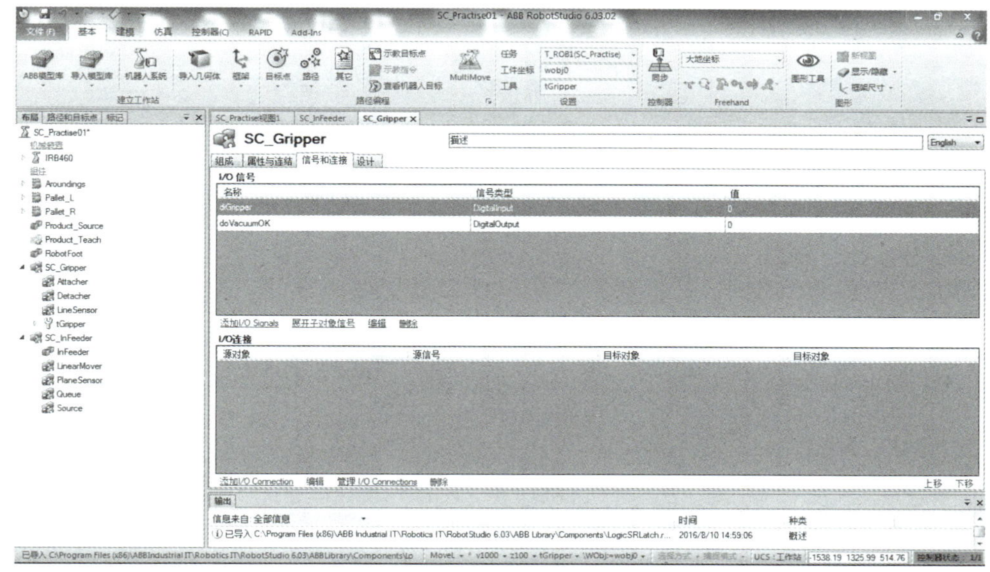

图 5-40　信号编辑器

定义需要连接的信号类型和名称。如图 5-41 所示，在信号编辑器中创建信号连接关系，将工具组件的输出信号与其他组件的输入信号相连。例如，可以将夹具的夹持成功信号连接机器人的继续执行动作信号上，以确保机器人在夹具成功夹取物品后才能继续执行后续动作。

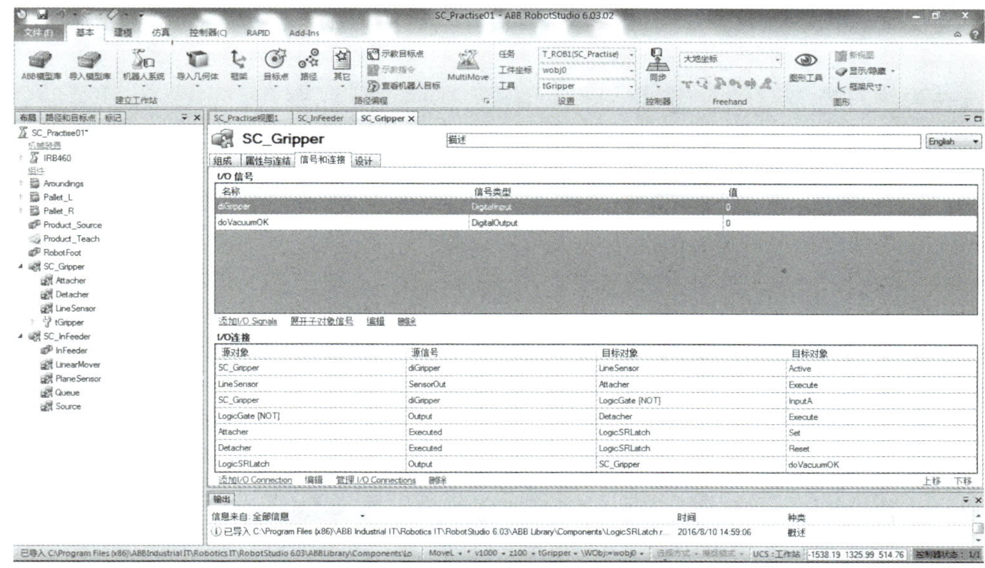

图 5-41　创建“信号和连接”2

5.5.6 仿真运行

完成以上步骤后，可以进行仿真运行以验证工具 Smart 组件的性能和效果。如图 5-42 所示在 RobotStudio 软件中启动仿真功能，并观察机器人执行拾取和放置动作的过程。

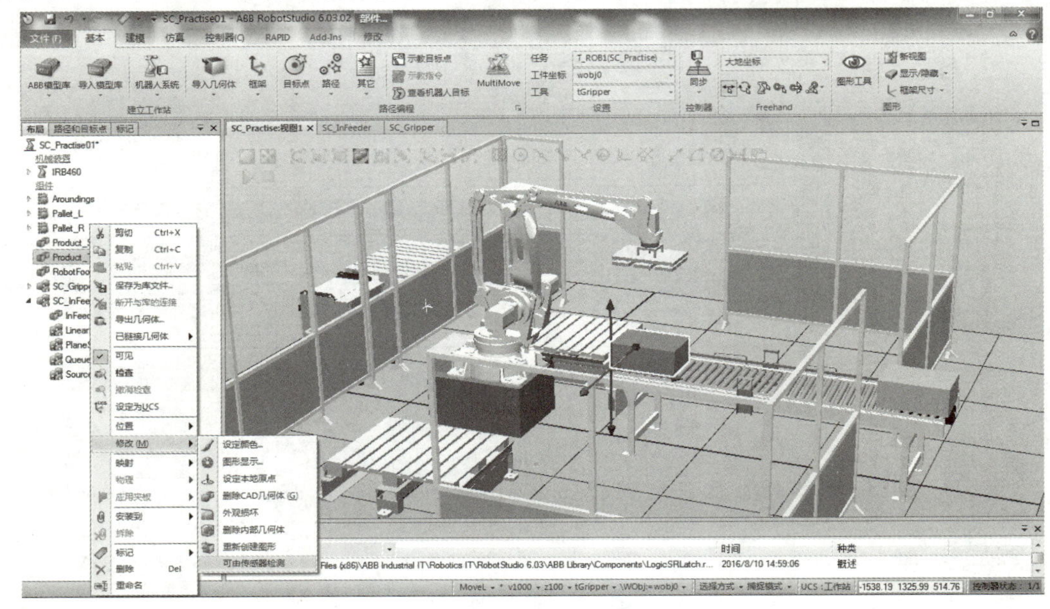

图 5-42 仿真运行

在仿真运行过程中，注意观察夹具的动作是否准确、稳定，以及传感器信号是否按预期传递和处理。如果发现问题或异常行为，可以根据仿真结果进行调整和优化。

如图 5-43 所示，通过反复仿真和调试，可以确保工具 Smart 组件在实际应用中能够稳定可靠地工作，提高码垛的工作效率和准确性。

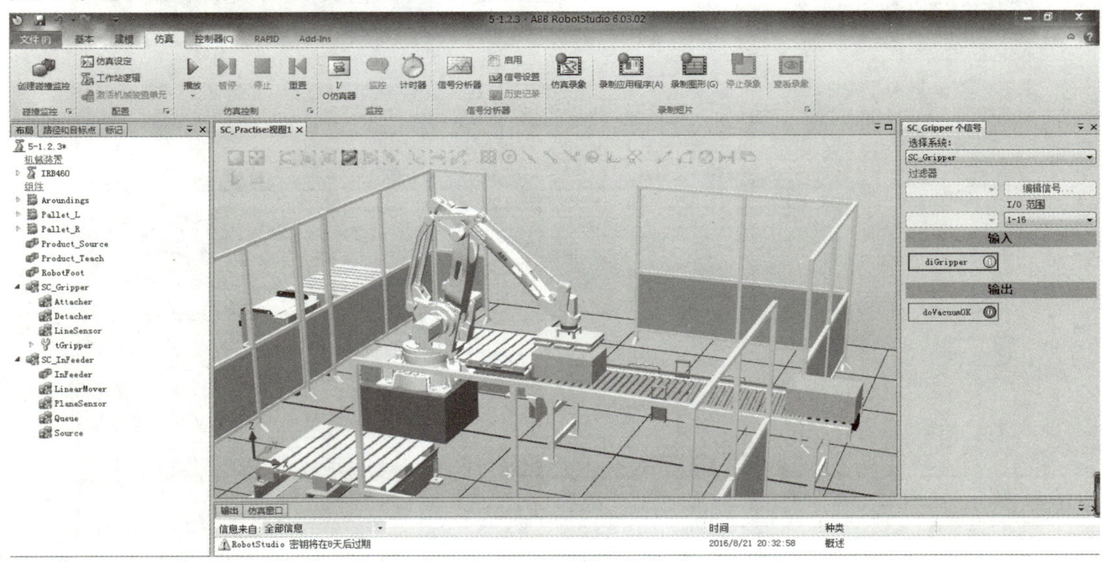

图 5-43 观察夹具的动作

5.6　工作站逻辑设定

在 RobotStudio 软件中，工作站逻辑设定是确保整个自动化码垛系统能够按照预定规则运行的关键环节。它涉及对机器人程序、I/O 信号，以及工作站整体逻辑的细致配置。

5.6.1　查看机器人程序及 I/O 信号

在进行工作站逻辑设定之前，首先需要查看并理解机器人程序和 I/O 信号的配置。如图 5-44 所示，在 RobotStudio 软件中，可以打开机器人程序编辑器，查看已编写的机器人程序，了解机器人执行的各种动作和路径。同时，需要查看 I/O 信号表，了解各个信号的作用和触发条件。

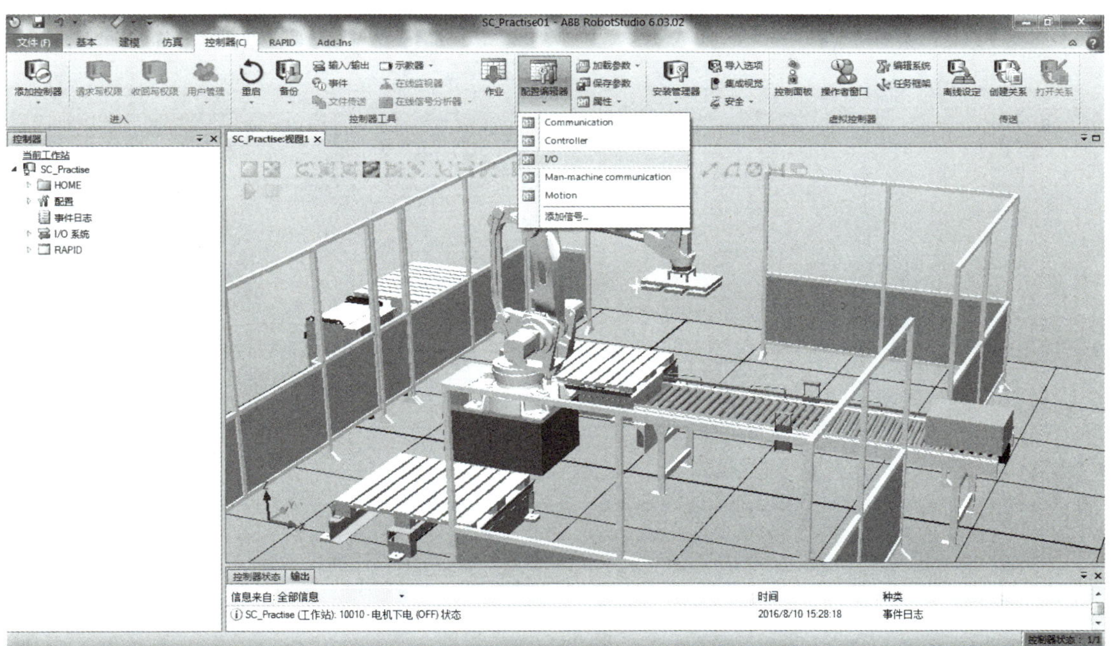

图 5-44　查看机器人程序及 I/O 信号

如图 5-45 所示，通过查看机器人程序和 I/O 信号，可以明确工作站中各个组件之间的交互方式和控制逻辑(图 5-46)，为后续的逻辑设定奠定基础。

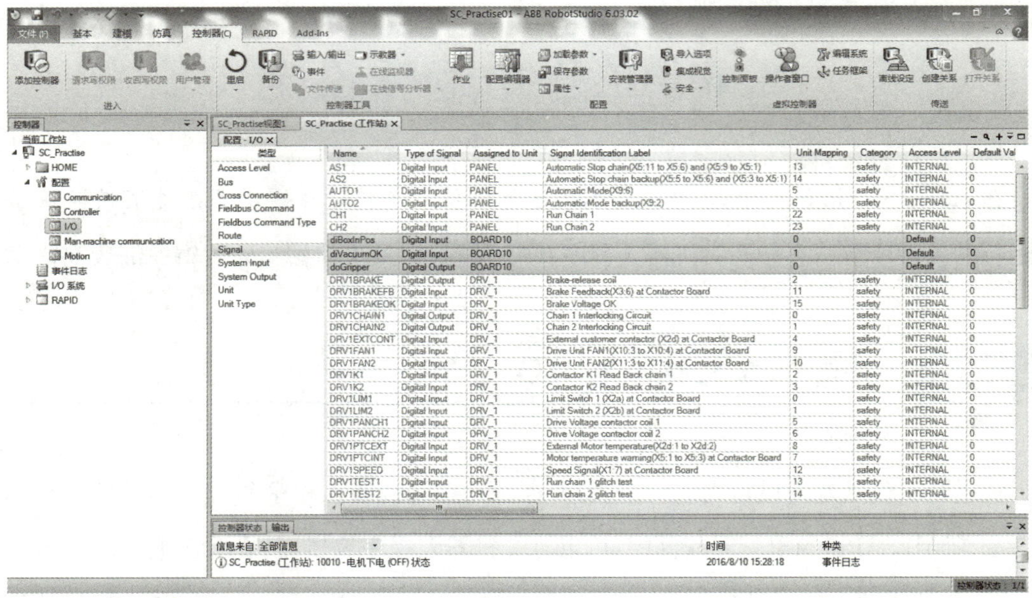

图 5-45 明确工作站各个组件交互方式

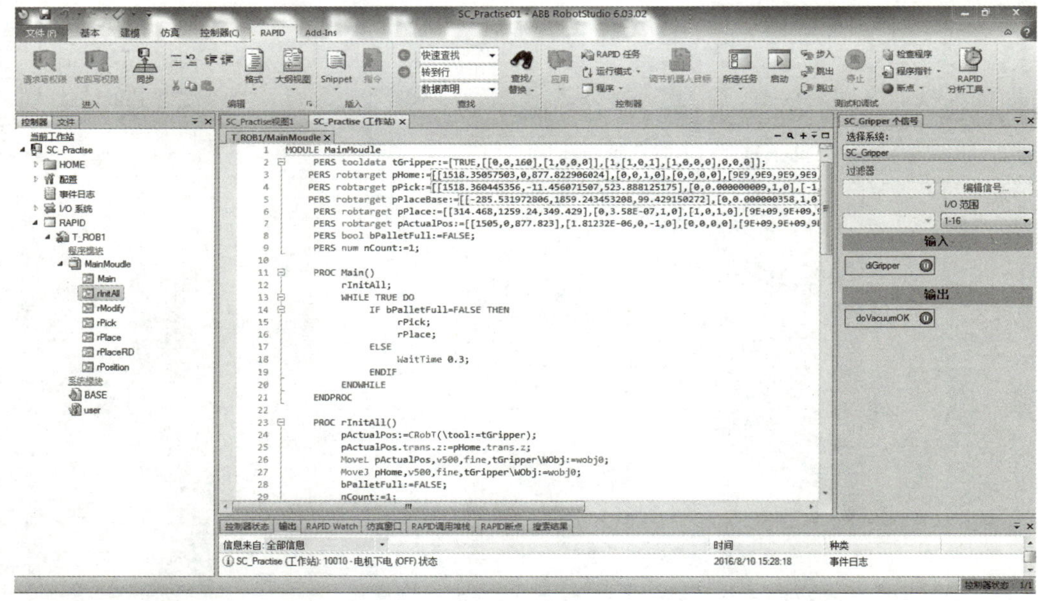

图 5-46 明确工作站控制逻辑

5.6.2 设定工作站逻辑

工作站逻辑的设定主要包括对机器人、输送链、传感器等组件的控制逻辑进行配置。如图 5-47 所示，在 RobotStudio 软件中，可以使用逻辑编辑器或类似的工具来实现这一功能。根据工作站的实际需求和业务流程，确定各个组件的控制逻辑。例如，当传感器检测到物品到达时，需要触发输送链启动，同时机器人开始执行抓取和码放动作。当物品码放完成后，输送链停止，等待下一次物品检测。

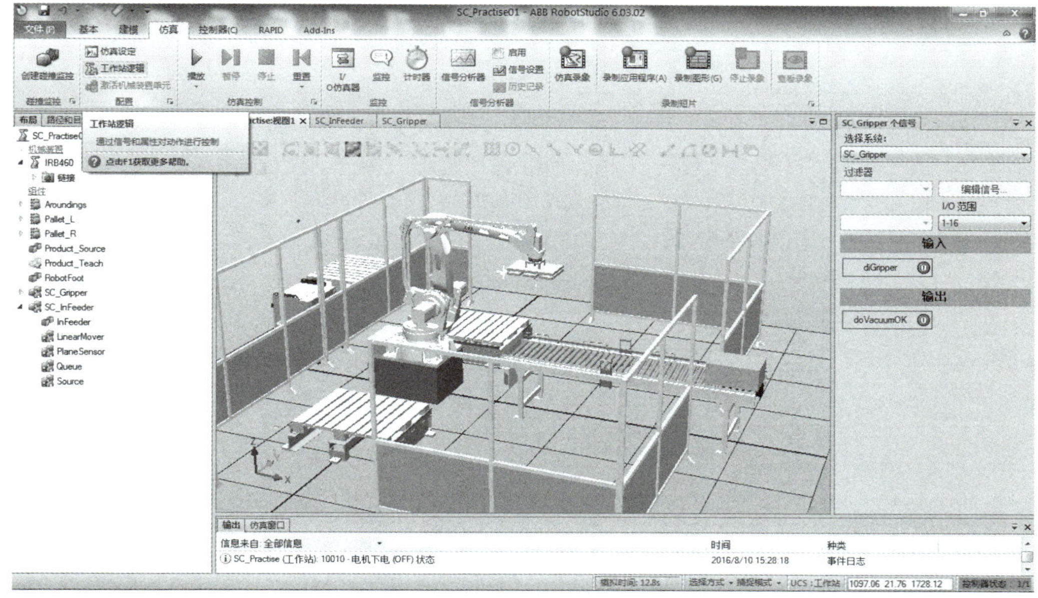

图 5-47　启动工作站逻辑

如图 5-48 所示，在逻辑编辑器中创建相应的逻辑块，并为每个逻辑块配置输入和输出信号。这些信号可以来自传感器、按钮或其他组件，用于触发和控制逻辑块的执行。

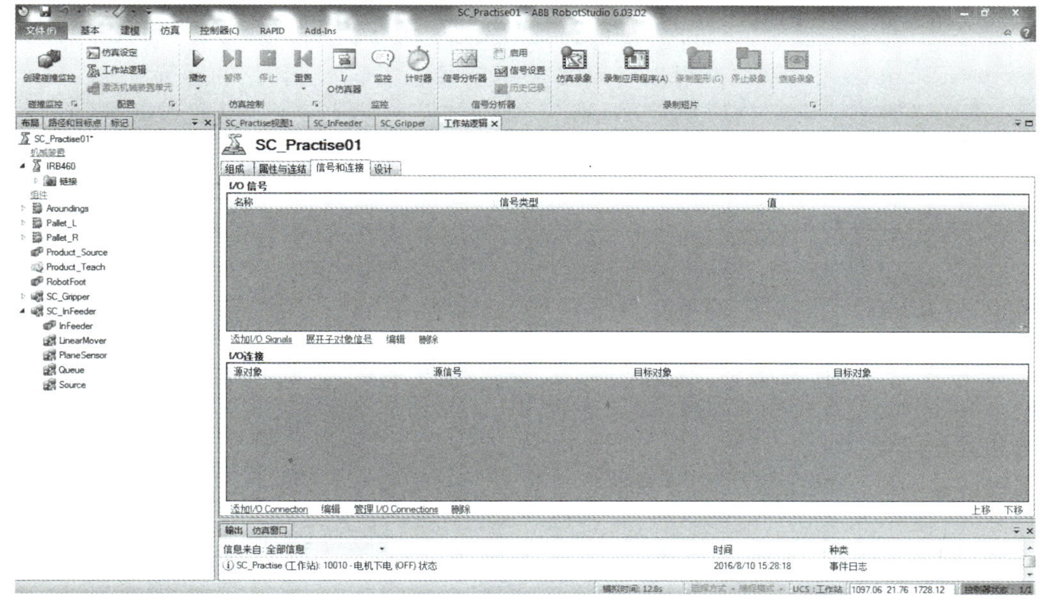

图 5-48　配置输入和输出信号

设置逻辑块之间的连接关系，确保它们能够按照预定的顺序和条件执行。如图 5-49 所示，这包括设置条件判断、循环执行、延时等待等逻辑控制语句。

对逻辑设定进行仔细检查和测试，确保没有逻辑错误或遗漏。可以使用 RobotStudio

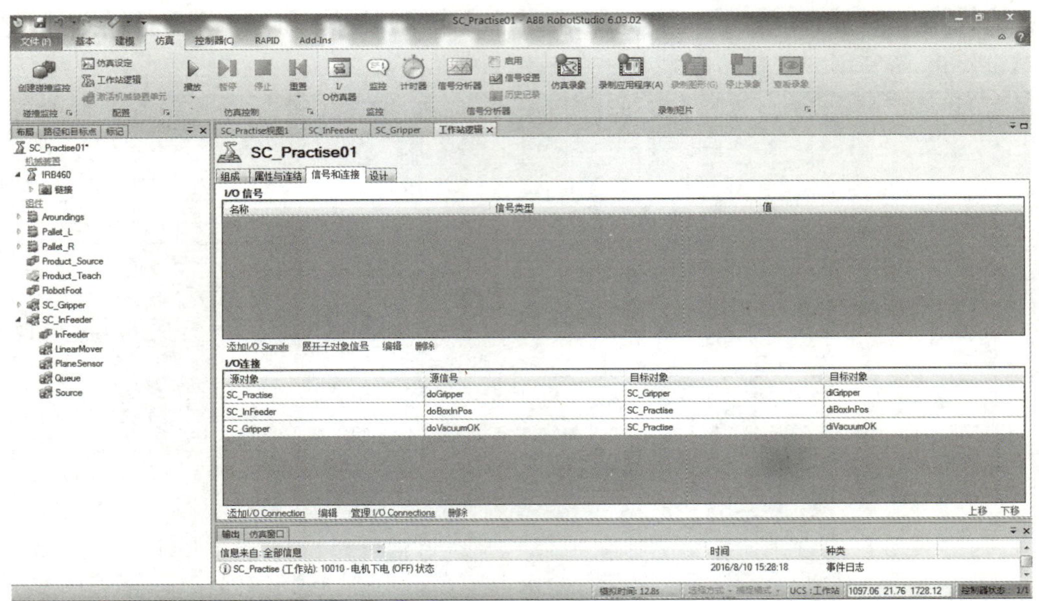

图 5-49　设置逻辑块之间的连接关系

软件的仿真功能进行初步测试，观察工作站各组件的协同工作情况。

5.6.3 仿真运行

完成工作站逻辑设定后，如图 5-50 所示，需要进行仿真运行以验证逻辑的正确性和可行性。在 RobotStudio 软件中，可以启动仿真功能，并观察整个工作站的运行情况。

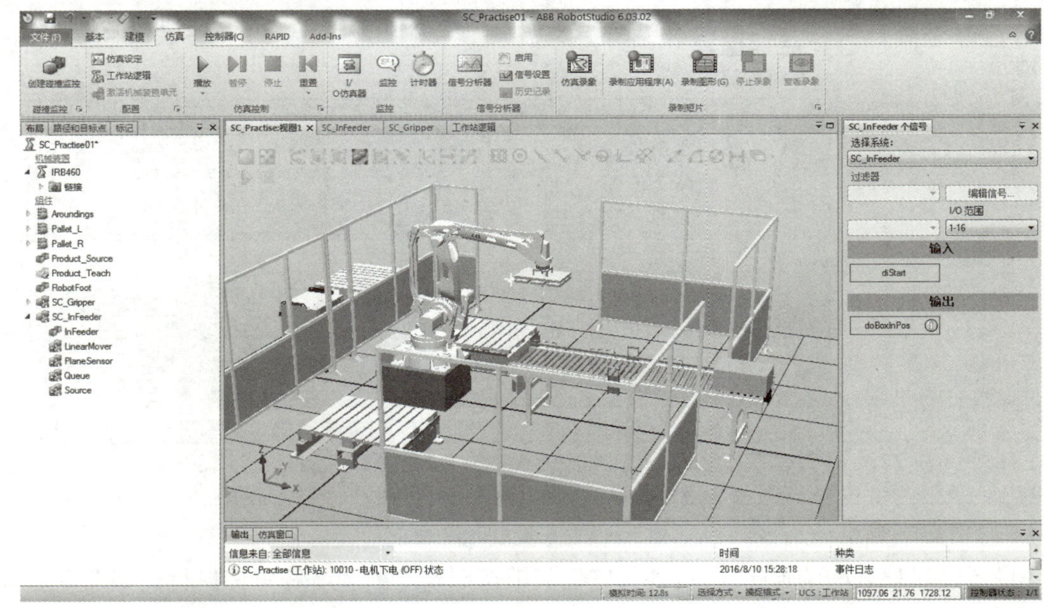

图 5-50　仿真运行

在仿真运行过程中，需要关注以下几个方面：

(1)各组件是否按照预定的逻辑和顺序执行动作。

(2)信号传递是否准确无误，有无丢失或延迟。

(3)工作站是否存在逻辑冲突或死循环等问题。

(4)码垛效率和稳定性是否满足要求。

如图 5-51 所示，如果发现问题或异常情况，需要及时调整逻辑设定，并进行再次仿真运行，直到工作站能够稳定可靠运行为止。

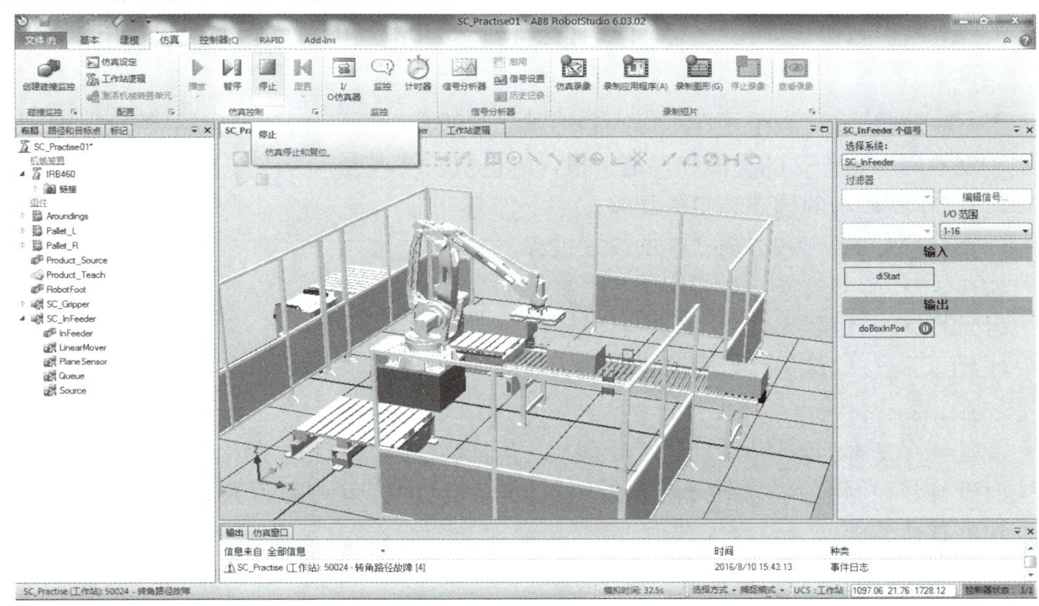

图 5-51　调整逻辑设定

通过仿真运行，可以对工作站的逻辑设定进行验证和优化，确保在实际应用中能够取得良好的运行效果。

练习与作业

练习一：

(1)在 RobotStudio 软件中创建一个简单的码垛工作站模型，包括机器人、输送链和至少一个目标码垛位置。

(2)为输送链设置产品源，定义物品的几何形状和生成速度。

(3)设置输送链的运动属性，确保物品能够平稳地传输到机器人的拾取位置。

(4)在输送链上添加至少一个限位传感器，并定义其触发条件和响应动作。

(5)创建输送链与机器人之间的属性与连接，实现机器人对输送链上物品的自动抓取和码放。

(6)运行仿真，观察并记录输送链和机器人的运行情况，分析可能存在的问题并提出改进方案。

练习二：

(1)在练习一的基础上，为工作站添加更多的码垛位置，并调整机器人的运动轨迹以适应不同的码垛需求。

(2)修改输送链的运动属性，尝试不同的速度和加速度组合，观察对物品传输和机器人抓取的影响。

(3)设计一个复杂的码垛逻辑，例如根据物品的大小或形状进行分类码放，并在 RobotStudio 软件中实现该逻辑。

(4)运行仿真，验证码垛逻辑的正确性和工作效率，记录仿真结果并进行分析。

作业一：

撰写一篇报告，详细描述在练习一和练习二中的实践过程、遇到的问题、解决方案，以及最终实现的码垛工作站的功能和性能。报告应包括以下内容：

(1)工作站模型的构建和组件配置。

(2)输送链产品源和运动属性的设置过程。

(3)限位传感器的设计和应用。

(4)输送链与机器人之间“属性与连结”的创建和实现。

(5)仿真运行的结果分析和改进方案。

作业二：

设计一个具有创新性的码垛工作站方案，包括输送链、机器人、码垛位置，以及其他可能的辅助设备。在方案中，应充分考虑物品的多样性、码垛效率、空间利用率，以及工作站的安全性和可靠性。

将设计方案以图纸和文字说明的形式提交，并简要说明该方案的创新点、实现难点，以及预期效果。同时，分析该方案在实际应用中可能面临的挑战，并提出相应的解决策略。

第 6 章

工业机器人工作站事件管理器应用

本章旨在深入探索工业机器人工作站事件管理器应用的学习，通过理论讲解和实践操作相结合的方式，帮助学生全面理解并掌握事件管理器的使用技巧、触发机制和处理流程。学生首先通过理论学习，熟悉事件管理器的基本概念、作用，以及事件触发和处理的各个环节。随后，在实践环节中，学生将通过实际案例学习如何为工业机器人工作站配置事件管理器，包括事件类型的选择、触发条件的设定等，从而强化理论知识的应用，并提升独立配置和使用事件管理器的能力。

本章重点：

1. 事件管理器的基本概念和作用：学生需要明确事件管理器的定义，理解其在工业机器人工作站中的重要作用，如提高自动化水平、优化生产流程等。

2. 事件触发机制和事件处理流程：深入理解事件触发机制和事件处理流程是本章学习的关键。学生需要掌握事件触发的条件、触发后的处理流程，以及可能的结果，为后续的实际操作奠定基础。

3. 事件管理器的配置和使用：学生将通过实践环节，学习如何为工业机器人工作站配置事件管理器。这包括了解各种事件类型的特点和适用场景，掌握触发条件的设定方法，以及熟悉事件管理器的使用方法和技巧。

本章难点：

1. 事件触发机制和处理流程的复杂性：事件触发机制和处理流程可能涉及多个环节和因素，需要学生具备较高的逻辑思维能力和分析能力，才能全面理解和掌握。

2. 事件管理器配置的实践操作：在实际操作中，学生需要根据具体的工作站环境和任务需求，灵活选择事件类型和设定触发条件。这需要学生具备丰富的实践经验和判断力，以确保配置的准确性和有效性。

3. 理论知识与实际操作的结合：本章强调理论知识与实际操作相结合。学生需要在理解理论知识的基础上，通过实践操作来加深理解和应用。这要求学生应具备较强的学习主动性和实践能力。

6.1 事件管理器的主要功能

在 RobotStudio 软件中，事件管理器简单易学，合理使用事件管理器可以方便地制作各种简单的仿真动画。事件管理器与 Smart 组件的主要区别见表 6-1。

表 6-1 事件管理器与 Smart 组件的主要区别

对象	事件管理器	Smart 组件
使用难度	简单，容易掌握	需要系统学习后使用
特点	适合制作简单的动画	适合制作复杂的动画
适用范围	动作简单的动画仿真	需要逻辑控制的动画仿真

在 RobotStudio 仿真软件中，事件管理器主要由任务窗格 1、事件网格 2、触发编辑器 3、动作编辑器 4 等部分组成，如图 6-1 所示。

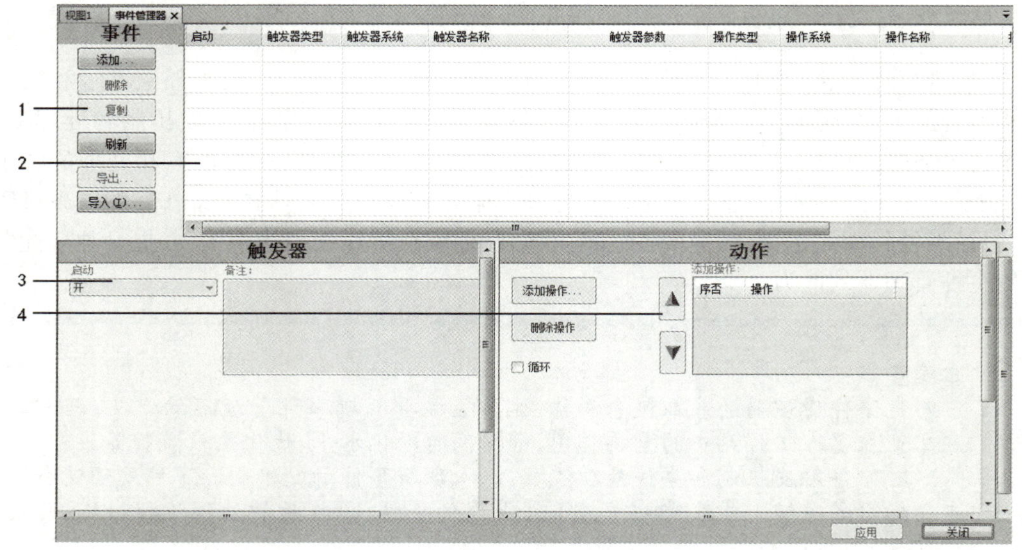

图 6-1 事件管理器窗格的组成

6.1.1 任务窗格

在事件管理器中，通过任务窗格可以新建事件，或者在事件网格中对选择的现有事件进行复制或删除。其主要功能说明见表 6-2。

表 6-2 任务窗格的主要功能说明

功能	说明
新增	启动创建新事件向导
删除	删除在事件网格中选中的事件
复制	复制在事件网格中选中的事件
刷新	刷新事件管理器

续表

功能	说明
导出	导出文件
导入	导入文件

6.1.2 事件网格

在事件网格中显示工作站中的所有事件，每行均为一个事件，而网格中的各列显示的是其属性。可以在此选择事件进行编辑、复制或删除。其主要功能说明见表 6-3。

表 6-3　事件网格主要功能说明

功能	说明
启用	显示事件是否处于活动状态。 打开：动作始终在触发事件发生时执行。 关闭：动作在触发事件发生时不执行。 仿真：只有触发事件发生，动作才会执行
触发器类型	显示触发动作的条件类型。 I/O 信号变化：更改数字 I/O 信号。 I/O 连接：模拟 PLC 的行为。 碰撞：碰撞集中对象间碰撞开始或结束，或差点撞上。 仿真时间：设置激活的时间。 注意： (1)“仿真时间”按钮在激活仿真时启用。 (2)触发器类型不能在触发编辑器中更改。如果需要当前触发器类型之外的触发器类型，应创建全新的事件
触发器系统	触发类型是 I/O 信号触发。 连字符(一)表示虚拟信号
触发器名称	用作触发的信号或碰撞集的名称
触发器参数	将显示发生触发依据的事件条件。 0：用作触发切换至 False 的 I/O 信号。 1：用作触发切换至 True 的 I/O 信号。 已开始：在碰撞集中的一个碰撞开始，用作触发事件。 已结束：在碰撞集中的一个碰撞结束，用作触发事件。 接近丢失已开始：在碰撞集中的一个碰撞开始，用作触发事件。 接近丢失已结束：在碰撞集中的一个碰撞结束，用作触发事件
操作类型	显示与触发器一同出现的动作类型。 I/O 信号动作：更改数字输入或输出信号的值。 连接对象：将一个对象连接另一个对象。 分离对象：将一个对象从另一个对象上分离。 打开/关闭仿真监视器：切换特定机械装置的仿真监视器。 打开/关闭计时器：切换过程计时器。 将机械装置移至姿态：将选定机械装置移至预定姿态，然后发送工作站信号。启动或停止过程计时器。 移动图形对象：将图形对象移至新位置。 显示/隐藏图形对象：显示或隐藏图形对象。 保持不变：无任何动作发生。 多个：事件同时触发多个动作，或在每次启用触发时只触发一个动作。每个动作均可在动作编辑器中查看

续表

功能	说明
操作系统	如果动作类型是更改 I/O,此列会显示要更改的信号所属的系统连字符(—)表示虚拟信号
操作名称	如果动作类型是更改 I/O,将会显示要更改的信号的名称
操作参数	显示动作发生后的条件。 0:将 I/O 信号设置为 False。 1:将 I/O 信号设置为 True。 打开:打开过程计时器。 关闭:关闭过程计时器。 Object1→Object2:当动作类型是连接目标时,显示一个对象将连接另一个对象。 Object1—<Object2:当动作类型是分离目标时,显示一个对象将与另一个对象分离。 已结束:在碰撞集中的一个碰撞结束,用作触发事件。 多个:表示多个动作
时间	显示事件触发执行的时间

6.1.3 触发编辑器

在触发编辑器中,可以设置触发器的属性。在该编辑器的公共部分是所有类型的触发器共有的,而其他部分适合现在的触发器类型。其主要功能说明见表 6-4。

表 6-4　　触发编辑器的主要功能说明

位置	部件	说明
触发器的公共部分	启用	设置事件是否处于活动状态。 打开:动作始终在触发事件发生时执行。 关闭:动作在触发事件发生时不执行。 仿真:只有触发事件在运行时执行
	备注	关于事件的备注和注释文本框
I/O 信号触发器的部分	活动控制器	选择 I/O 要用作触发器时所属的系统
	Signals	显示可用作触发器的所有信号
	触发条件	对于数字信号,应设置事件是否在信号被设为 True 或 False 时触发。 对于只能用于工作站信号的模拟信号,事件将在以下任何条件下触发大于、大于/等于、小于、小于/等于、等于、不等于
I/O 连接触发器的部分	Add	打开一个界面,可以在其中将触发器信号添加至触发器信号界面
	移除	删除所选的触发器信号
	Add>	打开一个界面,可以在其中将运算符添加至连接界面
	移除	删除选定的运算符
	延迟	指定延迟(以 s 为单位)
碰撞触发器的部分	碰撞类型	设置要用作触发器的碰撞种类。 已开始:碰撞开始时触发。 已结束:碰撞结束时触发。 接近丢失已开始:差点撞上事件开始时触发。 接近丢失已结束:差点撞上事件结束时触发
	碰撞集	选择要用作触发器的碰撞集

6.1.4 动作编辑器

在动作编辑器中，可以设置事件动作的属性。在该编辑器中，公共部分是所有的动作类型共有的，而其他部分适合选定动作。其主要功能说明见表 6-5。

表 6-5　动作编辑器的主要功能

位置	部件	说明
所有动作的公共部分	添加操作	添加触发条件满足时所发生的新动作。可以添加同时得以执行的若干不同动作，也可以在每一次事件触发时添加一个动作。 更改 I/O：更改数字输入或输出信号的值。 连接对象：将一个对象连接另一个对象。 分离对象：将一个对象从另一个对象上分离。 打开/关闭计时器：启用或停用过程计时器。 保持不变：无任何动作发生(可能对操纵动作序列有用)
	删除操作	删除已添加动作列表中选定的动作
	循环	选中此复选框后，只要发生触发，就会执行相应的动作。执行完列表中的所有操作后，事件将从列表中的第一个动作重新开始；不选此复选框后，每次发生触发会同时执行所有动作
	添加操作	按事件的动及被执行的顺序，列出所有动作
	箭头	重新调整动作的执行顺序
I/O 动作部分	活动控制器	显示工作站中的所有系统。选择要更改的 I/O 归属于何种系统
	Signals	显示所有可以设置的信号
	操作	设置事件是否应将信号设置为 True 或 False，如果动作与 I/O 连接相连，此组将不可用
连接动作的特定部分	连接对象	选择工作站中要连接的对象
	连接	选择工作站中要连接的对象
	更新位置/保持位置	更新位置：连接时将连接对象移至其他对象的连接点。对于机械装置来说，连接点是 TCP 或凸缘，而对于其他对象来说，连接点就是本地原点。 保持位置：保持对象要连接的当前位置
	法兰编号	如果对象所要连接的机械装置拥有多个法兰(添加附件的点)，应选择一个要使用的法兰
	偏移位置	如有需要，连接时可指定对象间的位置偏移
	偏移方向	如有需要，连接时可指定对象间的方向偏移
分离动作的特定部分	分离对象	选择工作站中要分离的对象
	分离于	选择工作站中要从其上分离附件的对象
打开/关闭仿真监视器动作的特定部分	机械装置	选择机械装置
	打开/关闭仿真监视器	设置是否开始执行动作还是停止仿真监视器功能
计时器动作打开/关闭的特定部分	打开/关闭计时器	设置动作是否应开始或停止过程计时器

续表

位置	部件	说明
将机械装置移至姿态的动作部分	机械装置	选择机械装置
	姿态	在 SyncPose 和 HomePose 之间选择
	在达到姿态时要设置的工作站信号	列出机械装置伸展到其姿态之后发送的工作站信号
	添加数字	单击该按钮可向网格中添加数字信号
	移除	单击该按钮可从网格中删除数字信号
移动图形对象动作的特定部分	要移动的图形对象	选择工作站中要移动的图形对象
	新位置	设置对象的新位置
	新方向	设置对象的新方向
显示/隐藏图形对象动作的部分	图形对象	选择工作站内的图形对象
	显示/隐藏	设置显示对象还是隐藏对象

6.2 利用事件管理器构建简单机械装置的运动

创建一个上、下滑动的机械运动特性

6.2.1 创建一个上、下滑动的机械运动特性

在工作站中，为了更好地展示效果，会为工业机器人周边模型制作动画效果，如输送带、夹具和滑台等。本节主要以事件管理器的方法来创建一个能够上、下滑动的机械装置，如图 6-2 所示。具体操作步骤如下：

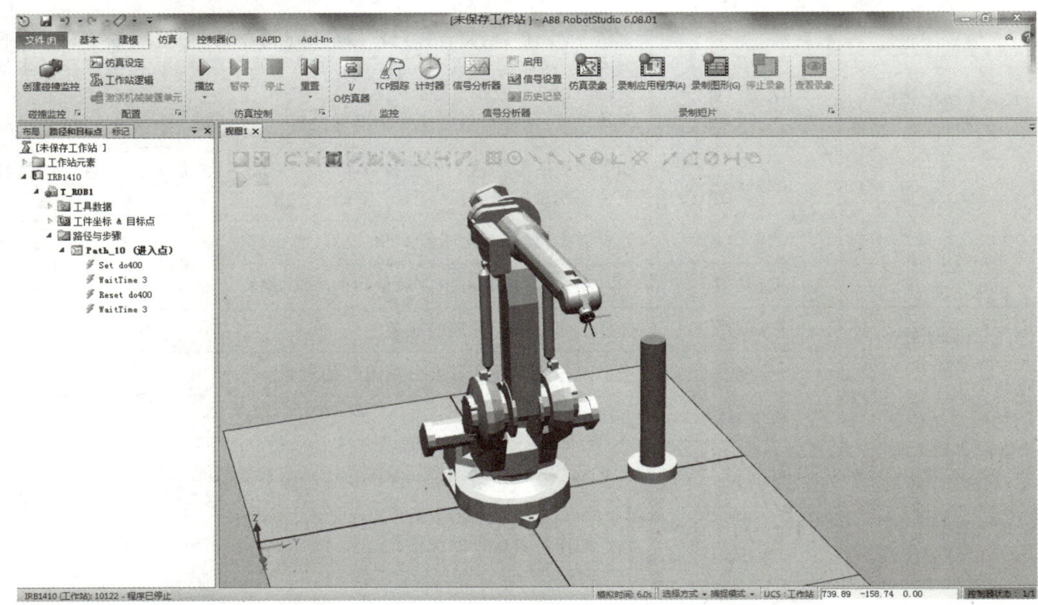

图 6-2 滑环装置

（1）创建一个新的空工作站，如图 6-3 所示。

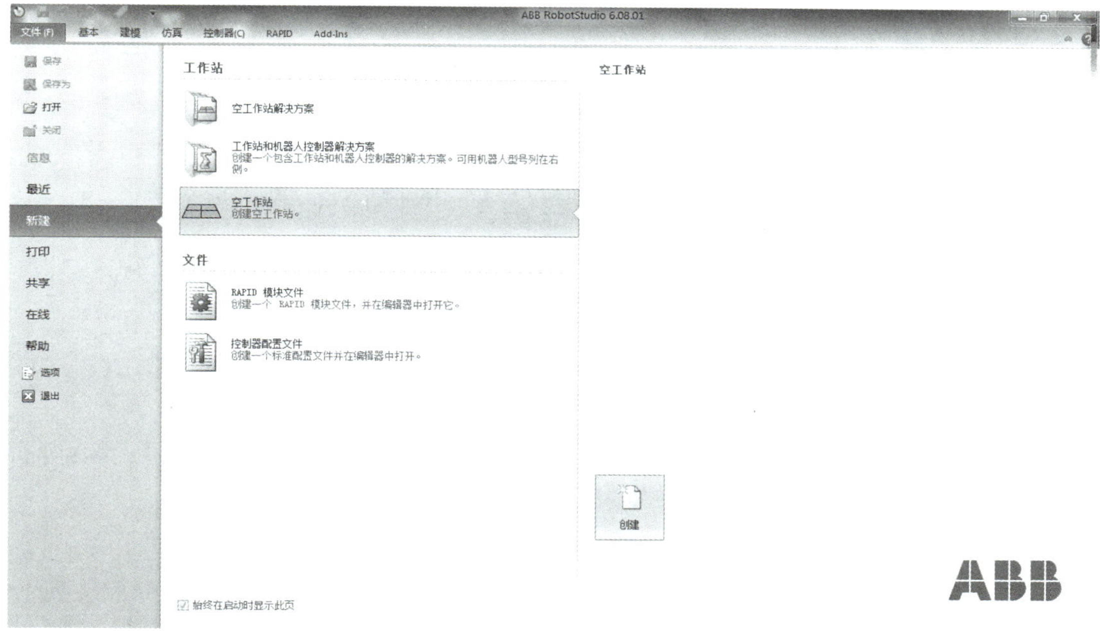

图 6-3　创建空工作站

（2）选择“ABB 模型库”，单击“IRB1410”，如图 6-4 所示。

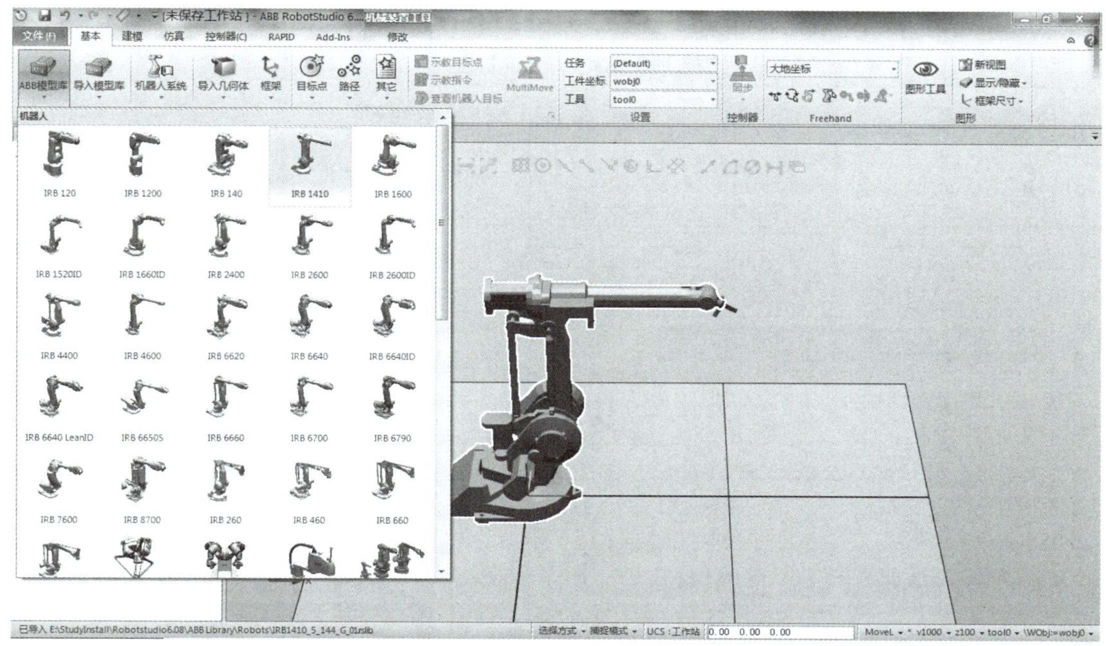

图 6-4　添加工业机器人

(3)选择“机器人系统”,单击“从布局...”,如图 6-5 所示。

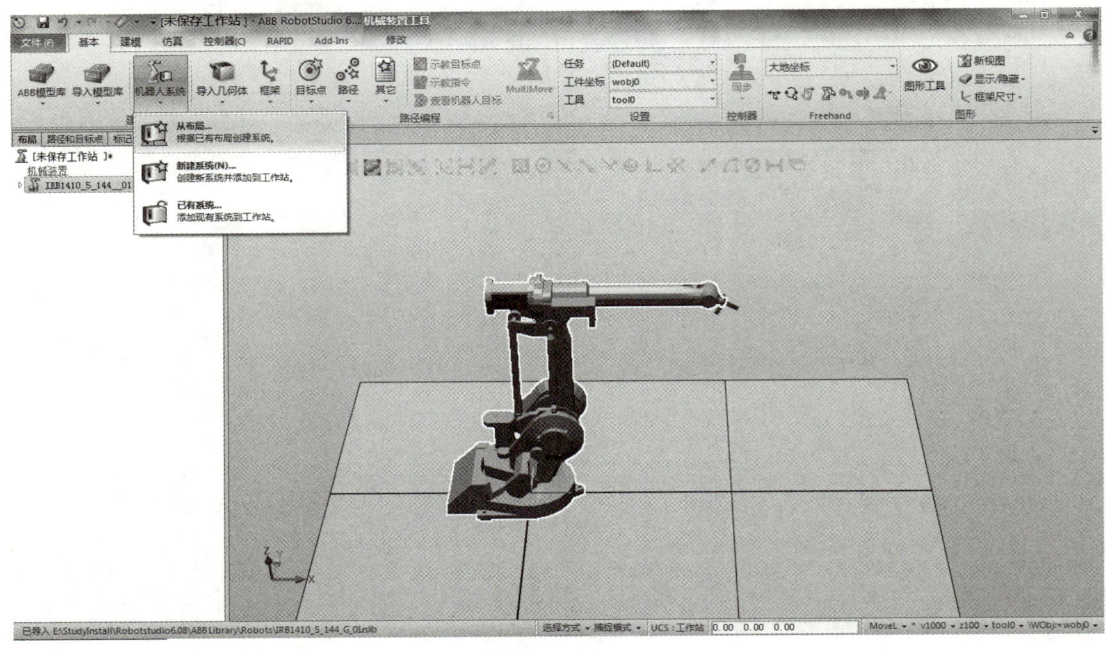

图 6-5 创建机器人系统

(4)“名称”设为“IRB1410”,单击“下一个”按钮,如图 6-6 所示。

(5)单击“下一个”按钮,如图 6-7 所示。

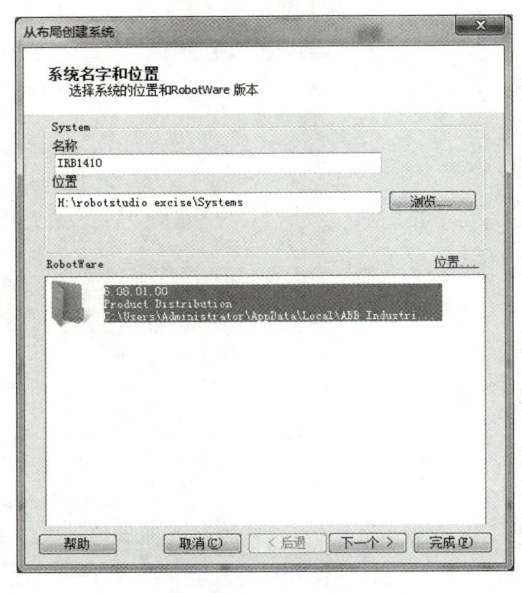

图 6-6 命名机器人系统

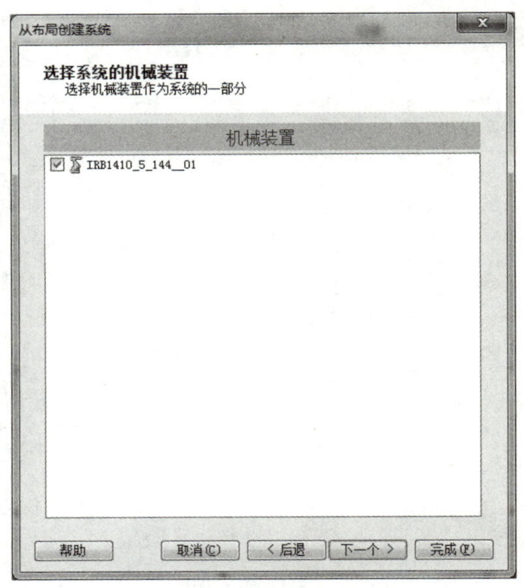

图 6-7 选择系统的机械装置

(6)若需要添加其他选项,可单击“选项...”按钮进行设定,如语言、通信总线等,设置完成后,单击“完成”按钮,如图 6-8 所示。

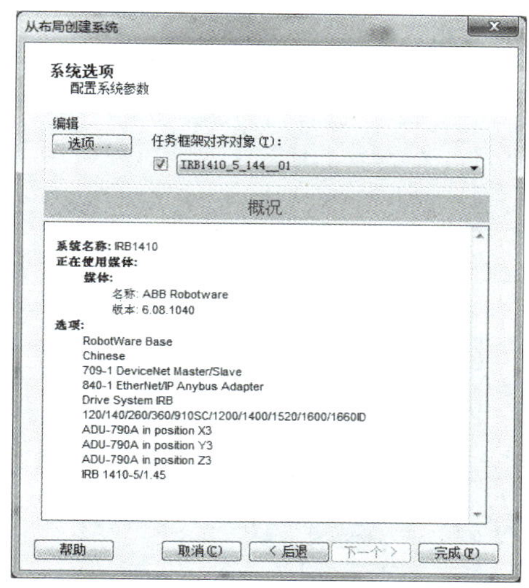

图 6-8　完成系统选项添加

(7)在"建模"选项卡中依次选择"固体"→"圆柱体",如图 6-9 所示。

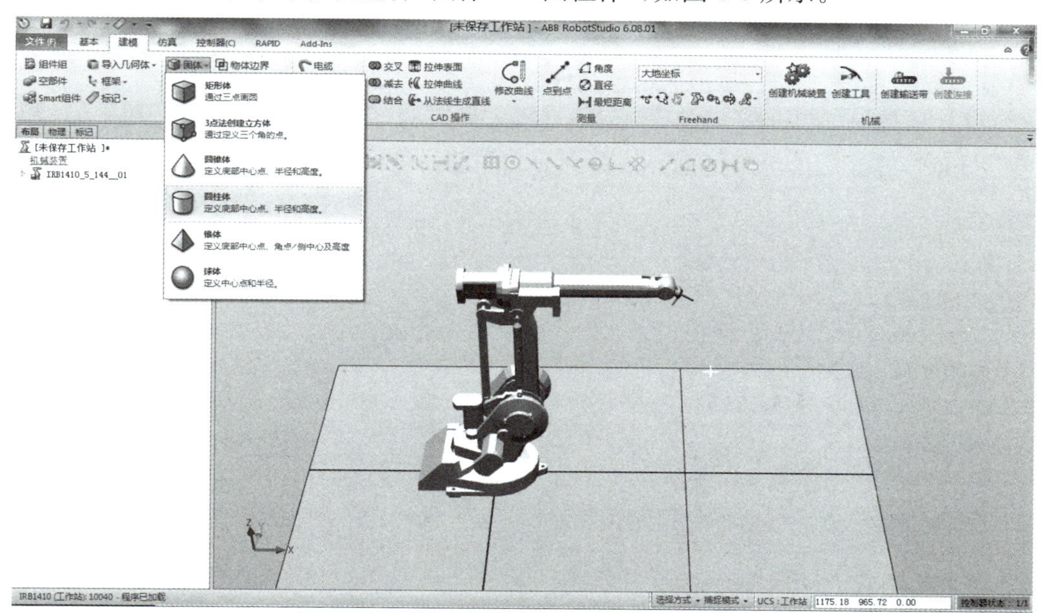

图 6-9　建模选项卡

(8)"半径"设为"50. 00","高度"设为"600",其他默认。设置完成后单击"创建"按钮,如图 6-10 所示。创建完成后,继续创建一个半径为"100. 00",高度为"50. 00"的圆柱体。通过"减去"功能创建圆环后,删除布局中原部件 2,并将部件 3 重命名为部件 2。

(9)在"布局"选项卡中,选择"IRB1410",右击,取消"可见"复选框的勾选,如图 6-11 所示。

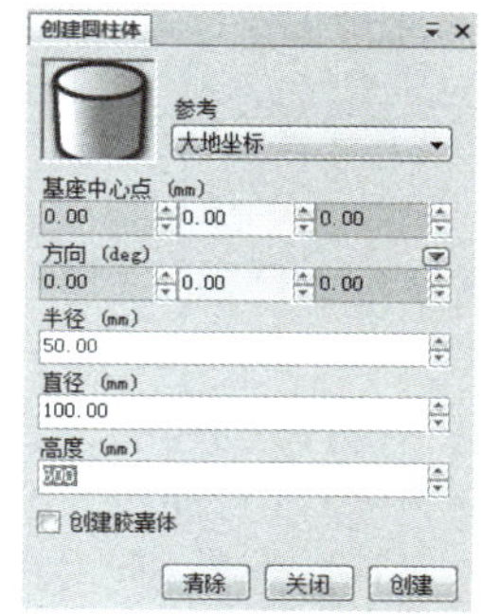

图 6-10　创建滑环装置实体模型

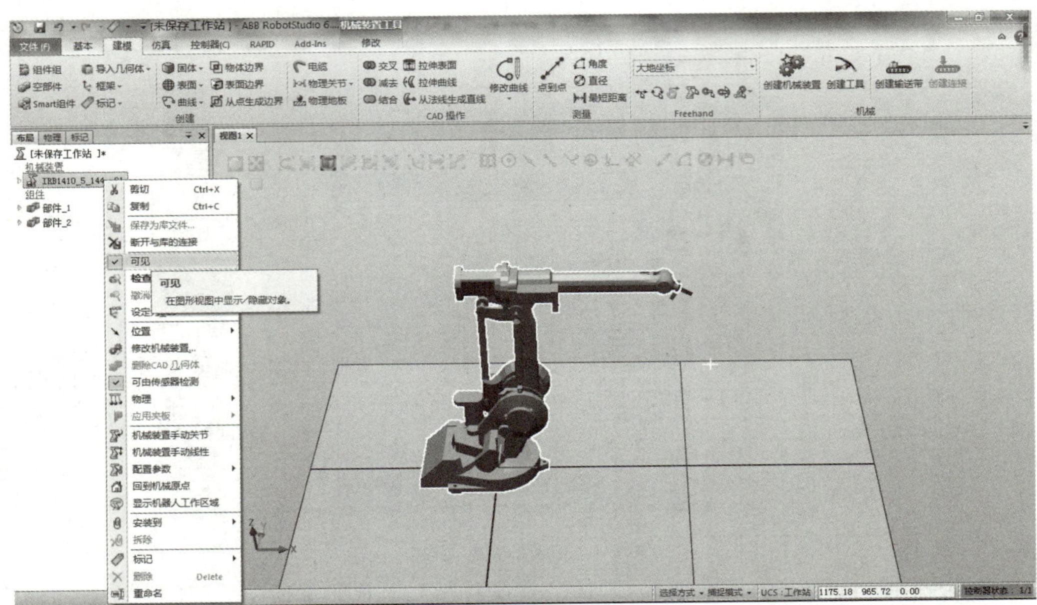

图 6-11 隐藏工业机器人

(10)选中“部件 2”,右击,依次选择“修改”→“设定颜色”,如图 6-12 所示。

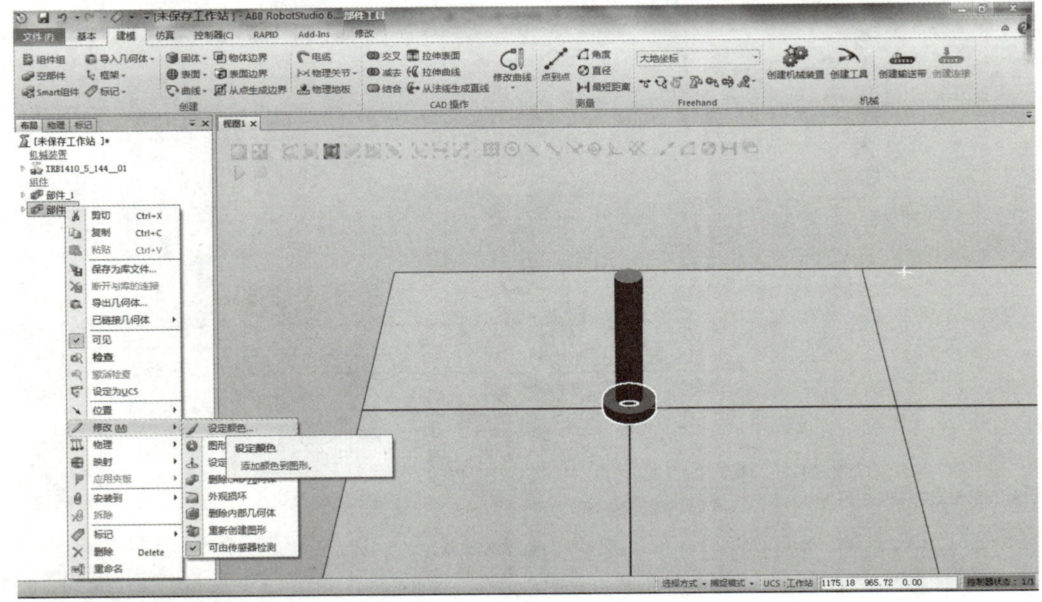

图 6-12 设定滑杆颜色

(11)选择颜色,设置完成后单击“确定”按钮,如图 6-13 所示。之后,继续修改“部件 1”的颜色。

12)选择“创建 机械装置”选项卡,“机械装置模型名称”设为“IRB1410”,“机械装置类型”选为“设备”,如图 6-14 所示。

(13)双击“链接”后,弹出“创建 链接”对话框,“所选组件:”选择“部件_1”,勾选“设置为 BaseLink”复选框,如图 6-15 所示。

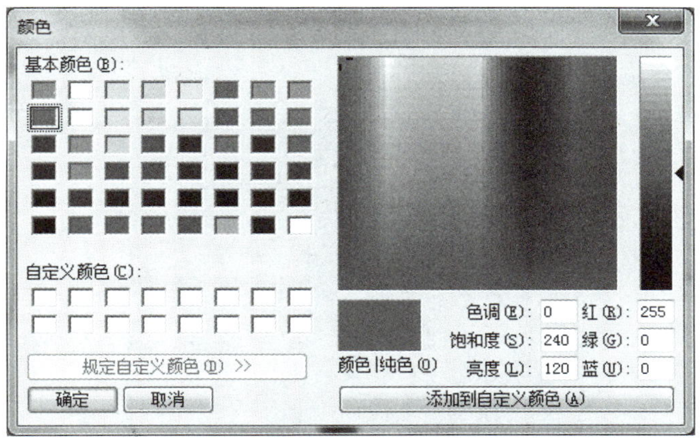

图 6-13　设定滑环颜色

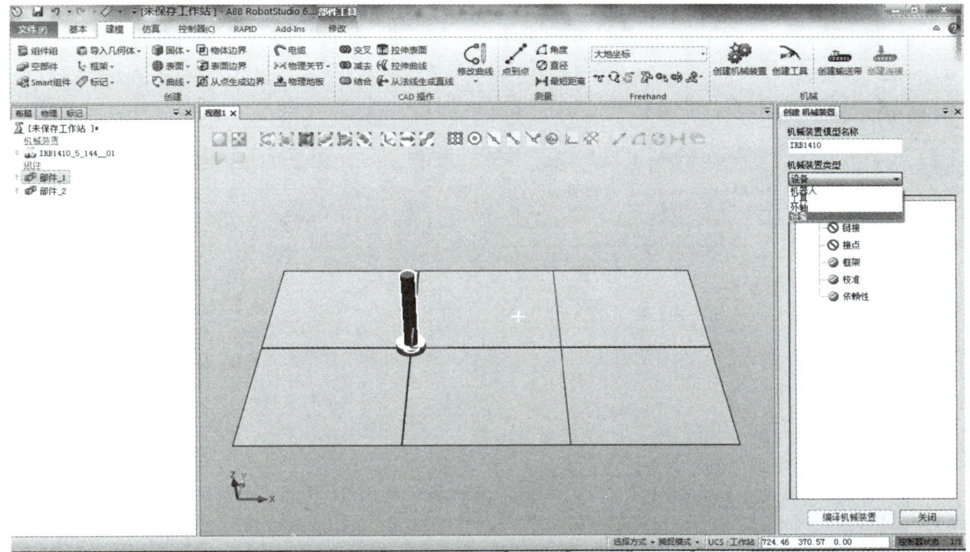

图 6-14　创建 机械装置

(14)单击图标“▶”,添加完成后,单击“应用”按钮,如图 6-16 所示。

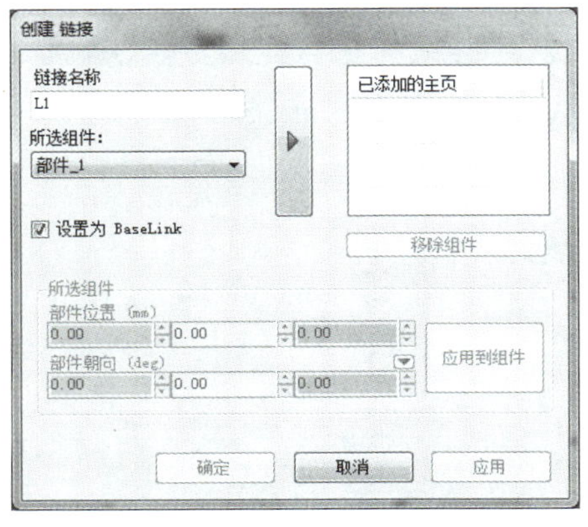

图 6-15　选择基础链接

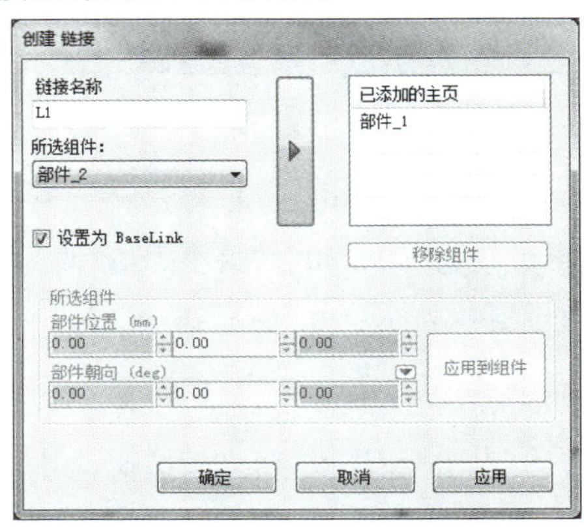

图 6-16　添加基础链接

(15)“链接名称”设为“L2”,“所选组件:”选为“部件_2”,单击“▶”按钮图标,单击“应用”按钮,如图 6-17 所示。

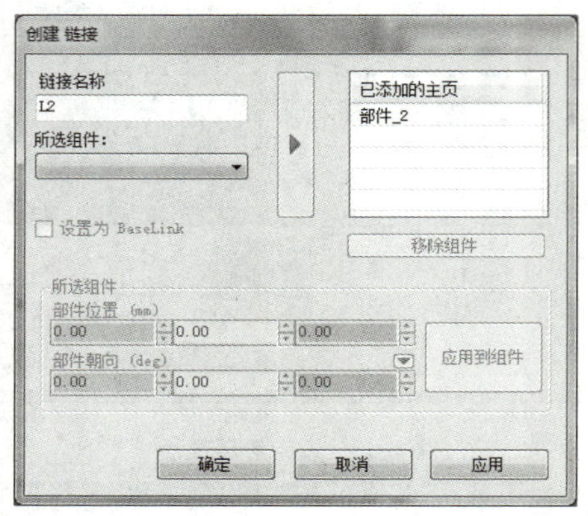

图 6-17　添加链接组件

(16)双击“接点”选项,创建接点,如图 6-18 所示。

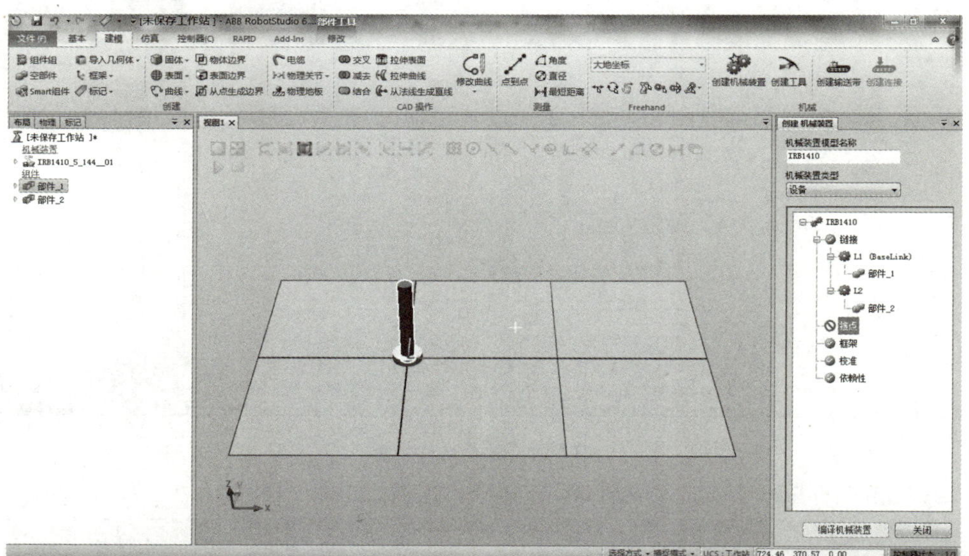

图 6-18　创建接点

(17)选中“往复的”单选按钮,将“第二个位置”的第三个参数改为“400.00”,“最小限值”改为“0.00”,“最大限值”改为“400.00”,设置完成后,单击“确定”按钮,如图 6-19 所示。

(18)单击“编译机械装置”按钮,如图 6-20 所示。

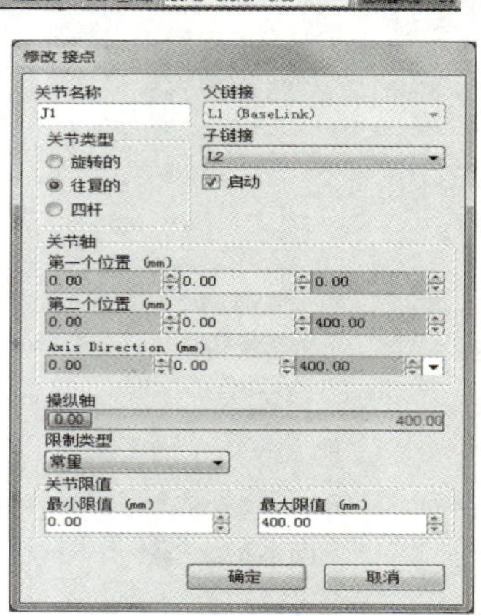

图 6-19　设置接点参数

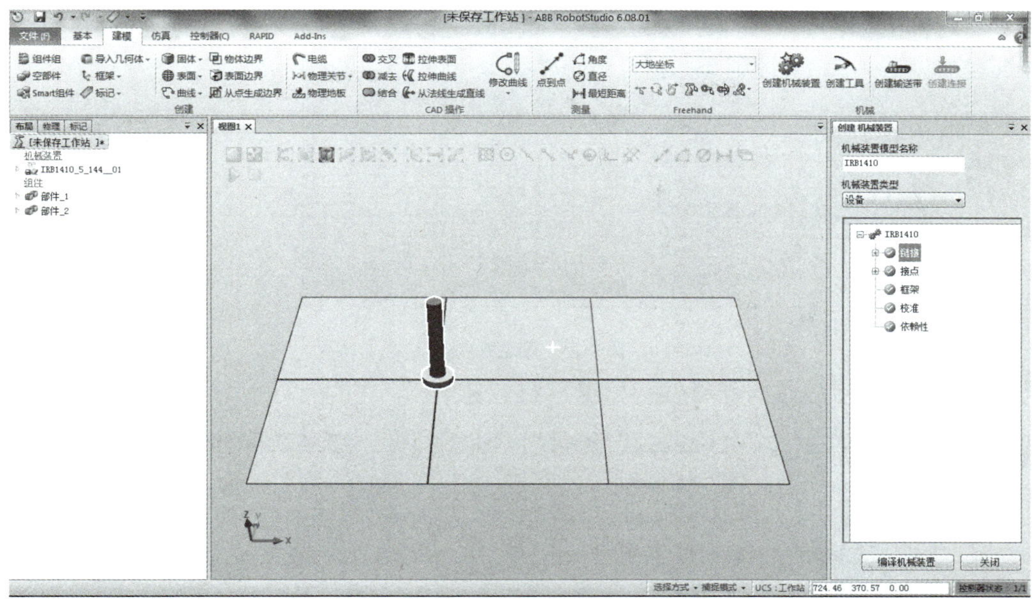

图 6-20　编译机械装置

(19)单击“姿态”窗口中“添加”按钮,将“关节值”设为“400”,单击“确定”按钮,如图 6-21 所示。

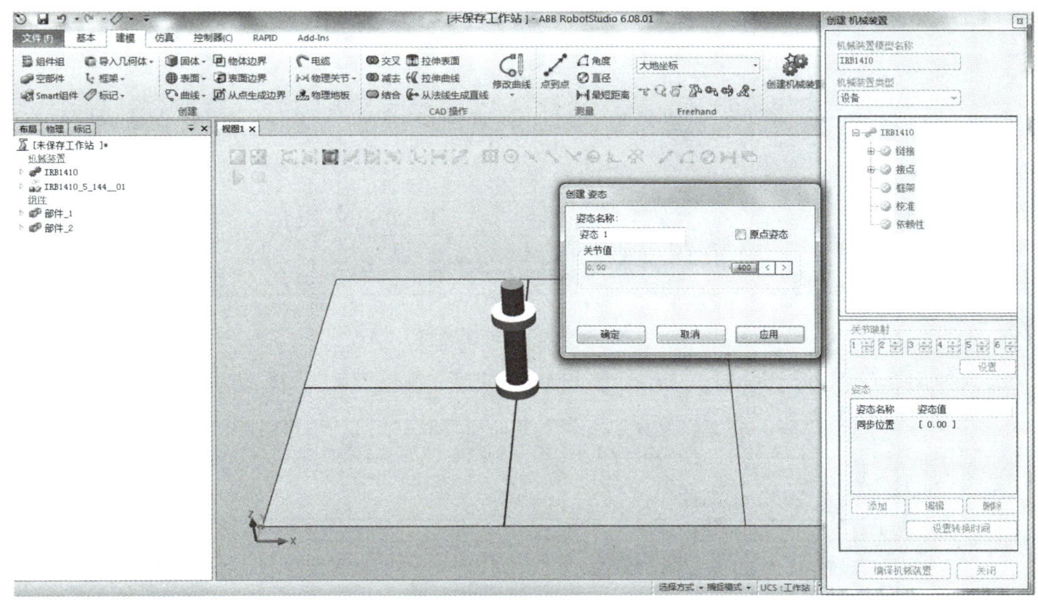

图 6-21　设定姿态 1

(20)继续添加,勾选“原点姿态”复选框,“关节值”调至“0.00”,单击“确定”按钮,如图 6-22 所示。

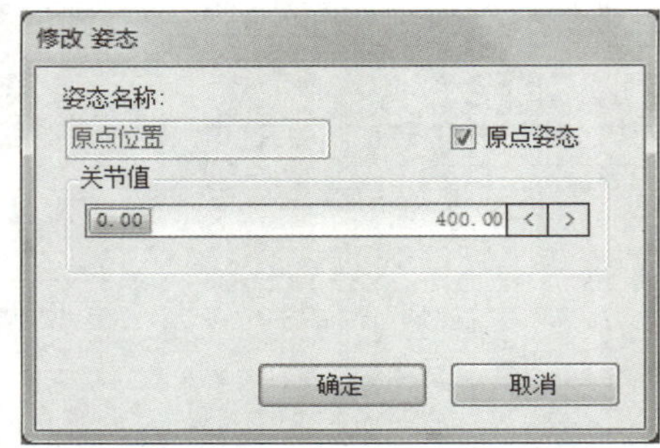

图 6-22 设定原点姿态

(21)单击“设置转换时间”按钮,如图 6-23 所示。

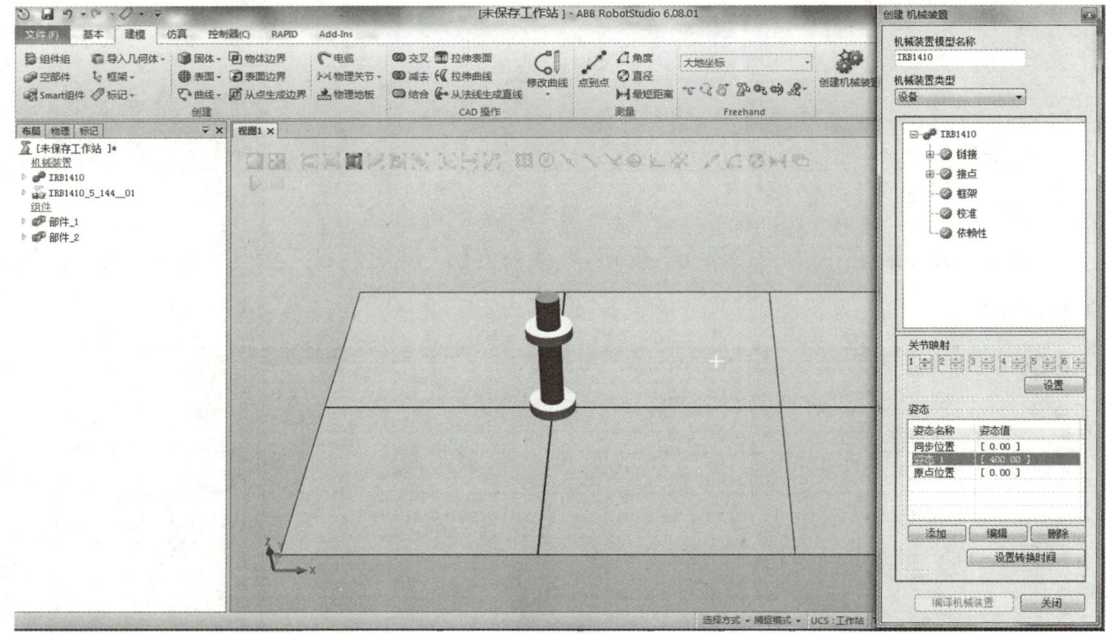

图 6-23 设置转换时间

22)按照图 6-24 所示设置转换时间,设置完成后,单击“确定”按钮。

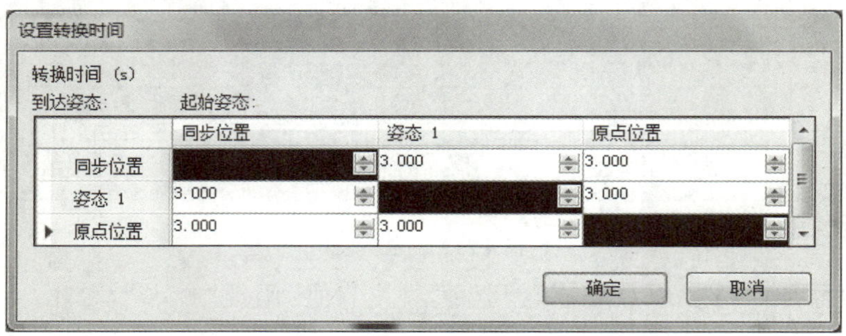

到达姿态 \ 起始姿态	同步位置	姿态 1	原点位置
同步位置		3.000	3.000
姿态 1	3.000		3.000
原点位置	3.000	3.000	

图 6-24 各姿态转换时间参数

(23)设置完成后,单击“关闭”按钮,如图 6-25 所示。

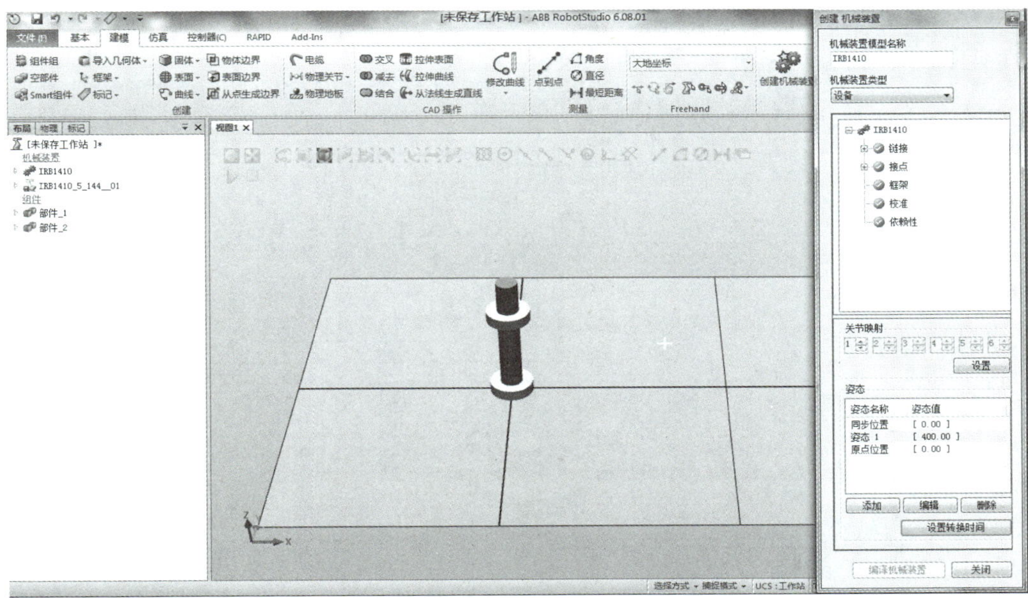

图 6-25　完成姿态设定后效果

(24)选择“Freehand”选项卡中的“移动”按钮图标,沿 Y 轴移动机械装置“IRB1410”,如图 6-26 所示。

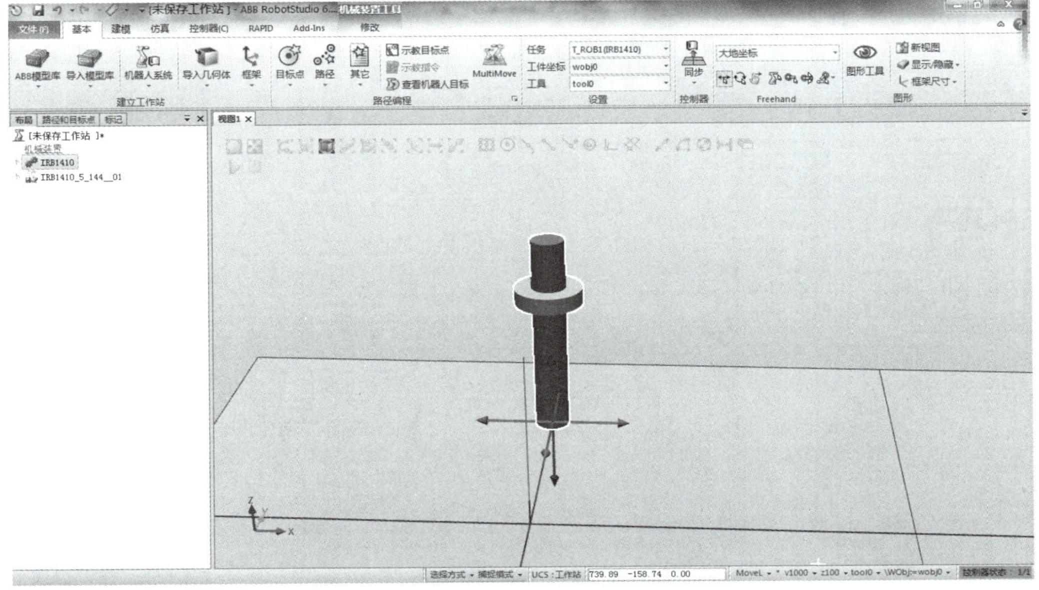

图 6-26　手动线性移动装置

(25)在“控制器”选项卡中单击“配置”编辑器，选择“I/O System”选项，如图 6-27 所示。

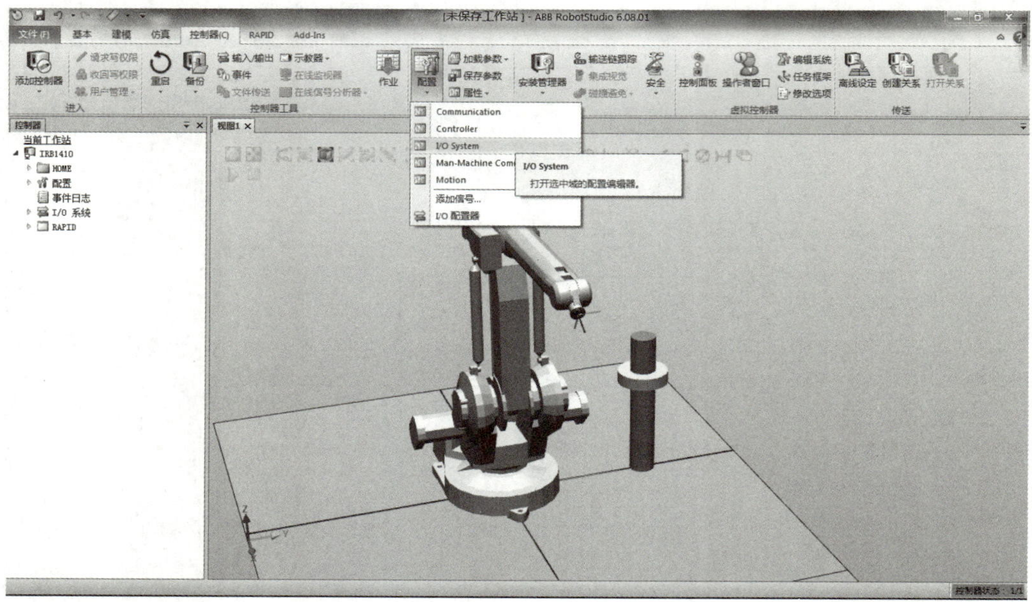

图 6-27 配置编辑器

(26)选择“Signal”选项，右击并选择“新建 Signal...”选项，如图 6-28 所示。

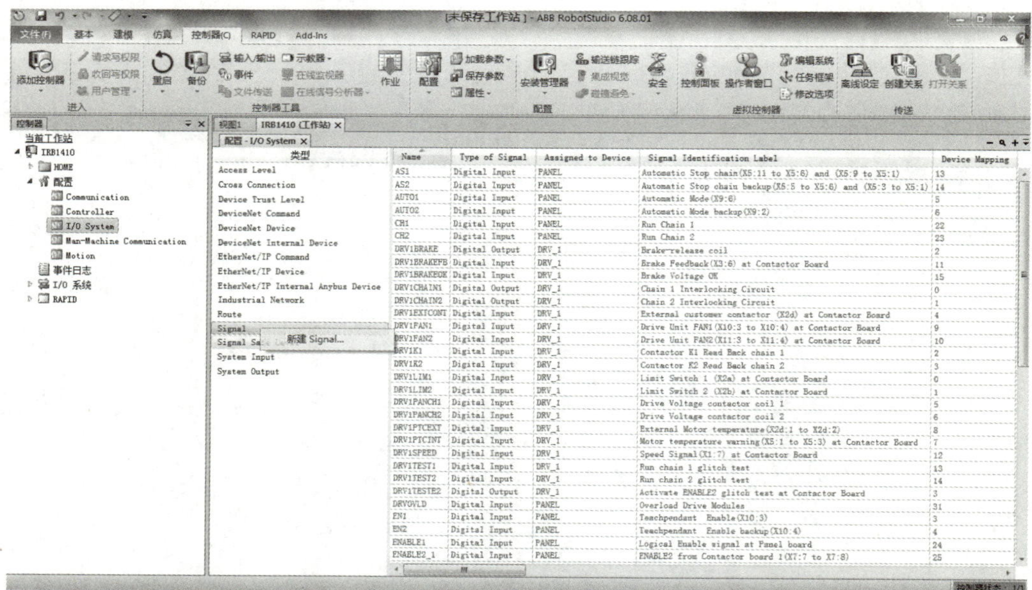

图 6-28 添加控制信号

(27)“Name”设为“ do400”,“Type of Signal”设为“Digital Output”,如图 6-29 所示。

实例编辑器

名称	值	信息
Name	do400	已更改
Type of Signal	Digital Output	已更改
Assigned to Device		
Signal Identification Label		
Category		
Access Level	Default	
Default Value	0	
Invert Physical Value	○ Yes ◉ No	
Safe Level	DefaultSafeLevel	

Value (字符串)
控制器重启后更改才会生效。

确定　取消

图 6-29　设置数字输出控制信号

(28)在“控制器”选项卡中,依次单击“重启”→“重启动(热启动)”,如图 6-30 所示。

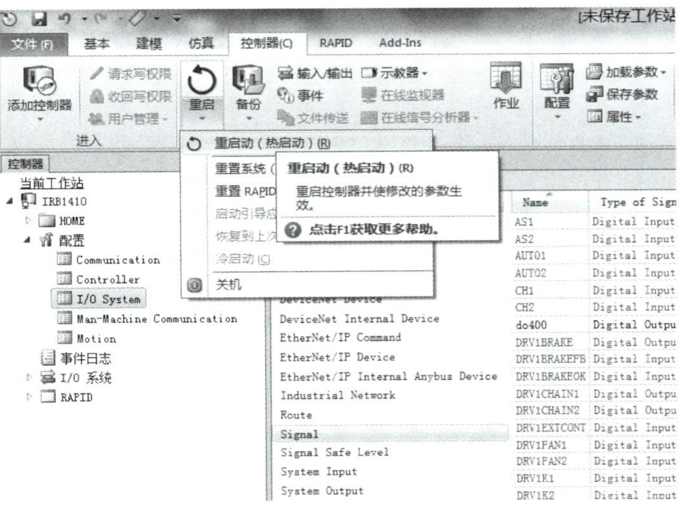

图 6-30　重启动(热启动)

(29)依次选择“控制器”→“配置”→“I/O System”，对系统进行配置，添加数字控制信号结果如图 6-31 所示。

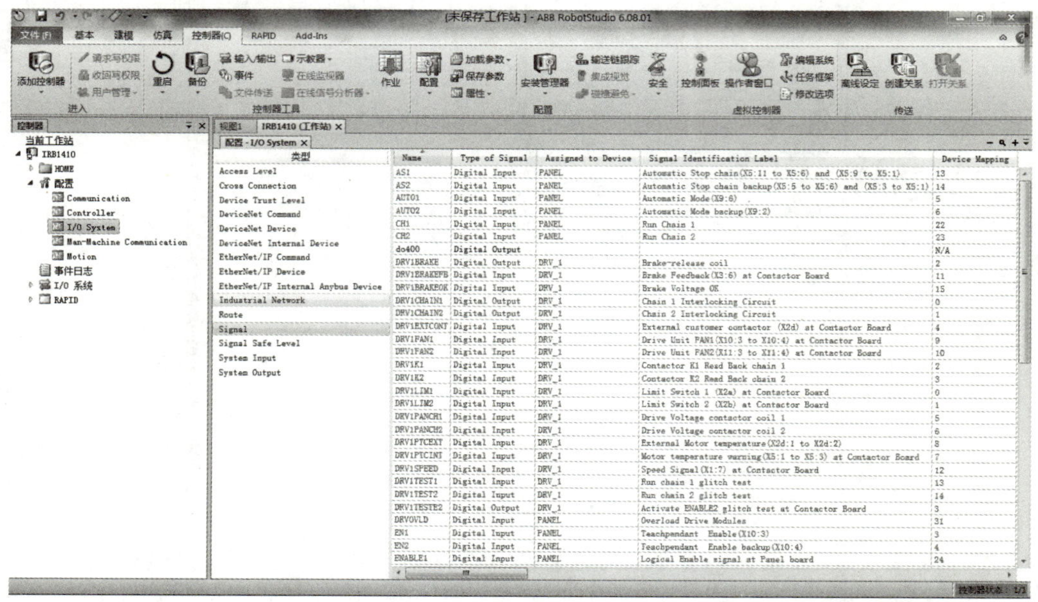

图 6-31 添加数字控制信号结果

(30)选择“事件管理器”选项卡，单击“添加...”按钮，设置事件管理器如图 6-32 所示。

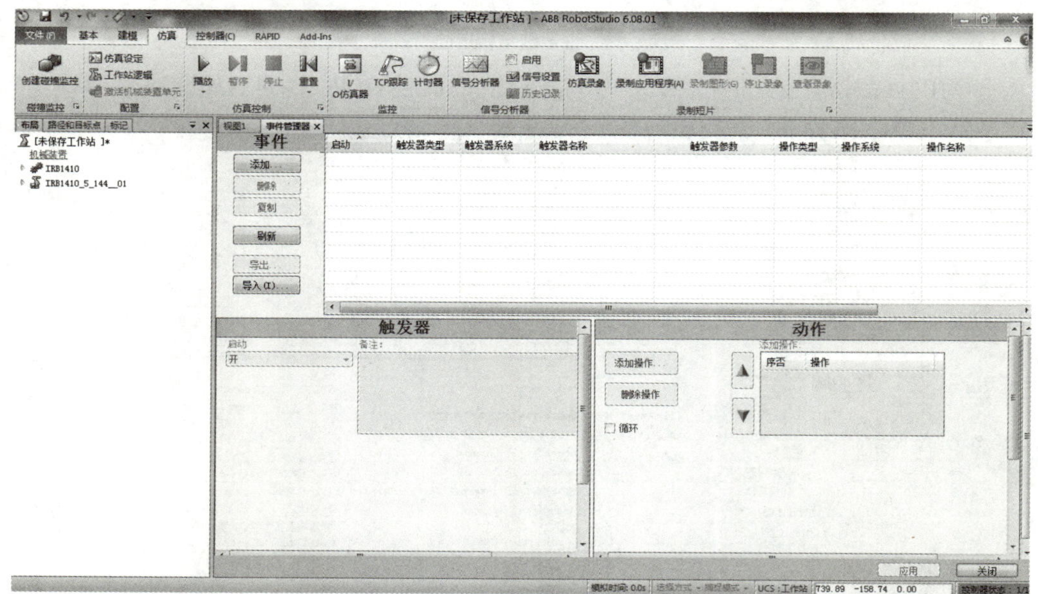

图 6-32 设置事件管理器

(31)设定触发类型为默认设置，选择“下一个”按钮，如图 6-33 所示。

(32)选择“do400”，设定触发条件为默认设置，选择“下一个”按钮，如图 6-34 所示。

(33)“设定动作类型”为“将机械装置移至姿态”,选择“下一个”按钮,如图 6-35 所示。

(34)设置触发后姿态,“机械装置”设为“IRB1410”,“姿态”设为“姿态 1”,单击“完成”按钮,如图 6-36 所示。

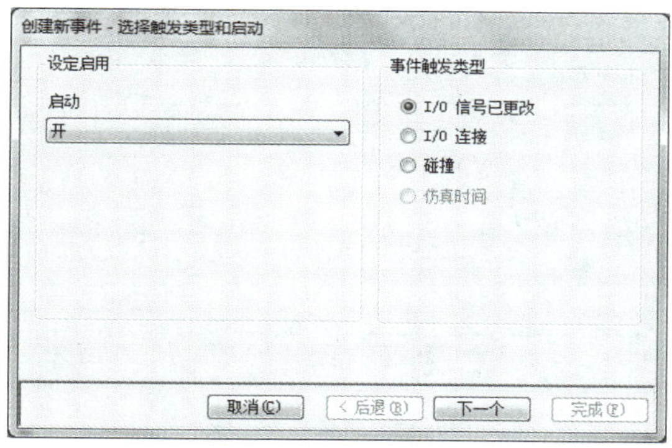

图 6-33 设定事件触发类型

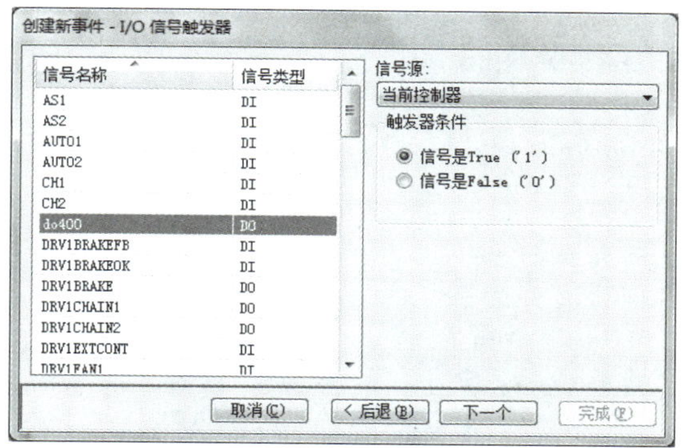

图 6-34 设定触发条件 1

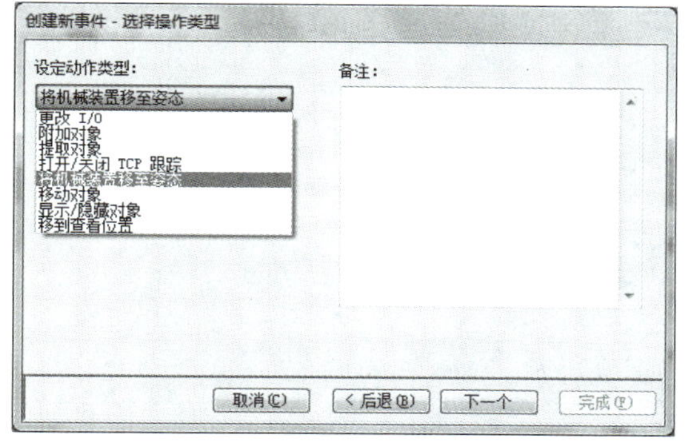

图 6-35 设定动作类型 1

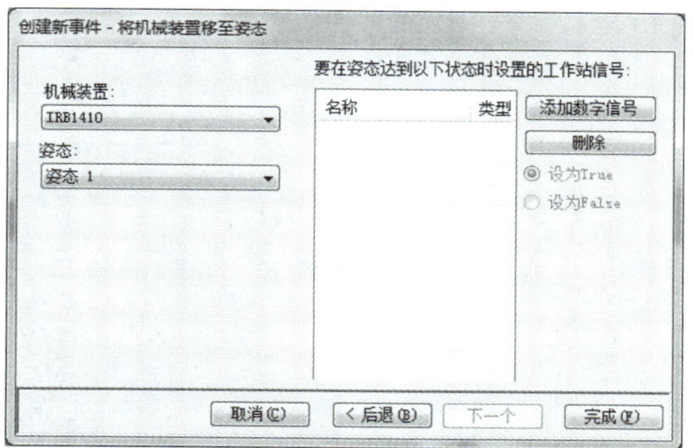

图 6-36 设置触发后姿态

(35)继续添加,选择“下一个”按钮,如图 6-33 所示。

(36)选择“do400”,选中“信号是 False('0')”单选按钮,选择“下一个”按钮,如图 6-37 所示。

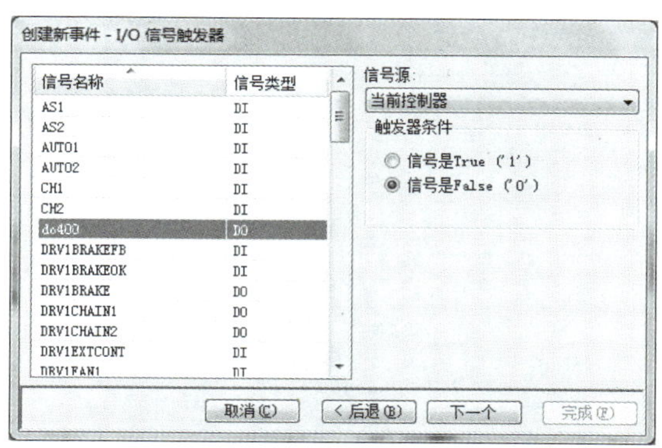

图 6-37 设定触发条件 2

(37)“设定动作类型”选择“将机械装置移至姿态”,单击“下一个”按钮,如图 6-38 所示。

(38)“机械装置”选择“IRB1410”,“姿态”选择“原点位置”,单击“完成”按钮,如图 6-39 所示。

(39)在“基本”选项卡中依次选择“路径”→“空路径”，如图 6-40 所示。

(40)在“Path_10”选项处右击，选择“插入逻辑指令”选项，如图 6-41 所示。

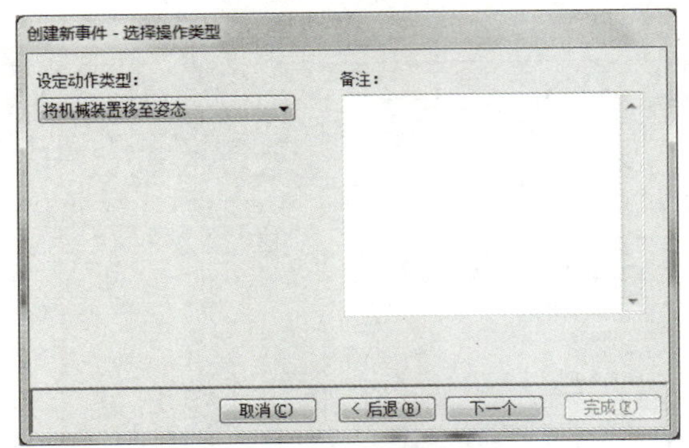

图 6-38 设定动作类型 2

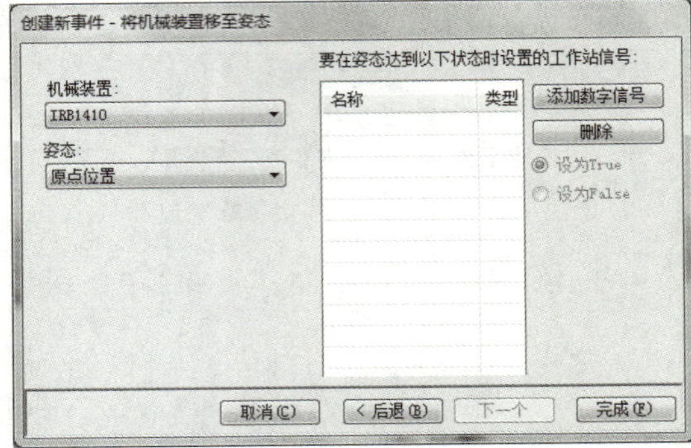

图 6-39 设定触发条件 3

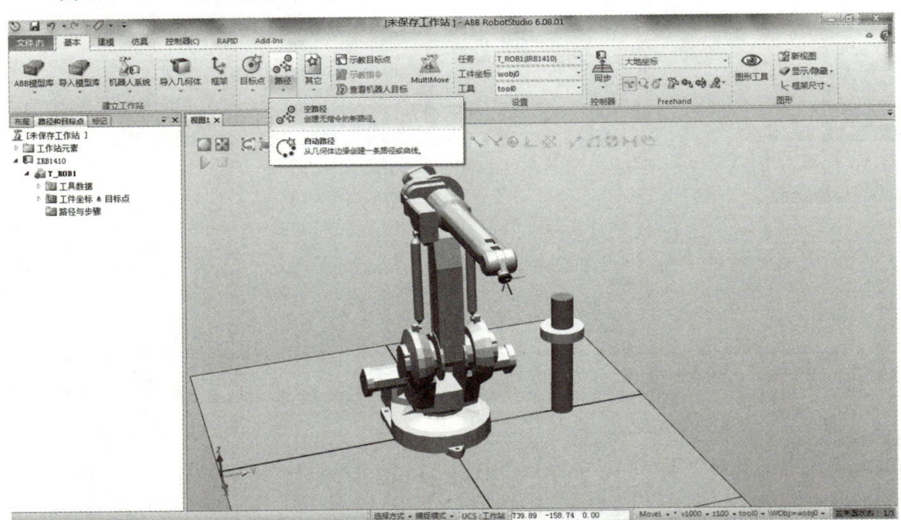

图 6-40 创建路径

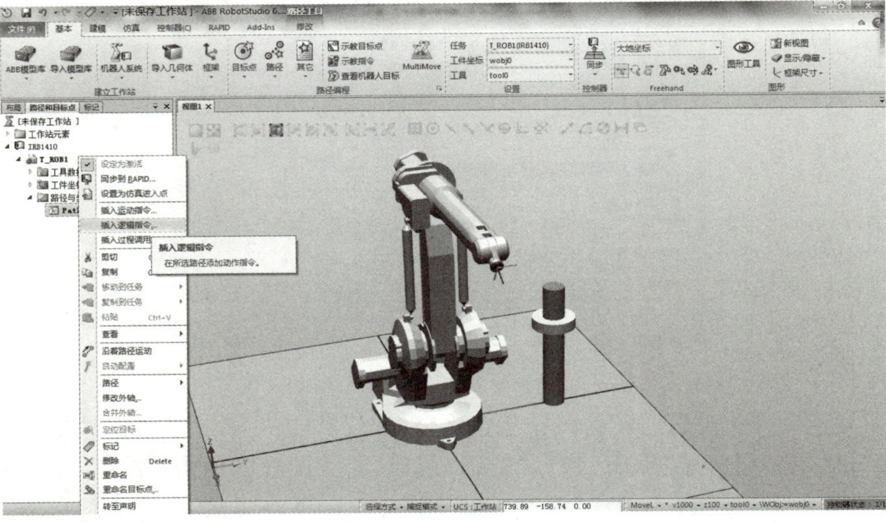

图 6-41 插入逻辑指令

(41)在“创建逻辑指令”窗口,“指令模板”设为“Set”,单击“创建”按钮,如图 6-42 所示。

(42)在“创建逻辑指令”窗口,“指令模板”设为“WaitTime”,“禁用”时间设为 3 s,单击“创建”按钮,如图 6-43 所示。

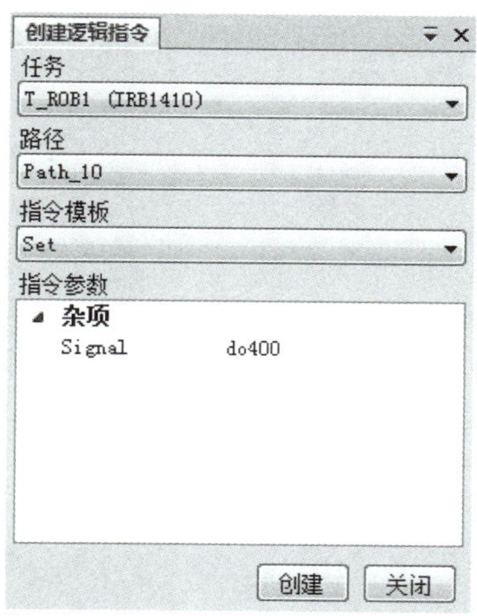

图 6-42　设置信号

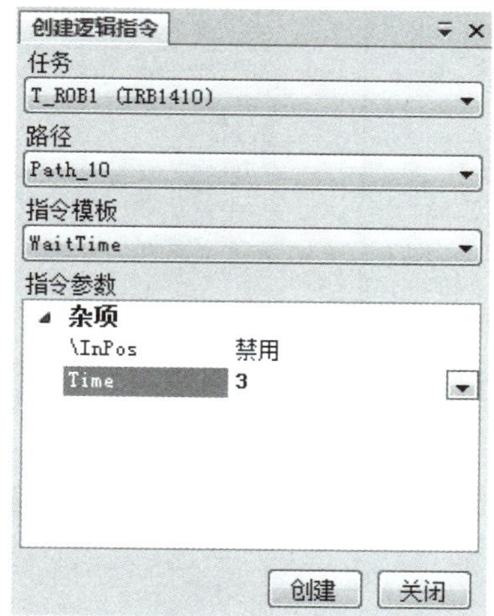

图 6-43　设置时间

(43)在“创建逻辑指令”窗口,“指令模板”设为“Reset”,单击“创建”按钮,如图 6-44 所示。

(44)在“Wait Time 3”选项右击,选择“复制”选项,如图 6-45 所示,在“Reset do400”选项右击,选择“粘贴”选项。

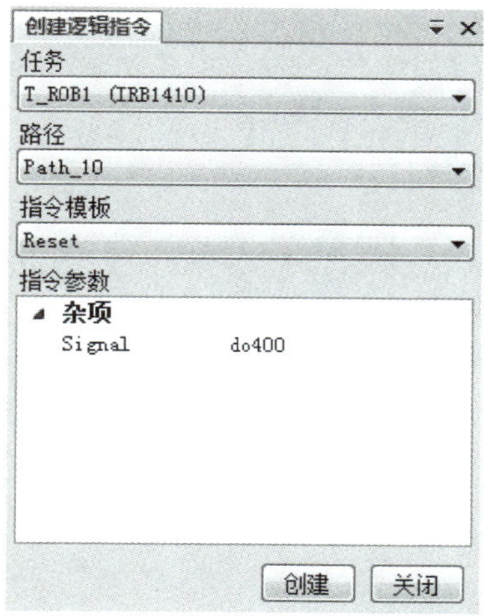

图 6-44　复位设置

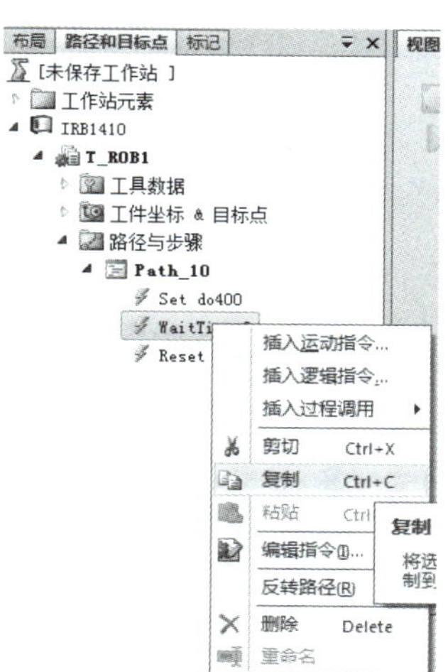

图 6-45　复制指令

(45)在“基本”选项卡中，选择“同步”选项，默认设置，单击“确定”按钮，如图 6-46 所示。

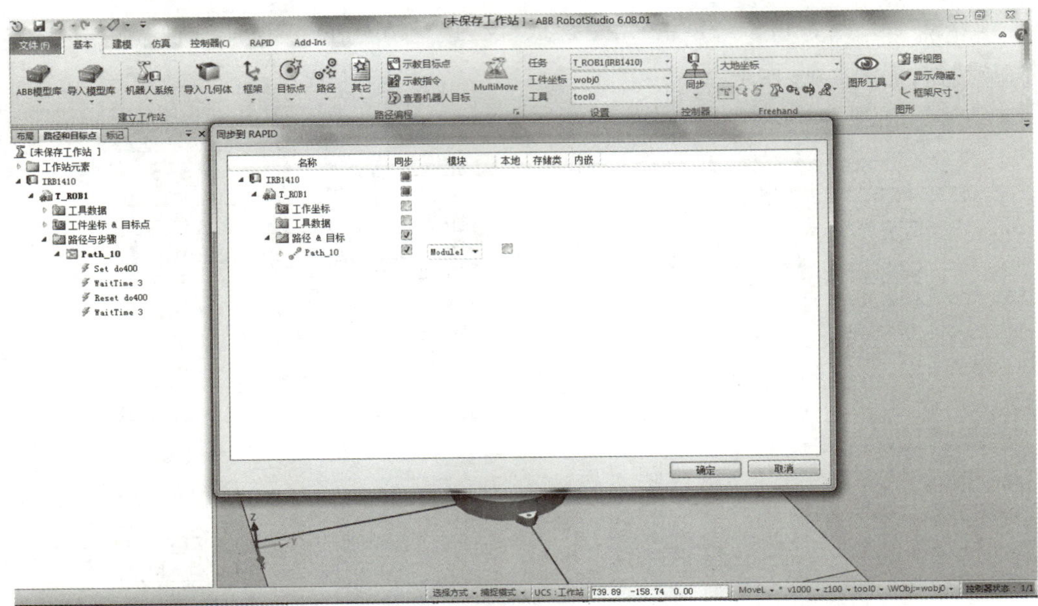

图 6-46　同步到 RAPID

(46)在“仿真”选项卡中，选择“仿真设定”选项，如图 6-47 所示。

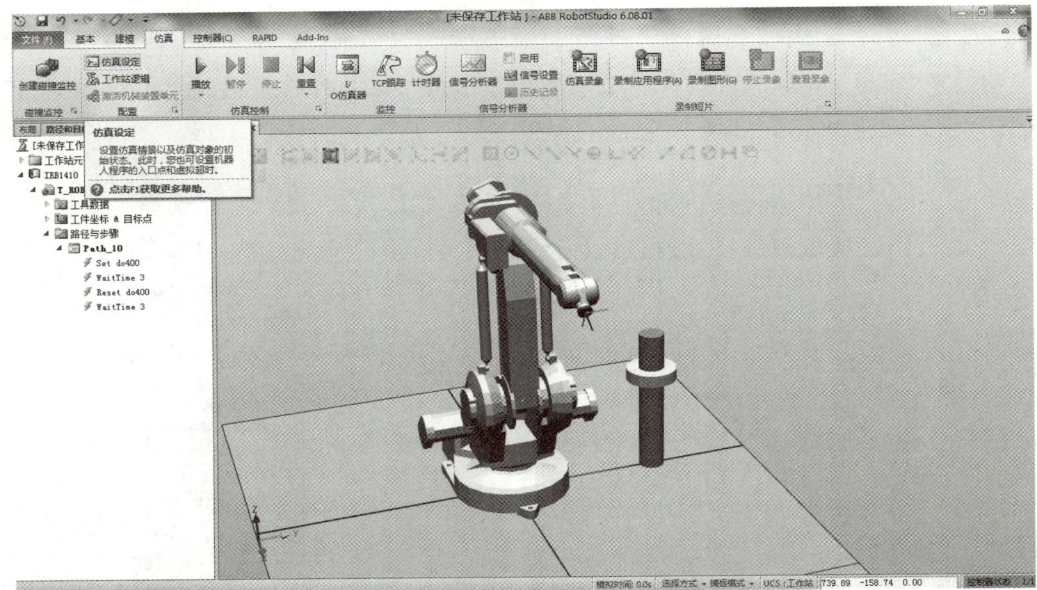

图 6-47　仿真设定

(47)单击“T_ROB1”选项，如图 6-48 所示，“进入点”选择“Path_10”，单击“关闭”按钮。

(48)单击“播放”按钮，仿真动画如图 6-49 所示。

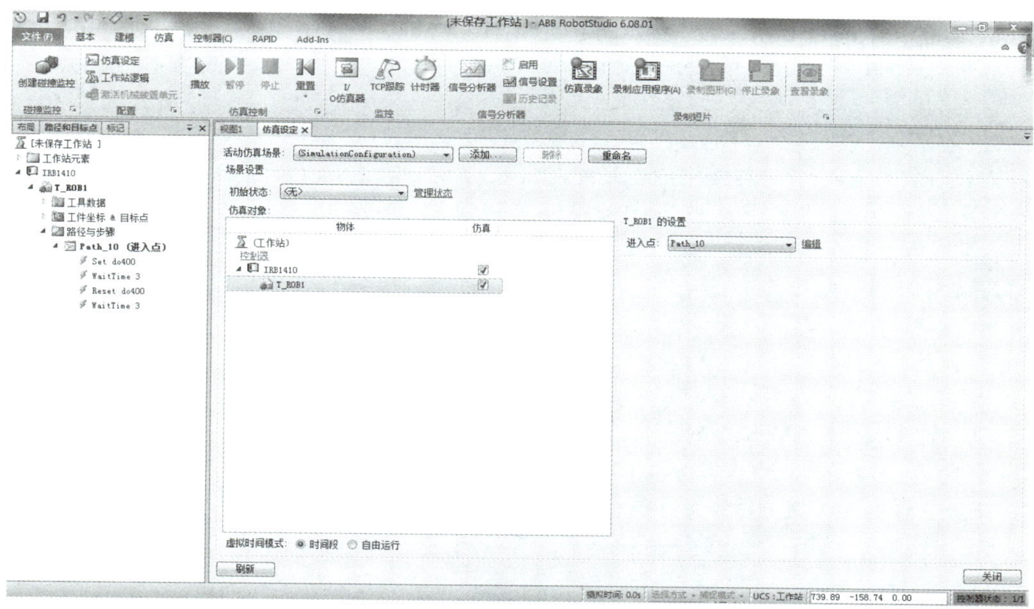

图 6-48　设置仿真进入点

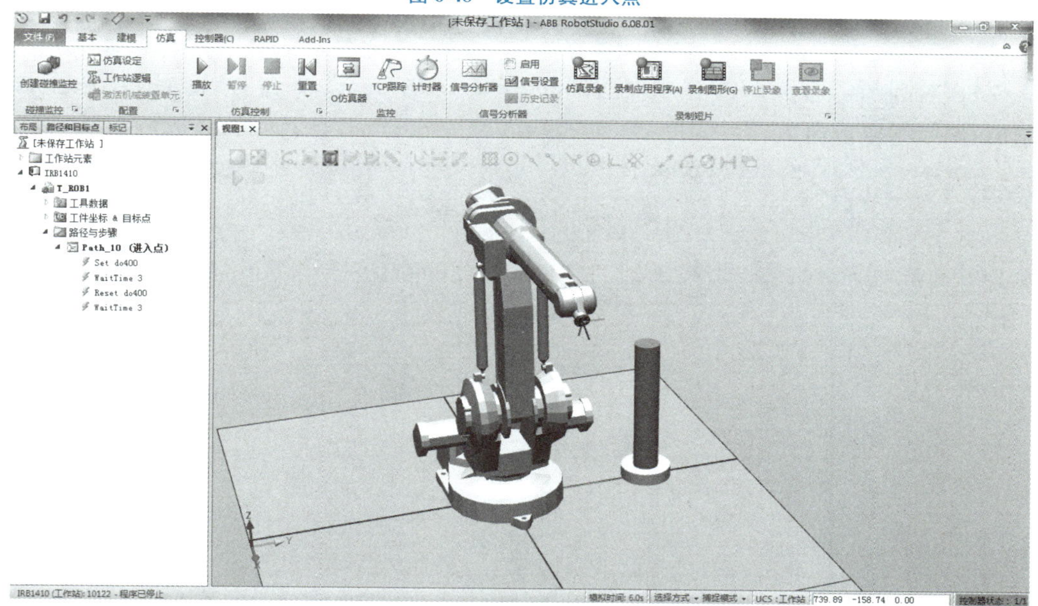

图 6-49　仿真动画

6.2.2 创建一个输送链运行仿真效果

创建一个输送链模型，使滑块在输送链上运动，工业机器人输出三个信号，每个信号对应一个位置。这里以视觉差异创建机械装置的一个能够滑行的滑台为例来介绍。具体操作步骤如下：

创建一个输送链运行仿真效果

(1)建立一个滑台和滑块模型,如图 6-50 所示。

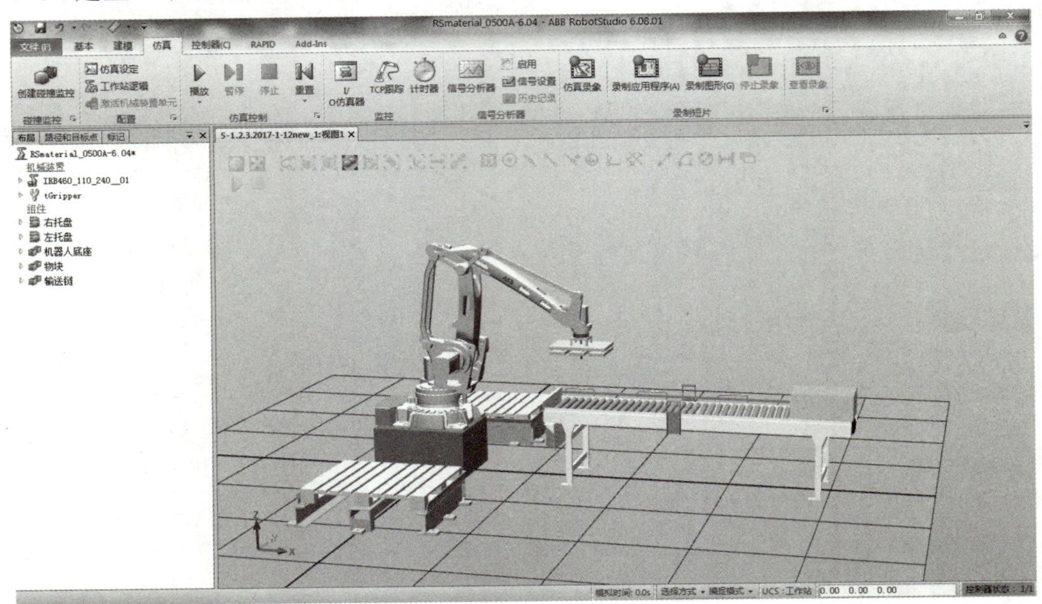

图 6-50 初始模型

(2)在"控制器"选项卡中,选中"配置",选择"I/O System",如图 6-51 所示。注意:添加控制信号后,需要重启。

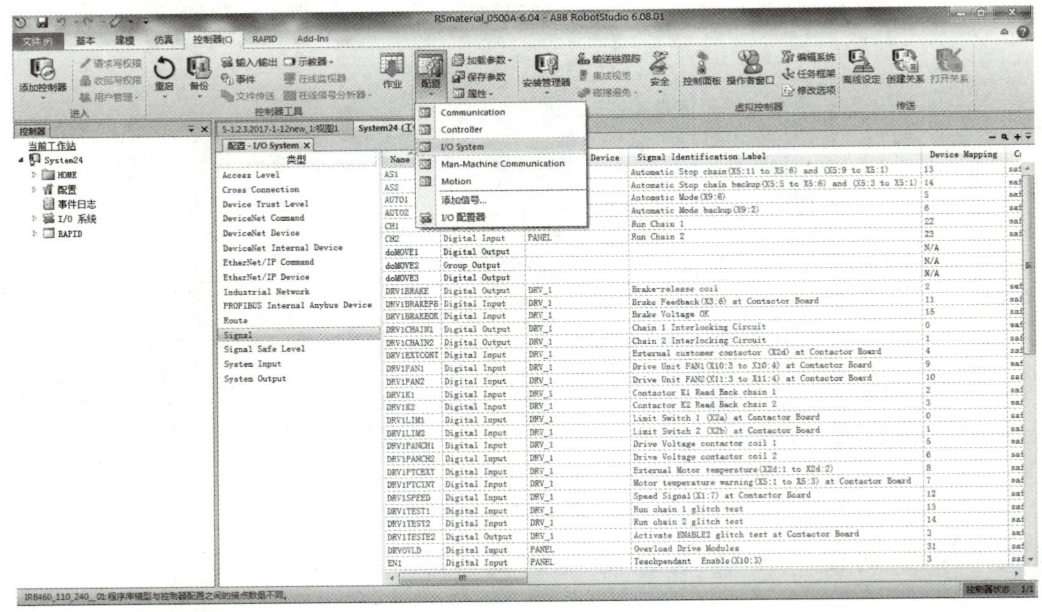

图 6-51 添加控制信号

(3)右击"物块",依次选择"位置"→"设定位置...",如图 6-52 所示。

(4)记录此时 X、Y、Z 对应的数值,如图 6-53 所示。此处记录数值是为了方便后面定义三个信号点滑块在坐标系中的对应位置。

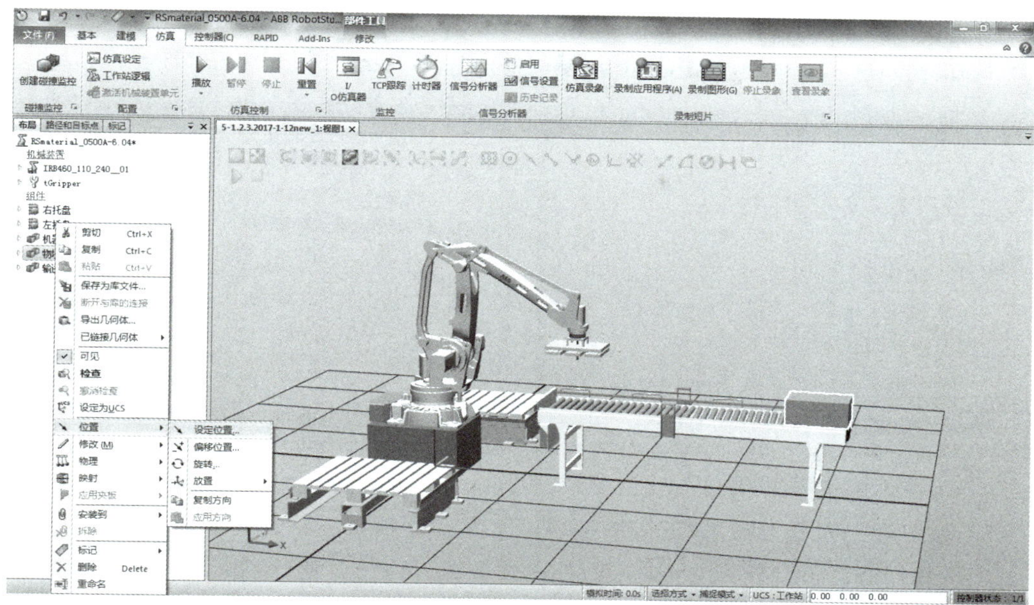

图 6-52　查询物块空间位置

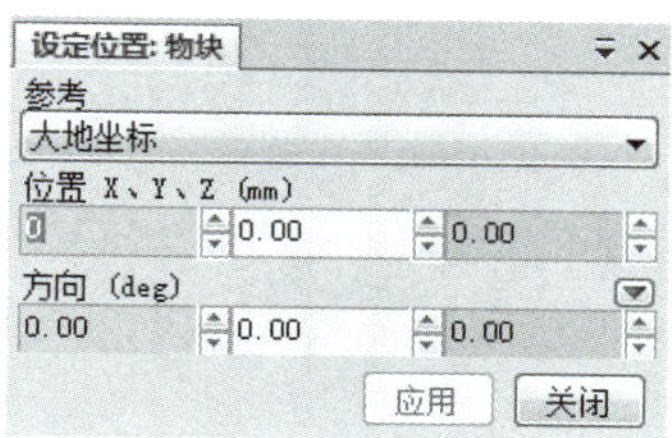

图 6-53　物块空间位置

（5）在“仿真”选项卡中选择“事件管理器”，如图 6-54 所示。

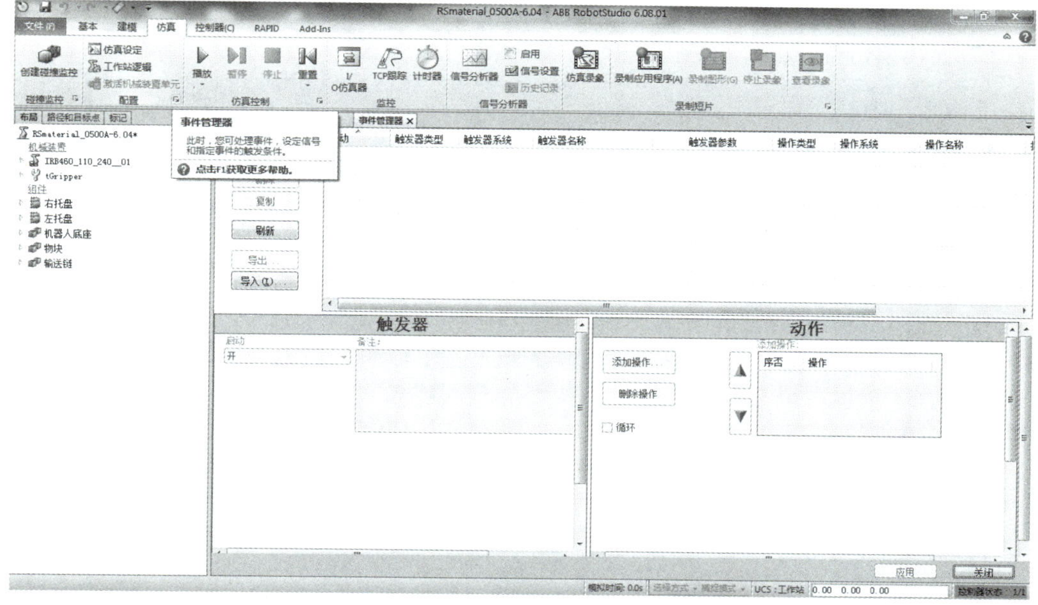

图 6-54　启动事件管理器

(6)单击“下一个”按钮,如图 6-55 所示。

(7)默认设置,单击“下一个”按钮,如图 6-56 所示。

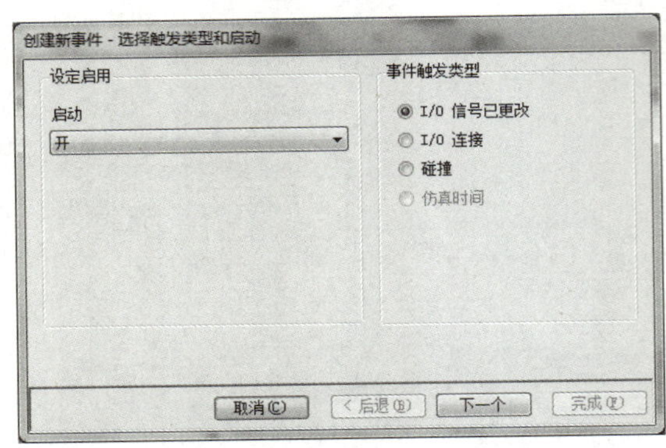

图 6-55 设定触发器类型

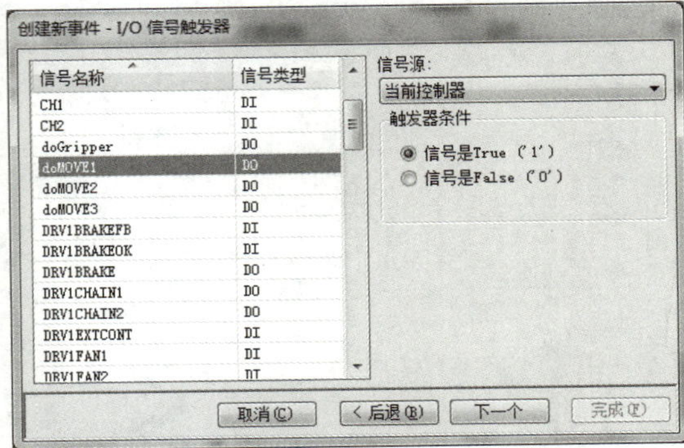

图 6-56 选择控制信号

(8)选择“移动对象”,单击“下一个”按钮,如图 6-57 所示。

(9)选择“物块”,按照图 6-58 所示数据设定参数,单击“完成”按钮。

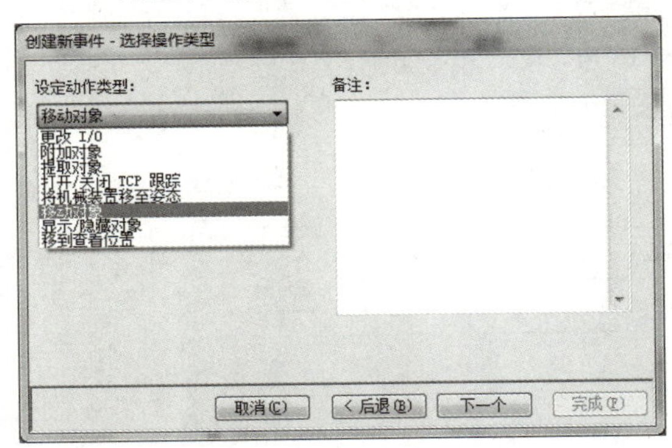

图 6-57 设定动作类型

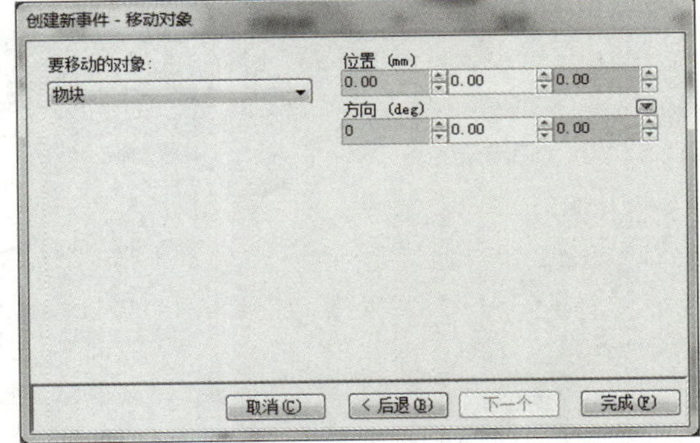

图 6-58 选择移动对象

(10)继续单击“添加...”按钮,如图 6-59 所示。

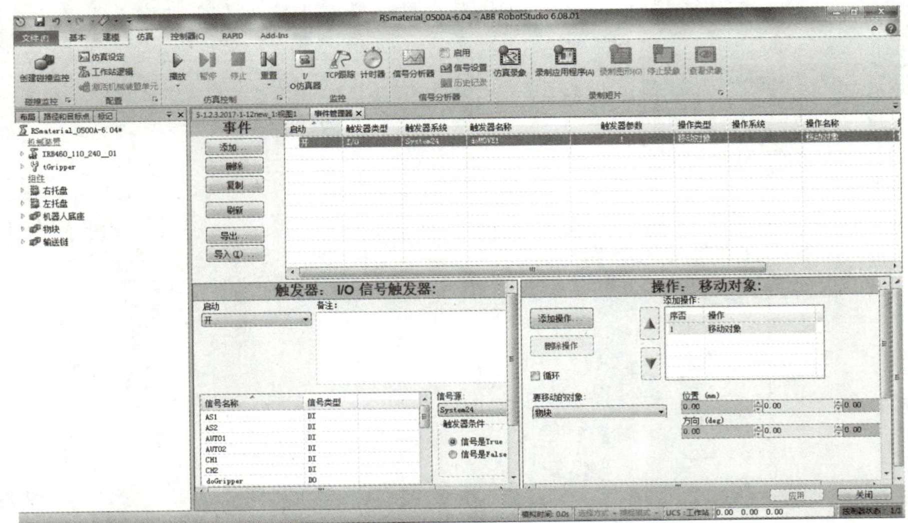

图 6-59 继续添加事件

(11)默认设置,单击“下一个”按钮,如图 6-60 所示。

(12)默认设置,单击“下一个”按钮,如图 6-61 所示。

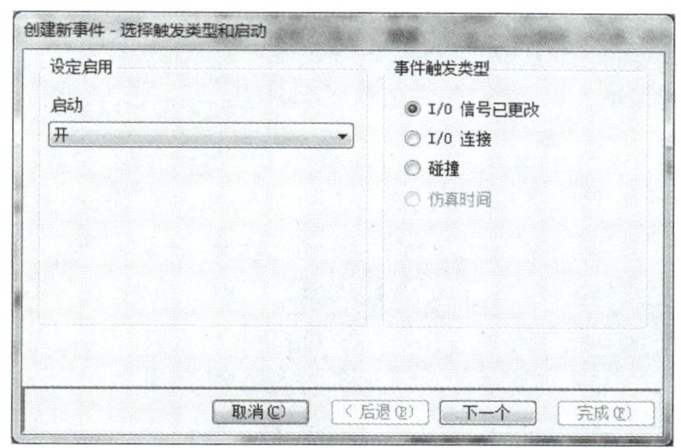

图 6-60　设定触发器类型

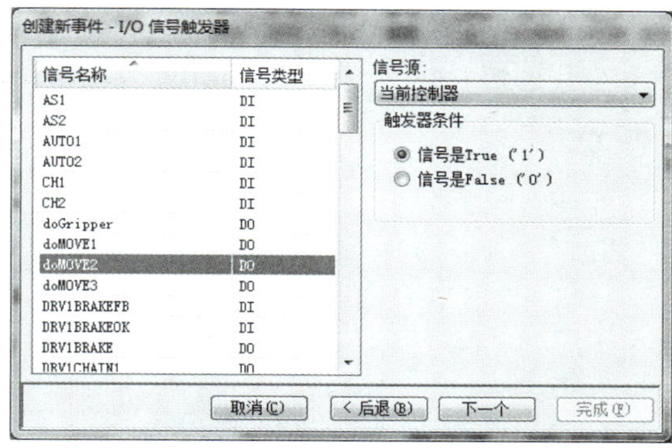

图 6-61　选择控制信号

(13)“设定动作类型”选择“移动对象”,单击“下一个”按钮,如图 6-62 所示。

(14)“要移动的对象”选择“物块”,按照图 6-63 所示数据设定参数,单击完成。

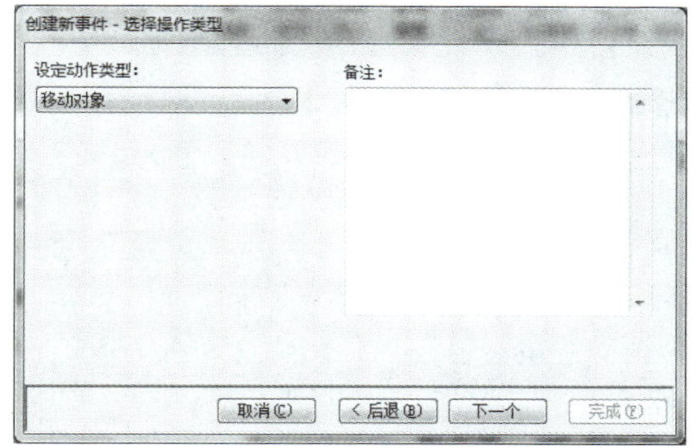

图 6-62　设定动作类型

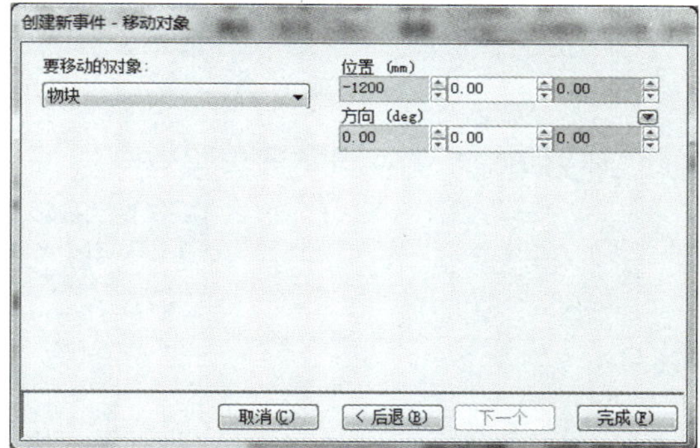

图 6-63　设定移动对象

(15)按上面步骤继续添加信号 doMOVE3,如图 6-64 所示。

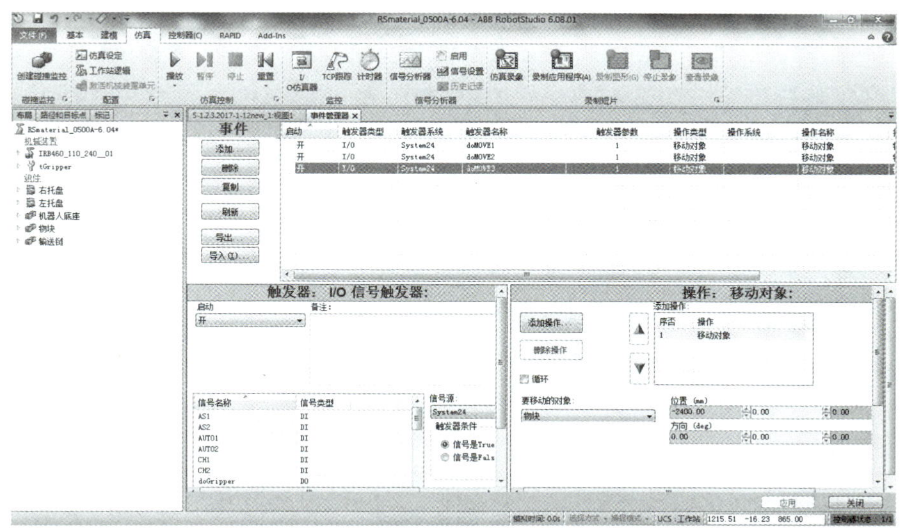

图 6-64　设定事件三

(16)在“基本”选项卡中选择“路径”,选择“空路径”,如图 6-65 所示。

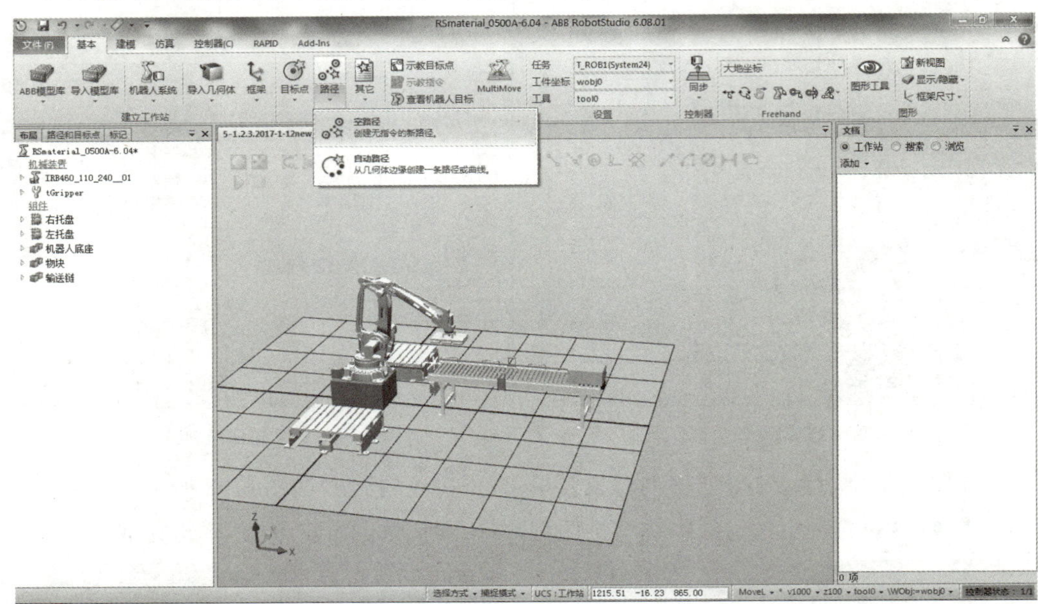

图 6-65 新建仿真路径

(17)插入图 6-66 所示的逻辑指令。

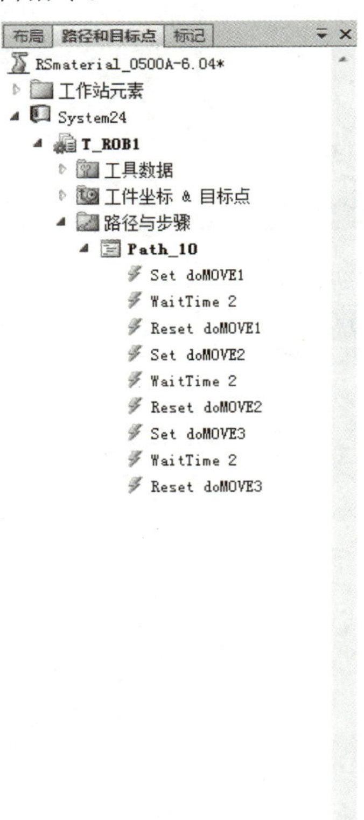

图 6-66 设定逻辑指令

(18)在“基本”选项卡中,选择“同步到 RAPID. . . ”,如图 6-67 所示。

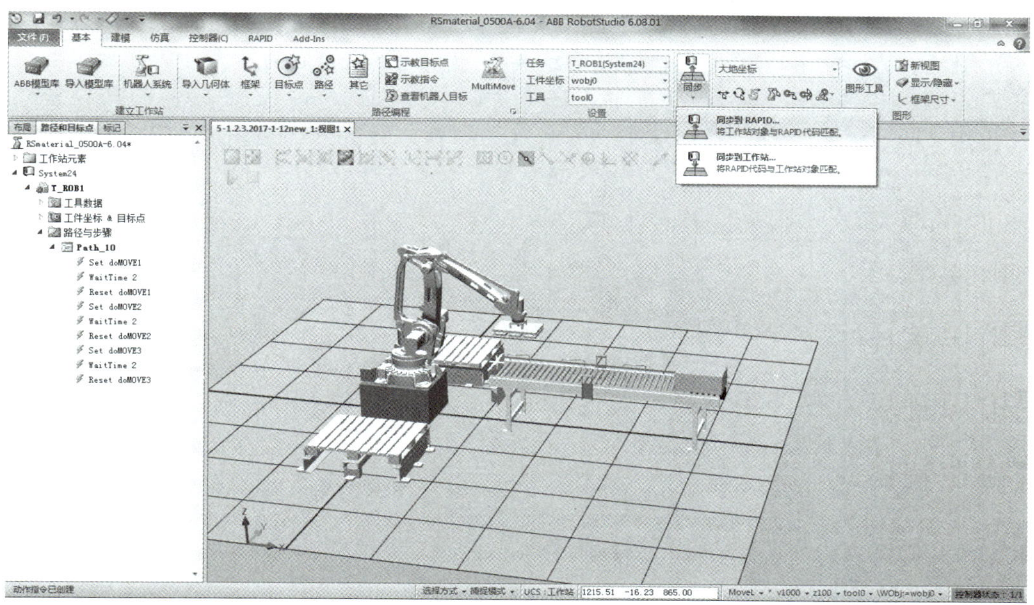

图 6-67　同步到 RAPID

(19)按图 6-68 所示勾选,单击“确定”按钮。

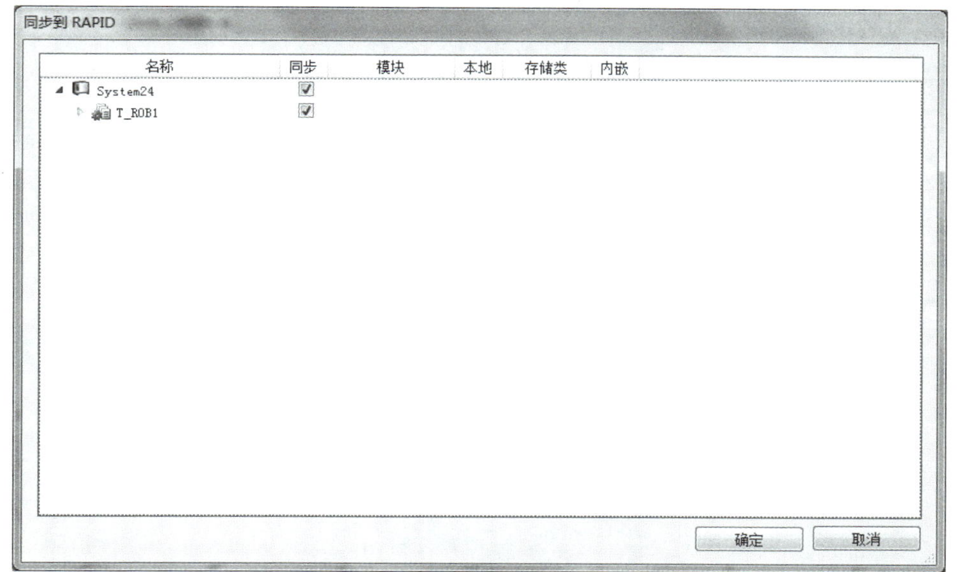

图 6-68　选择同步内容

(20)右击“Path10”,选择“设置为仿真进入点”,如图 6-69 所示。

(21)在“仿真”选项卡中单击“播放”按钮,如图 6-70 所示。

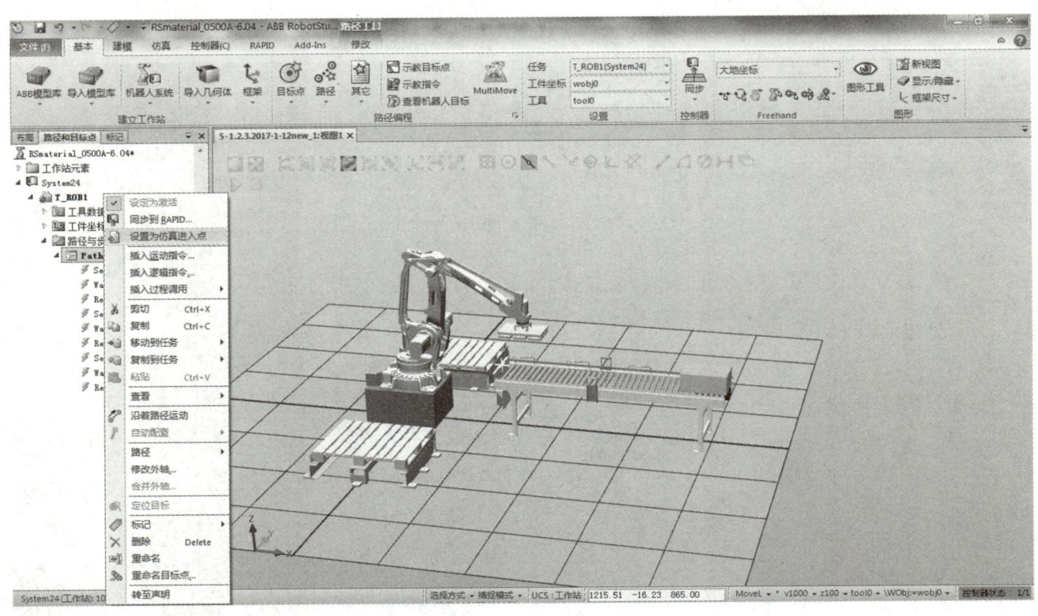

图 6-69　设置仿真进入点

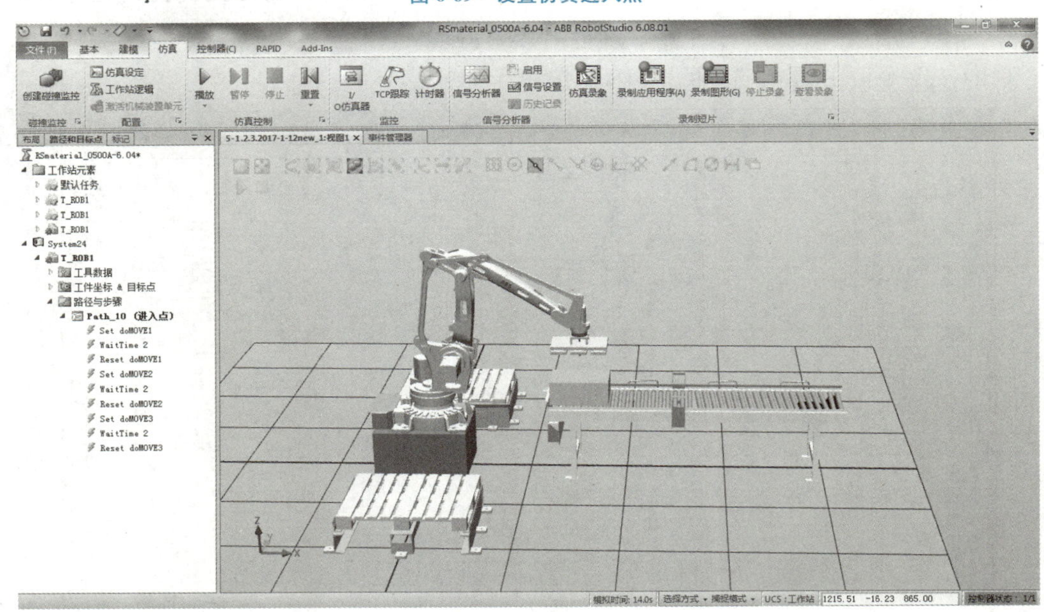

图 6-70　仿真结果

创建一个提取对象动作

6.3　创建一个提取对象动作

本例主要任务为用事件管理器方法创建一个提取动作。当物块滑至工业机器人端时，工业机器人过来抓取物块，然后放到指定位置，工业机器人回到等待点。具体操作步骤如下：

(1)将上节传输链案例进行仿真，其仿真结果作为本例初始模型，如图 6-71 所示。

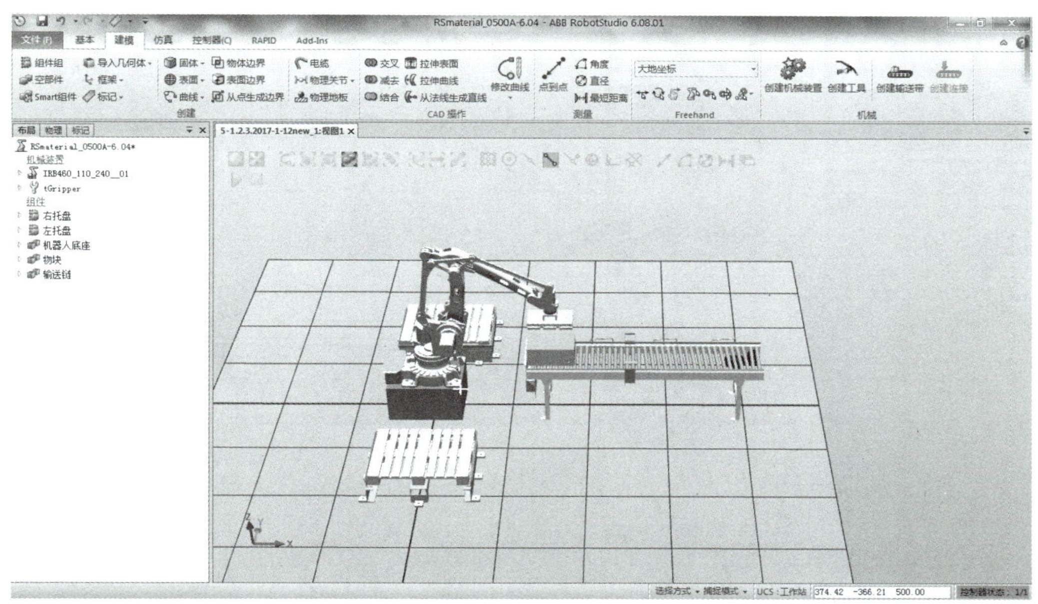

图 6-71　仿真初始布局

(2)在“基本”选项卡中，把运动指令改为 MoveJ，＊，v300，fine，tGripper，\Wobj：＝wobj0，如图 6-72 所示。

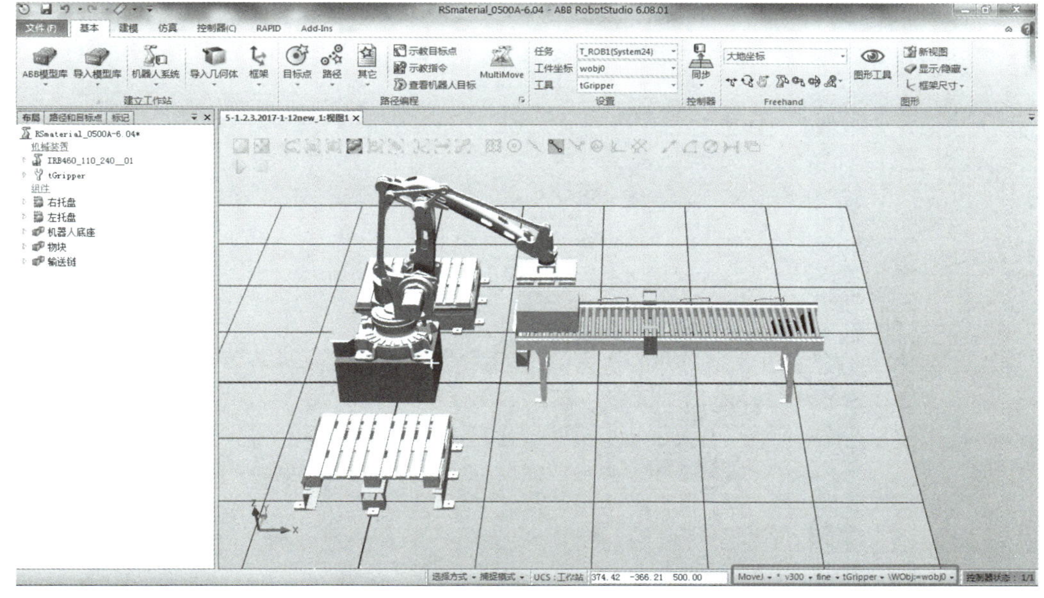

图 6-72　修改运动指令

(3)在“基本”选项卡中选择“手动线性”，把工业机器人移至滑块正上方，选择“示教指令”，如图 6-73 所示。

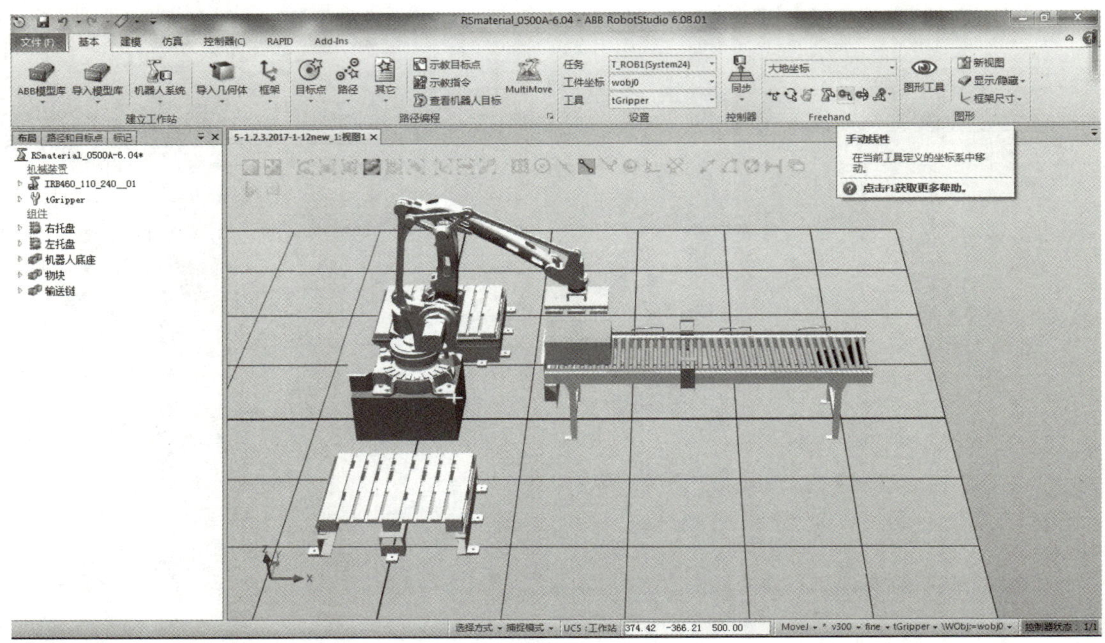

图 6-73 选择移动方式

(4)手动移动工业机器人至图 6-74 所示位置，单击“示教指令”选项。

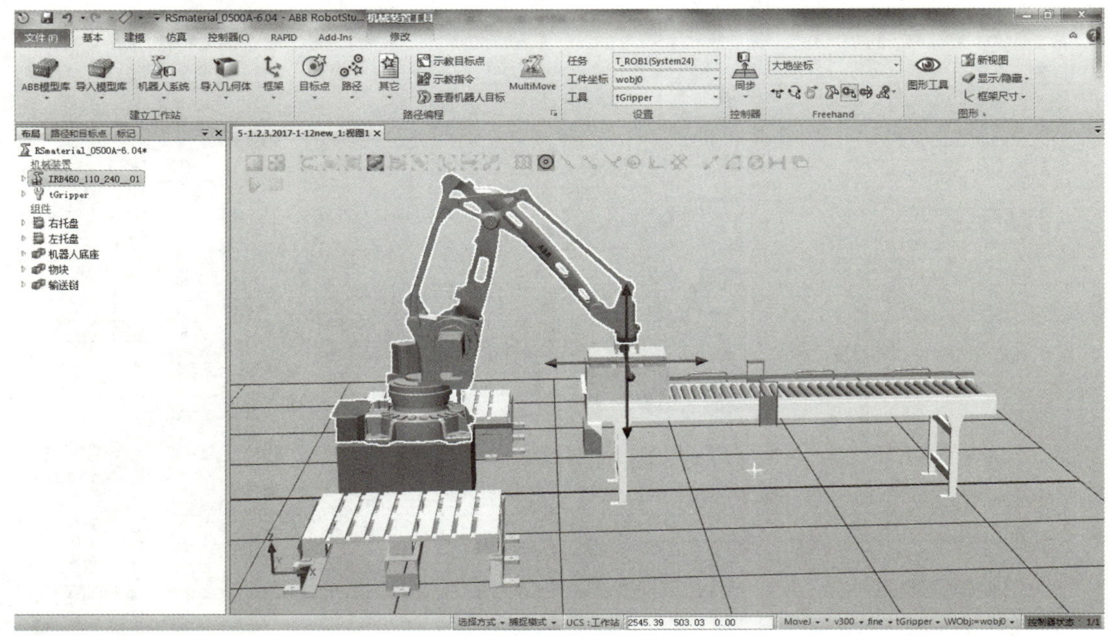

图 6-74 示教抓取位置

(5)手动移动工业机器人至图 6-75 所示位置,单击“示教指令”选项。

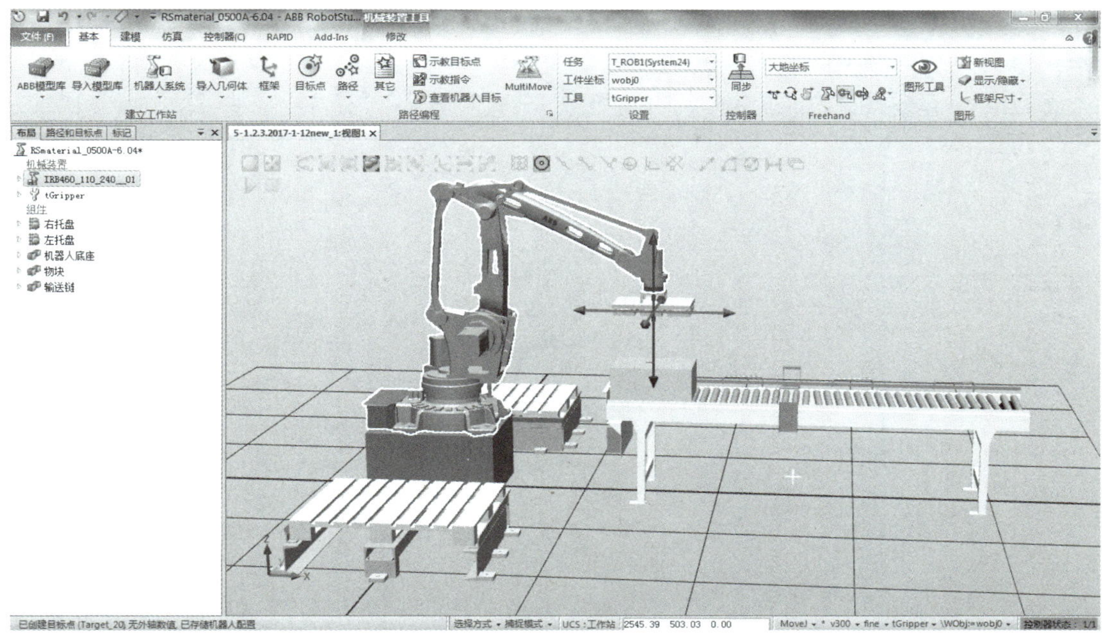

图 6-75 示教抬起位置

(6)手动移动工业机器人至图 6-76 所示位置,单击“示教指令”选项。

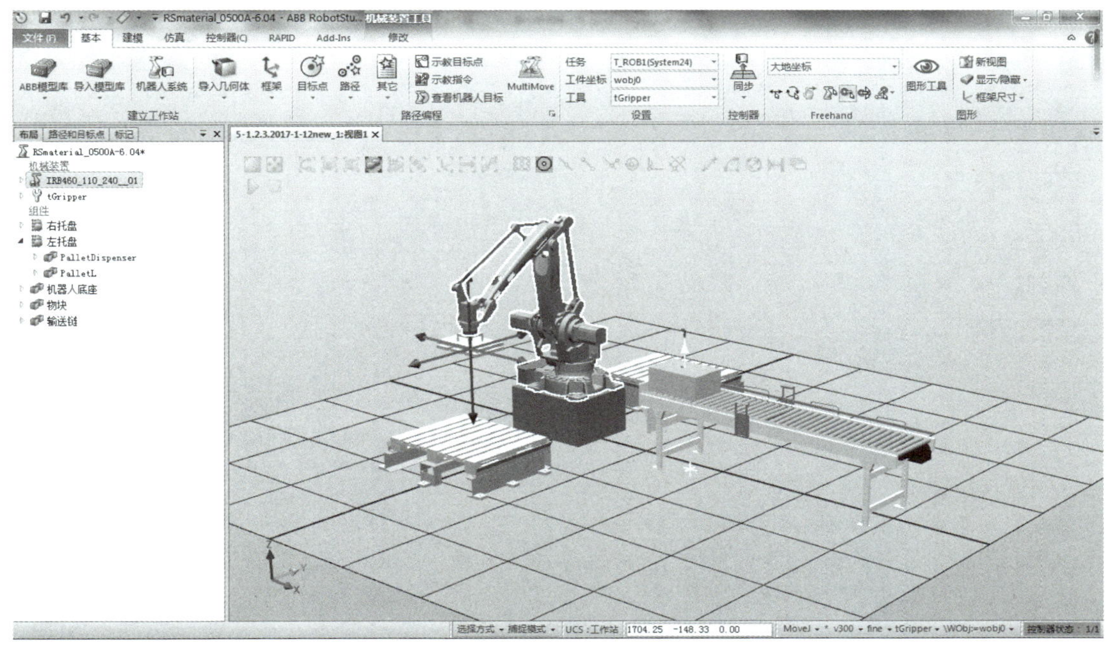

图 6-76 示教转运路径

(7)手动移动工业机器人至图 6-77 所示位置,单击“示教指令”选项。

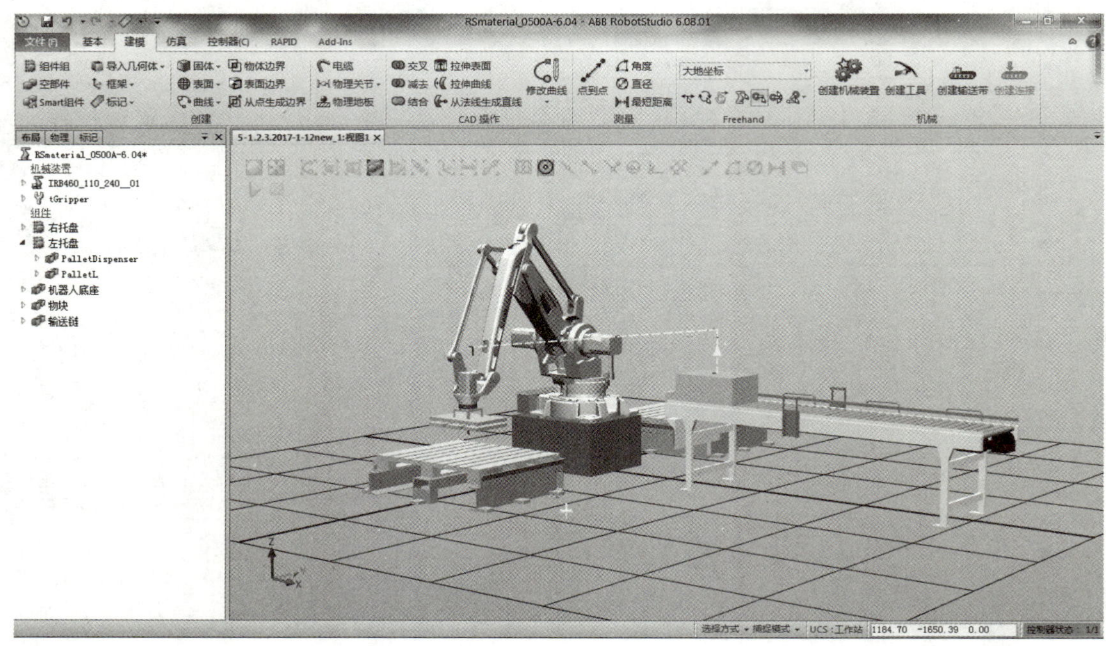

图 6-77 示教放置位置

(8)手动移动工业机器人至图 6-78 所示位置,单击“示教指令”选项。

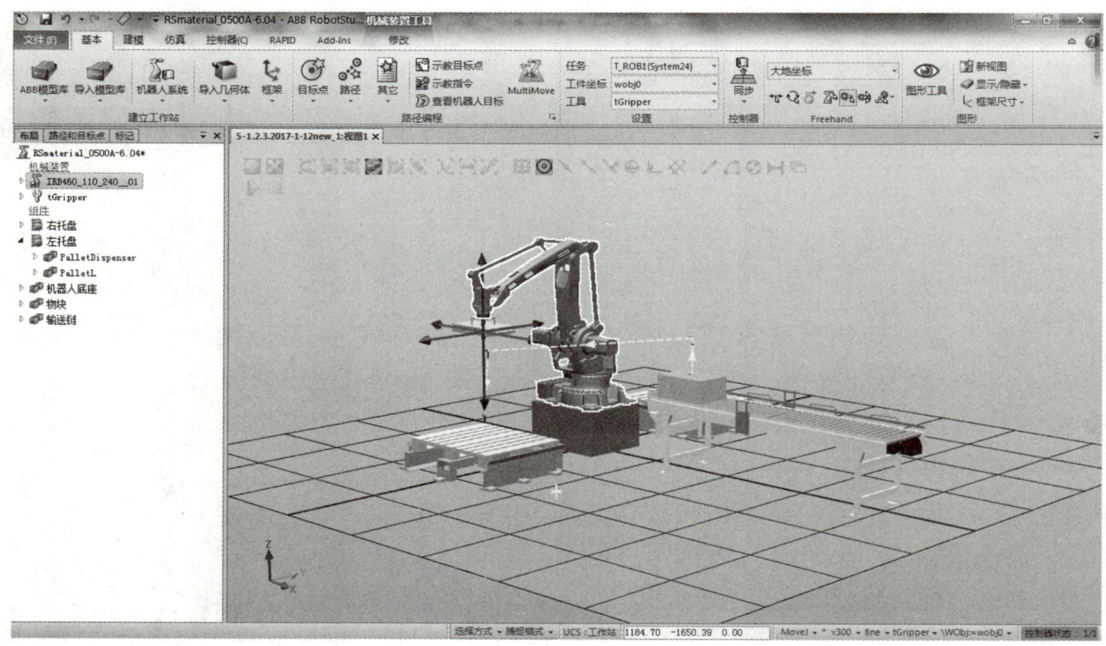

图 6-78 示教放置后抬起位置 1

(9)手动移动工业机器人至图 6-79 所示位置,单击“示教指令”选项。

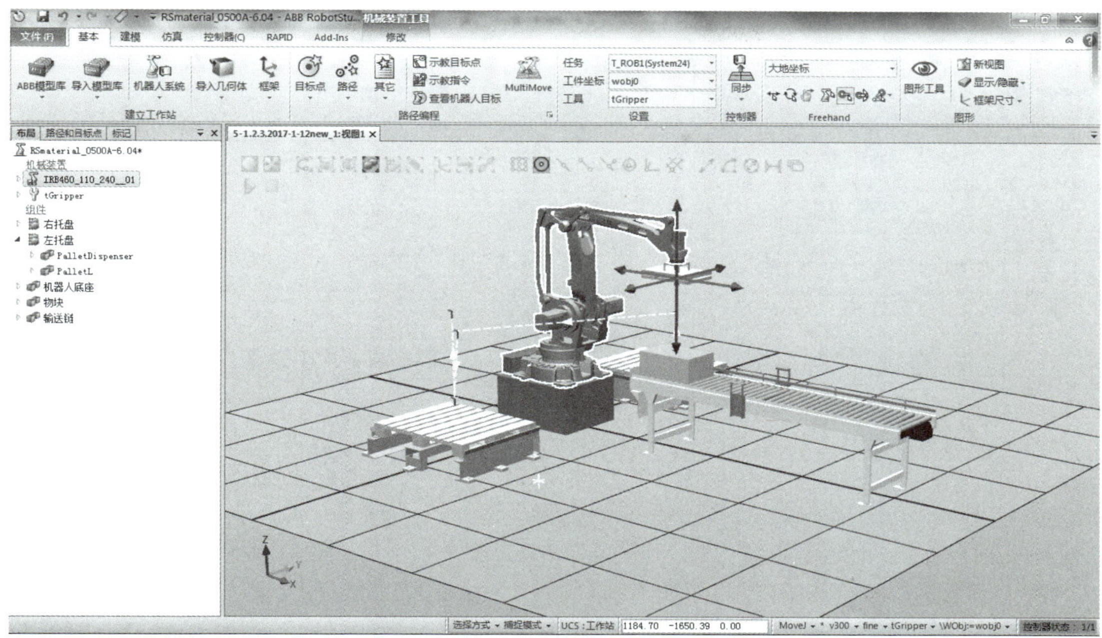

图 6-79　示教放置后抬起位置 2

(10)在“控制器”选项卡中,选择“配置”选项,如图 6-80 所示。

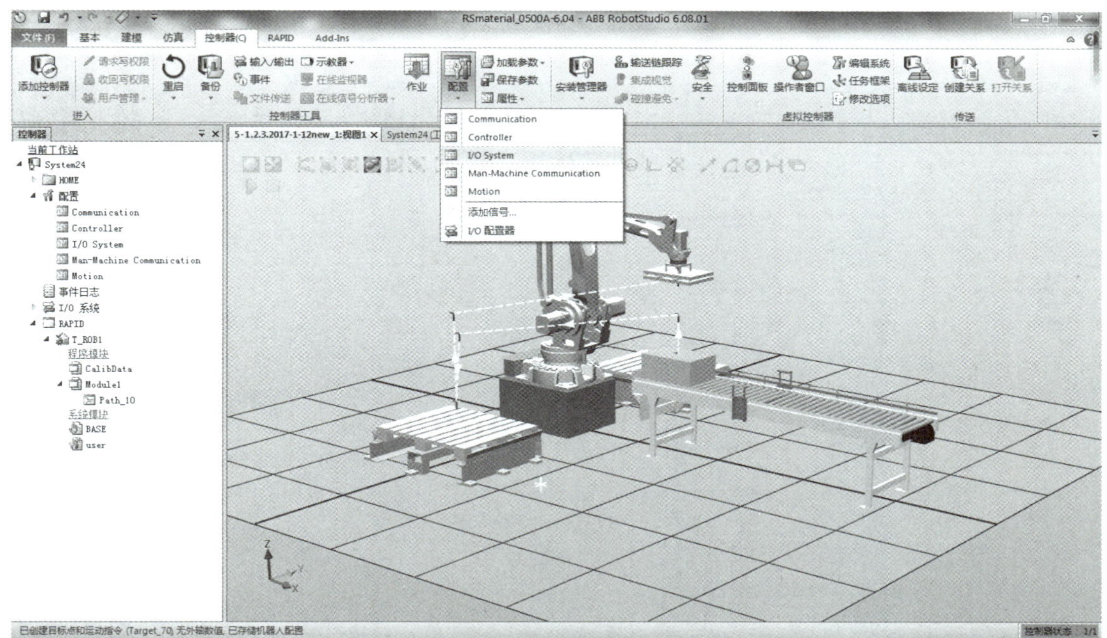

图 6-80　配置编辑器

(11)选择“Signal”,“新建 Signal”信号,重新启动,如图 6-81 所示。

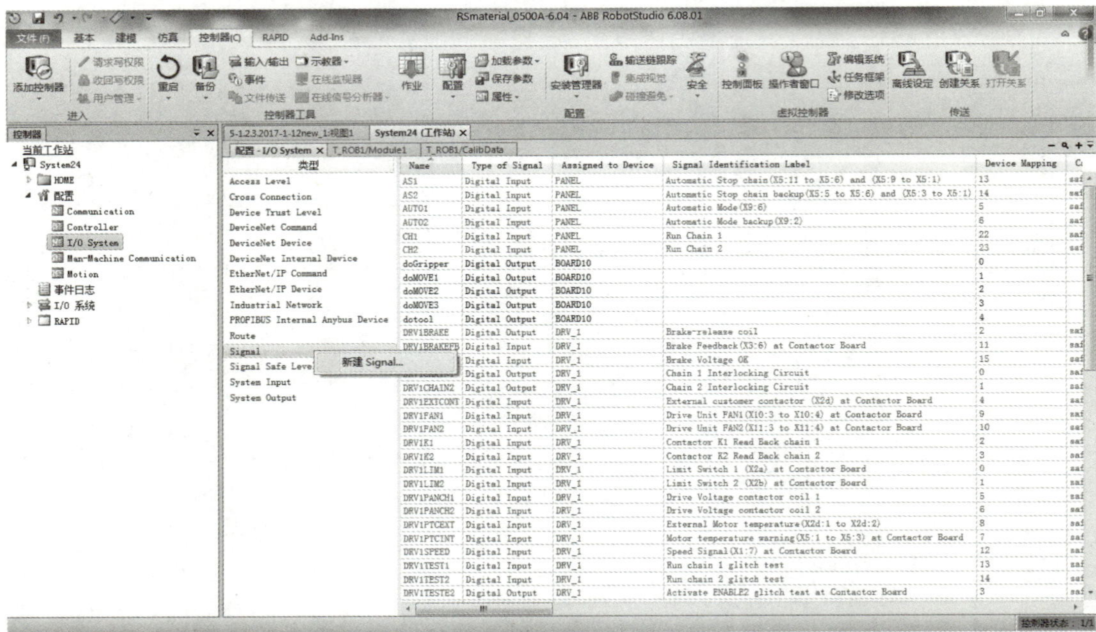

图 6-81 新建输出控制信号

(12)在“仿真”选项卡中,选择“事件管理器”选项,如图 6-82 所示。

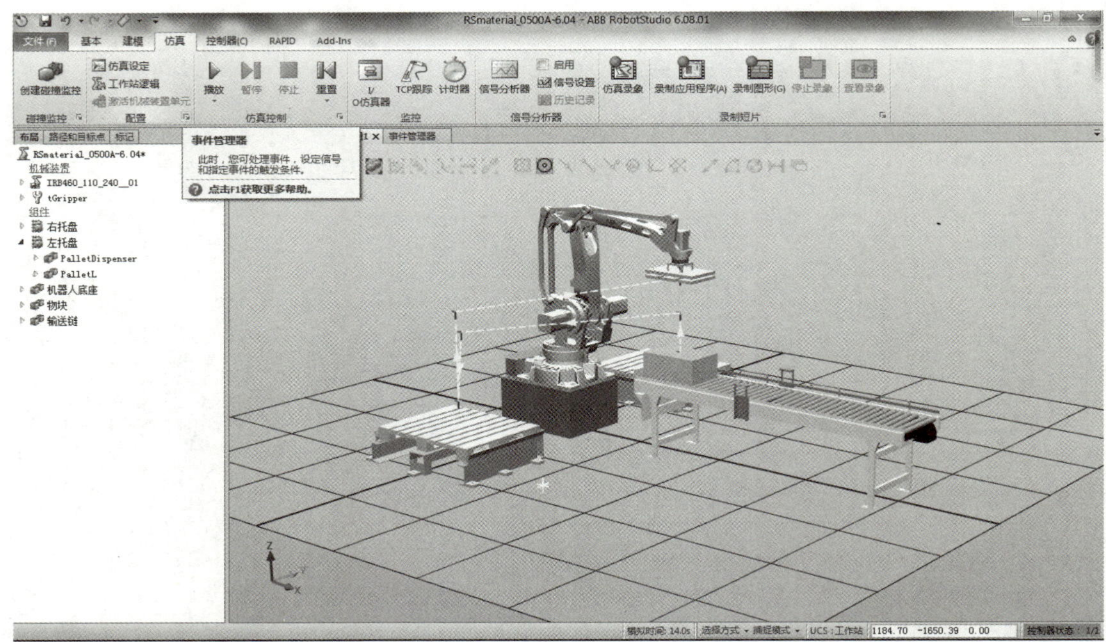

图 6-82 打开事件管理器窗口

(13)单击“添加...”按钮,如图 6-83 所示。

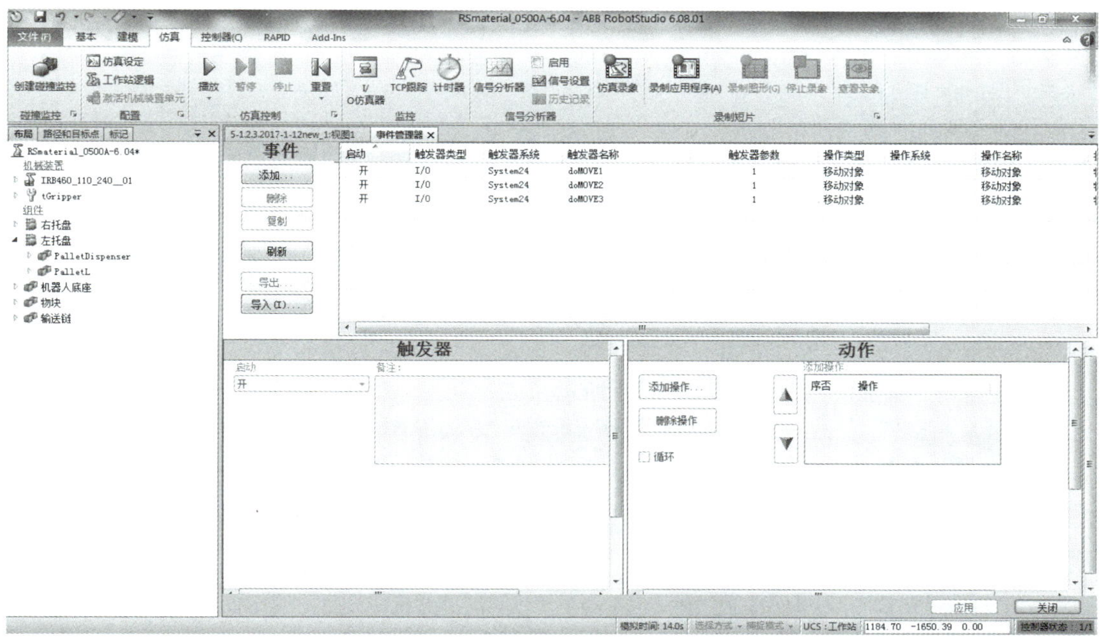

图 6-83　添加事件 1

(14)单击“下一个”按钮,如图 6-84 所示。

(15)选中“dotool”选项,单击“下一个”按钮,如图 6-85 所示。

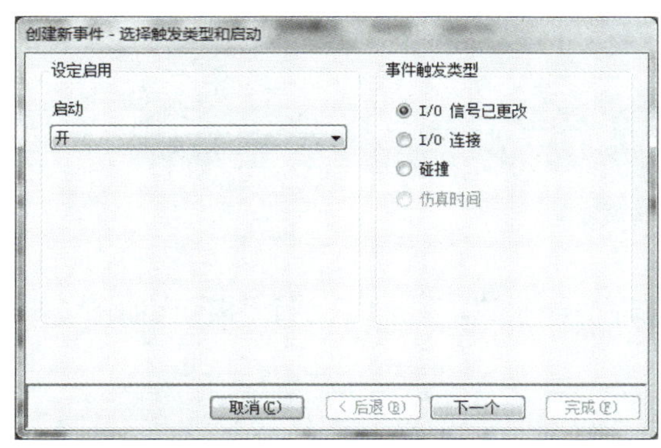

图 6-84　设定触发器类型 1

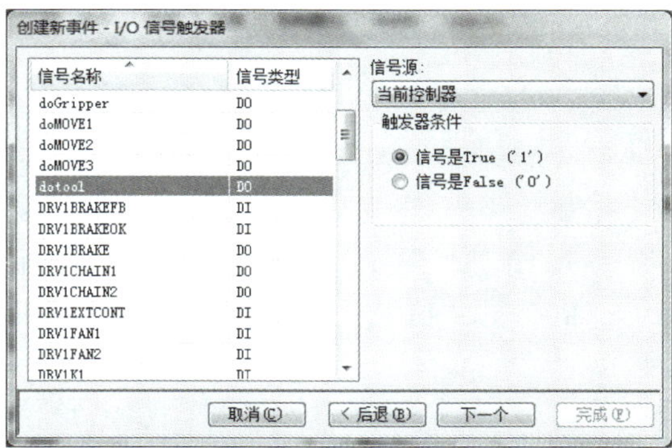

图 6-85　选择控制信号 1

(16)“设定动作类型”选择“附加对象”,单击“下一个”按钮，如图 6-86 所示。

(17)“附加对象”选择“物块”,“安装到选择“tGripper”，选中“保持位置”单选按钮，单击“完成”按钮,如图 6-87 所示。

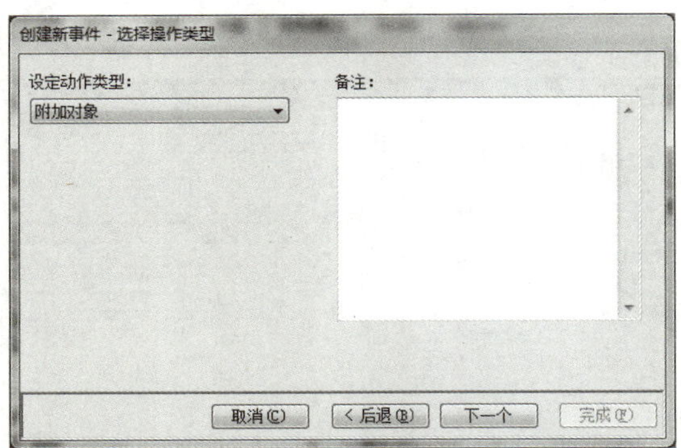

图 6-86 设定动作类型

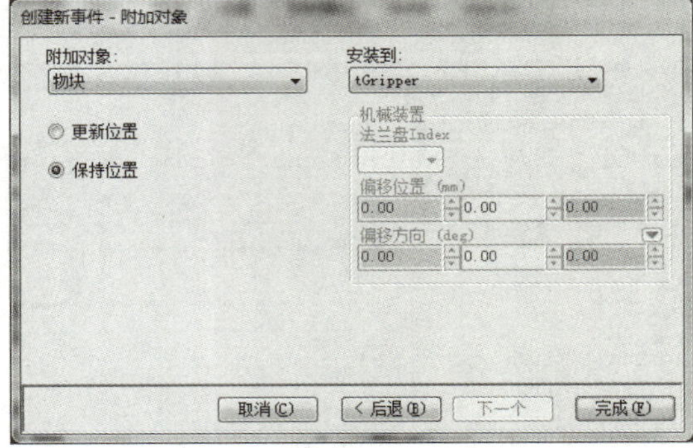

图 6-87 选择附加对象

(18)单击“添加...”按钮，如图 6-88 所示。

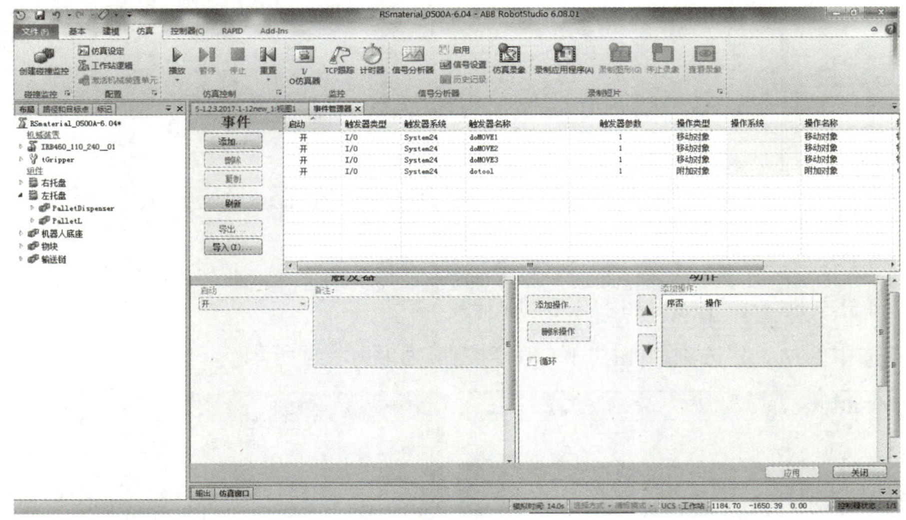

图 6-88 添加事件 2

(19)单击“下一个”按钮，如图 6-89 所示。

(20)选中“信号是 False('0')”单选按钮，选中“dotool”，单击“下一个”按钮，如图 6-90 所示。

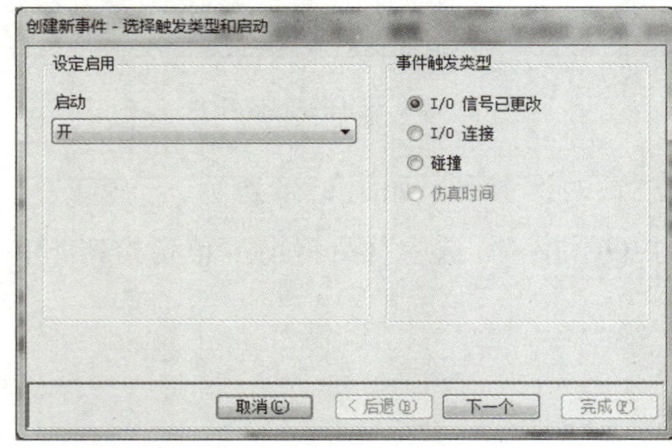

图 6-89 设定触发器类型 2

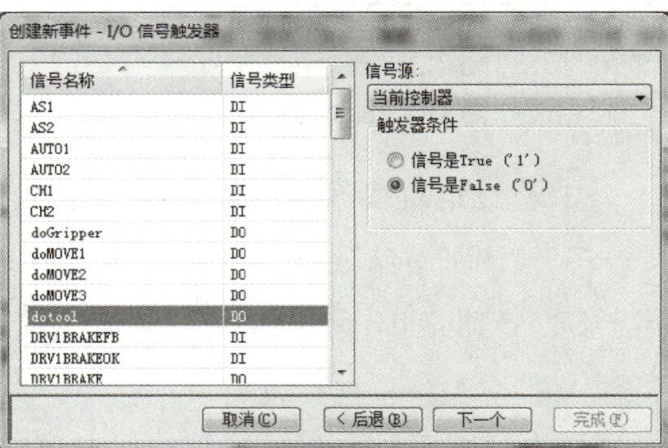

图 6-90 选择控制信号 2

(21)“设定动作类型”选择“提取对象”,单击“下一个”按钮,如图 6-91 所示。

(22)“提取对象”选择“物块”,“提取于”选择“tGripper”,单击“完成”按钮,如图 6-92 所示。

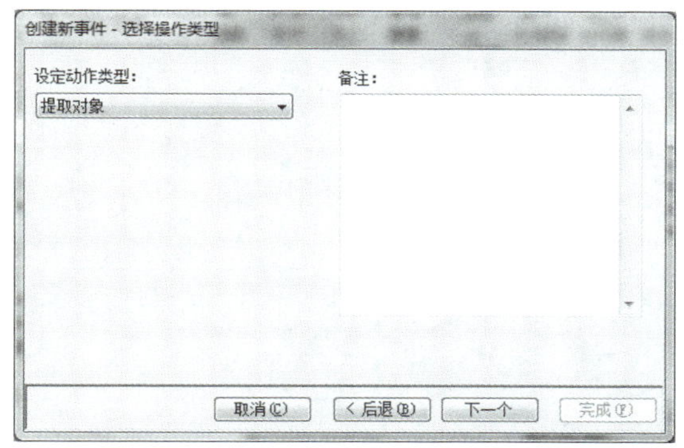

图 6-91　设定触发器类型 3

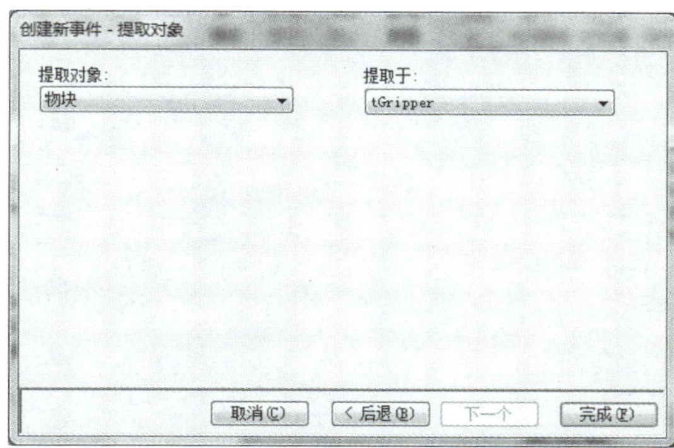

图 6-92　选择控制信号 3

(23)按照图 6-93 所示工业机器人位置,添加一条运动指令及逻辑指令。

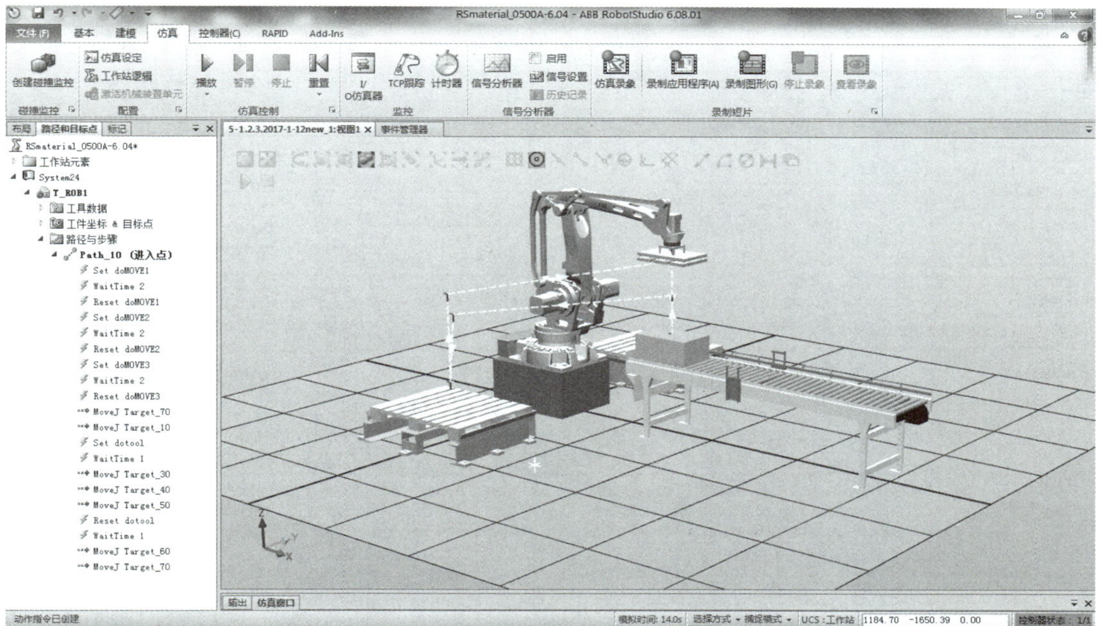

图 6-93　编辑路径控制指令

(24)右击“物块”,依次选择“位置”→“设定位置...”选项,重新把物块移动至初始位置,如图 6-94 所示。

(25)在“基本”选项卡中,选择“同步到 RAPID...”选项,如图 6-95 所示。

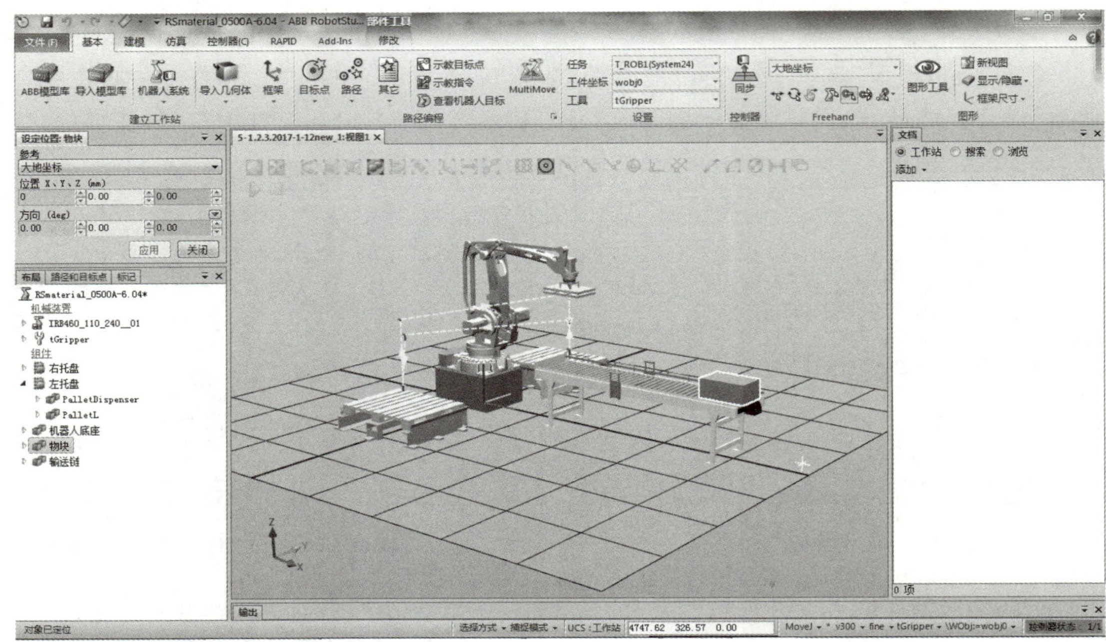

图 6-94 物块复位

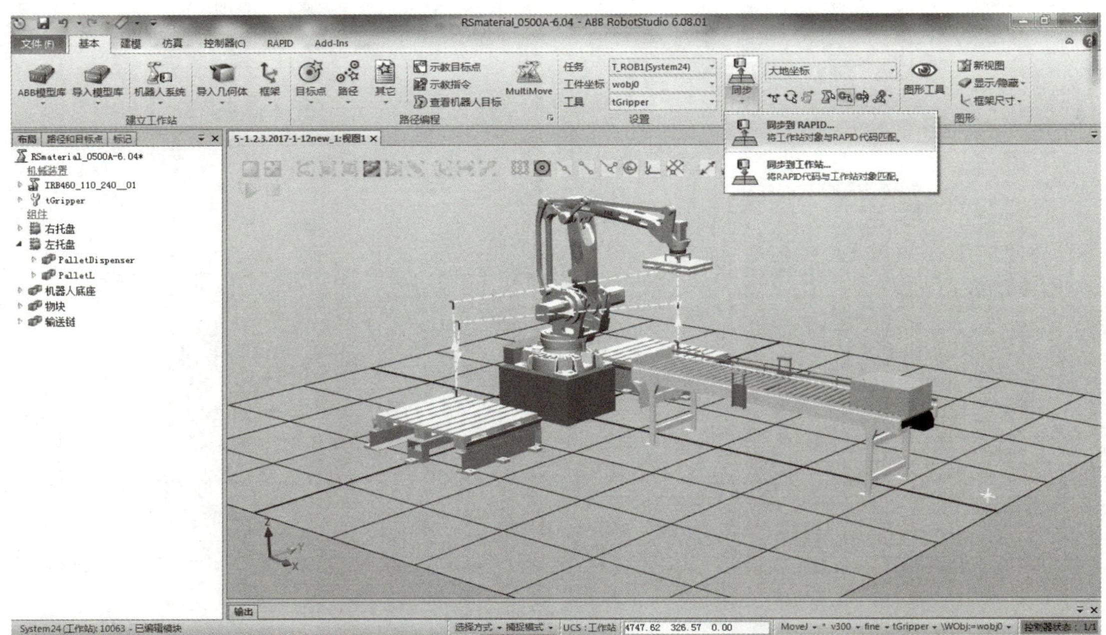

图 6-95 同步到 RAPID

(25)按图 6-96 所示设置,单击“确定”按钮。

(26)单击“播放”按钮,选择“视图 1”选项卡,观看仿真效果如图 6-97 所示。

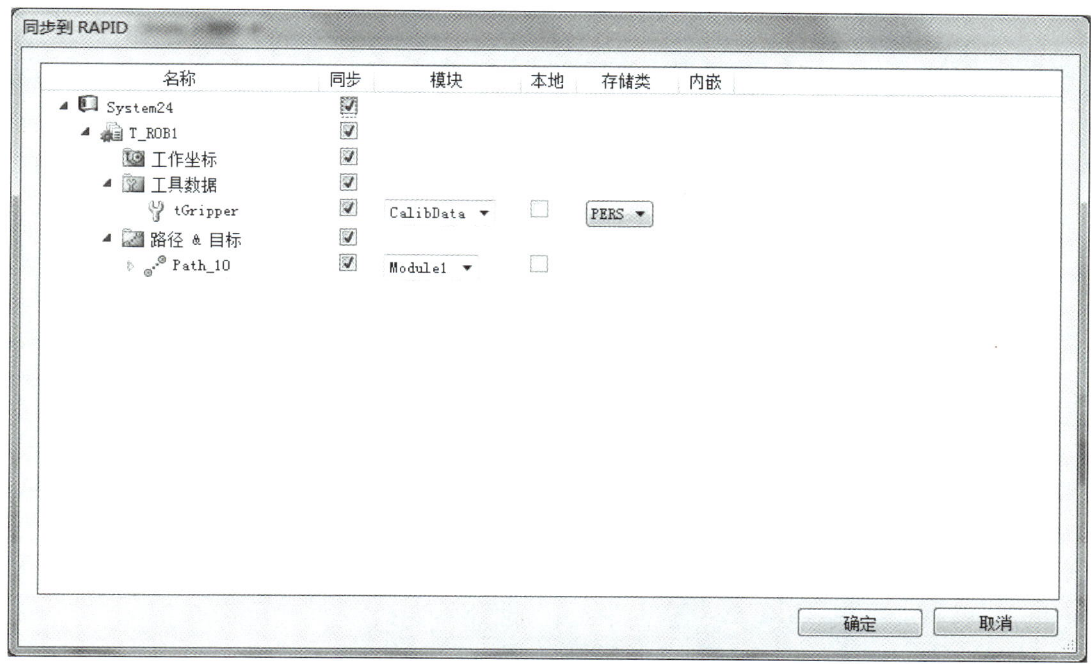

图 6-96　选择同步内容

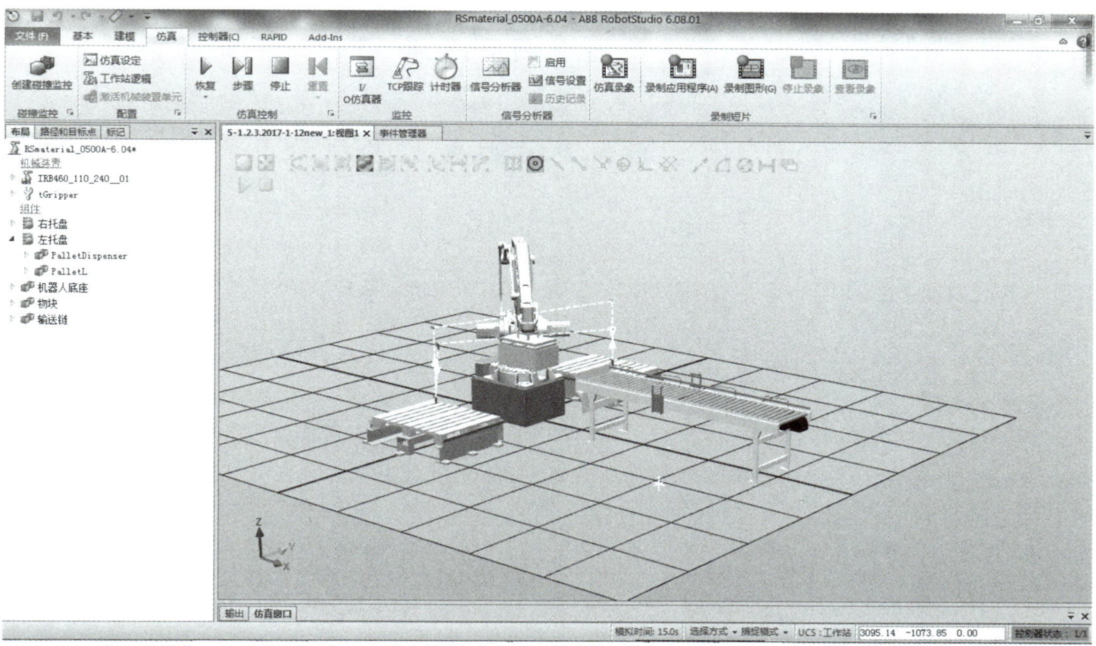

图 6-97　仿真效果

练习与作业

1. 简述“附加对象”与“提取对象”的功能。

2. 如图 6-98 所示，利用事件管理器完成机床开关门的控制。

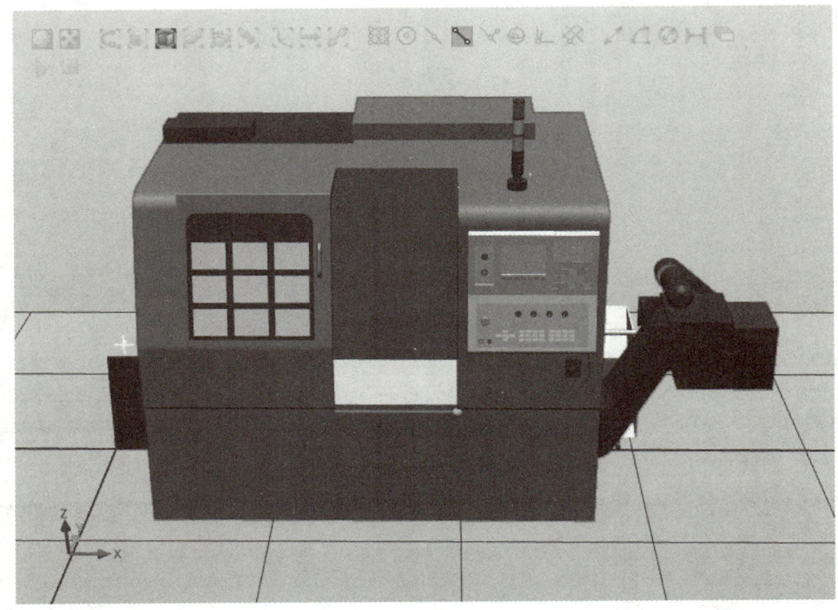

图 6-98 机床三维模型

第7章 工业机器人工作站 RAPID 基础编程

本章旨在介绍 RAPID 语言在 ABB 工业机器人编程中的应用，让学生掌握 RAPID 语言的基础编程方法和应用技巧。RAPID 语言作为 ABB 工业机器人的专用编程语言，拥有与高级编程语言相似的结构和特性，如与 VB 和 C 语言的结构相近。通过本章的学习，学生将深入理解 RAPID 语言的语法和语义，熟悉其数据类型和程序结构，并能够通过 Robot Studio 开发工具进行程序编写和调试。同时，本章将通过实际案例，展示如何为工业机器人工作站编写包含运动规划和 I/O 控制的简单 RAPID 程序，使学生能够将理论知识与实践操作相结合，提升编程能力和应用技能。

本章重点：

1. RAPID 语言基础：详细介绍 RAPID 语言的语法、语义、数据类型和程序结构，帮助学生建立对 RAPID 语言的基本认识和理解。
2. 编程方法与技巧：介绍工业机器人工作站 RAPID 基础编程方法和应用技巧，包括程序编写、模块化编程、条件判断、循环控制等。
3. I/O 控制方法：阐述 RAPID 语言中 I/O 控制的基本方法和实现原理，使学生能够掌握工业机器人与外部设备的通信和控制。
4. 实践案例分析：通过实际案例，展示如何为工业机器人工作站编写包含运动规划和 I/O 控制的简单 RAPID 程序，让学生将理论知识与实践操作相结合。

本章难点：

1. RAPID 语言语法的深入理解：RAPID 语言虽然与高级编程语言结构相近，但其特有的语法和语义需要学生进行深入理解和掌握。特别是对于一些复杂的控制结构和语句，需要学生通过大量练习来加深理解。
2. I/O 控制原理与实现：工业机器人与外部设备的通信和控制涉及复杂的硬件和软件知识，需要学生具备相应的电子技术和通信知识。同时，RAPID 语言中 I/O 控制的具体实现也需要学生进行详细的了解和掌握。
3. 实践操作的挑战：在实践操作中，学生需要根据具体的任务需求和机器人配置，编写符合要求的 RAPID 程序。这要求学生不仅要掌握 RAPID 语言的编程技巧，还需要具备解决实际问题的能力和创新能力。因此，实践操作是本章学习中的一个重要难点。

7.1 基本 RAPID 编程

RAPID 程序由程序模块与系统模块组成，而程序模块又可由多个例行程序组成，在一个例行程序中可以包含许多控制机器人的指令，这些特定的指令可以移动机器人、读取输入信号、设定输出信号等。

RAPID 程序根据用途的不同可自定义为不同的模块，每个模块都可以包括程序数据、例行程序、中断、功能等，模块间的数据、程序、中断及功能可相互调用。

本任务介绍 RAPID 程序结构、程序数据、表达式、流程指令、控制程序流程、运动，以及输入/输出信号。

7.1.1 程序结构

1. 简介

(1)指令。程序是由对机械臂工作加以说明的指令构成的。不同操作对应不同的指令，如移动机械臂对应一个指令，设置信号输出对应一个指令。

(2)程序。程序分为 3 类：无返回值程序、有返回值程序和软中断程序。

①无返回值程序用作子程序。

②有返回值程序会返回一个特定类型的数值。此程序用作指令的参数。

③软中断程序提供了一种中断应对方式。一个软中断程序对应一次特定中断，如设置一个输入信号，若发生对应中断，则自动执行该输入信号。

(3)数据。可按数据形式保存信息。如工具数据，包含对应所有相关信息，如工具中心接触点及其质量等。数据分为多种类型，不同类型的数据所包含的信息也不同，如工具、位置和负载等。

(4)其他特征。RAPID 语言中还有如下其他特征：

①程序参数。

②算术表达式和逻辑表达式。

③自动错误处理器。

④ 模块化程序。

⑤多任务处理。

2. 模块

模块分为程序模块和系统模块，程序模块结构如图 7-1 所示。

(1)程序模块。程序模块由各种数据和程序构成。每个模块或整个程序都可复制到磁盘和内存盘等设备中，反过来，也可从这些设备中复制模块或程序。其中一个模块中含有入口过程，它被称为 Main 的全局过程。执行程序实际上就是执行 Main 过程。程序可包括多

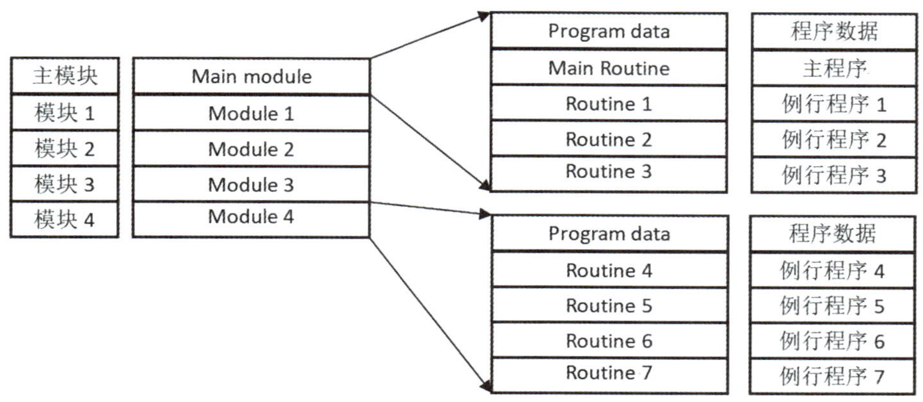

图 7-1　程序模块结构

个模块，但其中一个模块必须包含一个 Main 过程，且整个程序只允许包含一个 Main 过程。

(2)系统模块。用系统模块定义常见的系统专用数据和程序，如工具等。系统模块不会随程序一同保存，也就是说，对系统模块的任何更新都会影响程序内存中当前所有的或随后会载入其中的所有程序。

(3)模块声明。模块声明介绍了相应模块的名称和属性。这些属性只能通过离线添加，不能用 Flex Pendant 示教器添加。表 7-1 为模块属性。

表 7-1　模块属性

属性	规定说明
SYSMODULE	模块分为系统模块和编程模块
NOSTEPIN	在逐步执行期间不能进入模块
VIEWONLY	模块无法修改
READONLY	模块无法修改，但可以删除其属性
NOVIEW	模块不可读，只可执行。可通过其他模块接近全局程序，此程序通常以 NOSTEPIN 方式运行。全局数据值可从其他模块或 Flex Pendant 示教器上的数据窗口接近。NOVIEW 只能通过计算机在线下定义

示例如下：

```
MODULE module name(SYSMODULE , VIEWONLY)
! data type definition
! data declarations
! routine declarations
ENDMODULE
```

某模块可能与另一模块的名称不同，或可能没有全局程序或数据。

(4)程序文件结构。如上所述，名称已定的程序中包含所有程序模块。将程序保存到闪存盘或大容量内存上时，会生成一个新的以该程序名称命名的文件夹。所有程序模块都保存在该文件夹中，对应文件扩展名为. mod。另外，随之一起存入该文件夹的还有同样以程序名称命名的相关使用说明文件，扩展名为. pgf。该使用说明文件包括程序中所含的所有模块的一份列表。

(5)在示教器中创建模块。切换到手动模式,单击 ABB 主菜单,选择程序编辑器,在全新状态下(当用户自定义模块不存在时),系统提示“不存在程序”,选择“取消”,系统自动生成两个模块(不可删除),单击“文件”中的“新建模块”,将会提示“添加新的模块后,您将丢失程序指针。是否继续?”,选择“是”,重命名模块,将类型设置为“program”,单击“确定”按钮。在示教器中创建模块的流程如图 7-2 所示。

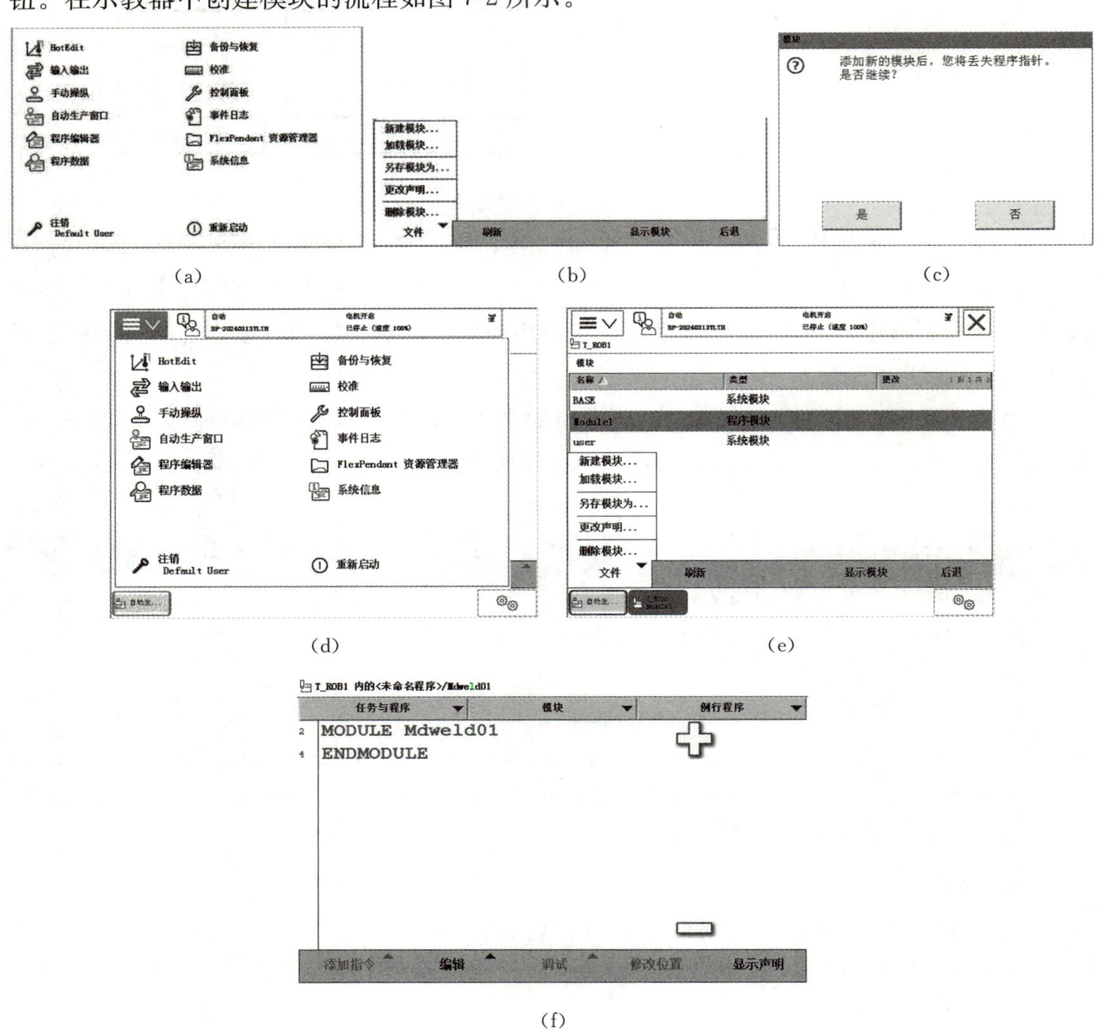

(a) (b) (c)

(d) (e)

(f)

图 7-2 创建模块的流程

(6)在 RobotStudio 软件中创建模块。在 RobotStudio 软件中创建模块,如图 7-3 所示。在“T_ROB1”选项处,右击,单击“新建模块”,输入模块名称,单击“确定”按钮,在工具栏上单击“重启”选项,就会在任务模块下看到新建的程序。

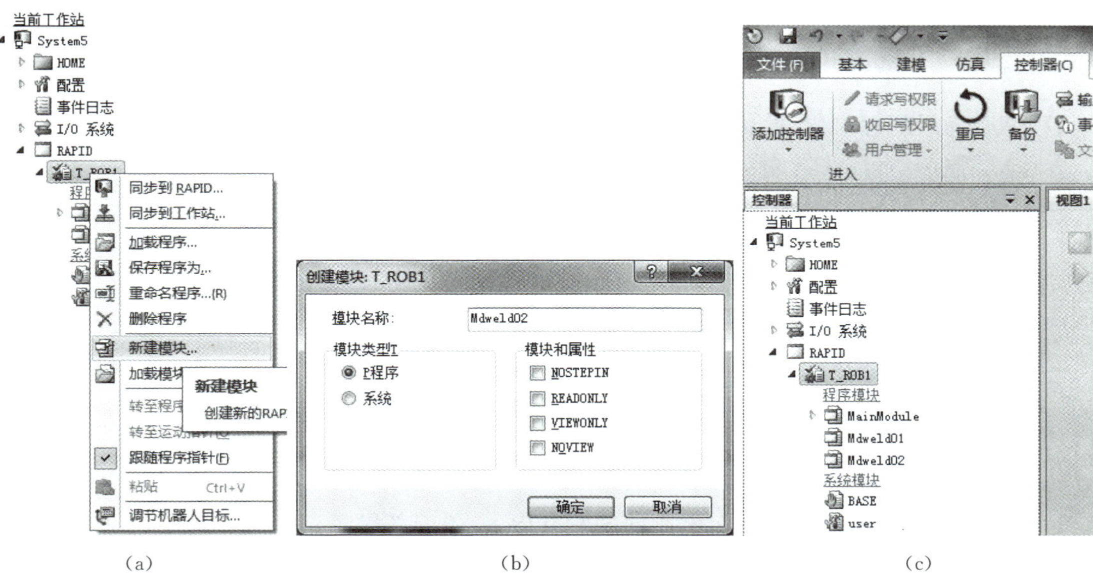

图 7-3　在 RobotStudio 软件中新建模块

3. 统模块 USER

为简化编程过程，在提供机械臂的同时还要提供预定义数据。由于未明确要求必须创建此类数据，因此，此类数据不能直接使用。系统模块数据可使初始编程更简单。通常重新为所用数据命名，以便更轻松地查阅程序。

USER 包含 8 个数值数据（寄存器）、1 个对象数据、1 个计时函数和 2 个数字信号符号值，见表 7-2。USER 是一个系统模块，无论是否加载程序，它都会出现在机械臂内存中。

表 7-2　USER 模块数据

名称	数据类型	声明
Reg1	num	VARnumreg1:=0
Reg2	num	VARnumreg2:=0
Reg3	num	VARnumreg3:=0
Reg4	num	VARnumreg4:=0
Reg5	num	VARnumreg5:=0
Clock1	clock	VARclockclock1

4. 程序

程序（子程序）分为无返回值程序、有返回值程序和软中断程序。

①无返回值程序不会返回数值。该程序用于指令中。

②有返回值程序会返回一个特定类型的数值。该程序用于表达式中。

③软中断程序提供了一种中断应对方式。一个软中断程序只对应一次特定中断。一旦

发生中断，则将自动执行对应的软中断程序。但不能从程序中直接调用软中断程序。

(1)程序的范围。程序的范围是指可获得程序的区域。除非程序声明的可选局部命令将程序归为局部程序(在模块内)，否则为全局程序。

示例如下：

```
LOCALPROC local routine (...
PROC global routine (...
```

程序适用的范围规则如下：

①全局程序的范围可能包括任务中的任意模块。

②局部程序的范围由其所处模块构成。

③在范围内，局部程序会隐藏名称相同的所有全局程序或数据。

④在范围内，程序会隐藏名称相同的所有指令、预定义程序和预定义数据。

(2)参数。程序声明中的参数列表明确规定了调用程序时必须指出能提供的参数(实参)。

参数包括以下几种(按访问模式区分)：

①正常情况下，参数仅用作输入，同时被视作程序变量。改变此变量，不会改变对应参数。

②INOUT 参数规定对应参数必须为变量(整体、元素或部分)，或对应参数必须为可为程序所改变的完整的永久数据对象。

③VAR 参数规定对应参数必须为可为程序所改变的变量(整体、元素或部分)。

④PERS 参数规定对应参数必须为可为程序所改变的完整的永久数据对象。

更新 INOUT、VAR 或 PERS 参数事实上就等同于更新了参数本身，借此可用参数将多个数值返回调用程序。

(3)程序终止。通过 RETURN 指令明确无返回值程序执行终止，或在到达无返回值程序末端(ENDPROC、BACKWARD、ERROR 或 UNDO)时，即暗示执行终止。

(4)程序声明。程序包含程序声明(包括参数)、数据、正文主体、反向处理器(仅限无返回值程序)、错误处理器和撤销处理器。不能套入程序声明，即不能在程序中声明程序。

(5)在示教器中创建程序。创建例行程序，依次单击“例行程序”→“文件”→“新建例行程序”(注意：控制器必须在手动模式下)，自定义例行程序声明，依次单击“显示例行程序”→“添加指令”。操作步骤如图 7-4 所示。

注意：添加指令前，<SMT> 占位符必须选中，否则添加指令为不可用状态。

单击“Common” 按钮，显示系统内的所有命令分类，选择不同类型的命令，系统显示该类命令中所有的指令，如图 7-5 所示。

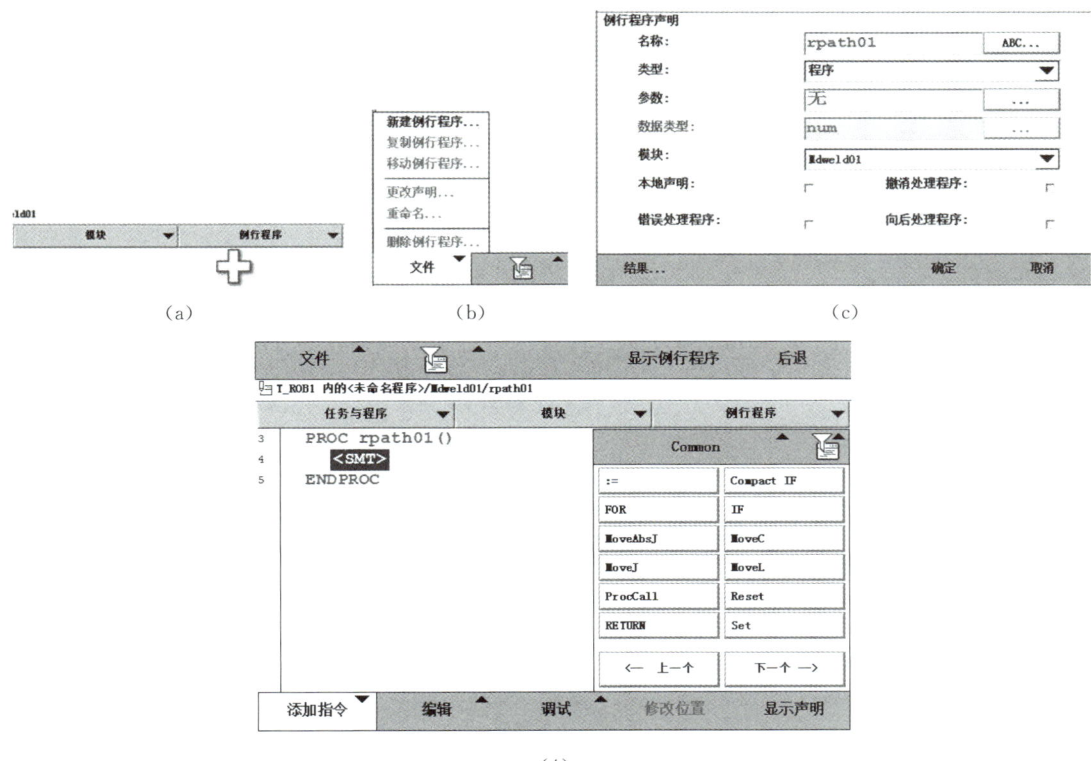

(a)　(b)　(c)

(4)

图 7-4　新建例行程序

单击指令(MoveL)，系统自动添加一条当前参数下的指令，如图 7-6 所示。当继续添加指令时，在弹出的对话框中进行编辑且选择合适的位置，如图 7-7 所示；然后进行调试，如图 7-8 所示。

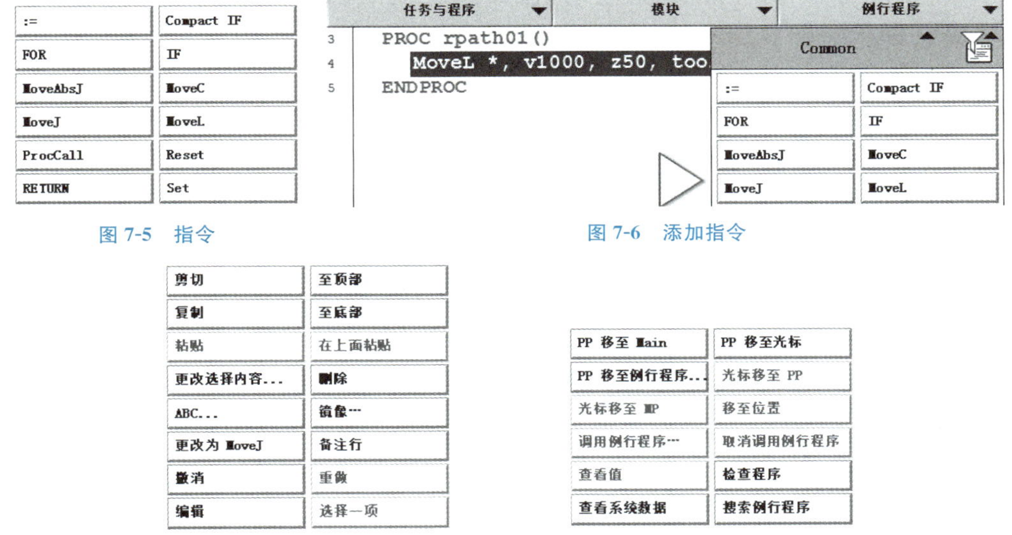

图 7-5　指令

图 7-6　添加指令

图 7-7　编辑

图 7-8　调试

7.1.2 程序数据

1. 数据类型

(1)基本类型。不是基于其他任意类型定义的且不能再分为多个部分的基本数据，如 num。

(2)记录数据类型。含多个有名称的有序部分的复合类型，如 pos。其中，任意部分可能由基本类型构成，也可能由记录类型构成。

可用聚合表示法表示记录数值，如[300,500,depth]pos 记录聚合值。

通过某部分的名称可访问数据类型的对应部分，如 pos1. x:=300; pos1 的 x 部分赋值。

(3)Alias 数据类型。这种数据类型等同于其他类型，Alias 类型可对数据对象进行分类。

2. 数据声明

(1)数据的声明包括以下几点：

①程序执行期间，可赋予一个变量新值。

②一个数据可被称为永久变量。这一点可以通过如下方式实现，即更新永久数据对象数值自发导致待更新的永久声明数值初始化。(保存程序的同时，任意永久声明的初始化值反映的都是对应永久数据对象的当前值)

③各常量代表各个静态值，不能赋予其新值。

数据声明通过将名称(标识符)与数据类型联系在一起，引入数据。除了预定义数据和循环变量外，必须声明所用的其他所有数据。

(2)数据的范围。数据的范围是指可获得数据的区域。除非数据声明的可选局部命令将数据归为局部数据(在模块内)，否则为全局数据。注意局部命令仅限用于模块级，不能用在程序内。示例如下：

```
LOCALVA Rnum local_variable;
VAR numg lobal_variable;
```

(3)变量声明。可通过变量声明引入变量。同时也可进行系统全局、任务全局或局部变量声明。示例如下：

```
VAR num globalvar:=123;
TASK VAR num taskvar:=456;
LOCAL VAR num localvar:=789;
```

(4)永久数据对象声明。只能在模块级进行永久数据对象声明，不能在程序内进行，且可进行系统全局、任务全局或局部永久数据对象声明。

示例如下：

```
PERS num globalpers:=123;
TASK PERS num taskpers:=456;
LOCAL PERS num localpers:=789;
```

(5)常量声明。通过常量声明引入常量。常量值不可更改。

示例如下：

```
CONST num pi:=3.141 592 654;
```

(6)启动数据。常量或变量的初始化值可为常量表达式。永久数据对象的初始化值只能是文字表达式。

示例如下：

```
CONST num a:=2;
CONST num b:=3;
```

7.1.3 表达式

1. 表达式类型

(1)描述。表达式指定数值的评估，可以用作以下几种情况。

①在赋值指令中。

示例：

```
a:=3 * b/c;
```

②作为 E 指令中的一个条件。

示例：

```
IF a>=3THEN...
```

③指令中的变元。

示例：

```
WaitTime time;
```

④功能调用中的变元。

示例：

```
a:=Abs(3 * b);
```

(2) 算术表达式。

算术表达式用于求解数值。

示例：

```
2 * pi * radius
```

2. 运用表达式中的数据

变量、永久数据对象或常量整体可作为表达式的组成部分。

示例：

```
2 * pi * radius
```

(1)数组。整个数组或单一元素中可引用声明为数组的变量、永久数据对象或常量。

运用元素的索引号引用数组元素。索引号为大于 0 的整数值，不会违背所声明的阶数。

索引值 1 对应的是第一个元素。索引表中的元素量必须与声明的数组阶数(1 阶、2 阶或 3 阶)相匹配。

示例：

```
VAR num row {3};
VAR num column{3};
```

```
VAR num value;
! get one element from the array
value:=column{3};
! get all elements in the array
row:=column;
```

(2)记录。整个记录或单一部分中可引用声明为记录的变量、永久数据对象或常量。运用部分名称引用记录部分。

示例：

```
VAR pos home;
VAR pos posl;
VAR num y value;
…
! get the Y component only
yvalue:=home.y;
! get the whole position
Posl:=home;
```

3. 运用表达式中的聚合体

聚合体可用于记录或数组数值中。

示例：

```
! pos record aggregate
pos:=[x, y , 2 * x];
! pos array aggregate
Pos arr:=[[0 , 0 , 100 ], [0 , 0 , z]];
```

操作前提：必须根据上、下文确定范围内聚合项的数据类型。各聚合项的数据类型必须等于相应项的类型。

示例：(通过 p1 确定的聚合类型 pos—)

```
VAR pos p1;
p1:= [1,-100,12];
```

不允许存在(由于任意聚合体的数据类型都不能通过范围决定，因此不允许存在)的示例：

```
VAR pos p1;
IF[1, -100, 12]=[a, b, b] THEN
```

4. 运用表达式中的函数调用

通过函数调用，求特定函数的值，同时接收函数返回的值。

示例：

```
sin(angle)
```

(1)变元。运用函数调用的参数将数据传递至所调用的函数(也可从调用的函数中调动数据)。参数的数据类型必须与相应函数参数的类型相同。可选参数可忽略，但(当前)参数的顺序必须与形参的顺序相同。此外，声明两个及两个以上可选参数相互排斥，在此情况下，同一参数列表中只能存在一个可选参数。

用逗号“,”将必要(强制性)参数与前一参数隔开。形参名称既可列入其中，也可忽略。

可选参数前必须加一个反斜线"\"和形参名称。开关型参数具有一定的特殊性，可能不含任何参数表达式。而且此类参数就只有"存在"或"不存在"两种情况。

运用条件式参数，支持可选参数沿程序调用链平稳延伸。若存在指定的（调用函数的）可选参数，则可认为条件式参数"存在"，反之则可认为已忽略。注意指定参数必须为可选参数。

（2）参数。函数参数列表为各个参数指定了一种访问模式。访问模式包括 in、inout、var 或 pers。

①一个 in 参数（默认）允许参数为任意表达式。所调用的函数将该参数视作常量。

②一个 inout 参数要求相应参数为变量（整体、数组元素或记录部分）或一个永久数据对象整体。所调用的函数可全面（读/写）接入参数。

③一个 var 参数要求相应参数为变量（整体、数组元素或记录部分）。所调用的函数可全面（读/写）接入参数。

④一个 pers 参数要求相应参数为永久数据对象整体。所调用的函数可全面（读/更新）接入参数。

5. 运算符之间的优先级

相关运算符的相对优先级决定了求值的顺序。圆括号能够覆写运算符的优先级。首先求解优先级较高的运算符的值，然后求解优先级较低的运算符的值。优先级相同的运算符则按从左到右的顺序进行求值。

7.1.4 流程指令

连续执行指令，除非程序流程指令中断或错误导致执行中断，否则，会继续执行。多数指令都通过分号";"终止；标号通过冒号":"终止；有些指令可能含有其他指令，要通过具体关键词才能终止。

示例：

```
if... endif
for... endfor
while... endwhile
test... endtest
```

7.1.5 控制程序流程

一般情况下，程序都是按序（按指令）执行的。但有时需要指令以中断循序执行过程和调用另一指令，以处理执行期间可能出现的各种情况。

1. 编程原理

可基于如下几种原理控制程序流程：

（1）调用另一程序（无返回值程序），并执行该程序后，按指令继续执行。

（2）基于是否满足给定条件，执行不同指令。

(3)重复某一指令序列多次,直到满足给定条件。

(4)移至同一程序中的某一标签。

(5)终止程序执行过程。

2. 调用其他程序

表 7-3 所示为程序调用指令;表 7-4 所示为程序范围内的程序控制;表 7-5 所示为终止程序执行过程。

表 7-3 程序调用指令

指令	用途
ProcCall	调用(跳转至)其他程序
CallByVar	调用有特定名称的无返回值程序
RETURN	返回原来的程序

表 7-4 程序范围内的程序控制

指令	用途
Compact IF	只有满足条件时才能执行指令
IF	基于是否满足条件,执行指令序列
FOR	重复一段程序多次
WHILE	重复指令序列,直到满足给定条件
TEST	基于表达式的数值执行不同指令
GOTO	跳转至标签
label	指定标签(线程名称)

表 7-5 终止程序执行过程

指令	用途
Stop	停止程序执行
EXIT	不允许程序重启时,终止程序执行过程
Break	为排除故障,临时终止程序执行过程
SystemStopAction	终止程序执行过程和机械臂移动
ExitCycle	终止当前循环,将程序指针移至主程序中第一个指令处,选中执行模式 CONT 后,在下一程序循环中,继续执行

7.1.6 运动

1. 运动原理

将机械臂移动设为姿态到姿态的移动,即从当前位置移到下一位置。随后机械臂可自动计算出两个位置之间的路径。

2. 运动编程原理

运动编程原理通过选择合适的定位指令,可确定基本运动特征,如路径类型等。

3. 定位指令

表 7-6 所示为定位指令。

表 7-6　定位指令

指令	移动类型
MoveC	工具中心接触点（TCP）沿圆周路径移动
MoveJ	关节运动
MoveL	工具中心接触点（TCP）沿直线路径移动
MoveAbsJ	绝对关节移动
MoveExtJ	在无工具中心接触点的情况下，沿直线或圆周移动附加轴
MoveCAO	沿圆周移动机械臂，设置转角处的模拟信号输出
MoveCDO	沿圆周移动机械臂，设置转角路径中间的数字信号输出
MoveCGO	沿圆周移动机械臂，设置转角处的组输出信号
MoveJAO	通过关节运动移动机械臂，设置转角处的模拟信号输出
MoveJDO	通过关节运动移动机械臂，设置转角路径中间的数字信号输出
MoveJGO	通过关节运动移动机械臂，设置转角处的组输出信号
MoveLAO	沿直线移动机械臂，设置转角处的模拟信号输出
MoveLDO	沿直线移动机械臂，设置转角路径中间的数字信号输出
MoveLGO	沿直线移动机械臂，设置转角处的组输出信号
MoveCSync	沿圆周移动机械臂，执行 RAPID 无返回值程序
MoveJSync	通过关节运动移动机械臂，执行 RAPID 无返回值程序
MoveLSync	沿直线移动机械臂，执行 RAPID 无返回值程序

4. 搜索

移动期间，机械臂可搜索对象的位置等信息，并储存搜索过的位置（通过传感器信号显示），可供随后用于确定机械臂的位置或计算程序位移。表 7-7 所示为搜索指令。

表 7-7　搜索指令

指令	移动类型
SearchC	沿圆周路径的工具中心接触点
SearchL	沿直线路径的工具中心接触点
Break	为排除故障，临时终止程序执行过程
SearchExtJ	当仅移动线性或旋转外轴时，用于搜索外轴位置

7.1.7 输入/输出信号

1. 信号

机械臂配有多个数字和模拟用户信号，这些信号可读，也可在程序内对其进行更改。

2. 输入/输出信息的编程原理

通过系统参数定义信号名称。这些名称通常用于 I/O 操作读取或设置程序中。规定模拟信号或一组数字信号的值为数值。

3. 变更信号值

表 7-8 所示为变更信号值。

表 7-8 变更信号值

指令	用于定义
InvertDO	转换数字信号输出信号值
PulseDO	产生关于数字信号输出信号的脉冲
Reset	重置数字信号输出信号(为 0)
Set	重置数字信号输出信号(为 1)
SetAO	变更模拟信号输出信号的值
SetDO	变更数字信号输出信号的值(符号值,如高/低)
SetGO	变更一组数字信号输出信号的值

4. 读取输入信号值

通过程序可直接读取输入信号值,示例:

```
! Digitalinput
IF di1=1 THEN...
! Digitalgroupinput
IF gi1=5 THEN...
! Analoginput
IF ai1>5.2 THEN...
```

5. 读取输出信号值

表 7-9 所示为读取输出信号。

表 7-9 读取输出信号

指令	用于定义
AOutput	读取当前模拟信号输出信号的值
DOutput	读取当前数字信号输出信号的值
GOutput	读取当前一组数字信号输出信号的值
GOutputDnum	读取当前一组数字信号输出信号的值。可用多达 32 位处理数字组信号。返回读取到的 dnum 数据类型的值
GInputDnum	读取当前一组数字信号输入信号的值。可用多达 32 位处理数字组信号。返回读取到的 dnum 数据类型的值

6. 测试输入信号或输出信号

表 7-10 所示为等待输入或输出信号;表 7-11 所示为测试信号;表 7-12 所示为信号来源。

表 7-10 等待输入或输出信号

指令	用于定义
WaitDI	等到设置或重设数字信号输入时
WaitDO	等到设置或重设数字信号输出时

续表

指令	用于定义
WaitGI	等到将一组数字信号输入信号设为一个值时
WaitGO	等到将一组数字信号输出信号设为一个值时
WaitAI	等到模拟信号输入小于或大于某个值时
WaitAO	等到模拟信号输出小于或大于某个值时

表 7-11　测试信号

指令	用于定义
TestDI	测试有没有设置数字信号输入
ValidIO	获得有效 I/O 信号
GetSignalOrigin	获得有关 I/O 信号来源的信息

表 7-12　信号来源

数据类型	用于定义
signalorigin	介绍 I/O 信号来源

7. 定义输入输出信号

表 7-13 所示为带别名信号；表 7-14 所示为定义输入/输出信号。

表 7-13　带别名信号

指令	用于定义
AliasIO	定义带别名的信号

表 7-14　定义输入/输出信号

数据类型	用于定义
dionum	数字信号的符号值
signalai	模拟信号输入信号的名称
signalao	模拟信号输出信号的名称
signaldi	数字信号输入信号的名称
signaldo	数字信号输出信号的名称
signalgi	一组数字信号输入信号的名称
signalgo	一组数字信号输出信号的名称

7.2　手动编程

手动编程

本节介绍手动编程的例子，包括移动指令模板的运用和路径调试。

手动编程示例：创建机器人系统，并在“盒子”左上角创建一个工件坐标，工件坐标取名为 Workobject_1（右击 Workobject_1，在弹出的快捷菜单中选择“重命名”命令），如图 7-9 所示。

机器人的任务：机器人焊枪绕工件最上方长方体盒的边缘一周后，再回到待机位置。

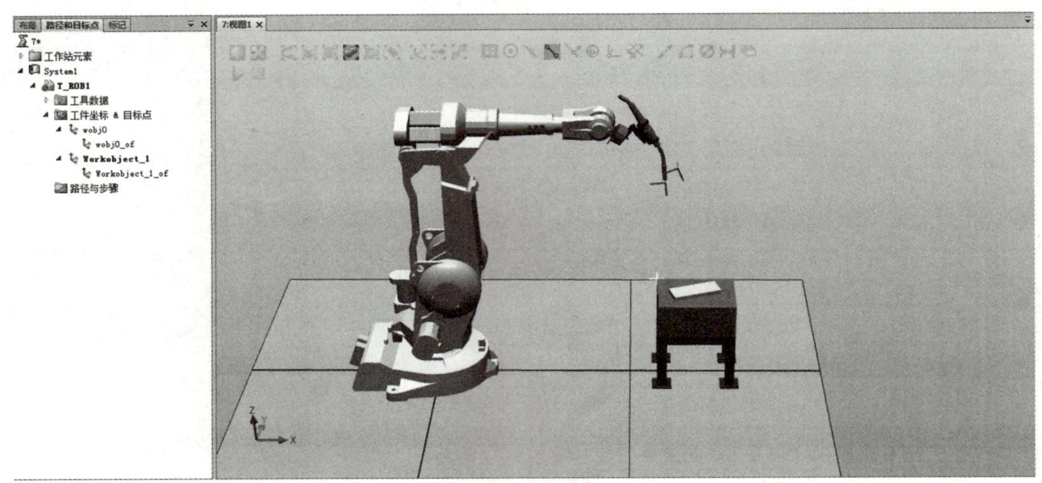

图 7-9　机器人焊接系统

7.2.1 移动指令模板

RobotStudio 软件界面右下方显示机器人移动指令模板，在确定目标点前先调整这些参数，如图 7-10 所示。

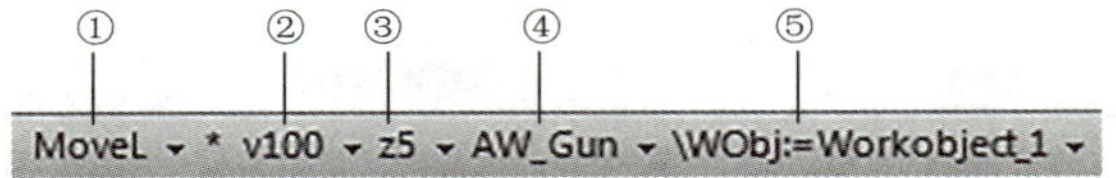

图 7-10　移动指令模板

①为移动指令，类似的还有 MoveJ、MoveAbsJ、MoveExtJ 等。

②为机器人移动速度。

③为拐弯半径。

④为使用的工具。

⑤为参考坐标。

1. 创建空路径

选择“基本”选项卡，依次选择“路径”→“空路径”选项，如图 7-11 所示，系统将自动生成名为 Path 10 的路径，重命名。

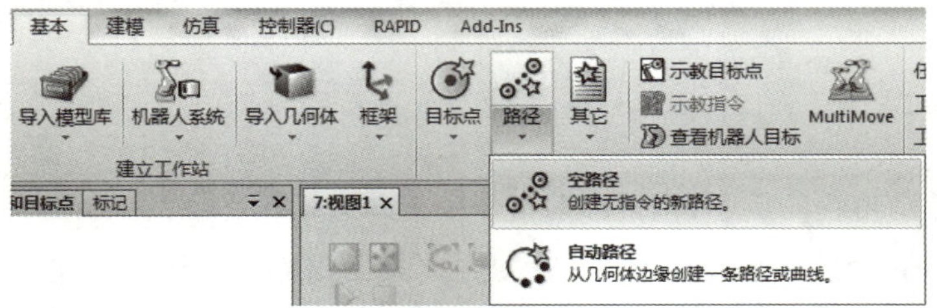

图 7-11　创建空路径

2. 选择正确参数

移动机器人之前，确保下列参数选择正确，如图 7-12 所示。

(1)当前工件坐标、工具。

(2)选择手动的参考坐标(当前工件坐标)。

(3)单击“线性运动”工具。

(4)选择“选择表面”。

(5)选择“捕捉末端”。

图 7-12　参数设定

3. 创建一个待机点的位置

选择“线性运动”工具，将机器人拖至待机点，在“基本”选项卡中单击“示教指令”，正视图和左视图分别如图 7-13 和图 7-14 所示。

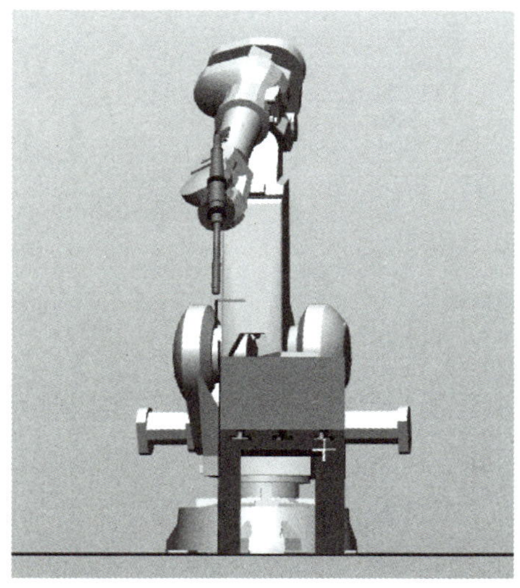

图 7-13　正视图

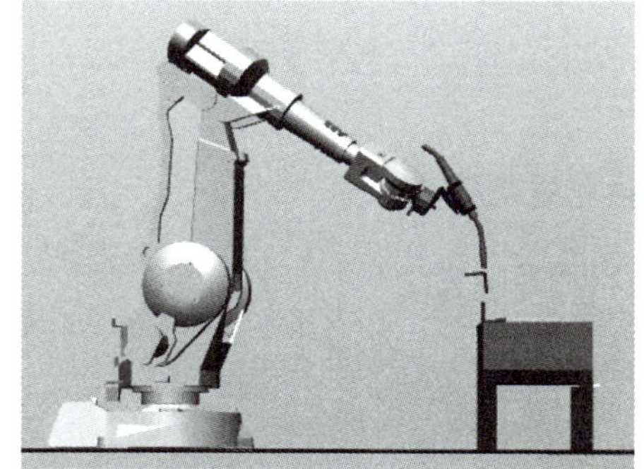

图 7-14　左视图

4. 选择指令

由于机器人运动时对运动路径没有严格的要求，因此可将指令(MoveL Target_10)修改成“MoveJ Target_10”，如图 7-15 所示。

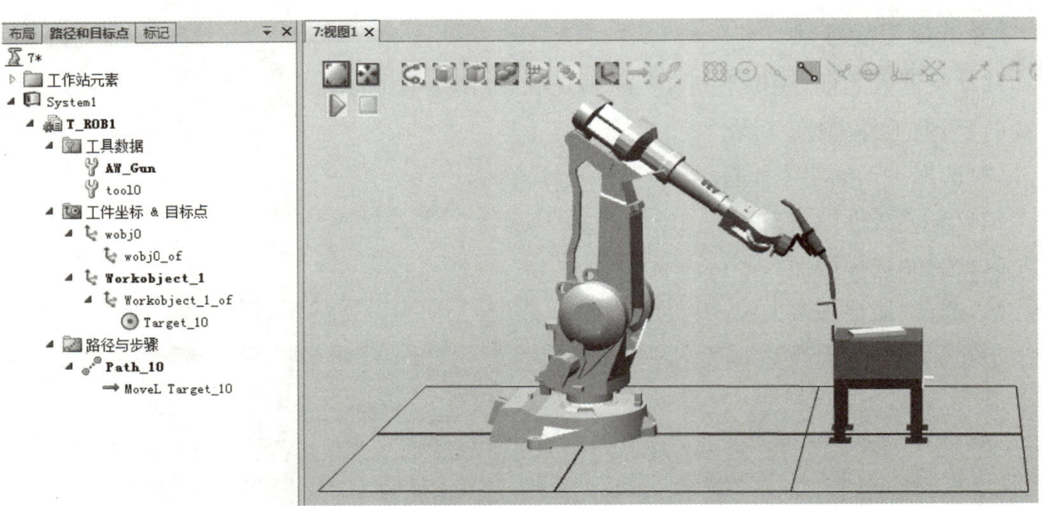

图 7-15　选择指令

5. 编辑指令

选择指令（MoveL Target_10），在主菜单中依次选择“修改”→“编辑指令”→“动作类型（Joint）”选项，如图 7-16 所示。

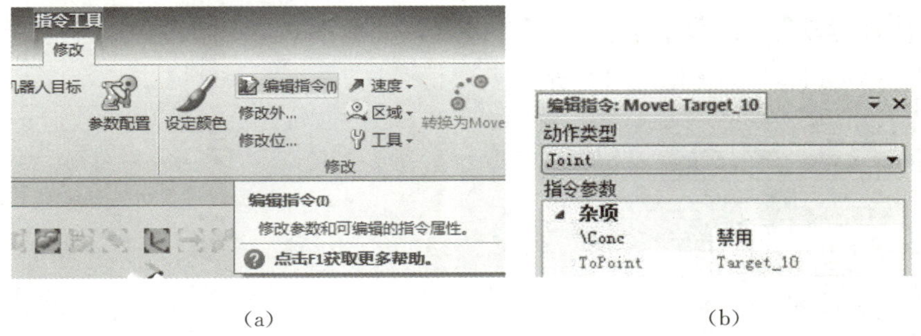

(a)　　(b)

图 7-16　编辑指令

6. 生成路径

在线性运动模式下移动机器人，拖动方向箭头移动到目标点，在“基本”选项卡中依次选择“示教指令”→“生成新的移动指令”，如图 7-17 和图 7-18 所示。

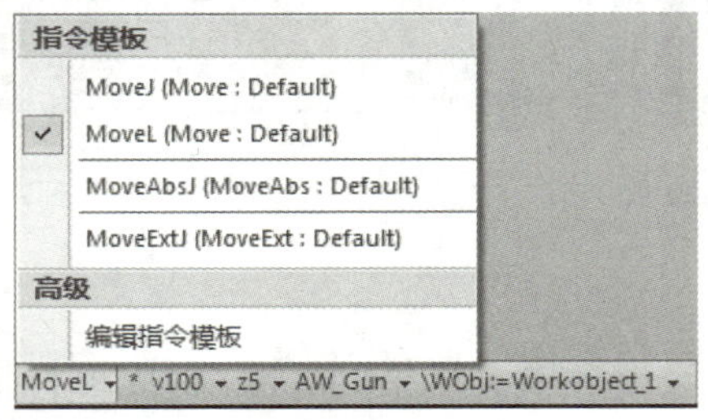

图 7-17　修改示教指令

图 7-18　线性运动移动工具

因为其他目标点都是直线运动的，所以将示教指令改为 MoveL，再使用同样的方法创建其他示教指令。要灵活调整视角才能快速、有效地捕捉目标点，如图 7-19 所示。

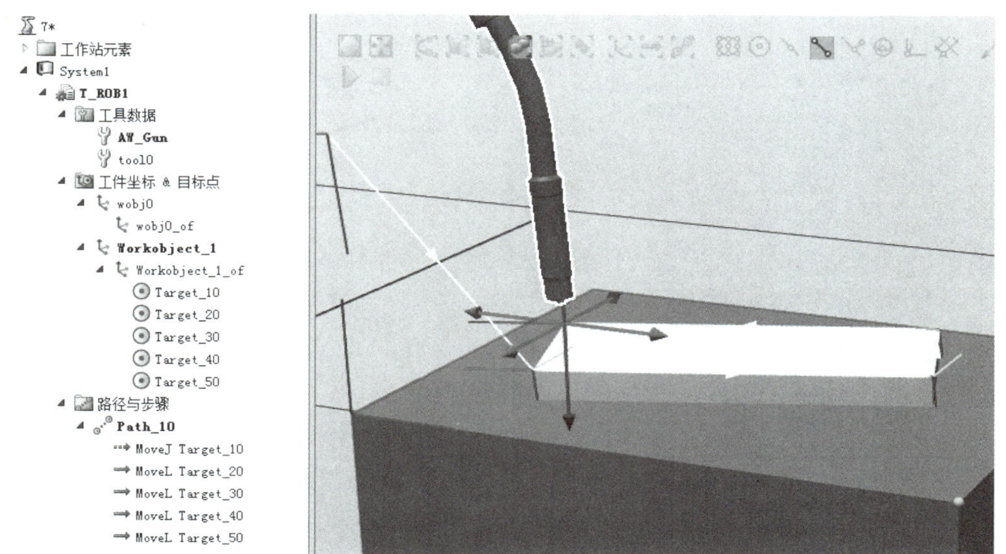

图 7-19　捕捉目标点

单击“路径与步骤”中的 Path_10，查看目标机器人运动路径的全部指令。机器人当前运动路径如图 7-20 所示。

使用复制、粘贴功能完成余下路径的创建，如图 7-21 至图 7-25 所示。

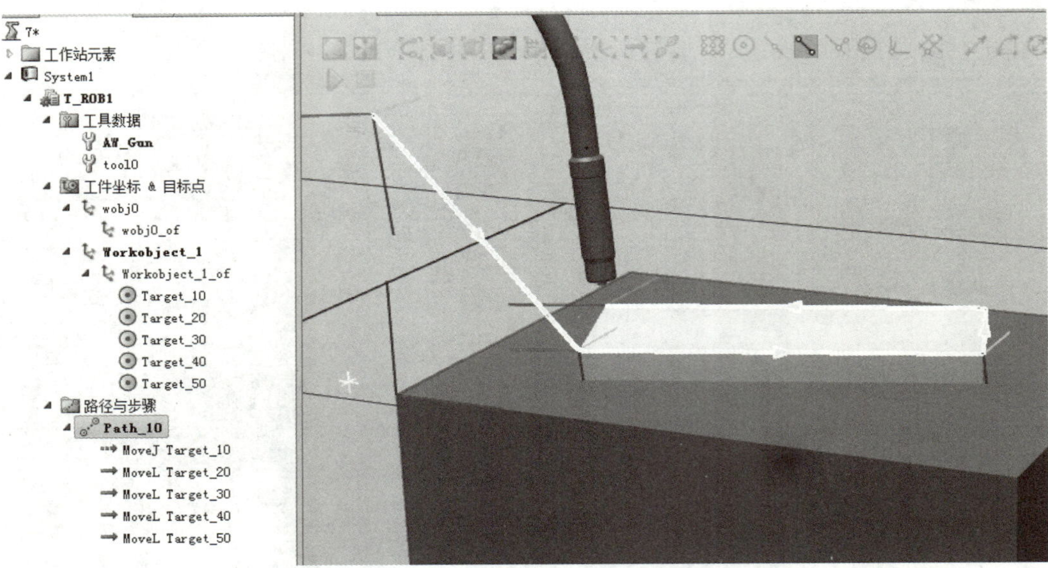

图 7-20 当前运动路径

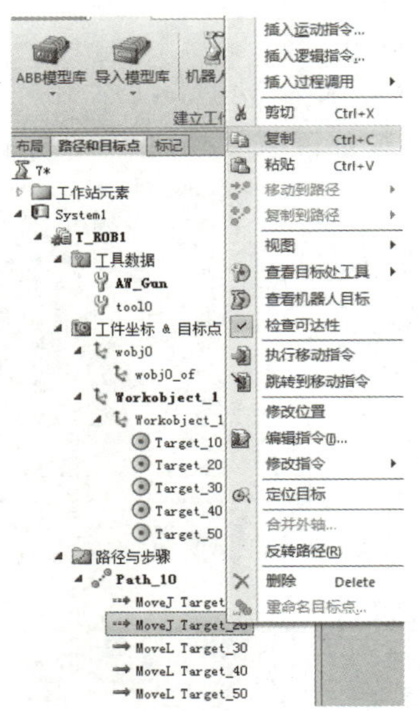

图 7-21 复制指令

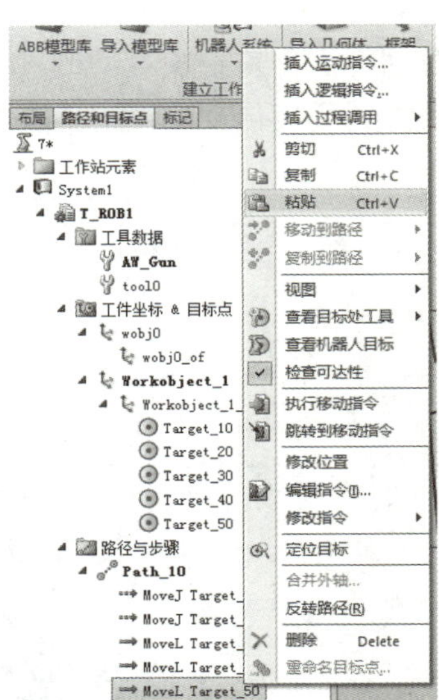

图 7-22 选择要粘贴的位置

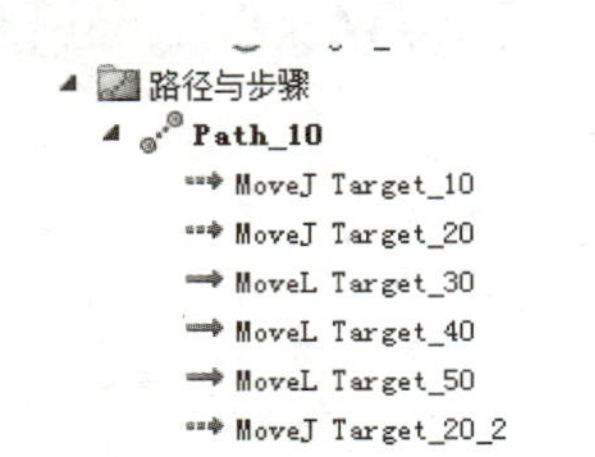

图 7-23 复制的新指令 1

路径与步骤
Path_10
MoveJ Target_10
MoveJ Target_20
MoveL Target_30
MoveL Target_40
MoveL Target_50
MoveJ Target_20_2
MoveJ Target_10_2

图 7-24 复制的新指令 2

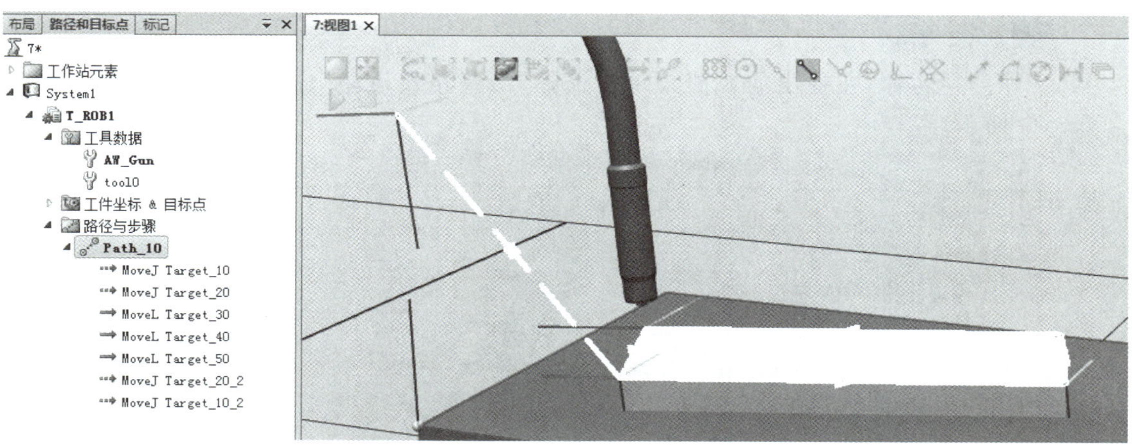

图 7-25　完整的机器人运动路径

7.2.2 路径调试

1. 到达能力检查

右击路径名称，在弹出的快捷菜单中依次选择“自动配置”→“所有移动指令”命令进行轴参数自动配置，如图 7-26 所示。

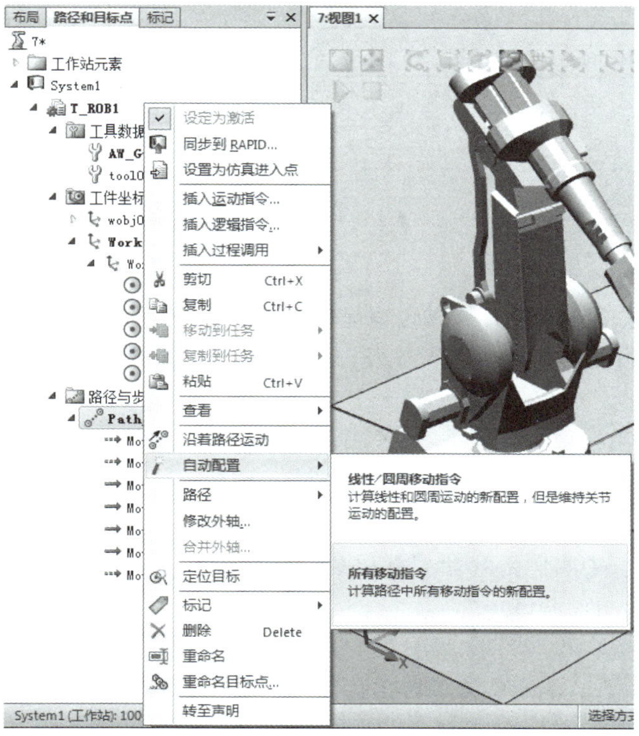

图 7-26　轴参数自动配置

2. 运行测试

右击路径名称，在弹出的快捷菜单中选择“沿着路径运动”命令，进行运动测试，如图 7-27 所示。

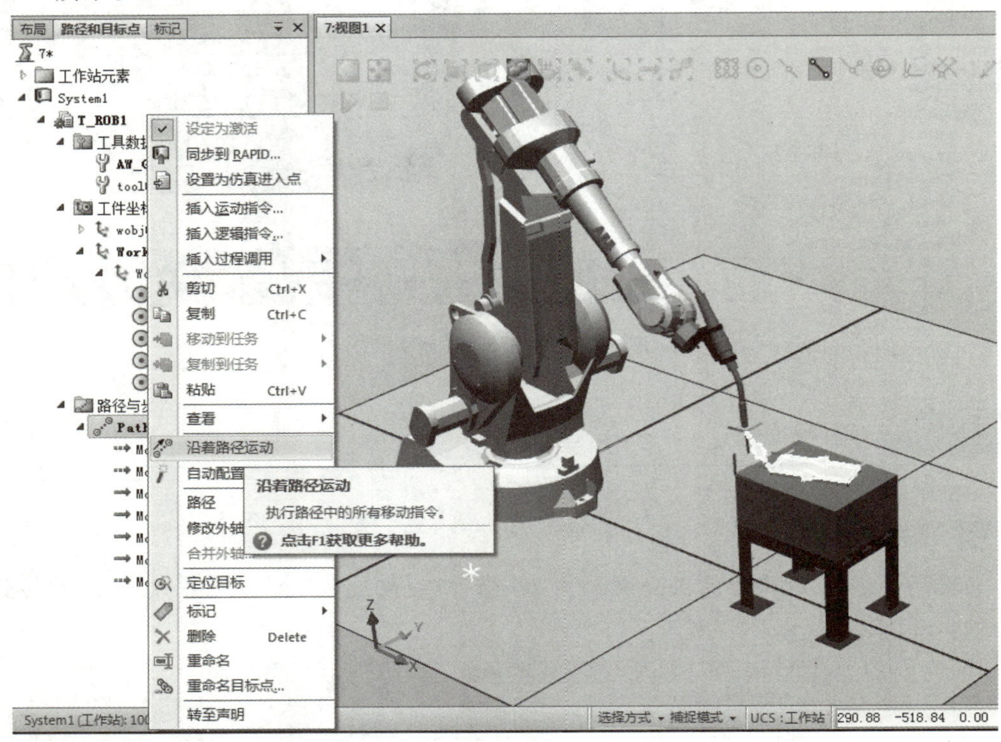

图 7-27　运动测试

离线编程

7.3　离线编程

RobotStudio 软件具有强大的离线编程功能，可根据模型特征自动生成机器人轨迹，也可利用 CAM 代码直接转换成机器人代码，并且可动态分析路径性能，大大减少轨迹编程的工作量。

离线编程与手动编程的区别是，离线编程非手动创建示教指令，而是通过工件几何体指定的轮廓线，自动创建运动指令的一种编程方法。这种方法通常要求在创建工件时，工件自身具有相应的轮廓线，或专门绘制符合机器人运动轨迹的轮廓线。

本节主要通过一个实例来介绍离线编程，包括创建工件、工件坐标、建模、选择自动路径、工具姿态调整及路径调试。

在机器人路径要求较高的场合中（如焊接、切割等），可以根据 3D 模型曲线特征自动转换成机器人的运动路径，下面就通过一个实例来介绍离线编程。

实例任务：机器人焊枪沿工件（名为热水器）的顶部边缘移动，创建图 7-28 所示的 IRB2400 机器人工作站。

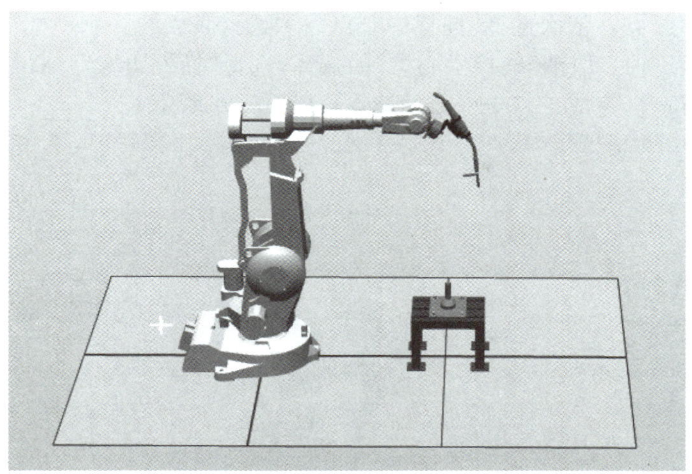

图 7-28　IRB2400 机器人工作站

7.3.1　工件

创建(或导入)一个工件,修改其名称为“热水器”,并设定其颜色,如图 7-29 所示。

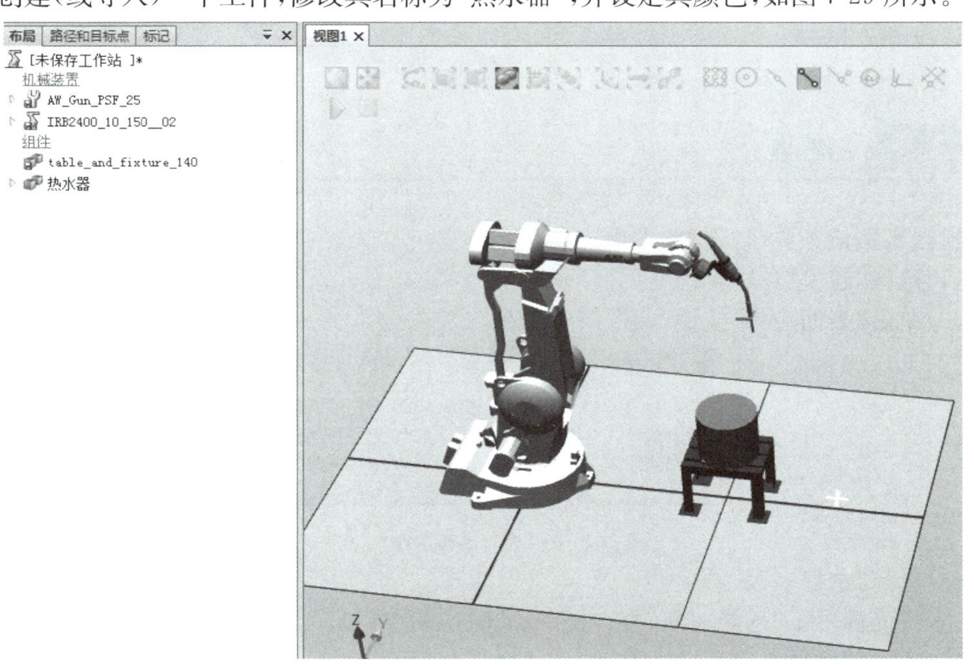

图 7-29　创建工件

7.3.2　创建工件坐标

由于工件顶面为圆形,因此将工件坐标原点建立在圆心位置。

(1)捕捉坐标原点。依次选择“捕捉中心点”→“选择表面”。

(2) 捕捉 X、Y 轴。取消“捕捉中心点”的选择,选择“捕捉边缘”,X 轴正向与 Y 轴正方向选择在合适的位置,完成工件坐标系的建立,如图 7-30 所示。

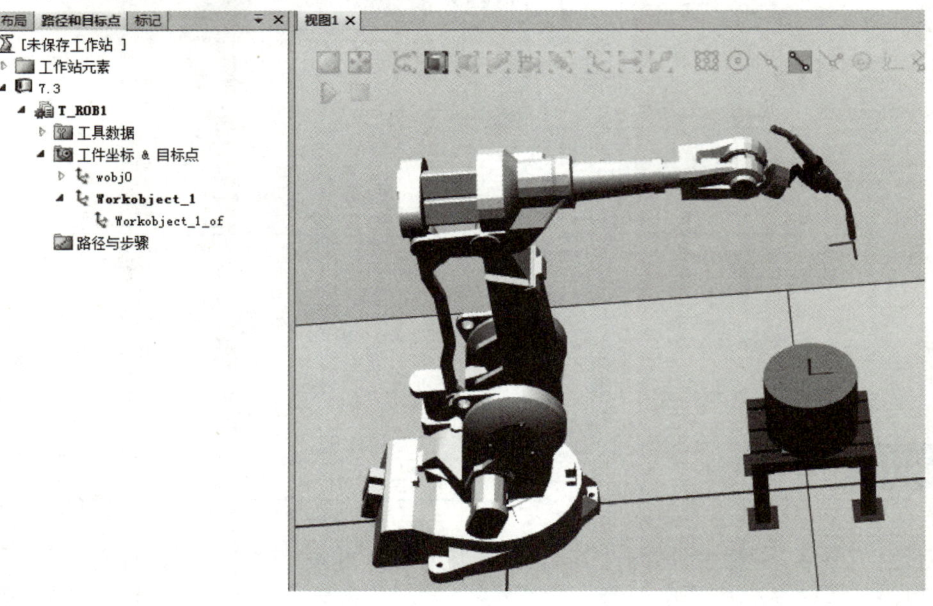

图 7-30 工件坐标系的建立

7.3.3 建模

根据实例任务要求,选择“表面边界”。

(1)选择“建模”选项卡。

(2)单击“表面边界”按钮,如图 7-31 所示。

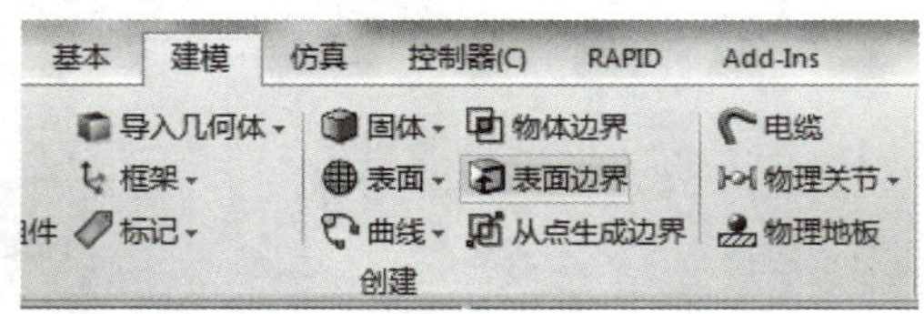

图 7-31 表面边界

(3)选择“选择表面”选项。

(4)将光标置于“选择表面”复合框中(此时也为空白)。

(5)单击圆柱体上表面,“选择表面”复合框自动填入值。

(6)单击“创建”按钮,如图 7-32 所示。

(7)在“布局”下方自动产生一个部件,重命名为“自定义路径”,如图 7-33 所示。

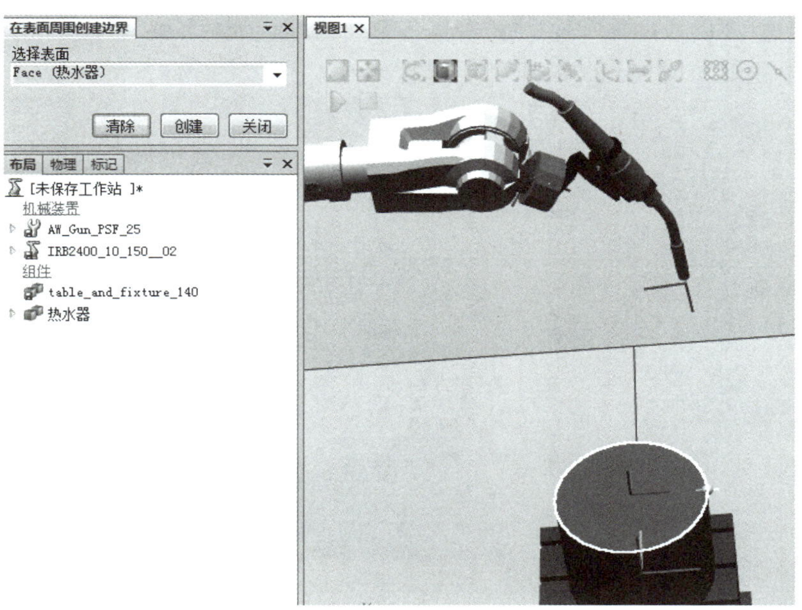

图 7-32　选择表面

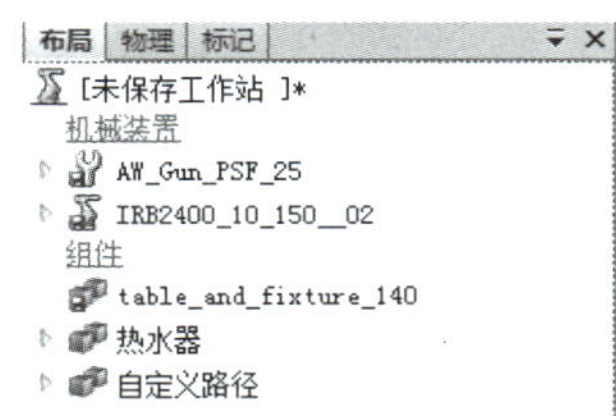

图 7-33　自定义路径

7.3.4 自动路径

（1）选择“基本”选项卡，依次选择“路径”→“自动路径”选项，如图 7-34 所示。

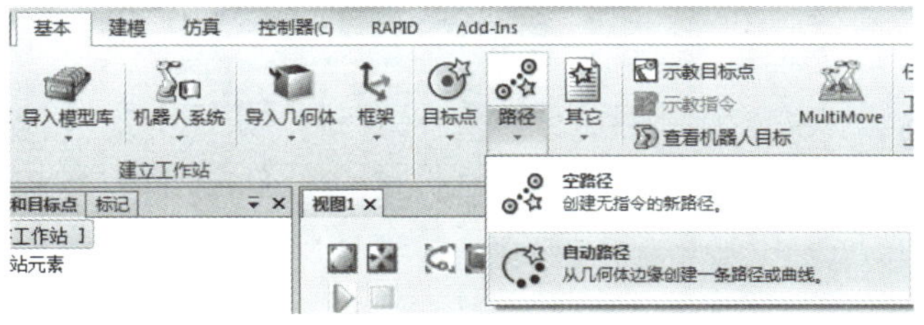

图 7-34　选择自动路径

（2）在捕捉工具栏中单击“曲线选择”选项图标，如图 7-35 所示。

图 7-35　曲线选择功能

(3)取消选中"曲线选择",选择"选择表面",将光标置于参照面,依次单击热水器的上表面、"创建"按钮和"关闭"按钮,如图 7-36 所示。

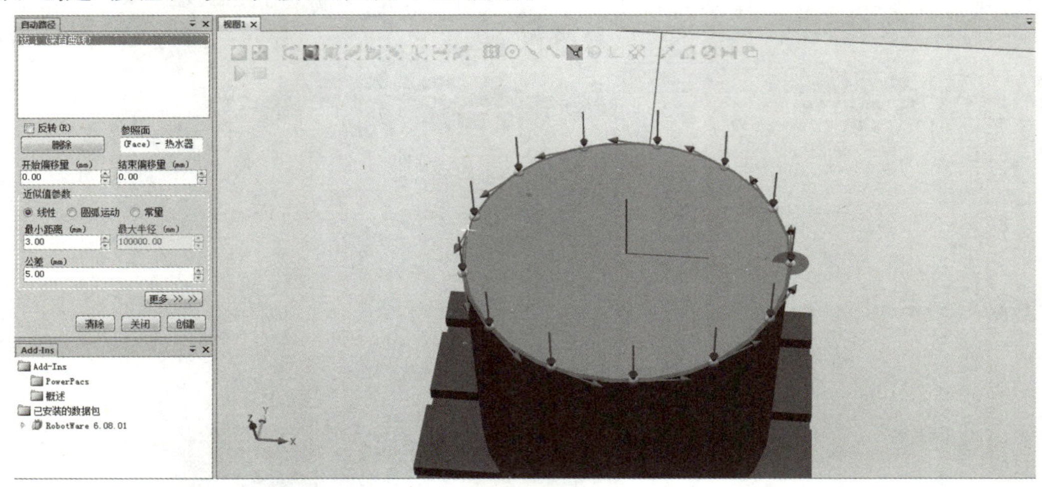

(a)

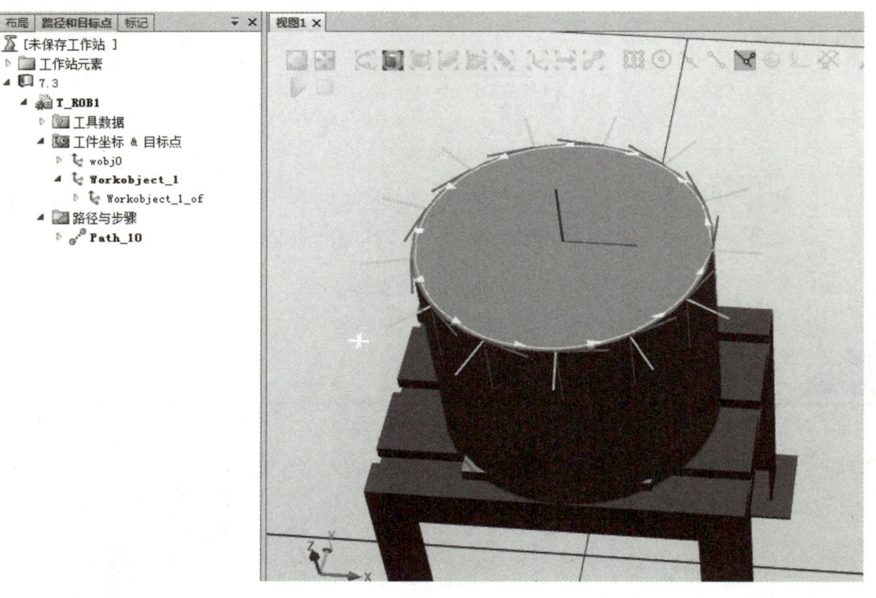

(b)

图 7-36 创建路径

7.3.5 工具姿态调整

在自动生成的路径中,可能存在一些机器人不能到达的姿态,必须对工具姿态进行调整。

(1)右击指令,在弹出的快捷菜单中选择"查看目标处工具"命令,显示当前工具姿态,如图 7-37 所示。

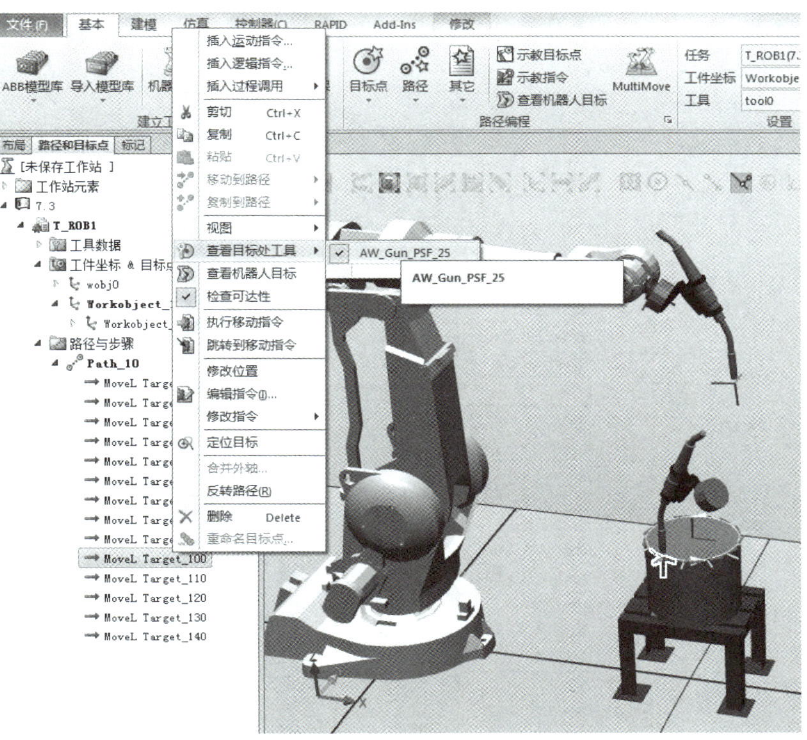

图 7-37　工具姿态 1

(2)在正视图中选择一个目标点(如 MoveLTarget_40),用键盘的上、下方向键移动(或鼠标)选择,查看目标处工具姿态,如图 7-38 所示。

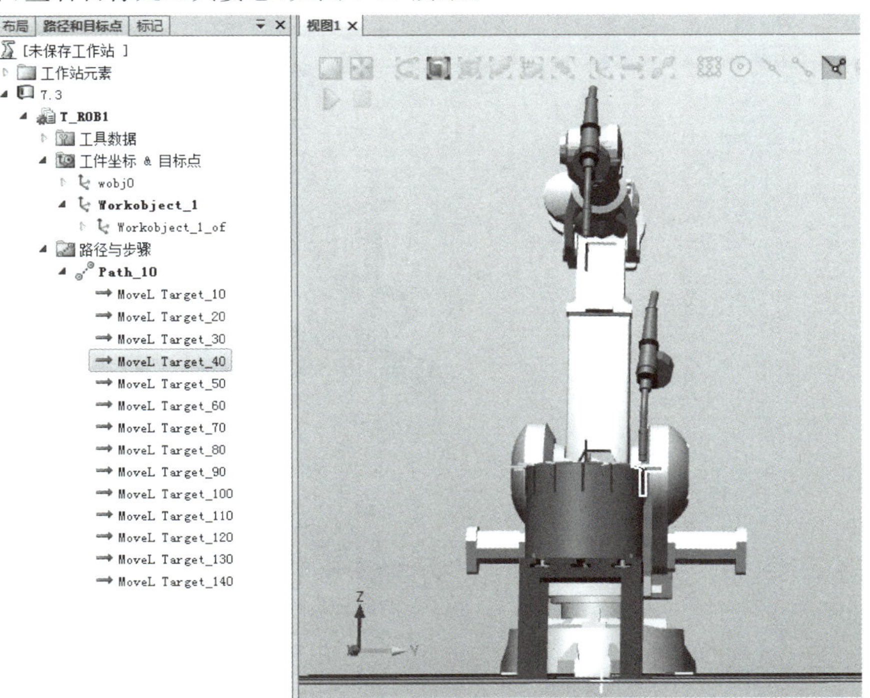

图 7-38　工具姿态 2

(3)复制图 7-38 中的工具方向。选择“Target_40”,单击“复制方向”按钮,如图 7-39 所示。

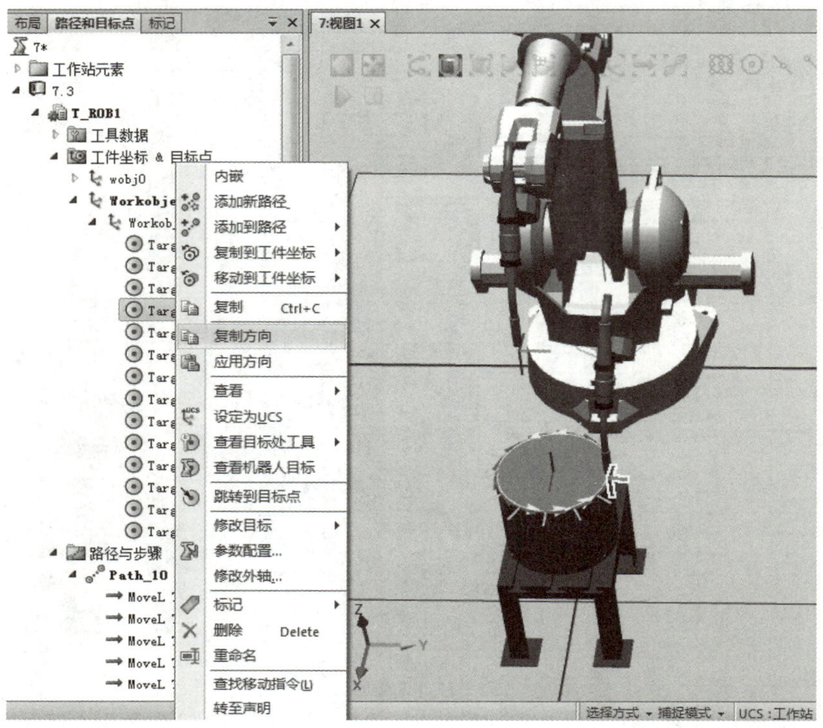

图 7-39 复制方向

(4)选中全部目标点,如图 7-40 所示。

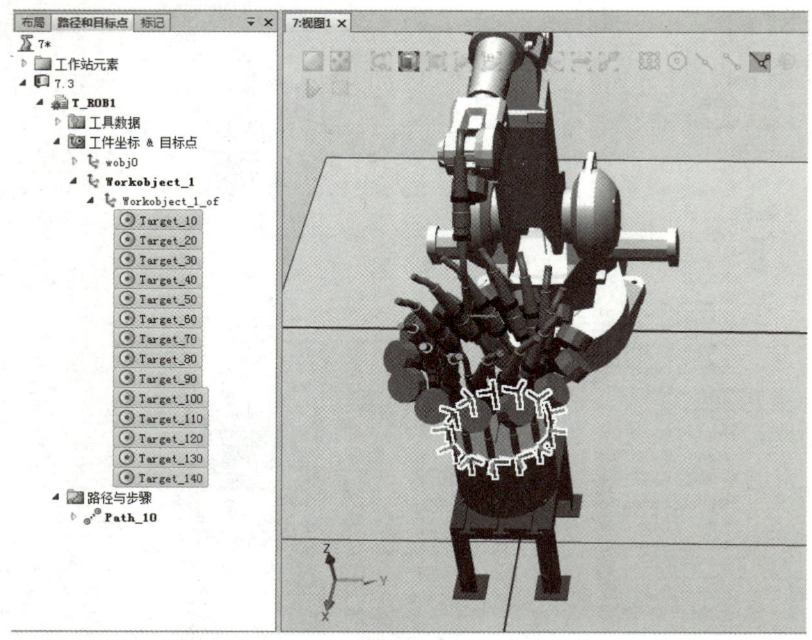

图 7-40 选中全部目标点

(5)单击“应用方向”按钮,如图 7-41 所示。

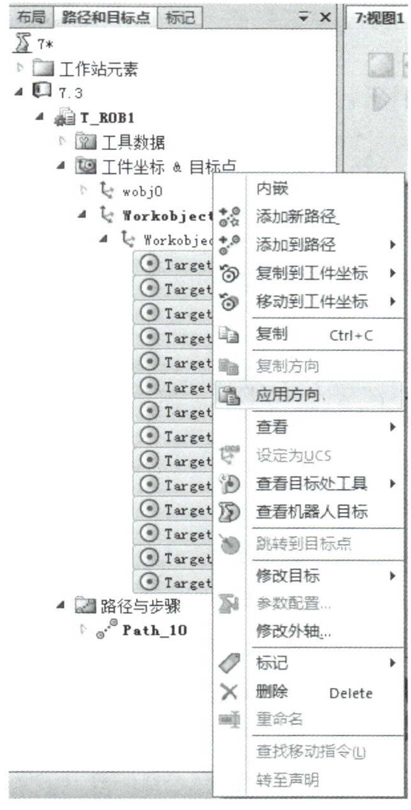

图 7-41　应用方向

(6)调整后的工具方向,如图 7-42 所示。

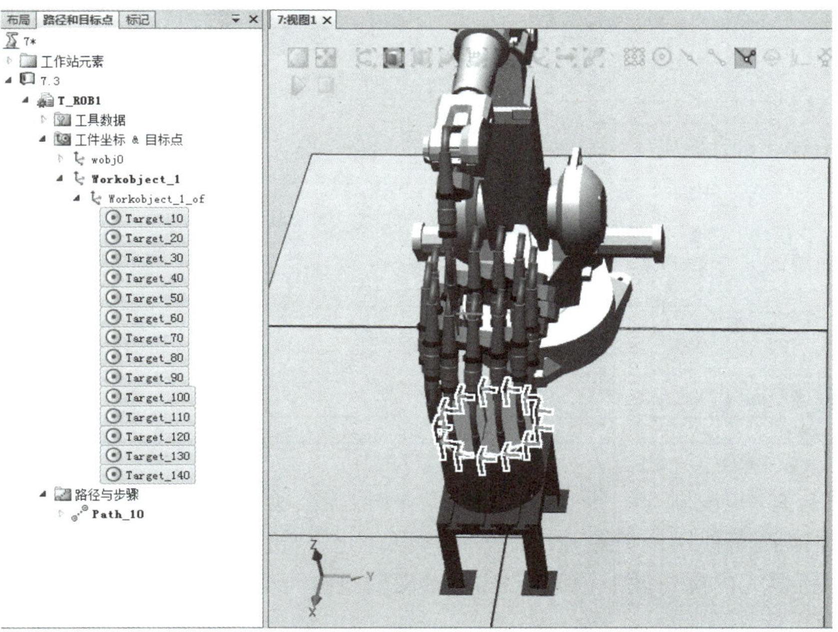

图 7-42　调整后的工具方向

在为目标点配置轴配置的过程中，若轨迹较长，可能会遇到相邻两个目标点之间轴配置变化过大，从而在轨迹运行过程中出现“机器人当前位置无法跳转到目标点位置，请检查轴配置”等问题。此时，可以通过以下几项措施着手进行更改。

①轨迹起始点尝试使用不同的轴配置参数，如有需要，可勾选“包含转数”之后再选择轴配置参数。

②尝试更改轨迹起始点位置。

③Sing Area、ConfL 等指令的运用。

7.3.6 路径调试

(1)路径配置，右击路径名称，在弹出的快捷菜单中依次选择“自动配置”→“所有移动指令”命令，如图 7-43 所示。

(2)到达能力检测。

(3)沿路径运动。

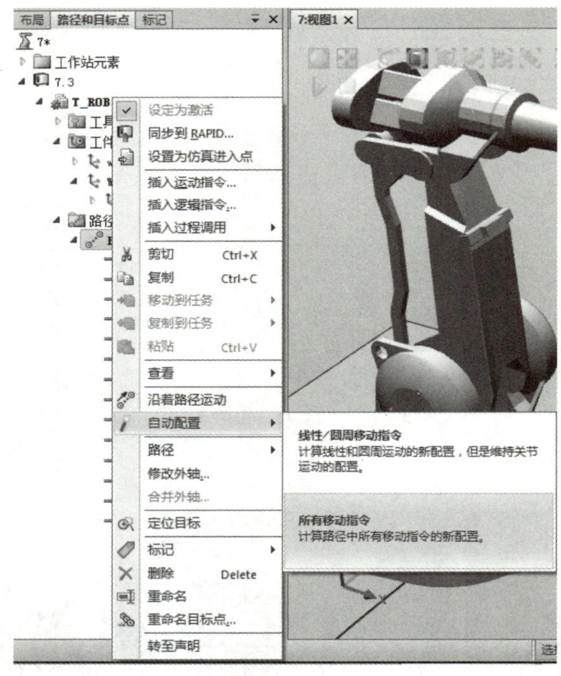

图 7-43 自动配置

7.3.7 辅助工具

在仿真过程中，规划好机器人运行轨迹后，一般需要验证当前机器人的轨迹是否会与周边设备发生干涉，可使用碰撞监控功能进行检测。此外，机器人执行完运动后，可通过 TCP 跟踪功能将机器人的运行轨迹记录下来，后续对轨迹进行分析，从而验证机器人轨迹是否满足需求。

1. 碰撞监控功能的使用

模拟仿真的一个重要任务是验证轨迹可行性，即验证机器人在运行过程中是否会与周边设备发生碰撞。此外，在轨迹应用过程中(如焊接、切割等)，机器人工具实体尖端与工件表面的距离需要保证在合理范围之内，既不能与工件发生碰撞，也不能距离过大，从而保证工艺需求。在 RobotStudio 软件的“仿真”选项卡中有专门用于检测碰撞的功能——碰撞监控。

碰撞集包含 ObjectA 和 ObjectB 两组对象。用户需要将检测的对象放入两组中，从而检测两组对象之间的碰撞。当 ObjectA 内任何对象与 ObjectB 内任何对象发生碰撞时，此碰撞将显示在图形视图里并记录在输出窗口内。可在工作站内设置多个碰撞集，但每一个碰撞集仅能包含两组对象。

(1)在布局窗口中单击需要检测的对象，不要松开，将其拖放到对应的组别，如图 7-44 所示。

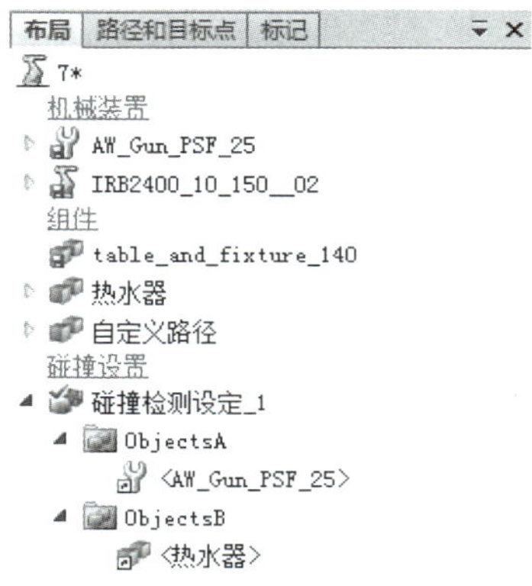

图 7-44　添加检测对象

(2)右击“碰撞检测设定 1”，在弹出的快捷菜单中选择“修改碰撞监控”命令，如图 7-45 所示。

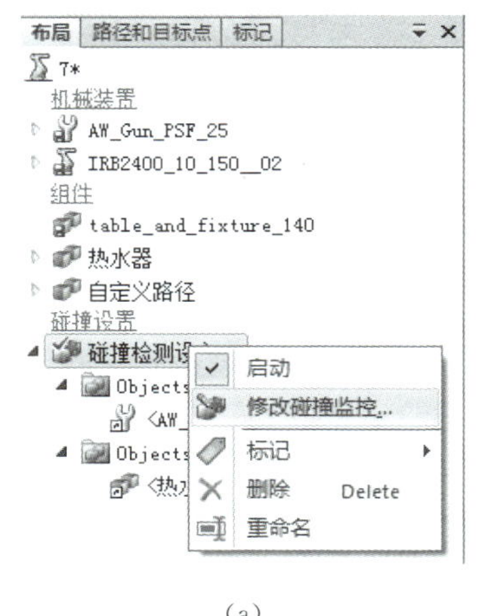

(a)

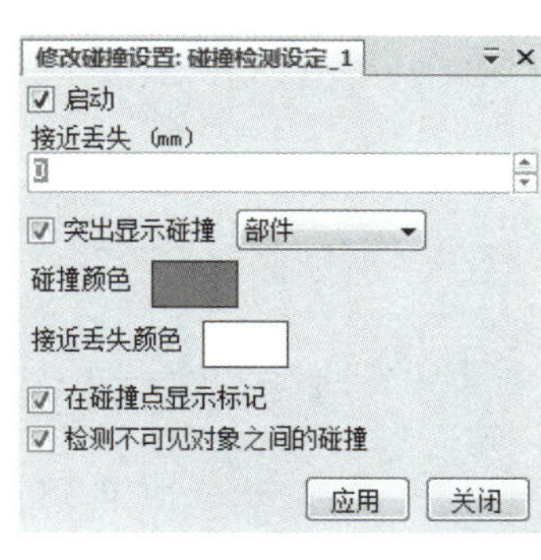

(b)

图 7-45　修改碰撞监控

接近丢失：选择的两组对象之间的距离小于该数值时，则有颜色提示。

碰撞：选择的两组对象之间发生了碰撞，则显示颜色。

此处，设置“碰撞颜色”为红色，不设定接近丢失数值，通过手动拖动机器人工具与工件发生碰撞，观察碰撞监控效果，如图 7-46 所示。

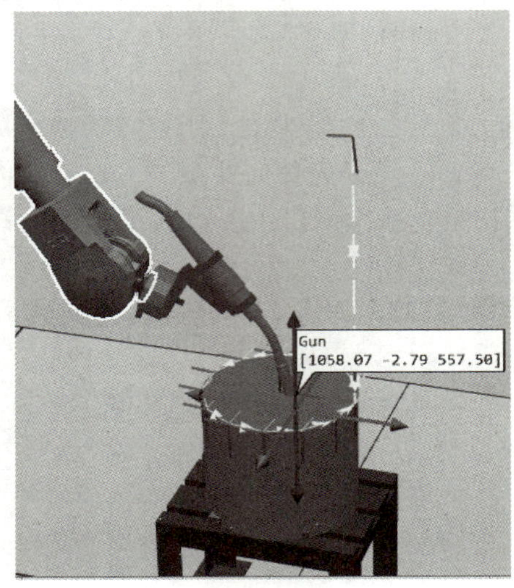

图 7-46　碰撞监控效果

2. TCP 跟踪功能的使用

在机器人运行过程中，可监控 TCP 的运动轨迹及运动速度，以便分析时使用。在“仿真”选项卡中单击“TCP 跟踪”按钮，勾选“启用 TCP 跟踪”复选框，设置跟踪轨迹颜色为黄色，如图 7-47 所示。

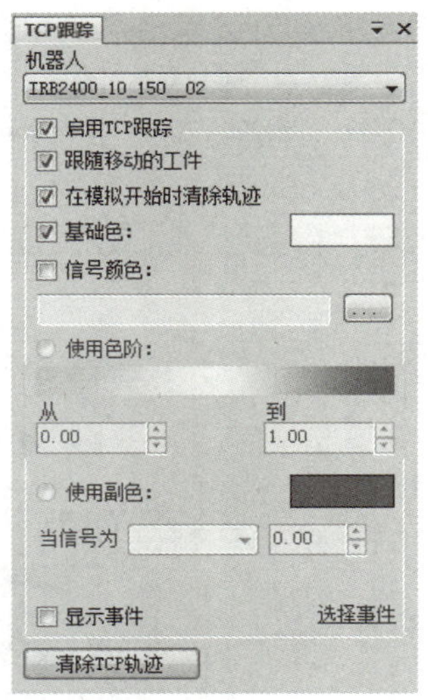

图 7-47　仿真监控设置

“仿真监控”选项卡说明见表 7-15 。

表 7-15　　“仿真监控”选项卡说明

选项	说明
启用 TCP 跟踪	选中此复选框可对选定机器人的 TCP 路径启动跟踪 （注意：为使 TCP 跟踪正常进行，确保工作对象及本程序所用工具均同步至工作站）
跟随移动的工件	选中此复选框可激活对移动工件的跟踪
在模拟开始时清除轨迹	选中此复选框可在仿真开始时清除当前踪迹
基础色	单击后面颜色选择框可以在此设置跟踪的颜色
信号颜色	选中此复选框可对所选型号的 TCP 路径分配特定颜色。设置时可单击其后省略号复选框进行相应信号选择
使用色阶	选中此单选按钮可定义跟踪上色的方式。当信号在“从”和“到”框中定义的值之间变化时，跟踪的颜色根据色阶变化
使用副色	可以指定当信号值达到指定条件时跟踪显示的颜色
显示事件	选中此复选框以沿着跟踪路线查看事件
清除 TCP 踪迹	单击此按钮可从图形窗口中删除当前跟踪

为了便于观察以后记录的 TCP 轨迹，此处先将工作站中的路径和目标点隐藏，在“仿真”选项卡中单击“播放”按钮。若要清除记录的轨迹，可在“仿真监控”对话框中将其清除。

练习与作业

一、焊接机器人的手动编程

创建一个焊接机器人工作站，安装焊枪，创建一个长度为 500 mm 、宽度为 200 mm、高度为 100 mm 的长方形盒子，并在“盒子”左上角创建一个工件坐标，机器人焊枪绕正方体盒子的上方边缘一周之后，再回到待机位置，如图 7-48 所示。

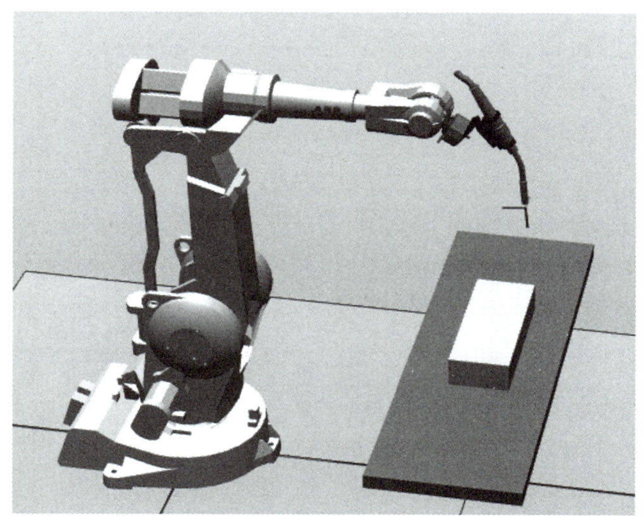

图 7-48　焊接机器人的手动编程

二、焊接机器人的离线编程

参照手动编程的任务完成报告，通过离线编程的方法，创建一个焊接机器人工作站，安装焊枪，创建一个长度为 500 mm，宽度为 200 mm，高度为 200 mm 的长方形盒子，并在"盒子"左上角创建一个工件坐标，机器人焊枪绕正方体盒子的上方边缘一周之后，再回到待机位置，并使用碰撞监控及 TCP 轨迹跟踪功能，如图 7-49 所示。

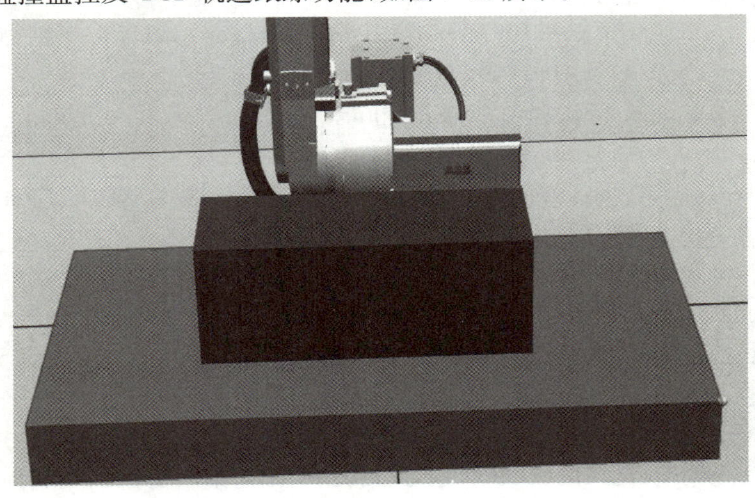

图 7-49 焊接机器人离线编程

第 8 章

工业机器人控制器连接及在线功能

本章主要介绍了工业机器人控制器连接的方法、步骤，以及在线功能的使用和特点。内容首先涵盖了控制器连接的基础理论，包括连接的基本概念、必要的硬件和软件要求，以及建立连接的一般流程。接着，详细讲解了在线功能的各个方面，如使用场景、配置方法、优势及潜在问题。最后，通过实际案例，展示了如何为工业机器人工作站配置在线功能，如在线仿真、在线优化等，以帮助学生深入理解并掌握这些知识和技能。

本章重点：

1. 控制器连接方法：本章重点介绍了工业机器人控制器与工作站、计算机或其他设备连接的具体方法和步骤，包括硬件接口的选择、连接线的布置、软件设置等。

2. 在线功能特点：详细阐述了在线功能的概念、特点及其在工业机器人操作中的重要作用，包括在线仿真、在线编程、在线优化等，使学生能够深入理解在线功能的应用场景和优势。

3. 配置实践：通过实际案例，展示了如何为工业机器人工作站配置在线功能，包括如何设置参数、选择适当的配置选项，以及进行必要的测试等，使学生或读者能够掌握配置在线功能的实际操作技能。

本章难点：

1. 连接故障排查：在连接工业机器人控制器时，可能会遇到各种故障，如硬件接口不匹配、软件设置错误等。本章难点之一在于如何有效排查和解决这些连接故障。

2. 在线功能配置复杂性：在线功能配置通常涉及多个参数和选项的设置，这些参数和选项可能相互关联、相互影响。因此，如何正确配置这些参数和选项，以确保在线功能的正常运行，是本章的另一个难点。

3. 实践操作技能：本章提供了实际案例来演示如何配置在线功能，但要将这些理论知识转化为实践操作技能，还需要学生进行大量的练习和实践。因此，如何有效提升学生的实践操作技能，是本章需要解决的一个难点。

8.1 PC 连接控制器

8.1.1 连接端口

通过 RobotStudio 软件与工业机器人连接，可利用 RobotStudio 软件的在线功能对机器人进行监控、设置、编程与管理。计算机以物理方式连接控制器有两种方法：连到服务端口或连接工厂的网络端口。服务端口旨在供维修工程师以及程序员直接使用计算机连接控制器。服务端口配置了一个固定 IP 地址，该地址在所有的控制器上都是相同的，且不可修改，另外还有一个 DHCP 服务器自动分配 IP 地址给连接的计算机。工厂的网络端口用于将控制器连接网络。网络设置可以使用任何 IP 地址配置，通常是由网络管理员提供的。

使用机器人通信运行时，连接的网络客户端的最大数目如下：

(1)LAN 端口：3。

(2)Service 端口：1。

(3)FlexPendant：1。

使用工业机器人通信运行时，在连接一个控制器的同一计算机上运行的应用程序，其最大数目无内在限制，但 UAS 会将登录用户数目限制在 50，并行连接的 FTP 客户端最大数目为 4。

图 8-1 中显示了计算机 DSQC639 的两个主要端口：服务端口和 LAN 端口。其中，A 为计算机上的服务端口（通过一根线缆从前面连接控制器的服务端口），B 为计算机上的 LAN 端口（连接工厂网络）。LAN 端口是唯一连接控制器的公共网络端口，通常使用网络管理员提供的公用 IP 地址连接工厂网络。

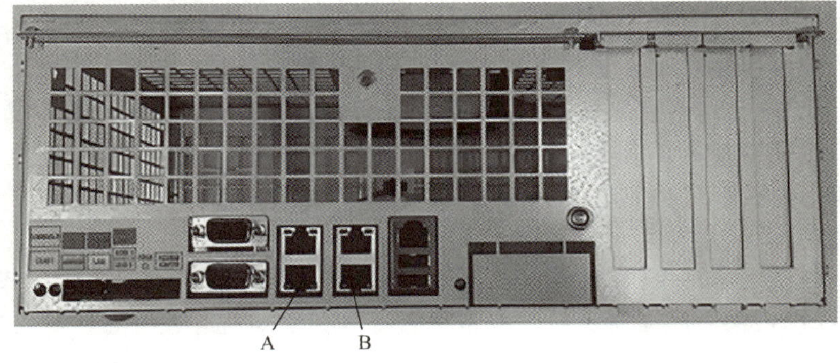

图 8-1 DSQC639 端口

图 8-2 中显示了计算机 DSQC1000 的两个主要端口：服务端口和 WAN 端口。其中，A 为计算机上的服务端口（通过一根线缆从前面连接控制器的服务端口），B 为计算机上的 WAN 端口（连接工厂网络）。WAN 端口是唯一连接控制器的公共网络接口，通常使用网络管理员提供的公用 IP 地址连接工厂网络。LAN1、LAN2 和 LAN3 只能配置为 IRC5 控制器的专属网络。

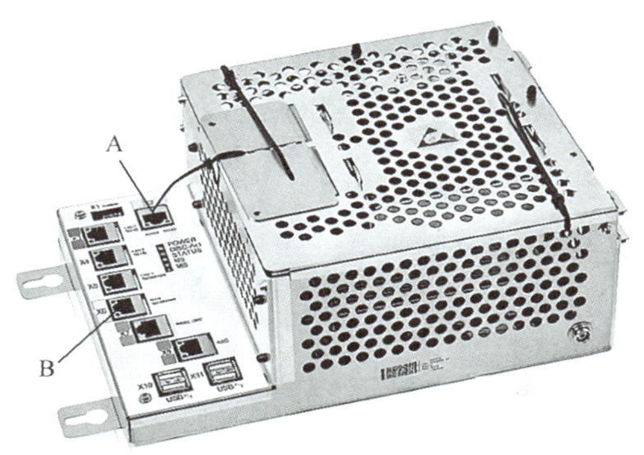

图 8-2　DSQC1000 端口

8.1.2 计算机与控制器的连接

计算机与控制器的连接一般是将网线一端连接计算机的网线端口，另一端与工业机器人的专用网线端口连接。

有两种方式可以与工业机器人控制器进行连接：

(1)一键连接：计算机 IP 地址设置为动态获取。网线一端连接计算机的网络端口；另一端连接控制器 Service 网络端口。

(2)用户自定义 IP 地址进行连接：网线一端连接计算机的网络端口；另一端连接控制器的网络端口。

注意：需要将工业机器人 IP 地址和计算机 IP 地址设置在同一网段内，并且工业机器人控制器要求具备 PC Interface 功能选项。

具体连接步骤如下：

(1)网线的一端连接计算机的网线端口，并设置成自动获取 IP 地址；网线的另一端连接控制器面板的网线端口，如图 8-3 所示。本控制器内部网线接口，如图 8-4 所示。老版本控制器内部网线接口，如图 8-5 所示。

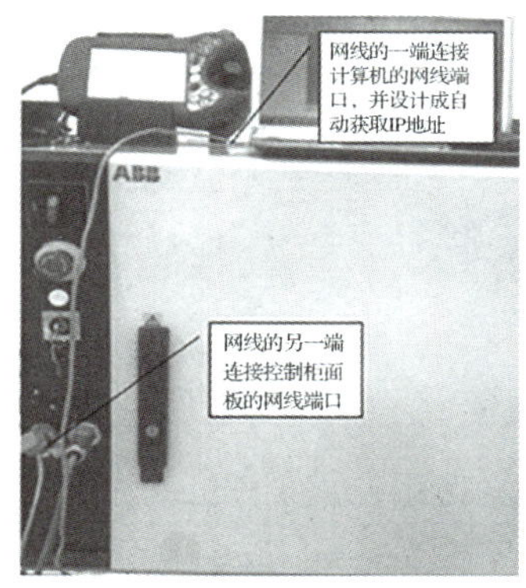

图 8-3　计算机与控制器的连接

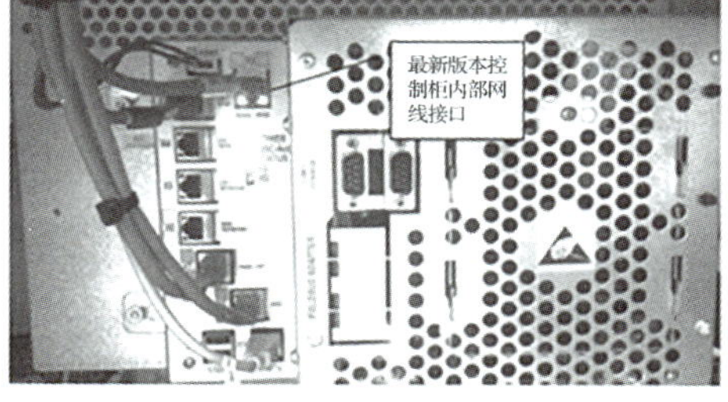

图 8-4　控制器内部网线接口

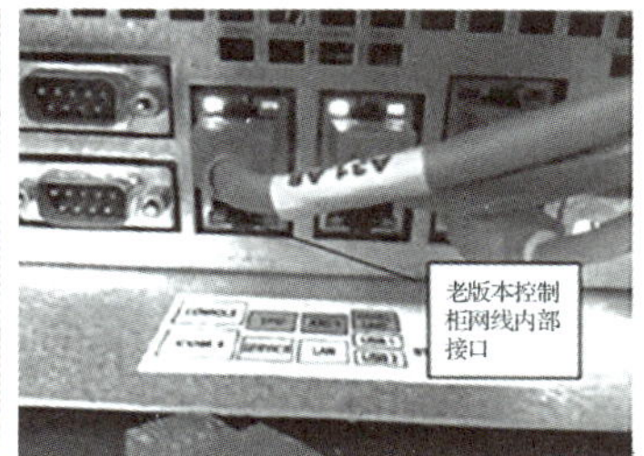

图 8-5　老版本控制器内部网线接口

(2)在“控制器”选项卡下单击“添加控制器”选项，选择“一键连接...”，如图 8-6 所示。

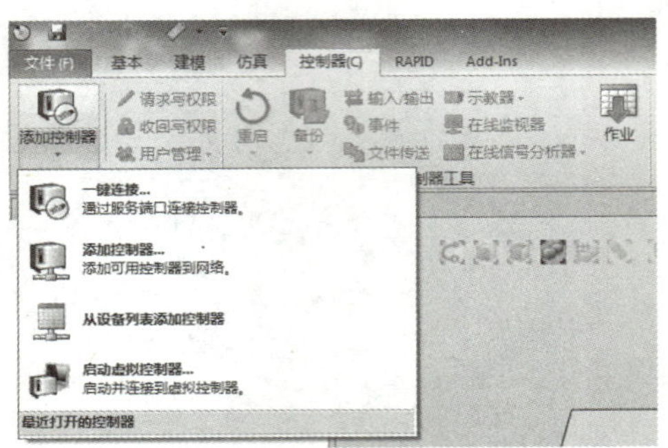

图 8-6 连接控制器

(3)单击“控制器”界面中的项目,查看所需要的资料,可查看当前连接控制器的状态,如图 8-7 所示。

图 8-7 控制器连接状态

8.2 网络设置与用户授权

8.2.1 网络设置

连接控制器的计算机网络设置必须在开始在线工作前完成。可以通过如下方式使用以太网将计算机连接至控制器:

(1)局域网(本地网络连接)。将计算机接入控制器所在的以太网中,当计算机和控制器正确连接至同一子网中,RobotStudio 软件会自动检测到控制器。计算机的网络设置取决于所连接网络的结构，需要网络管理员创建计算机网络连接。

(2)连接服务端口。当连接控制器服务端口时，可以选择“自动获取 IP 地址”或“指定固定 IP 地址”。当选择“自动获取 IP 地址”时，控制器服务端口的 DHCP 服务器会自动分配 IP 地址给计算机，详情参阅 Windows 帮助文档中关于配置 TCP/IP 的描述；当选择“指定固定 IP 地址”时，固定 IP 地址的使用见表 8-1。

表 8-1　　IP 地址

属性	值
IP 地址	192.168.125.2
子网掩码	255.255.255.0

注意：

如果计算机上的 IP 地址是由之前连接的其他控制器或以太网设备获取到的，自动获取 IP 地址可能会失败。如果计算机之前曾连接其他以太网设备上，为保证获取正确的 IP 地址，可执行下列步骤之一：①在连接控制器之前重启计算机；②在将计算机连接至控制器后，运行命令 ipconfig/renew。

(3)远程网络连接。以确保控制器远程连接正常，相关的网络流量必须被允许通过计算机和控制器防火墙。防火墙设置必须允许以下由计算机到控制器的 TCP/IP 流量：

①UDP port 5514 (unicast)。

②TCP port 5515。

③Passive FTP。

所有的 TCP 和 UDP 连接远程控制器均由计算机开始，也就是控制器仅对所给的源端口和地址做出反应。

(4)防火墙设置。不论是连接至真实控制器还是虚拟控制器，防火墙设置都将适用。防火墙的设置见表 8-2。

表 8-2　　防火墙的设置

名称	操作	方向	协议	远程地址	本地服务	远程服务	应用
RobNetscanHost	允许	出	UDP/IP	任何	任何	5512,5514	robnetscanhost.exe
IRS5Controller	允许	入	UDP/IP	任何	5513	任何	robnetscanhost.exe
RobComCtrlServer	允许	出	TCP/IP	任何	任何	5515	robcomctrlserver.exe
RobotFTP	允许	出	TCP/IP	任何	任何	FTP(21)	任何

表 8-3 为 RobotWare 集成图像选项的必要防火墙配置。

表 8-3　　防火墙配置

名称	操作	方向	协议	远程地址	本地服务	远程服务	应用
Telnet	允许	出	TCP/IP	任何	任何	23	RobotStudio.exe
可见协议	允许	出	TCP/IP	任何	任何	1069	RobotStudio.exe
可见搜索	允许	输入/输出	UDP/IP	任何	1069	1069	RobotStudio.exe
升级端口(仅计算机)	允许	出	TCP/IP	任何	任何	1212	RobotStudio.exe
数据信道	允许	出	TCP/IP	任何	任何	50000	RobotStudio.exe

注意：

RobotStudio 软件使用当前的互联网选项设置、HTTP 设置和代理设置来获取最新的 RobotStudio 软件新闻。要查看最近的 RobotStudio 软件新闻，可依次单击“文件”→“帮助”选项。

(5)连接控制器。首先确保计算机正确连接控制器的服务端口，且控制器正在运行。在“File”(文件)选项卡中，单击“Online”(在线)，然后选择“One Click Connect”(单击连接)。之后依次单击“控制器”→“添加控制器”→“请求写权限”选项，控制器模式见表 8-4。

表 8-4　　控制器模式

控制器模式	说明
自动	若当前可用，即可得到写权限
手动	通过 FlexPendant 上的一个消息框，可以用 RobotStudio 软件以远程写访问权限

8.2.2 用户授权

控制器用户授权系统(UAS)规定了不同用户对工业机器人的操作权限。该系统能避免控制器功能和数据的未授权使用。用户授权由控制器管理，这意味着无论运行哪个系统，控制器都可保留 UAS 设置。这也意味着 UAS 设置可应用于所有与控制器通信的工具，如 RobotStudio 或 FlexPendant。UAS 设置可定义访问控制器的用户和组，以及它们授予访问的动作。

UAS 用户是人员登录控制器所使用的账号，此外，可将这些用户添加到授权它们访问的组中。每个用户都有用户名和密码，要登录控制器，每个用户均需要输入已定义的用户名和正确的密码。在用户授权系统中，用户可以是激活或锁定状态。若用户账号被锁定，则用户不能使用该账号登录控制器。UAS 管理员可以设置用户状态为激活或锁定。所有控制器都有一个默认的用户名 Default User 和一个公开的密码 robotics，Default User 无法被删除，且该密码无法更改。但拥有管理 UAS 设置权限的管理员可修改控制器授权和 Default User 的应用程序授权。

在用户授权系统中，根据不同的用户权限可以定义一系列登录控制器用户组。

可以根据用户组权限的定义，向用户组中添加新的用户。比较好的做法是，根据不同工作人员对工业机器人的不同操作情况进行分组。例如，可以创建管理员用户组、程序员用户组和操作员用户组。所有的控制器都会定义默认用户组，该组用户拥有所有的权限。该用户组不可以被移除，但拥有管理用户授权系统的用户可以对默认用户组进行修改。

修改默认的用户组人员会带来风险。如果错误地清空了默认用户复选框或任何默认组权限，系统将会提示警告信息。应确保至少一位用户被定义为拥有管理用户授权系统设置权限。如果默认用户组或其他任何用户组都没有该权限，将不能管理和控制用户和用户组。

权限是对用户可执行的操作和可获得数据的许可。可以定义拥有不同权限的用户组，然后向相应的用户组内添加用户账号。权限可以是控制器权限或应用程序权限。根据要执行的操作，可能需要多个权限。控制器权限对工业机器人控制器有效，并适用于所有访问控制器的工具和设备。针对某个特殊应用程序(例如 FlexPendant)可以定义应用程序权限，仅在使用该应用程序时有效。应用程序权限可以使用插件添加，也可以针对用户定义的应用程序进行定义。

RobotStudio 软件通常用作控制器的远程客户端，连接控制器上的 FlexPendant 连接器的设备用作本地客户端。与本地客户端相比，当控制器处于手动模式时，远程客户端的权限受限。例如，远程客户端不能启动程序执行或设置程序指针。

RobotStudio 软件可以用作本地客户端，从而在手动模式中可以完全访问控制器功能而没有限制。当在“Add controller”（添加控制器）对话框中或在“Login”（登录）对话框中选中“local client”（本地客户端）复选框时，可以通过按安全设备（例如 FlexPendant、JSHD4 或 T10）上的使动开关获得本地客户端权限。

误操作可能引起机器人系统的错乱，从而影响工业机器人的正常运行。因此有必要为不同用户设定不同的操作权限。为一台新的工业机器人设定用户操作权限的操作步骤如下：

(1)添加一个管理员操作权限。

(2)设定所需要的用户操作权限。

(3)更改 Default User 的用户组。

下面为不同权限设定的具体操作步骤：

1. 管理员操作权限设定

为示教器添加一个管理员操作权限的目的是为系统多创建一个具有所有权限的用户，为意外权限丢失时多一层保障。

(1)获取工业机器人的写操作权限，在“控制器”选项卡中单击“请求写权限”选项，如图 8-8 所示。

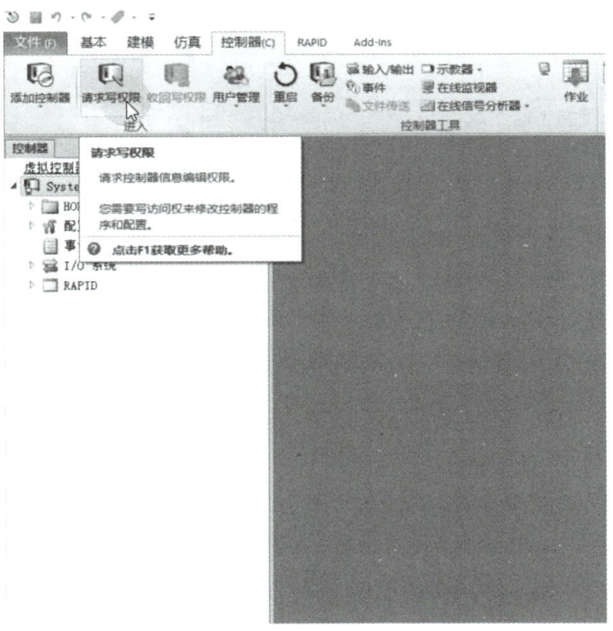

图 8-8　请求写权限

（2）在示教器上选择“同意”后单击“撤回”按钮，收回其权限，如图 8-9 所示。

（3）在“控制器”选项卡中单击“用户管理”选项，选择“编辑用户账户”选项，如图 8-10 所示。

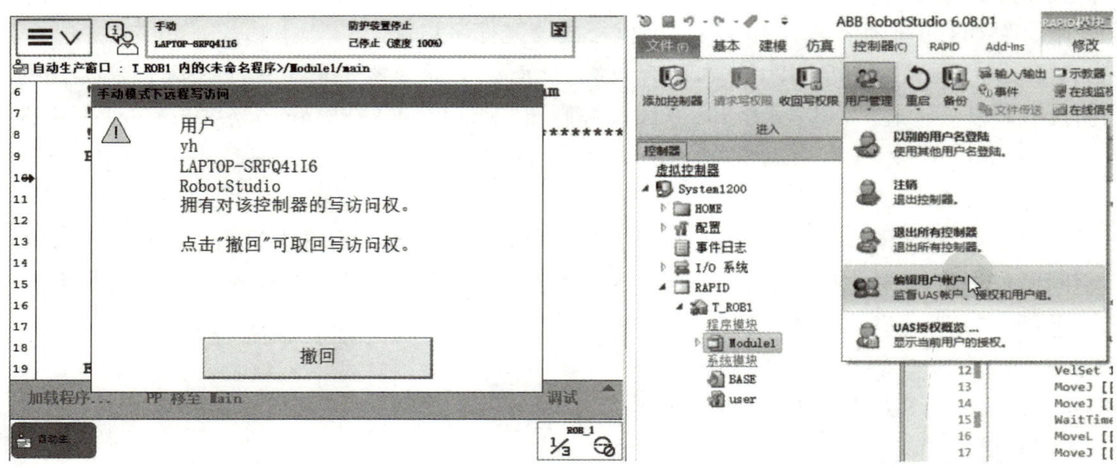

图 8-9 收回写权限　　　　图 8-10 用户管理

（4）单击“组”选项卡，单击“Administrator”选项，可以看到 Administrator 组的权限，勾选“完全访问权限”复选框，说明拥有了全部的权限，如图 8-11 所示。

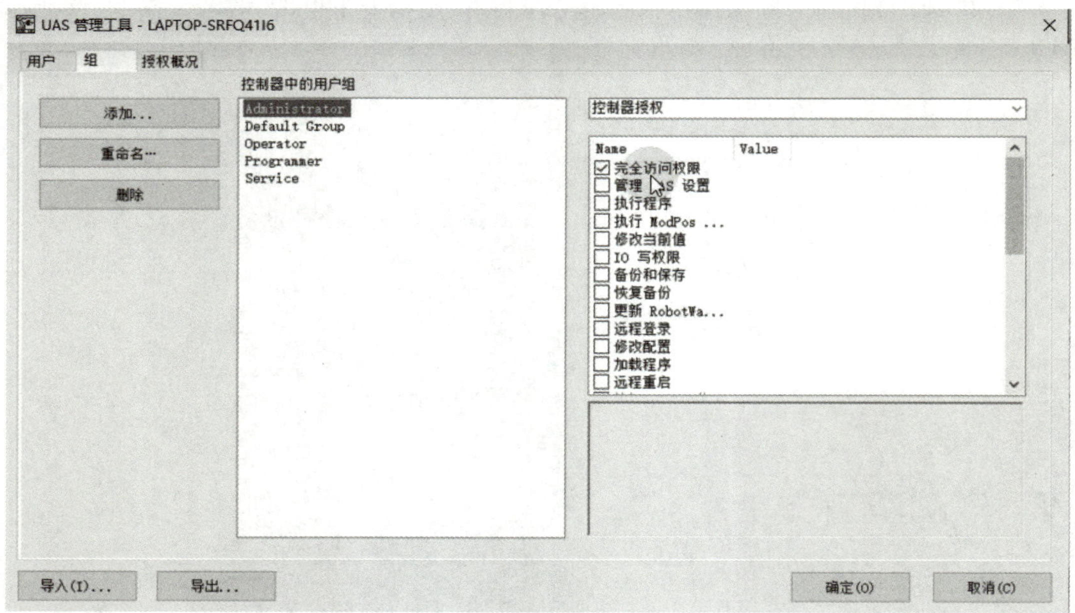

图 8-11 Administrator 访问权限

(5)单击“用户”选项卡,单击“添加...”按钮,如图 8-12 所示。

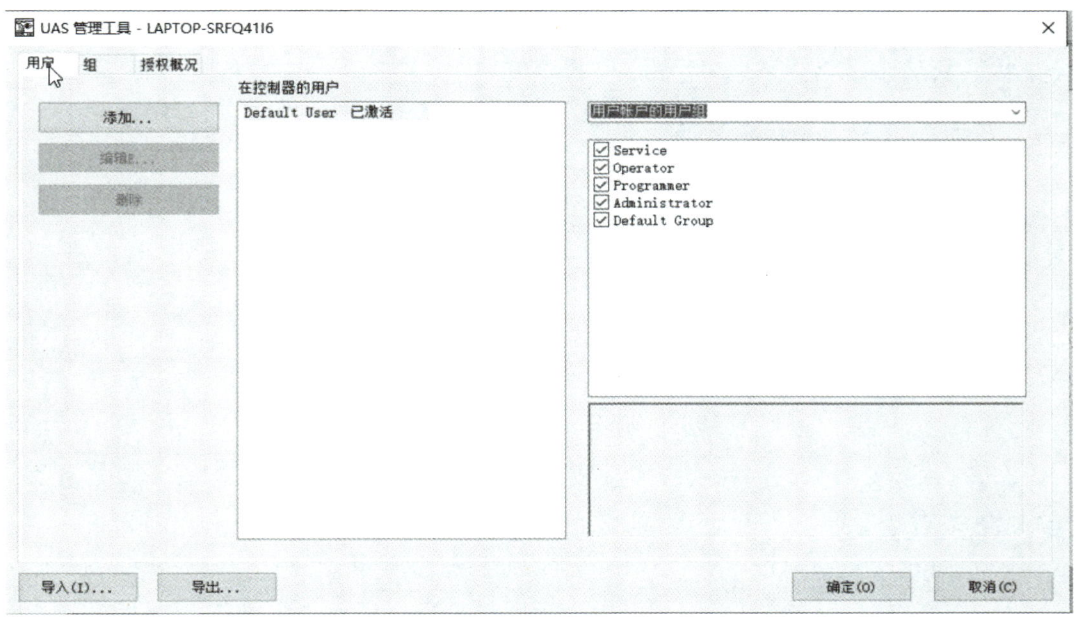

图 8-12　添加用户

(6)添加一个用户。“用户名”为“abbadmin”,“密码”为“123456”,设定完成后,单击“确定”按钮,如图 8-13 所示。

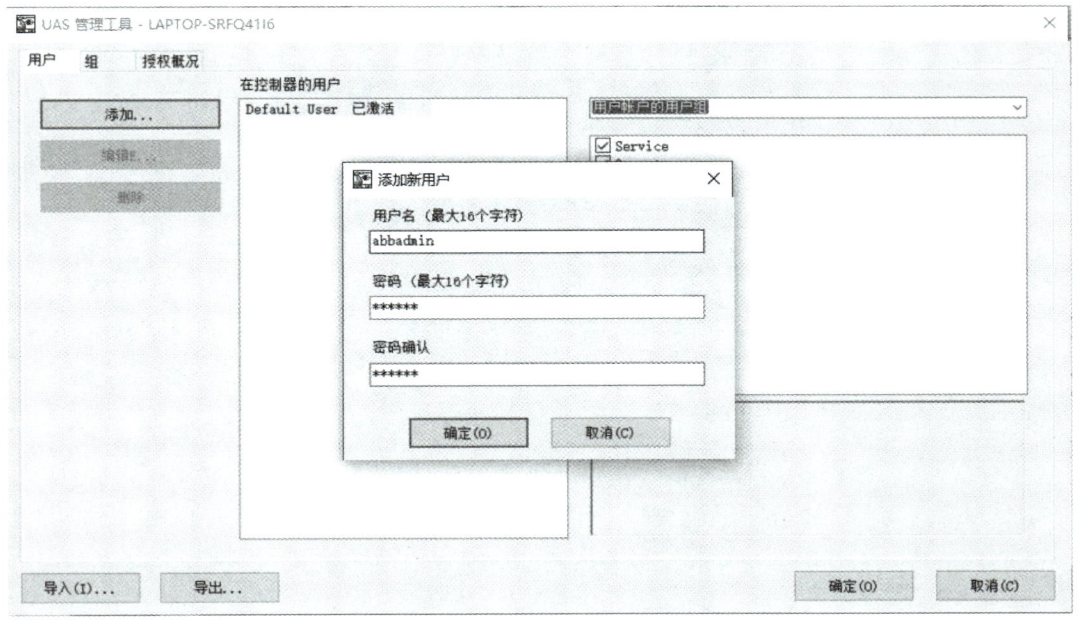

图 8-13　添加 abbadmin 用户

(7)单击“abbadmin”选项，勾选所有的用户组，将 abbadmin 授予所有用户组权限，单击“确定”按钮，如图 8-14 所示。

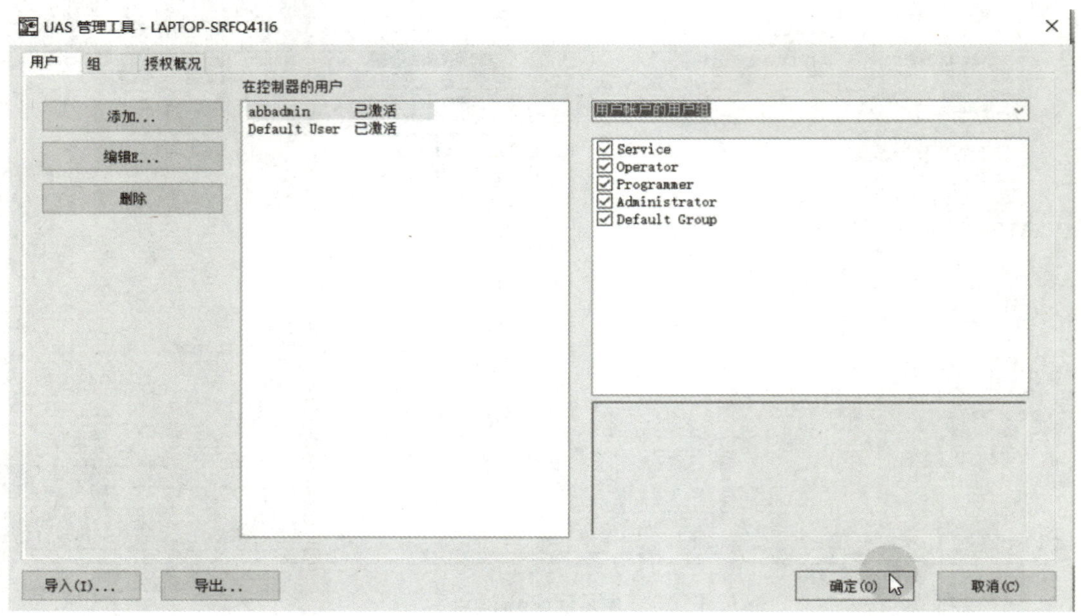

图 8-14 授予 abbadmin 权限

(8)在“控制器”选项卡中单击“重启”选项，选择“重启动(热启动)”，如图 8-15 所示。

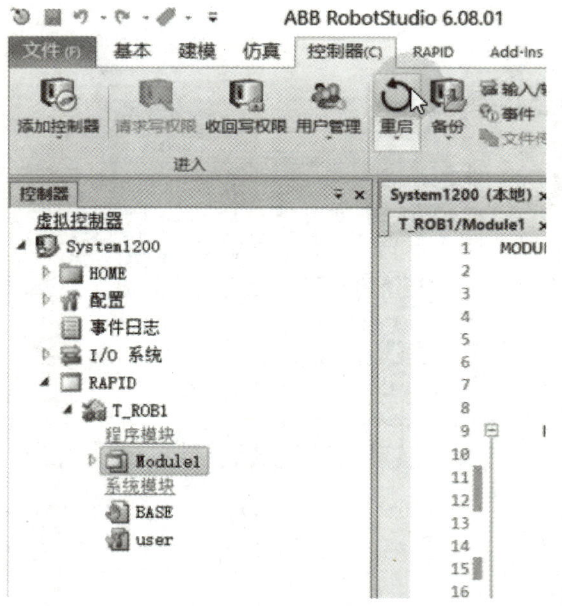

图 8-15 重启动(热启动)

（9）打开 ABB 菜单，单击“注销 Default User”选项，如图 8-16 所示。

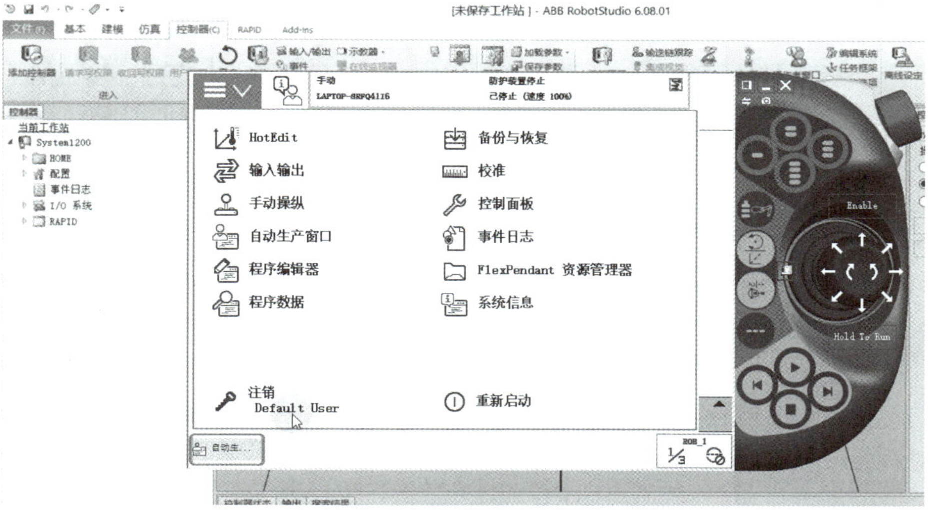

图 8-16　注销 Default User 用户

（10）提示“确定要注销？”，单击“是”按钮，如图 8-17 所示。

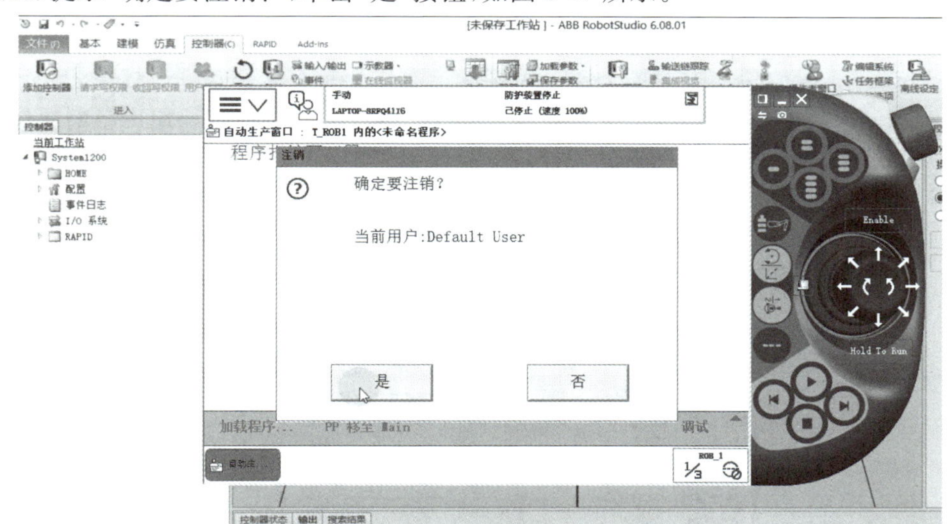

图 8-17　执行注销 Default User 用户

（11）将“用户”选为“abbadmin”，“密码”为“123456”，然后单击 “登录”按钮，如图 8-18 所示。

2. 用户操作权限设定

用户可以根据需要，设定用户组和用户，以满足管理的需要。具体的步骤如下：

（1）创建新用户组。

（2）设定新用户组的权限。

（3）创建新的用户。

（4）将用户归类到对应的用户组。

（5）重启系统，测试权限是否正常。

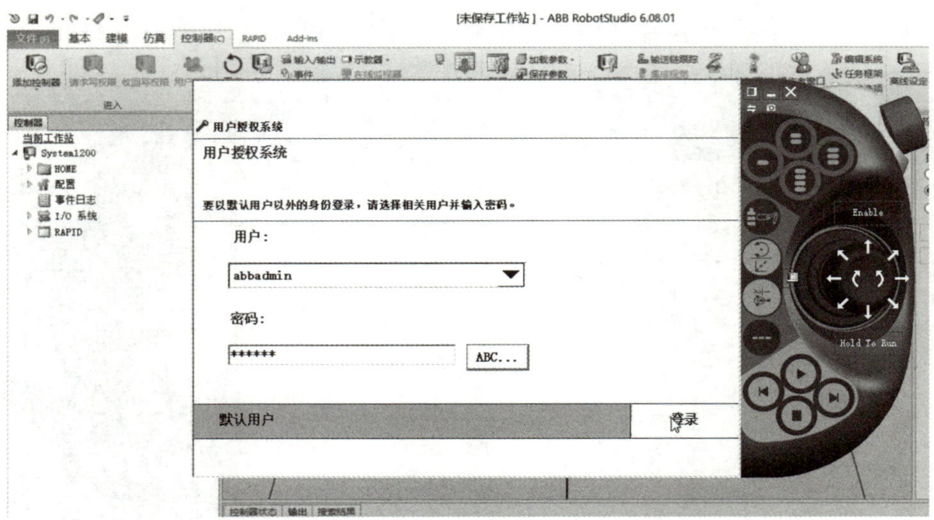

图 8-18　登录 abbadmin 用户

3. 更改 Default User 的用户组

在默认的情况下，用户 Default User 拥有示教器的全部权限。工业机器人通电后，都是以用户 Default User 自动登录示教器的操作界面，所以有必要将 Default User 的权限取消。在取消 Default User 的权限之前，要确认系统中已有一个具有全部管理员权限的用户，否则有可能造成示教器的权限被锁死，无法做任何操作。更改 Default User 用户组的操作如下：

（1）建立计算机与工业机器人的连接，在“控制器”选项卡中单击“用户管理”选项，选择“编辑用户账户”选项，如图 8-19 所示。

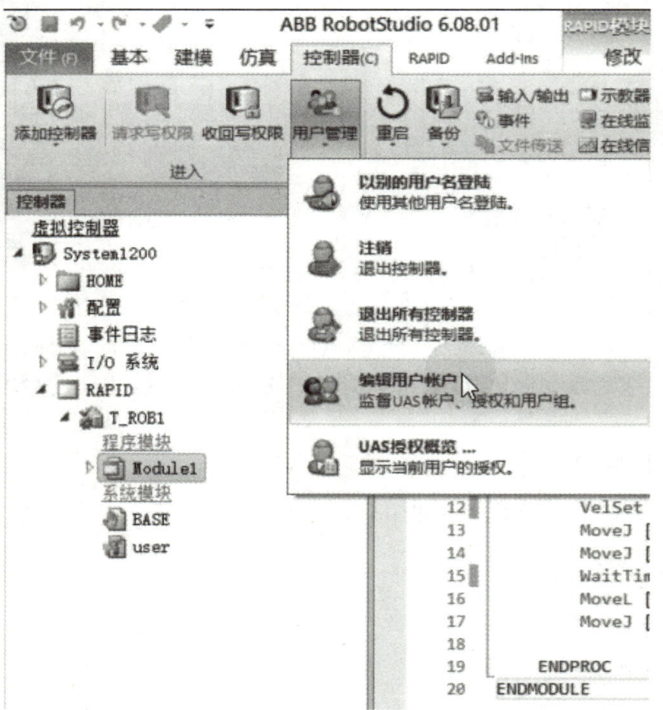

图 8-19　编辑用户账户

(2)在"用户"选项卡中选择"Default User"选项,勾选"Operator"用户组复选框,如图 8-20 所示。

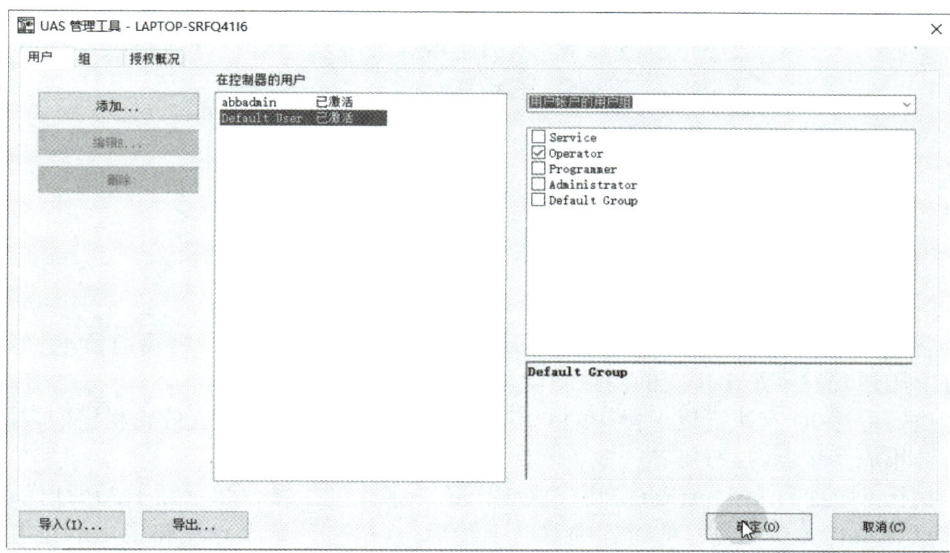

图 8-20　编辑 Default User

(3)再次确认"abbadmin"已勾选"Administrator",单击"确定"按钮,如图 8-21 所示。

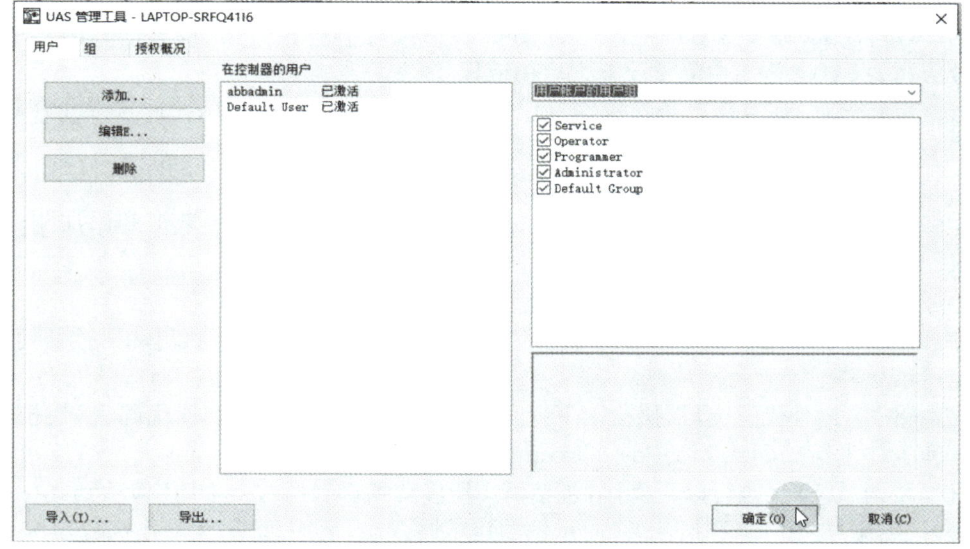

图 8-21　确认选择情况

(4)在"控制器"选项卡中单击"重启"选项,选择"重启动(热启动)"选项,如图 8-22 所示。

完成热启动后,在示教器上进行用户的登录测试,如果一切正常,就完成设定了。用户权限的说明如下(以 RobotStudio6.05 为例,不同版本可能会有所不同):

①完全访问权限:该权限包含了所有控制器权限,也包含将来 RobotWare 版本添加的权限。不包含应用程序权限和安全配置权限。

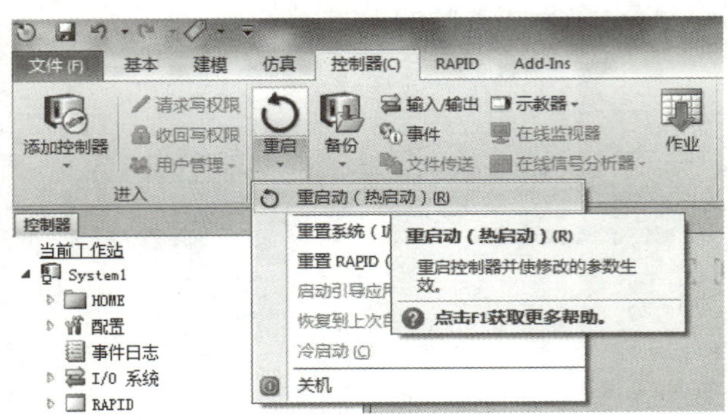

图 8-22 热重启

②管理 UAS 设置:该权限可以读/写用户授权系统的配置文件,即可以读取、添加、删除和修改用户授权系统中定义的用户和用户组。

③执行程序:拥有执行以下操作的权限,包括开始/停止程序(拥有停止程序的权限)、将程序指针指向主程序、执行服务程序。

④执行 ModPos 和 HotEdit:拥有执行以下的权限,包括修改和示教 RAPID 代码中的位置信息(ModPos)、在执行的过程中修改 RAPID 代码中的单个点或路径中的位置信息、将 ModPos/HotEdit 位置值复位为原始值、修改 RAPID 变量的值。

⑤修改当前值:拥有修改 RAPID 变量的当前值。该权限是 PerformModPos and HotEdit 权限的子集。

⑥I/O 写权限:拥有执行以下操作的权限,包括设置 I/O 信号值、设置信号仿真或不允许信号仿真、将 I/O 总线和单元设置为启用或停用。

⑦备份和保存:拥有执行备份及保存模块、程序和配置文件的权限。此权限允许对当前系统的 BACKUP 和 TEMP 目录进行全权限访问。

⑧恢复备份:拥有恢复备份并执行"恢复到上次自动保存状态"。

⑨修改配置:拥有修改配置数据库,即加载配置文件、更改系统参数值和添加删除实例的权限。

⑩加载程序:有权加载/删除模块和程序。

⑪远程重启:拥有远程关机和热启动的权限。使用本地设备进行热启动无须任何权限,例如使用示教器。

⑫编辑 RAPID 代码:有权执行以下操作,包括修改已有的 RAPID 代码、框架校准(工具坐标和工件坐标)、确认 ModPos/HotEdit 值为当前值、重命名程序。

⑬程序调试:有权执行以下操作,包括将 PP 移动到例行程序、将 PP 移动到光标位置、按住运行、启用/停用 RAPID 任务、向示教器请求写权限、启用/禁用非动作执行操作。

⑭降低生产速度:在自动模式下,将速度从 100%开始降低。

⑮安全控制器配置:拥有执行控制器安全模式配置的权限。仅对 PSC 选项有效,且该权限不包括在 Full access 权限中。

⑯锁定安全控制器配置:锁定/解锁安全配置;锁定/解锁无钥匙模式开关。此权限不包含在"完全访问"权限内。

⑰安全服务:加载和验证安全配置。在服务、调试与激活模式之间变换。

⑱软件同步:激活安全控制器的软件同步。

⑲无钥匙模式选择器:解锁无钥匙模式选择器。

⑳Commissioning mode：将安全控制器更改为调试模式。

㉑转数计数器更新：提供执行转数计数器更新的权限。

㉒校准：有权执行以下操作，包括机械部件精校准、校准基座/基本框架、更新/清除 SMB 数据。

注意：

框架校准（工具坐标、工件坐标）需要有“编辑 RAPID 代码”权限。机械部件校准数据的手动偏移，以及从文件加载新校准数据要求“修改配置”权限。

㉓已安装系统的管理：有权执行以下操作，包括安装新系统、重置 RAPID、重置系统、启动引导应用程序、选择和删除系统、从设备安装系统。此权限提供完全 FTP 访问权限，相当于“控制器磁盘的读取权限”以及“控制器磁盘的写入权限”。

㉔控制器磁盘的读取权限：给予外部读取控制器磁盘的权限。此权限仅对明确的磁盘访问有效，例如使用 FTP 客户端或 RoboStudio Online 的文件系统。没有这个权限也有可能从 SYSTEM_PARTITION 加载程序。

㉕控制器磁盘的写入权限：给予外部写入控制器磁盘的权限。此权限仅对明确的磁盘访问有效，例如使用 FTP 客户端或 RoboStudio Online 的文件系统。没有此权限仍然有可能将程序保存至控制器磁盘或执行备份。

㉖修改控制器属性：拥有设置控制器名称、控制器 ID 和系统时钟的权限。

㉗删除日志：拥有删除事件日志中信息的权限。

㉘使用示教器上面的 ABB 菜单：值为 TRUE 时，表示有权使用示教器上的 ABB 菜单。在用户没有任何授权时，该值的默认值为 FALSE 时，表示控制器在“自动”模式下用户不能访问 ABB 菜单。该权限在手动模式下无效。

㉙切换到自动时注销示教器用户：当由手动模式转到自动模式时，拥有该权限的用户将自动由示教器注销。

8.3　处理 I/O

8.3.1　常用信号类型

工业机器人与外部设备的通信是通过 ABB 标准的 I/O 板或现场总线进行的，其中又以 ABB 标准 I/O 板应用最广泛。I/O 系统处理关于控制器的输入/输出信号，I/O 系统界面用来查看和设置之前设置的信号，还可以启用和禁用设备。以下将介绍一些常用信号类型：

（1）I/O 系统：控制器 I/O 系统包括工业网络、设备和 I/O 信号。工业网络是控制器到设备（如 I/O 板）的连接，而设备中包含实际信号的通道。工业网络和设备作为每个控制器的子节点显示在工业机器人监视器中，I/O 信号显示在 I/O 界面中。

（2）I/O 信号：I/O 信号用来进行控制器与外部设备之间的通信，或改变工业机器人系统的变量。

（3）输入信号：使用输入信号可以向控制器通知相关的信息，如当送料传送带摆放好一个工件时会设置一个输入信号。这个输入信号会启动工业机器人程序中的特定部分操作。

（4）输出信号：控制器使用输出信号通知已满足某些特定状态。例如，当工业机器人完成操作，将设置一个输出信号。这个信号会启动送料传送带，更新计数器或触发其他动作。

(5)仿真信号：仿真信号是通过手动给定特定值覆盖实际值的信号。仿真信号在测试工业机器人程序时，无须激活或运行其他相关设备，非常有用。

(6)虚拟信号：虚拟信号不属于任何物理的设备，而是存储在控制器内存中。虚拟信号通常用来设置变量和保存工业机器人系统中的变化。

8.3.2 I/O 信号实例操作

以下是以新建一个 I/O 单元及添加一个 I/O 信号为例子，学习 RobotStudio 软件在线编辑 I/O 信号的操作。

1. 创建一个 I/O 单元 DSQC651

I/O 单元 DSQC651 参数设定见表 8-5。

表 8-5　DSQC651 参数设定

名称	值
Name(I/O 单元名称)	D651
Type of Unit(I/O 单元类型)	D651
Connected to Bus(I/O 单元所在总线)	DeviceNet
DeviceNet Address (I/O 单元所占用总线地址)	63

6. x 以上版本“使用模板的值”选择“DSQC651 Combi I/O Device”，只更改“Name”和“Address”的值。

(1)在“控制器”选项卡中单击“请求写权限”选项，如图 8-23 所示。

(2)在示教器单击“同意”按钮进行确认，如图 8-24 所示。

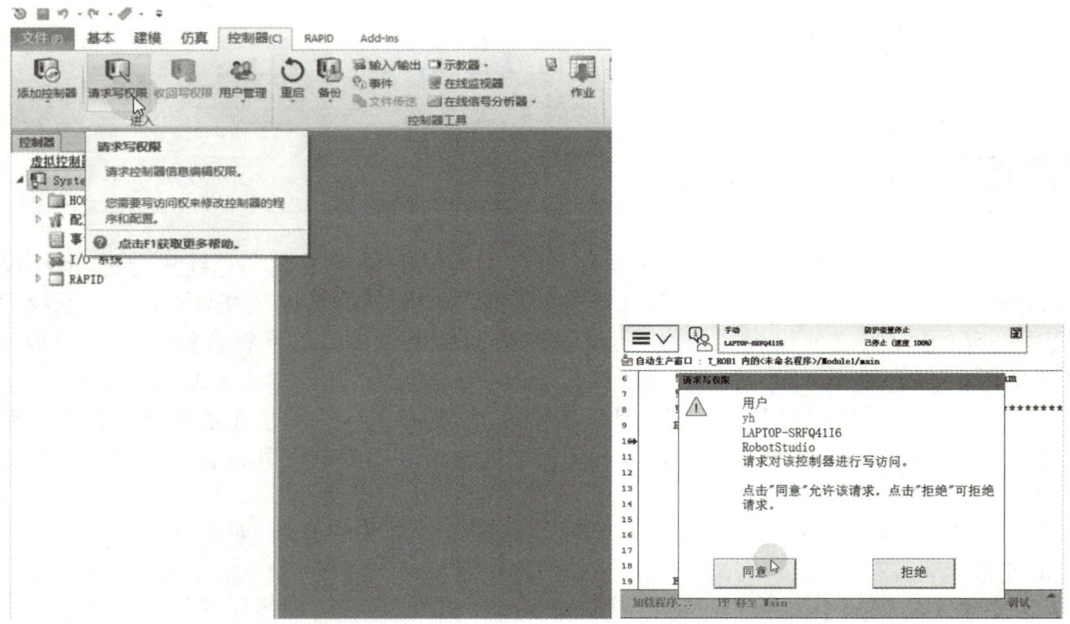

图 8-23　请求写权限　　图 8-24　同意写权限

(3)在“控制器”选项卡中选择“配置”中的“I/O System”选项，如图 8-25 所示。

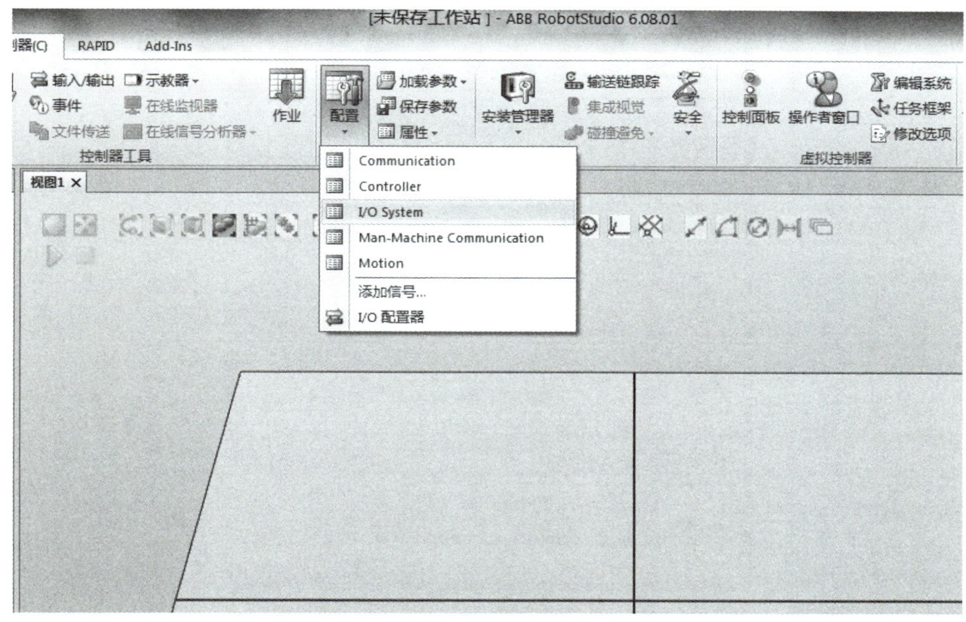

图 8-25　配置编辑器

(4)选择“DeviceNet Device”选项，在空白处右击，选择“新建 DeviceNet Device...”，如图 8-26 所示。

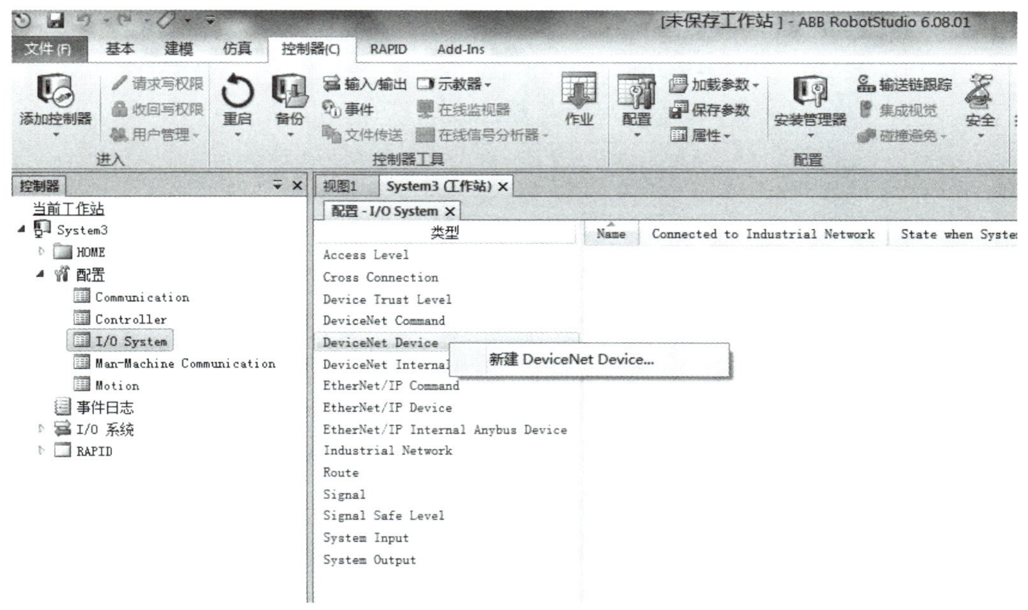

图 8-26　新建 DeviceNet Device

(5)在对应模板的“Identification Label”中选择“DSQC651 Combi I/O Device”，根据要求设定“Name”和“Address”，如图 8-27 所示。

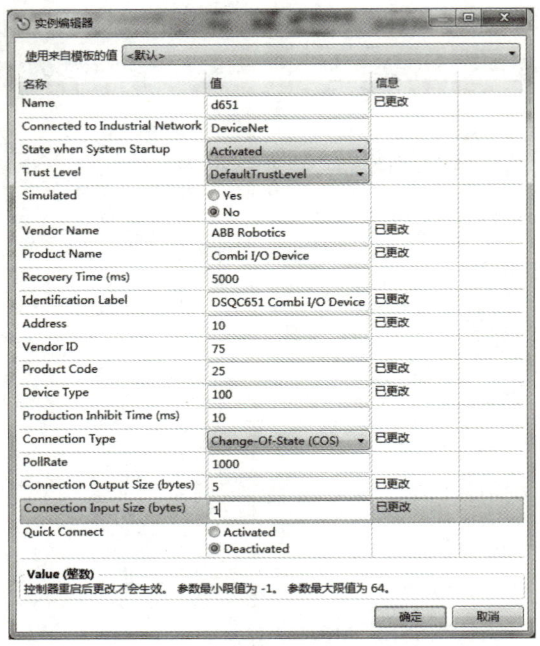

图 8-27 设定名称和地址

(6)单击“重启”选项，选择“重启动(热启动)”选项，使刚才的设定生效，如图 8-28 所示。

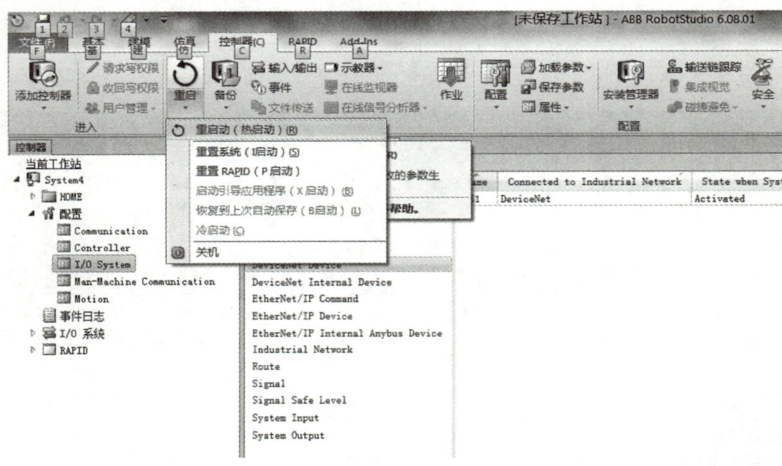

图 8-28 重启动(热启动)

2. 创建一个数字输出信号 DO1

数字输出信号的参数设定见表 8-6。

表 8-6 数字输出信号的参数设定

名称	值
Name(I/O 信号名称)	DO1
Type of Signal(I/O 信号类型)	Digital Output
Assigned to Device(6. x 以下版本为 Unit)(I/O 信号所在 I/O 单元)	D651
Device(6. x 以下版本为 Unit)Mapping(I/O 信号所占用单元地址)	32

(1)在"Signal"上右击，选择"新建 Signal..."按钮，如图 8-29 所示。

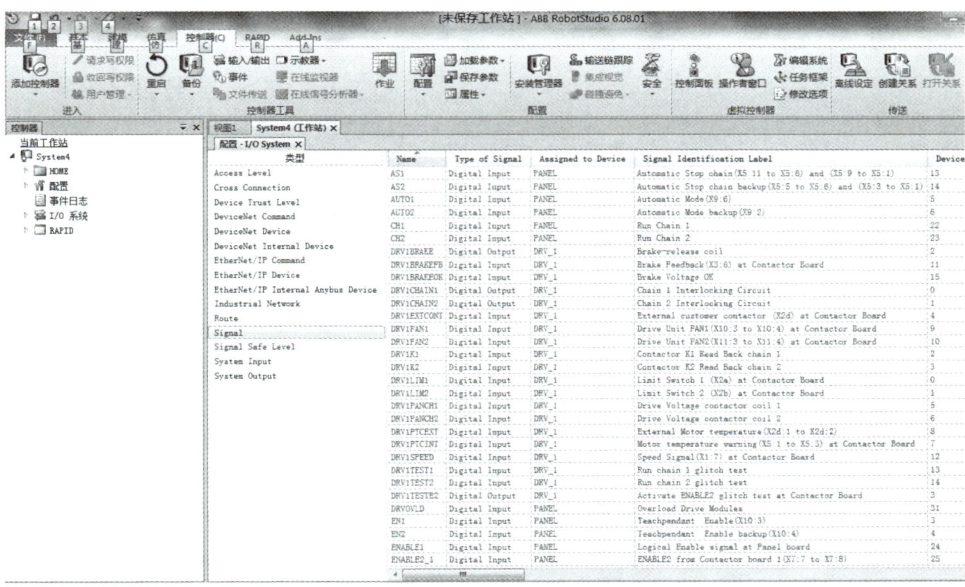

图 8-29　新建 Signal

(2)设置好黑线框中的值，单击"确定"按钮，如图 8-30 所示。

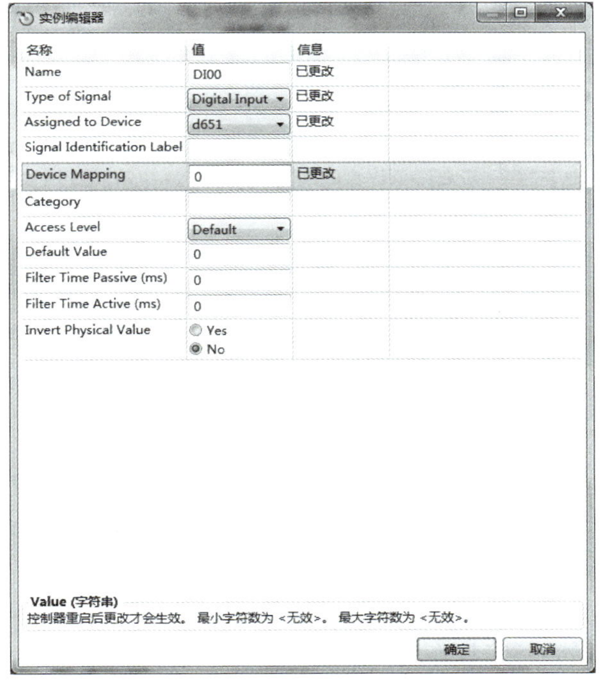

图 8-30　新建输入信号

(3)单击"重启"选项，选择"重启动(热启动)"，如图 8-31 所示。

(4)单击"收回写权限"选项，取消 RobotStudio 软件远程控制，DSQC651 板和数字输出信号 D01 设置完毕，如图 8-32 所示。

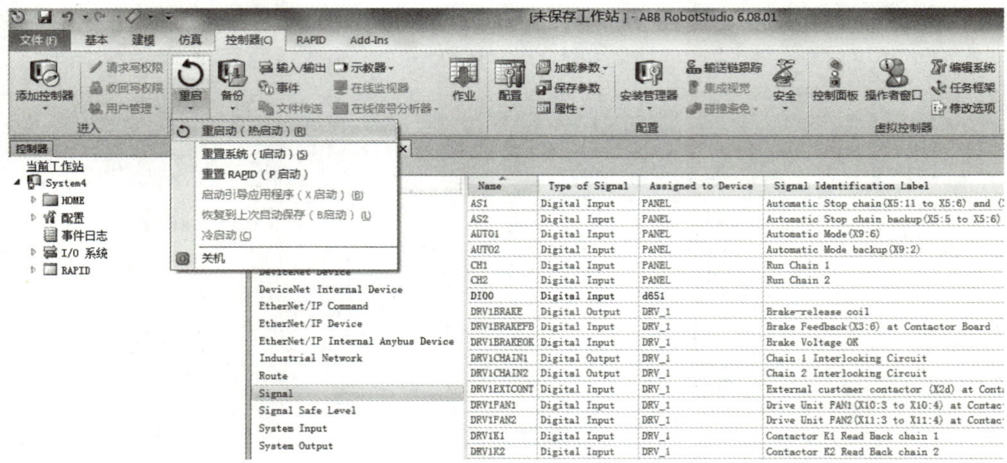

Name	Type of Signal	Assigned to Device	Signal Identification Label
AS1	Digital Input	PANEL	Automatic Stop chain(X5:11 to X5:6) and (
AS2	Digital Input	PANEL	Automatic Stop chain backup(X5:5 to X5:6)
AUTO1	Digital Input	PANEL	Automatic Mode(X9:6)
AUTO2	Digital Input	PANEL	Automatic Mode backup(X9:2)
CH1	Digital Input	PANEL	Run Chain 1
CH2	Digital Input	PANEL	Run Chain 2
DI00	Digital Input	d651	
DRV1BRAKE	Digital Output	DRV_1	Brake-release coil
DRV1BRAKEFB	Digital Input	DRV_1	Brake Feedback(X3:6) at Contactor Board
DRV1BRAKEOK	Digital Input	DRV_1	Brake Voltage OK
DRV1CHAIN1	Digital Output	DRV_1	Chain 1 Interlocking Circuit
DRV1CHAIN2	Digital Output	DRV_1	Chain 2 Interlocking Circuit
DRV1EXTCONT	Digital Input	DRV_1	External customer contactor (X2d) at Cont
DRV1FAN1	Digital Input	DRV_1	Drive Unit FAN1(X10:3 to X10:4) at Contac
DRV1FAN2	Digital Input	DRV_1	Drive Unit FAN2(X11:3 to X11:4) at Contac
DRV1K1	Digital Input	DRV_1	Contactor K1 Read Back chain 1
DRV1K2	Digital Input	DRV_1	Contactor K2 Read Back chain 2

图 8-31　重启动(热启动)

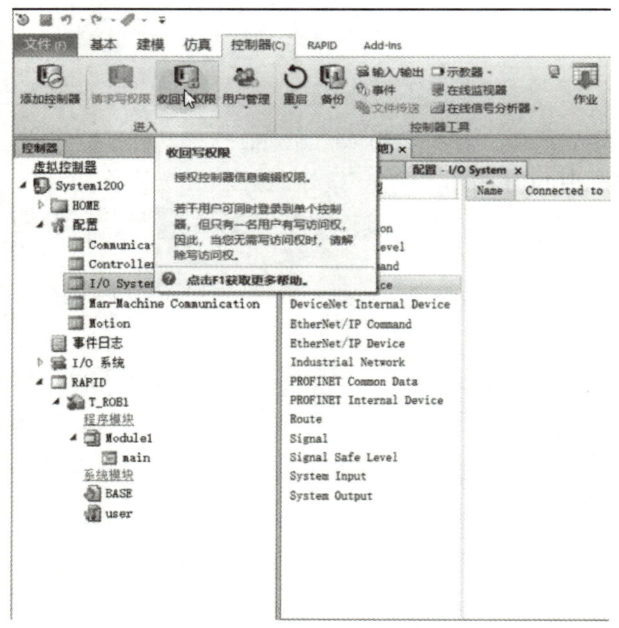

图 8-32　收回写权限

练习与作业

1. 简述 RobotStudio 软件在线对工业机器人可以进行哪些操作。
2. 简述用示教器设定用户操作管理权限。
3. 简述在线编辑 I/O 信号的操作步骤。

第 9 章

工业机器人工作站应用实例

本章将详细介绍两种工业机器人工作站的应用，包括带导轨机器人的基本结构与工作原理，以及变位机在焊接机器人系统中的应用和作用。通过学习，学生将深入理解工业机器人工作站的构建过程和设计原则，并掌握相关的实践技能。通过具体案例和项目实践，学生将学会使用仿真软件或实际机器人系统创建、配置和编程带导轨的机器人工作站，以及设计并配置多姿态焊接机器人工作站。同时，本章还将培养学生的工程实践能力和创新意识，增强团队合作精神，激发学生对工业机器人技术的学习兴趣和认识。

本章重点：

1. 工业机器人工作站的组成与功能：深入理解工作站各组成部分的作用及其相互关系，为后续的设计与实践奠定基础。
2. 带导轨机器人的基本结构与工作原理：掌握带导轨机器人的结构特点和工作机制，为后续的配置和编程提供必要的知识支持。
3. 变位机在焊接机器人系统中的应用及作用：了解变位机在焊接过程中的重要性，学会如何选择和配置合适的变位机。
4. 工业机器人工作站设计的基本原则和步骤：熟悉工作站设计的流程和关键步骤，掌握设计的基本原则和方法。

本章难点：

1. 带导轨机器人的配置与编程：由于带导轨机器人的结构和运动特性相对复杂，配置和编程过程可能较为烦琐，需要学生具备扎实的理论基础和实践技能。
2. 多姿态焊接机器人工作站的设计与配置：多姿态焊接工作站的设计需要考虑多个因素，如机器人与变位机的配合、工作空间的布局等，需要学生具备较强的综合分析和设计能力。
3. 机器人与变位机的协同工作：实现机器人与变位机的协同工作需要编写复杂的程序，并进行精细的调试和优化，对学生的编程能力和问题解决能力提出了较高的要求。
4. 工程实践能力和创新意识的培养：如何通过实践项目有效提升学生的实践能力和创新意识，是教学过程中需要重点关注和解决的问题。

9.1 工作站实例分析

9.1.1 创建带导轨的机器人

在如图 9-1(a)所示的任务中，学生将面临一项重要的任务——创建一个带导轨的机器人工作站。这不仅仅是一个技术挑战，更是对理论知识和实践能力的一次全面检验。需要理解导轨系统的重要性。导轨系统作为机器人工作站的核心组成部分，它允许机器人在三维空间中沿着预定的路径进行精确、高效地移动。无论是直线导轨还是曲线导轨，它们都为机器人提供了更为广阔的工作范围和更高的灵活性。在真实或模拟的工业环境中，这种灵活性意味着机器人能够胜任更加多样化、复杂的任务。

在创建工作站的过程中，首先需要分析具体的工业应用场景，确定所需要的导轨类型、长度、精度等参数。在 RobotStudio 等仿真软件中构建虚拟的机器人工作站，设置导轨的各项参数，并确保机器人与导轨系统的完美集成。在虚拟环境中，可以通过编程使机器人沿着导轨进行各种运动测试，如直线运动、曲线运动、加/减速等。这些测试不仅验证了导轨系统的性能，可以更深入地理解机器人运动控制的原理。还需要考虑机器人与导轨系统的协同工作。例如，在机器人进行抓取、搬运等操作时，导轨系统如何为其提供稳定的支撑和精确的定位。这需要具备扎实的机器人学和机械工程知识，以及一定的创新思维和解决问题的能力。

通过此项任务，学生将能够全面掌握带导轨的机器人工作站的构建过程和技术要点。学生不仅能够在理论上深化对工业自动化的理解，更能够在实践中提升自己的专业技能和综合素质。

任务要求：

(1)选择适当的导轨类型：根据应用需求和现场环境，选择合适的导轨类型(如直线导轨、曲线导轨等)。

(2)配置导轨参数：在 RobotStudio 软件中设置导轨的长度、位置、方向等参数。

(3)集成机器人与导轨：将机器人与导轨系统进行集成，确保机器人能够沿着导轨进行精确运动。

(4)编写基本运动程序：利用 RobotStudio 软件的编程功能，编写使机器人能够沿导轨进行直线运动、停止、返回原点等操作的程序。

(5)模拟与测试：在 RobotStudio 软件中进行模拟运行，测试机器人与导轨系统的集成效果和运动性能。

9.1.2 创建带变位机的多姿态焊接机器人

在深入探索工业机器人应用的道路上，学生会遇到一项极富挑战性的任务——创建带有变位机的多姿态焊接机器人工作站。这一工作站的设计和应用，不仅体现了工业自动化的高水平发展，也对学生的综合能力提出了更高的要求。

在焊接领域，工件的位置和姿态对于焊接质量至关重要。传统的焊接方法往往会受到工件位置和姿态的限制，难以实现高效、精确的焊接操作。而变位机的出现，为这一问题提供了有效的解决方案。变位机能够精确地调整工件的位置和姿态，使机器人能够在不同角度和位置进行焊接操作，大大提高了焊接的灵活性和效率。

在如图 9-1(b)所示的任务中，首先需要了解变位机的工作原理和类型。不同类型的变位机具有不同的特点和适用范围，用户可根据具体的焊接需求选择合适的变位机。随后，在 RobotStudio 等仿真软件中构建虚拟的焊接机器人工作站，并将变位机与机器人进行集成。在集成过程中，需要考虑如何确保机器人与变位机的协同工作，这包括确定变位机的运动轨迹、速度与加速度等参数，以及编写相应的程序控制机器人的运动轨迹和焊接操作。在模拟环境中，可以进行多次测试和调试，以优化工作站的性能和效率。

除了技术层面的挑战外，本任务还要求具备创新思维和解决问题的能力。在构建工作站的过程中，可能会遇到各种预料之外的问题和挑战。学生需要通过自主学习、查阅资料、与同学讨论等方式解决这些问题，从而不断提升自己的能力和素质。通过本任务的实践，将能够全面掌握带有变位机的多姿态焊接机器人工作站的构建和应用技术。这不仅有助于学生深化对工业自动化的理解，也为未来的职业发展奠定了坚实的基础。

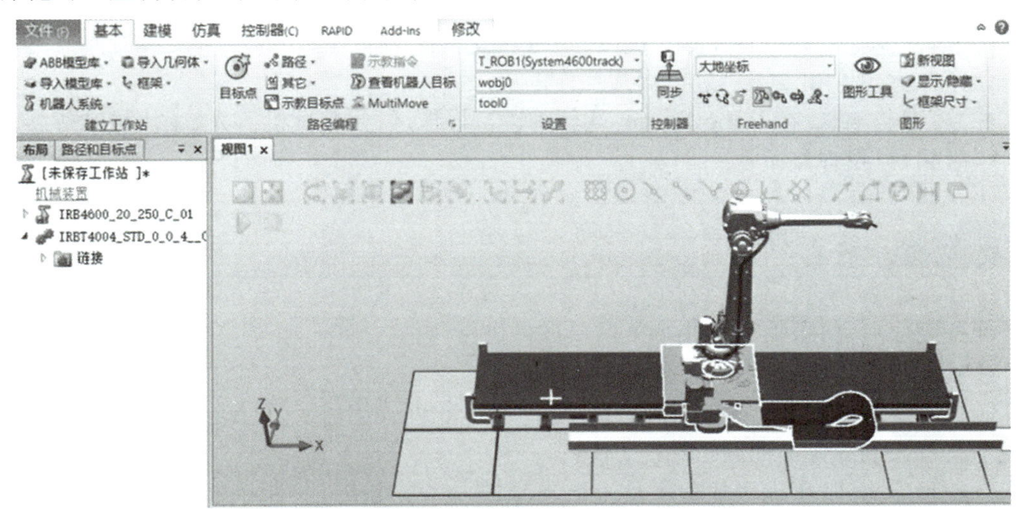

(a)创建带导轨的机器人

图 9-1　工业机器人工作站应用案例

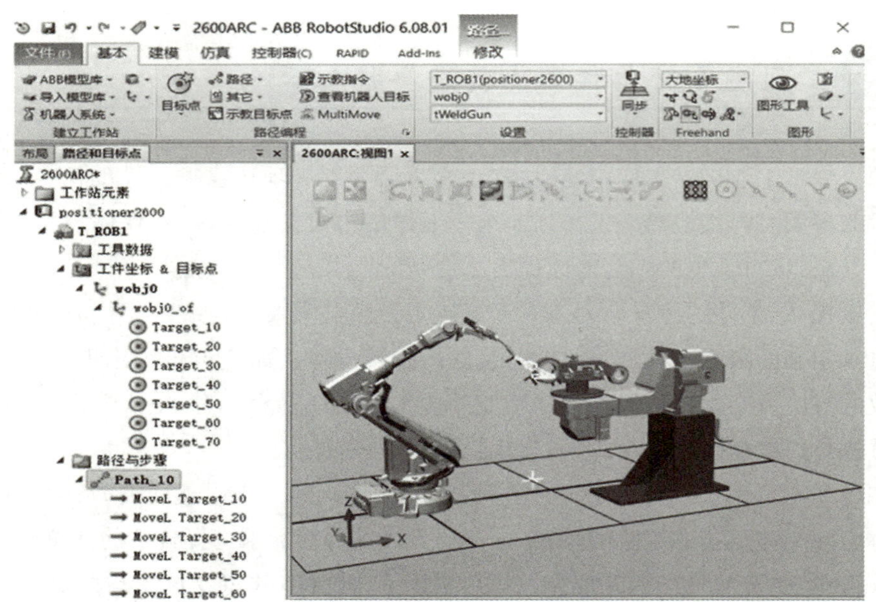

(b)创建带变位机的多姿态焊接机器人

续图 9-1 工业机器人工作站应用案例

任务要求：

(1)选择适当的变位机类型：根据焊接需求和工件特点，选择合适的变位机类型(如回转式变位机、倾斜式变位机等)。

(2)配置变位机参数：在 RobotStudio 软件中设置变位机的运动范围、速度、加速度等参数。

(3)集成机器人、变位机与焊接设备：将机器人、变位机和焊接设备进行集成，确保它们能够协同工作。

(4)编写多姿态焊接程序：利用 RobotStudio 软件的编程功能，编写使机器人能够在变位机调整工件位置和姿态后进行焊接操作的程序。

(5)模拟与测试：在 RobotStudio 软件中进行模拟运行，测试机器人、变位机和焊接设备的集成效果，以及焊接质量。

9.1.3 任务评估

任务完成后，将根据以下几个方面对成果进行评估：

(1)创建带导轨的机器人任务评估标准

①技术实现：学生是否成功地在 RobotStudio 软件中创建了带导轨的机器人工作站，并实现了机器人的线性或曲线运动。

②编程能力：学生编写的程序是否稳定、高效，并能准确地控制机器人沿导轨运动。

③创新性与实用性：学生是否根据具体应用场景，对导轨系统进行了优化设计或改进。

④报告与文档：学生的任务报告是否清晰、完整，包括任务描述、实现过程、遇到的问题及解决方案等。

(2)创建带导轨的机器人任务评估方法

①实操检查:通过观察学生在 RobotStudio 软件中的操作,检查其技术实现情况。

②代码审查:对学生的编程代码进行审查,评估其编程质量和创新性。

③案例分析:要求学生针对具体的应用场景,分析导轨系统的优、缺点及改进方案。

④文档评估:对学生的任务报告进行评分,评估其完整性和清晰度。

(3)创建带变位机的多姿态焊接机器人任务评估标准

①技术实现:学生是否成功地在 RobotStudio 软件中创建了带变位机的多姿态焊接机器人工作站,并实现了机器人与变位机的协同工作。

②焊接质量:评估学生完成的焊接任务的质量,包括焊缝的平整度、宽度等。

③编程与优化:评估学生的编程能力,以及是否对焊接程序进行了优化以提高工作效率。

④创新性与拓展性:学生是否根据任务要求,对工作站进行了创新设计或拓展功能。

⑤报告与文档:学生的任务报告是否详细记录了任务实现过程、焊接结果、遇到的问题及解决方案等。

(4)创建带变位机的多姿态焊接机器人任务评估方法

①实操检查:观察学生在 RobotStudio 软件中的操作,检查其技术实现情况,并评估焊接质量。

②代码审查:对学生的编程代码进行审查,评估其编程质量和优化程度。

③创新性评估:邀请行业专家对学生的设计进行评估,评价其创新性和拓展性。

④文档评估:对学生的任务报告进行评分,评估其完整性和清晰度。

9.2　知识储备

在创建工业机器人工作站之前,学生需要掌握一系列的知识储备,以确保能够全面理解和顺利完成任务。这些知识储备涵盖了工业机器人的基本原理、编程逻辑、工作站设计等多个方面。以下是与本项目相关的关键知识点:

9.2.1　工业机器人基础知识

工业机器人根据其结构和运动方式的不同,主要可以分为以下几种类型:

(1)直角坐标型工业机器人

①直角坐标型工业机器人由三个互相垂直的直线移动轴(X、Y、Z 轴)组成,它们分别控制机器人在空间中的三维移动。

②这种类型的机器人结构简单、运动直观、易于编程和控制,适用于高精度、高重复性的定位作业。

③常用于自动化生产线上的物料搬运、装配、检测等任务。

(2)圆柱坐标型工业机器人

①圆柱坐标型工业机器人由一个旋转轴和两个直线移动轴(Z 轴升降、R 轴径向伸缩)组成,能够实现平面内的旋转和垂直方向的升降。

②圆柱坐标型机器人具有较好的灵活性和可达性,适合在平面内完成复杂的作业任务。

③常见于焊接、喷涂、装配等需要灵活调整工作角度和位置的场景。

(3)球坐标型工业机器人

①球坐标型工业机器人由两个旋转轴和一个直线移动轴(Z 轴升降)组成,能够模拟球面上的运动轨迹。

②它的结构紧凑、运动灵活,能够在有限的空间内实现多角度的作业覆盖。

③球坐标型机器人适用于需要大范围覆盖和快速响应的作业场景,如物料搬运、装配、检测等。

(4)关节型工业机器人

①关节型工业机器人(也称为多关节机器人或拟人机器人)模拟了人类的手臂结构,通常由多个旋转关节组成。

②它的运动范围大、灵活度高、适应性强,能够完成复杂的空间姿态调整和作业任务。

③关节型机器人广泛应用于焊接、喷涂、装配、抓取、搬运等领域,是现代工业自动化中的重要装备。

工业机器人通常由以下几个主要部分组成:

(1)机械本体

①机械本体是工业机器人的主体结构,包括机身、手臂、手腕、关节等部分。

②它负责承载机器人的各种执行机构和传动机构,实现机器人的运动和作业功能。

(2)驱动装置

①驱动装置是工业机器人的动力来源,用于驱动机器人的各种关节和机构运动。

②常见的驱动方式有电动、液压、气压等,其中电动驱动以其效率高、控制精度高、维护方便等优点而被广泛应用。

(3)控制系统

①控制系统是工业机器人的大脑,负责接收和处理来自外部的信号和指令,控制机器人的运动和作业过程。

②控制系统通常由计算机、控制器、传感器、执行器等部分组成,能够实现机器人的高精度定位、轨迹规划、运动控制等功能。

(4)感知系统

①感知系统是工业机器人的感觉器官,用于获取外部环境的信息和机器人的状态信息。

②常见的感知系统包括视觉系统、力觉系统、触觉系统等,它们能够提高机器人的智能化水平和适应能力。

(5)末端执行器

①末端执行器是工业机器人直接参与作业的部分,如夹持器、焊接枪、喷涂头等。

②末端执行器的类型和规格取决于机器人的作业需求和作业环境。

9.2.2 导轨系统

导轨系统根据其形状和用途的不同,主要分为直线导轨和曲线导轨两大类。

(1)直线导轨

直线导轨是最常见的导轨类型,它们为机器人提供了在一条直线上稳定移动的能力。直线导轨通常由高精度加工的导轨面和滑块组成,通过滑块在导轨面上的滑动来实现机器人的直线运动。直线导轨广泛应用于需要高精度定位和重复运动的场景,如自动化装配线、检测设备等。

(2)曲线导轨

曲线导轨为机器人提供了在复杂曲线上运动的能力。与直线导轨相比,曲线导轨的设计和制造更为复杂,但它们在需要机器人沿特定曲线轨迹运动的场景中发挥着重要作用。曲线导轨通常用于焊接、喷涂等需要机器人沿特定路径作业的场合。

导轨的长度、位置和精度等参数对机器人的运动范围和精度有重要影响。

(1)导轨长度(L)

导轨长度是指从导轨的起点到终点的直线距离。这个参数直接决定了机器人能够覆盖的工作区域大小。在设计和选择导轨时,需要根据实际的工作需求来确定合适的导轨长度。

(2)导轨精度(P)

导轨精度是指允许的最大位置误差。它反映了导轨系统在引导机器人运动时所能达到的精度水平。导轨精度越高,机器人运动的准确性越高,作业质量越好。

9.2.3 变位机

变位机是工业自动化中不可或缺的设备之一,尤其在焊接领域,它起着至关重要的作用。变位机的主要功能是通过调整工件的位置和姿态,使得工业机器人能够在不同的角度和位置进行焊接操作。这种调整能力不仅提高了焊接的灵活性和焊接效率,还确保了焊接质量的一致性和稳定性。

变位机的类型多样,以满足不同工艺和作业需求。表 9-1 所列为两种常见的变位机类型:

(1)回转式变位机

回转式变位机通过旋转机构使工件绕某一轴线进行回转运动。这种变位机适用于需要工件在水平面内旋转的焊接作业。通过调整回转角度和速度,可以实现工件在不同角度下的定位,从而满足机器人焊接的需求。回转式变位机具有结构简单、操作方便、定位精度高等优点,广泛应用于各种焊接场景中。

(2)倾斜式变位机

倾斜式变位机允许工件在垂直面内进行倾斜运动。这种变位机适用于需要工件在倾斜状态下进行焊接的作业。通过调整倾斜角度和倾斜速度,可以实现工件在不同倾斜角度下的定位,从而满足机器人焊接的特殊需求。倾斜式变位机在焊接大型工件或需要特殊角度焊接的场合中具有显著优势,能够有效提高焊接效率和质量。

表 9-1　不同类型变位机的特点

变位机类型	特点	应用场景
回转式变位机	可实现工件 360°旋转	适合环形焊缝焊接
倾斜式变位机	可调整工件倾斜角度	适合斜面或曲面焊接

除了上述两种常见的变位机类型外,还有其他一些特殊类型的变位机,如升降式变位机、多轴联动变位机等。这些变位机具有不同的功能和特点,可以根据具体的工艺和作业需求进行选择和应用。

在使用变位机时,需要注意以下几点:

(1)根据焊接工艺和工件特点选择合适的变位机类型。

(2)确保变位机的安装和调试正确无误,以保证其正常工作和定位精度。

(3)在使用过程中要定期检查和维护变位机,及时发现和解决潜在问题。

(4)根据焊接需求调整变位机的参数和设置,以实现最佳的焊接效果。

9.2.4 焊接技术

焊接作为工业机器人工作站中的一项核心应用,对于学习工业机器人技术的学生来说,了解其基本原理、掌握关键焊接参数,以及评估焊接质量的方法,是至关重要的。

焊接的基本原理是通过加热工件至熔化状态,并在适当的外力作用下,使两个或多个工件在固态或液态下连接在一起。这个过程中,热能的作用是关键,它可以来源于电弧、火焰、激光等不同的焊接热源。在焊接过程中,焊接参数的选择对焊接质量有着直接的影响。以下是几个关键的焊接参数:

(1)电流(I)

电流是焊接电弧产生热能的主要来源。适当的电流大小可以确保焊接熔池的形成和稳定,从而得到良好的焊缝质量。电流过大可能导致焊缝过热、烧穿或产生气孔等缺陷,而电流过小则可能无法形成足够的熔池,导致焊缝未熔合或强度不足。

(2)电压(U)

电压决定了焊接电弧的长度和能量密度。适当的电压可以确保电弧的稳定燃烧,同时提供足够的能量来熔化工件。电压过高可能导致电弧过长、能量分散,影响焊接质量;电压过低可能使电弧不稳定,甚至熄灭。

(3)焊接速度(V)

焊接速度是指焊接过程中工件相对于焊枪的移动速度。焊接速度的快慢直接影响焊缝的熔深和熔宽。焊接速度过快可能导致焊缝熔深不足、未熔合等缺陷;焊接速度过慢可能使焊缝过热、产生变形或裂纹。

除了上述关键参数外,还有如焊接气体、电极类型、焊接位置等因素也会对焊接质量产生影响。因此,在实际操作中,需要根据工件的材料、厚度、形状等因素综合考虑,选择合适的焊接参数。

评估焊接质量的方法也是非常重要的。常见的焊接质量评估方法包括外观检查、无损检测(如X射线检测、超声波检测等)和机械性能测试等。外观检查主要观察焊缝的表面质量,如是否有裂纹、气孔、夹渣等缺陷;无损检测通过检测焊缝内部的结构和性能,判断其是否存在内部缺陷;机械性能测试则通过拉伸、弯曲等试验,评估焊缝的强度和韧性等性能指标。

创建带导轨的机器人工作站

9.3 创建带导轨的机器人工作站

9.3.1 导轨的机器人实际案例

在工业自动化中,如图9-1带导轨的机器人常用于实现线性或曲线轨迹上的重复任务。本案例将介绍如何在RobotStudio软件中模拟创建一个带导轨的机器人工作站,并演示其基本功能实现过程。

9.3.2　创建空工作站

在 RobotStudio 软件中，创建一个空工作站，如图 9-2 所示。选择“文件”选项卡下的“新建”选项，然后选择“空工作站”作为模板。

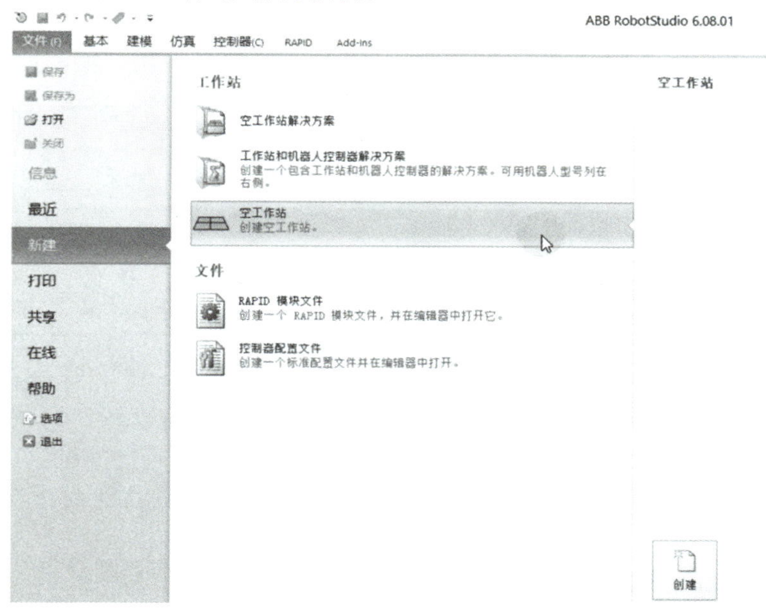

图 9-2　创建空工作站

9.3.3　导入 IRB 4600 机器人

(1)在工作站编辑器中，选择“模块”选项卡。

(2)单击“从库添加”按钮，在弹出的库中选择“IRB 4600”机器人，如图 9-3 所示。

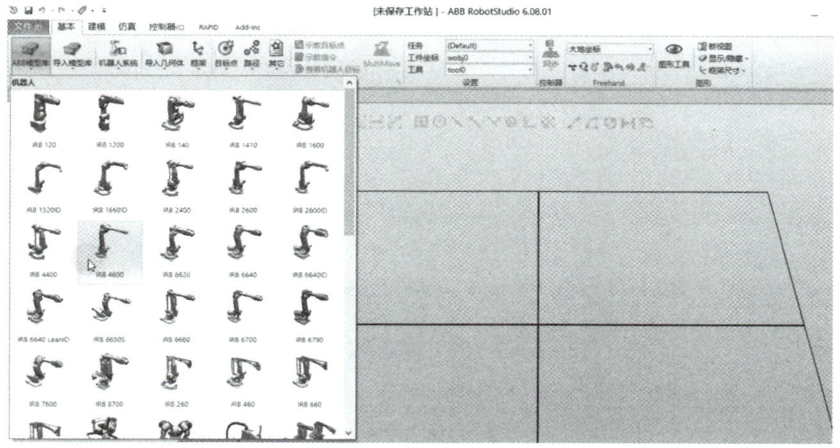

图 9-3　导入 IRB 4600 机器人

(3)将机器人拖拽至工作站中的合适位置。

9.3.4 导入导轨

(1)同样在“模块”选项卡中,单击“从库添加”按钮。

(2)如图 9-4 所示,在库中选择合适的导轨模型(如线性导轨或曲线导轨)。

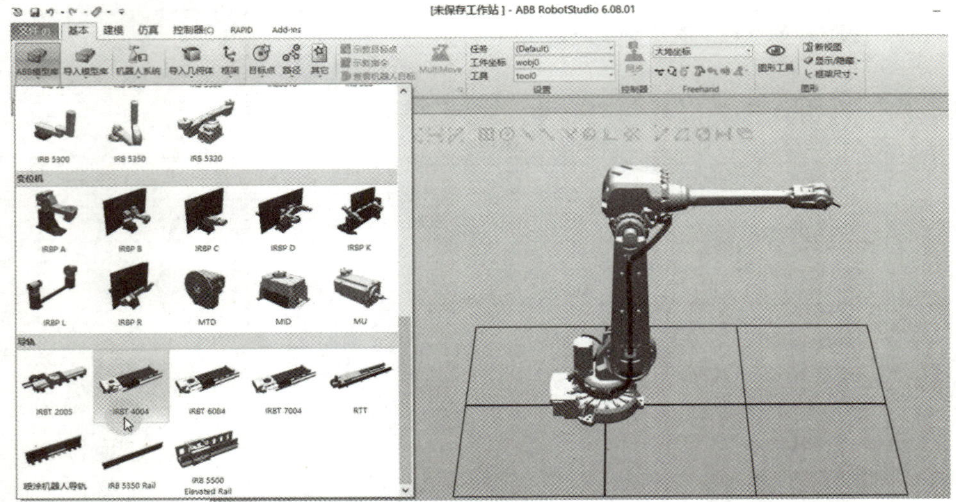

图 9-4 导入导轨

(3)将导轨拖拽至工作站中,并调整其位置和方向。

9.3.5 机器人安装至导轨

(1)选中机器人模块,如图 9-5 所示,在属性窗口中找到“安装”选项卡。

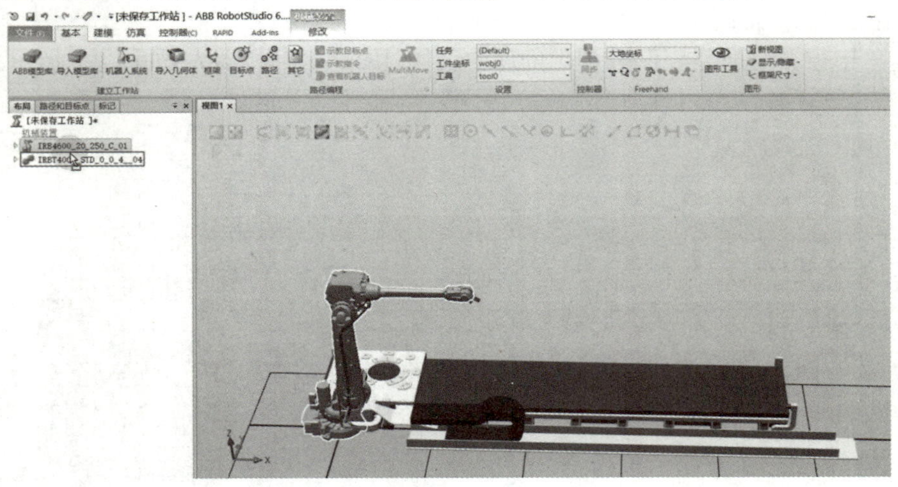

图 9-5 机器人安装至导轨

(2)选择“添加新安装”,然后从下拉菜单中选择刚刚导入的导轨。

(3)调整安装参数,确保机器人能够正确安装在导轨上。

9.3.6 创建机器人系统

在 RobotStudio 软件中，需要创建一个机器人系统来管理机器人和导轨的协同工作。

(1)在“机器人系统”选项卡中，如图 9-6 所示单击“从布局...”。

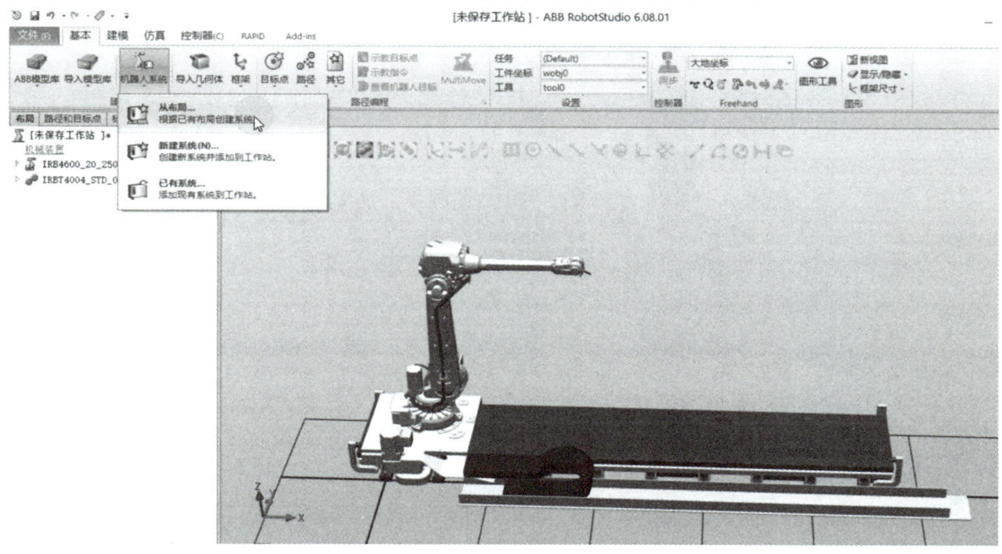

图 9-6　创建机器人系统

(2)为系统命名，并添加已导入的机器人和导轨到该系统中。

9.3.7 配置系统参数

在系统属性窗口中，如图 9-7 所示，配置系统参数，如机器人的 I/O 信号、导轨的运动参数等。

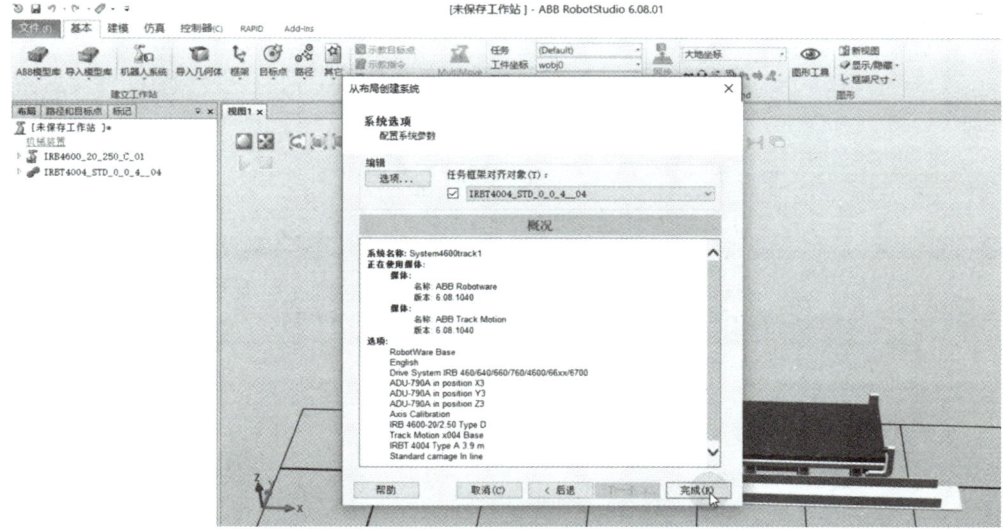

图 9-7　配置系统参数

9.3.8 启动工作站系统

单击 RobotStudio 软件工具栏上的“启动”按钮，如图 9-8 所示，启动工作站系统。

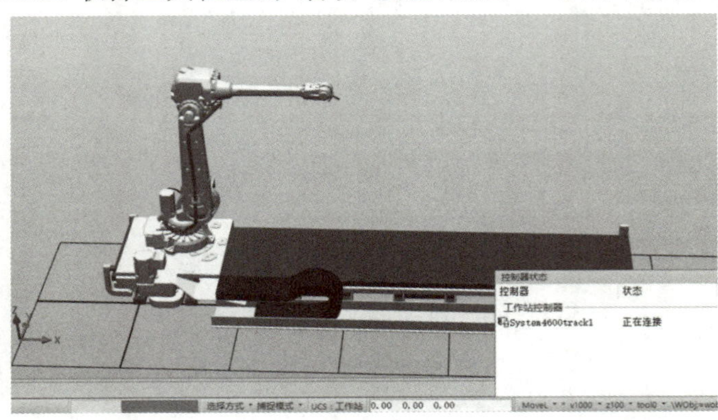

图 9-8 启动工作站系统

9.3.9 手动验证工作站系统

在手动模式下，如图 9-9 所示，通过移动导轨和机器人的各个关节，验证工作站系统的响应和运行状态。

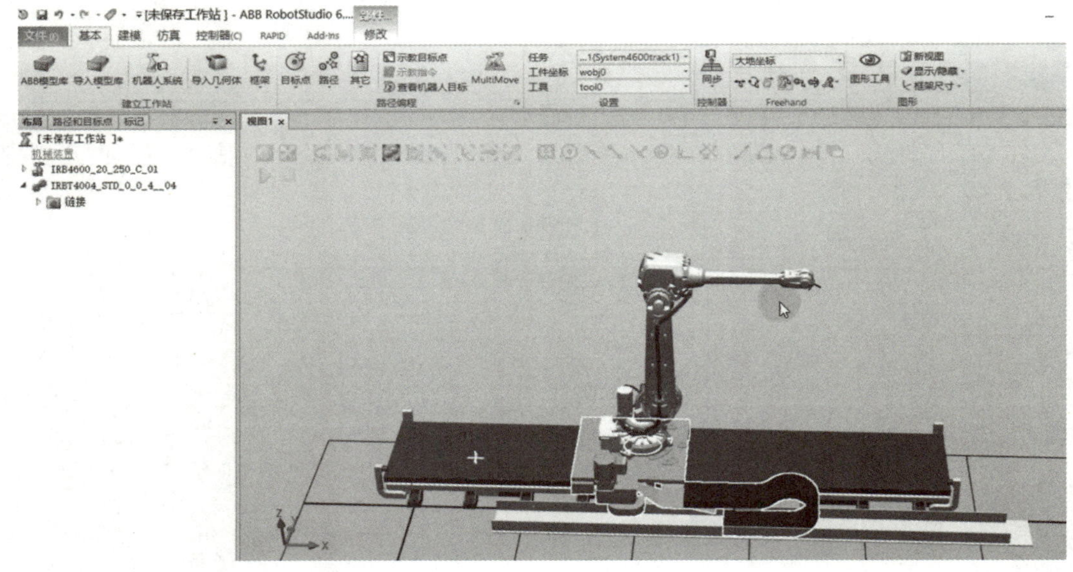

图 9-9 手动验证工作站系统

9.3.10　手动验证工作站关节

在手动模式下，如图 9-10 所示，单独测试机器人的各个关节和导轨的运动，确保它们都能正常工作。

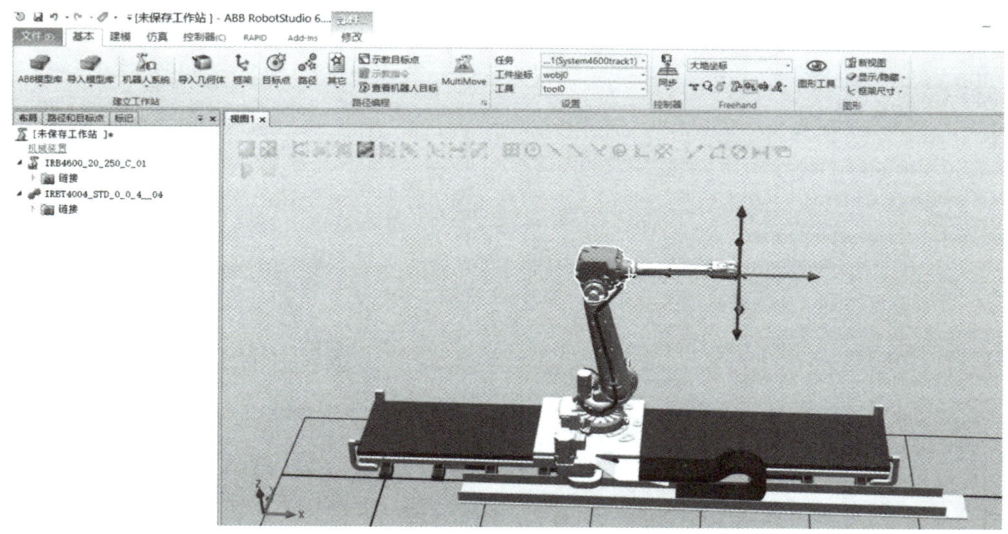

图 9-10　手动验证工作站关节

9.3.11　创建机器人路径

（1）在 RobotStudio 软件的编程模块中，选择“RAPID”选项卡。

（2）编写 RAPID 程序，如图 9-11 所示，设置机器人的初始位置。

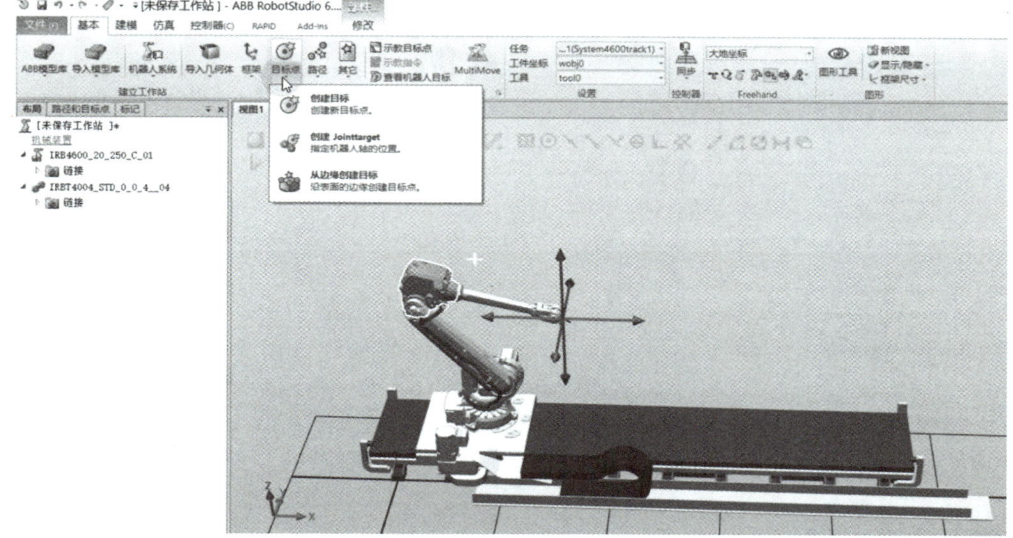

图 9-11　设置机器人的初始位置

9.3.12 创建机器人终止位置

(1)如图 9-12 所示,在 RAPID 程序中定义机器人的终止位置。

(2)编写程序使机器人从初始位置移动到终止位置。

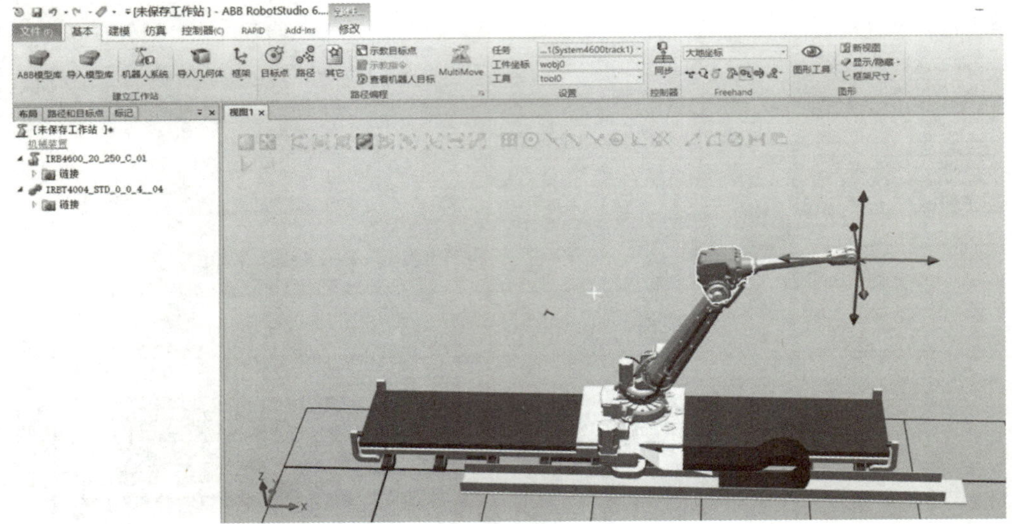

图 9-12 创建机器人终止位置

9.3.13 调整路径参数

如图 9-13 所示,用户可根据需要,调整路径的速度、加速度等参数。

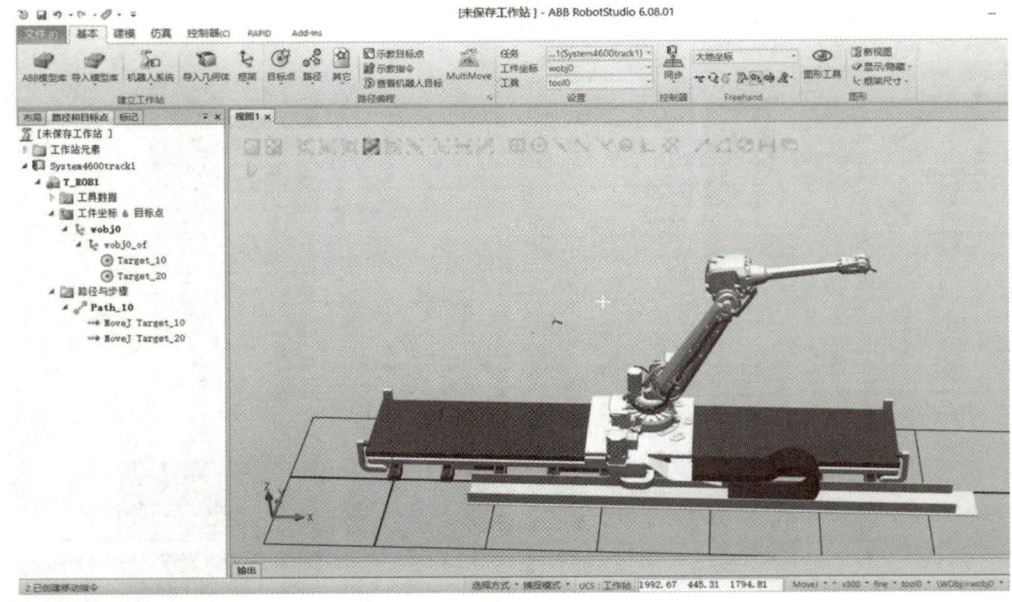

图 9-13 调整路径参数

9.3.14 自动配置路径

RobotStudio 软件提供了自动配置路径的功能，如图 9-14 所示，用户可以根据需要自动优化路径参数。

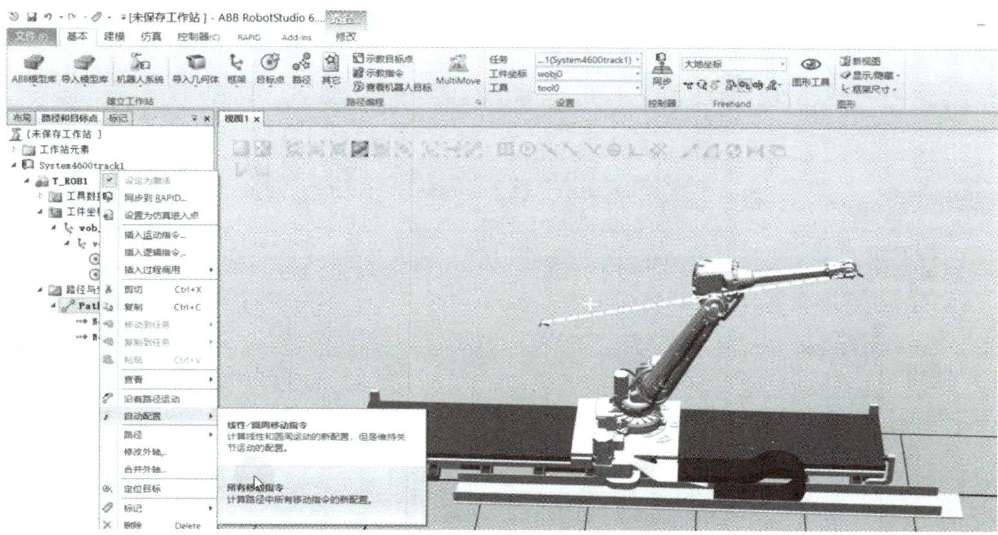

图 9-14 自动配置路径

9.3.15 将路径同步至 RAPID

图 9-15 所示，将调整好的路径如同步到 RAPID 程序中。

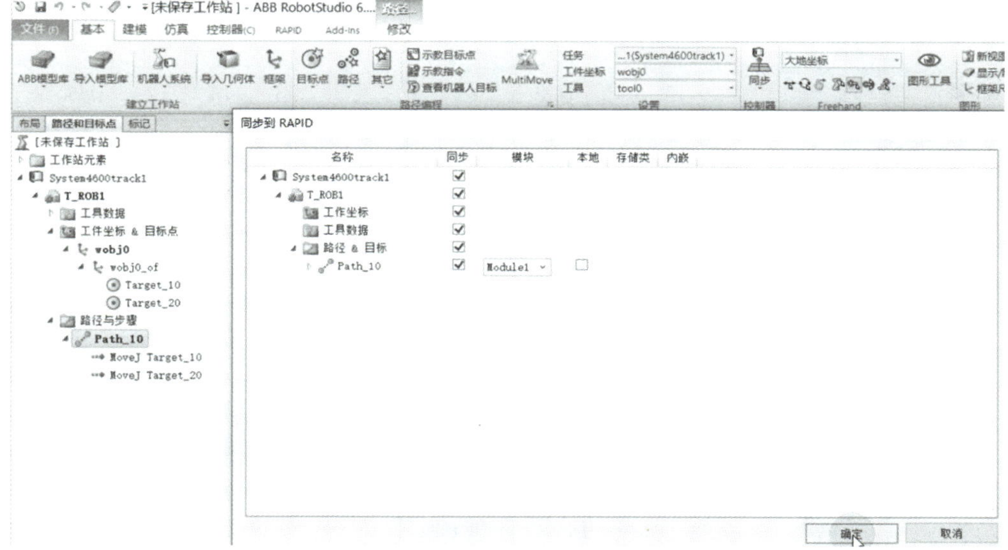

图 9-15 将路径同步至 RAPID

9.3.16 设定仿真进入点

在 RobotStudio 软件的仿真模块中，如图 9-16 所示，设定仿真进入点，以便从特定位置开始仿真。

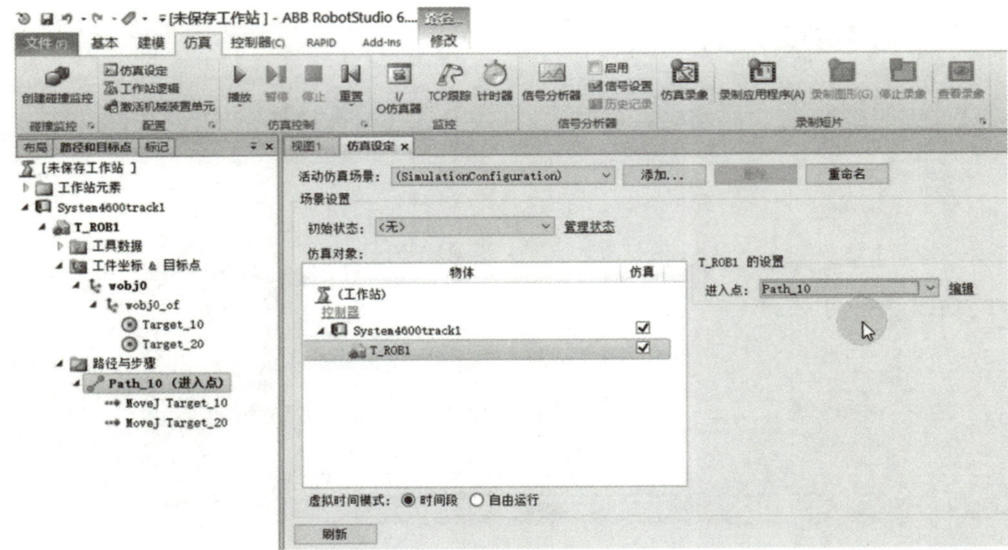

图 9-16 设定仿真进入点

9.3.17 运动仿真

单击“开始仿真”按钮，观察机器人在导轨上的运动情况，确保路径正确无误，如图 9-17 所示。

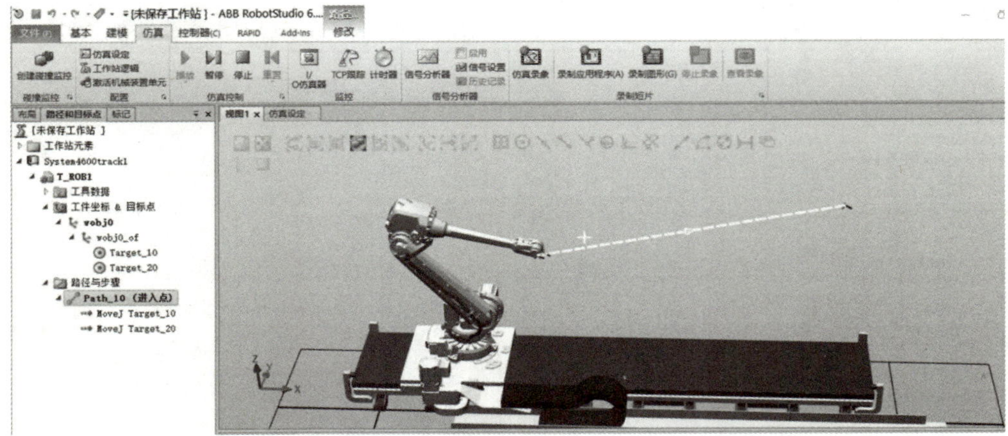

图 9-17 运动仿真

9.4　创建带变位机的多姿态焊接机器人

创建带变位机的多姿态焊接机器人

9.4.1　在空工作站中导入 IRB 2600 机器人

(1)创建如图 9-18 所示的带变位机的多姿态焊接机器人。打开 RobotStudio 软件,创建一个空工作站,如图 9-19 所示。

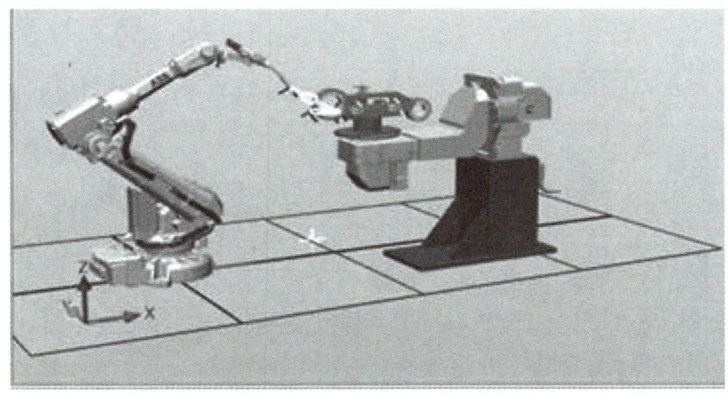

图 9-18　带变位机的多姿态焊接机器人

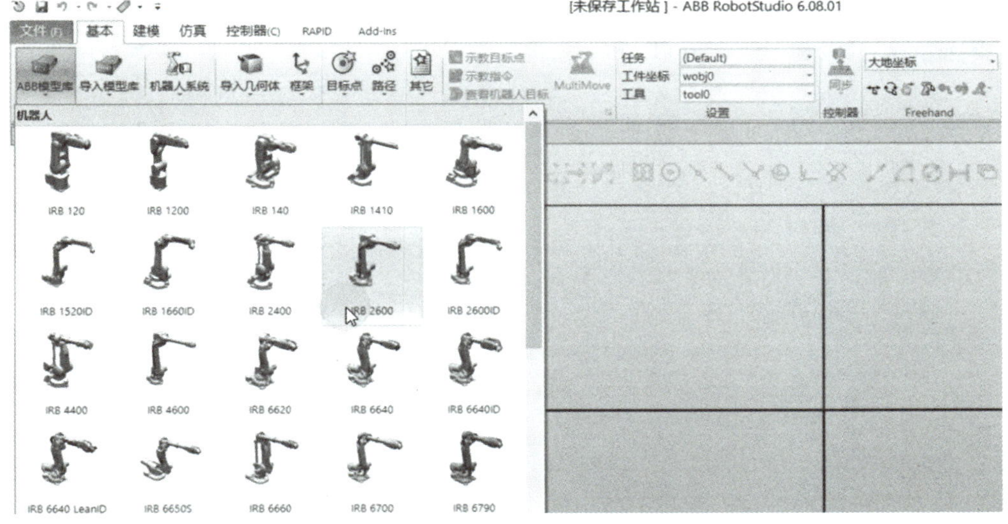

图 9-19　空工作站中导入 IRB 2600 机器人

(2)在"基本"选项卡中,选择"从库中添加"功能,从 ABB 机器人库中导入 IRB 2600 型号机器人。

(3)在导入过程中,设置机器人的基本参数,如名称、安装位置等。

9.4.2 导入变位机

(1)同样在“基本”选项卡中,如图 9-20 所示,从 ABB 模型库或自定义库中导入所需要的变位机模型。

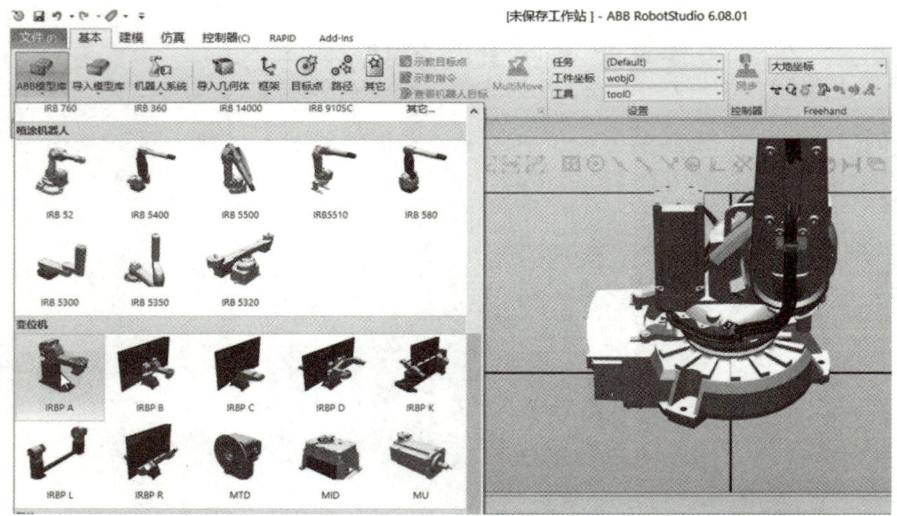

图 9-20 导入变位机

(2)将变位机模型放置在适当位置,确保其坐标系与机器人坐标系相对齐或已知。

9.4.3 调整工作站布局

(1)根据实际需求,如图 9-21 所示调整机器人、变位机,以及其他工作站元素的位置和朝向。

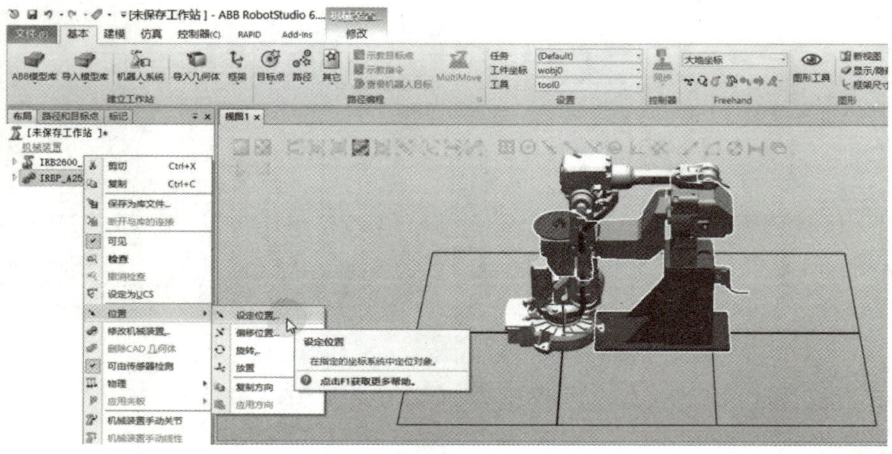

图 9-21 调整工作站布局

(2)确保布局合理,避免机器人与变位机或其他元素发生碰撞。

9.4.4 导入并装配焊枪

(1)如图 9-22 所示,导入焊枪模型,并调整其位置和姿态,使其与机器人末端执行器连接。

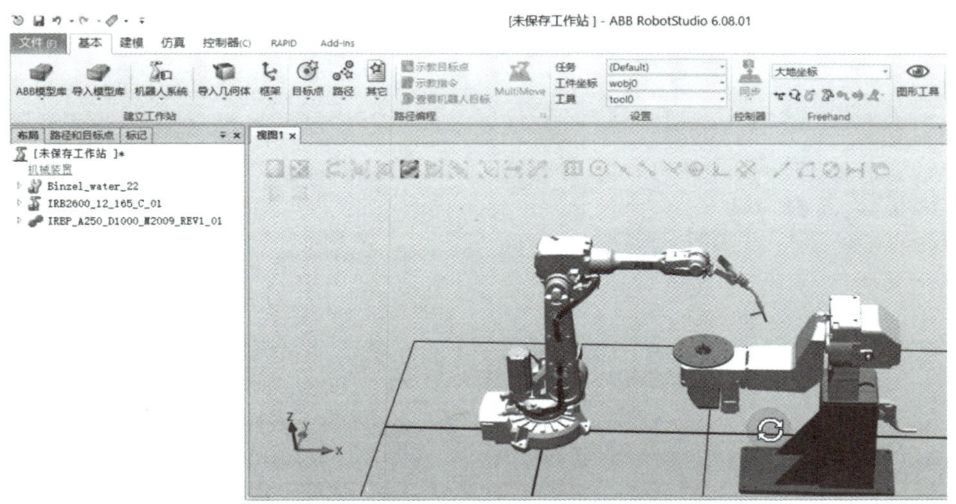

图 9-22　导入并装配焊枪

(2)设置焊枪与机器人之间的连接关系,确保焊枪能够跟随机器人运动。

9.4.5 导入焊接工件模型

(1)如图 9-23 所示,导入焊接的工件模型,并放置在变位机的工作台上。

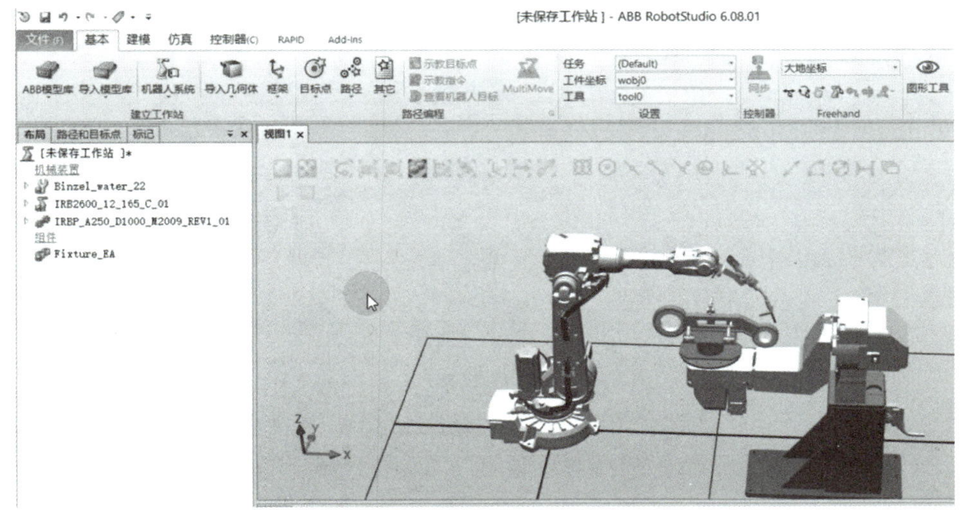

图 9-23　导入焊接工件模型

(2)调整工件位置,确保其与焊枪在初始状态下处于适当距离和角度。

9.4.6 创建焊接机器人系统

(1)在 RobotStudio 软件中创建焊接机器人系统，如图 9-24 所示，设置相关参数，如焊接参数、气体类型等。

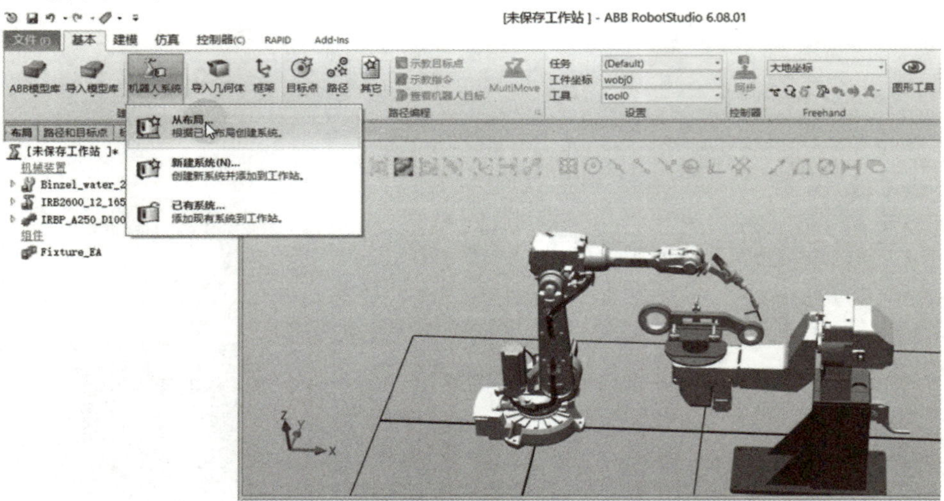

图 9-24 创建焊接机器人系统

(2)将机器人和焊枪添加到系统中，并配置相应的 I/O 信号。

9.4.7 激活变位机单元

(1)在 RobotStudio 软件中激活变位机单元，如图 9-25 所示设置其运动参数和控制逻辑。

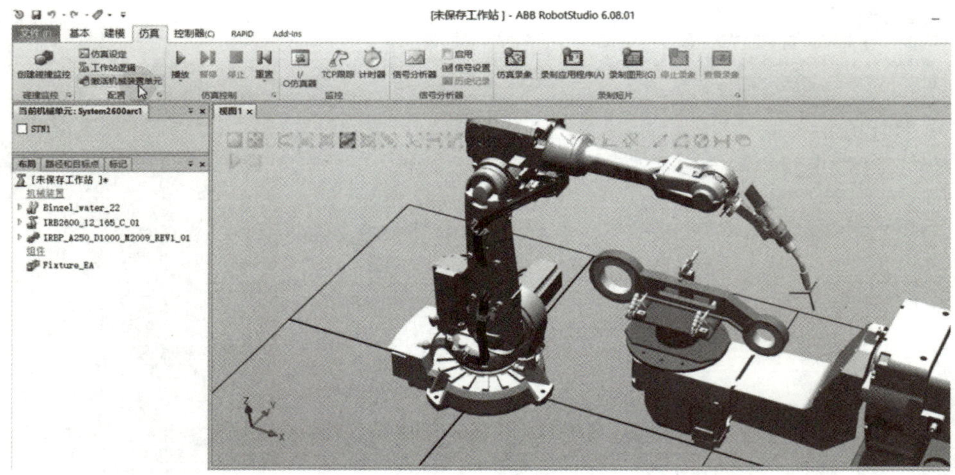

图 9-25 激活变位机单元

(2)确保变位机能够与机器人进行通信和协同工作。

9.4.8 调整初始位置并示教目标点

(1)如图 9-26 所示,移动机器人到初始位置,并示教焊接开始点。

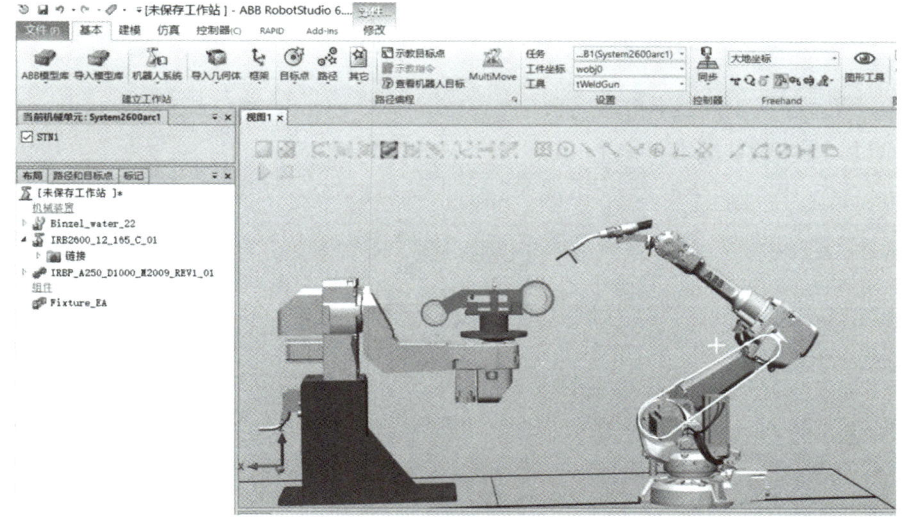

图 9-26　调整初始位置并示教目标点

(2)在工件上示教多个目标点,作为焊接路径的关键点。

9.4.9 调整变位机位置

(1)如图 9-27 所示,根据焊接需求,调整变位机的位置,使工件处于合适的焊接姿态。

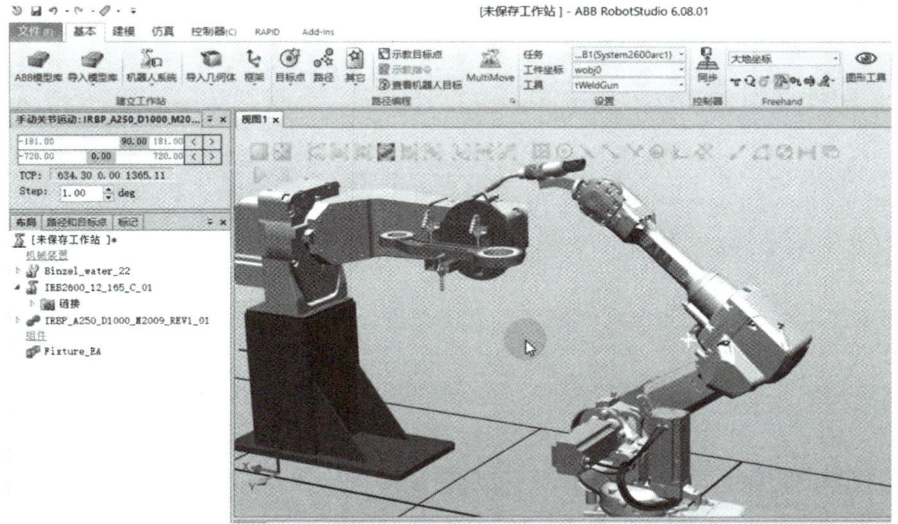

图 9-27　调整变位机位置

(2)记录变位机的位置信息,以便在编程时引用。

9.4.10 创建焊接路径

(1)在 RobotStudio 软件中使用“编辑目标”功能,根据示教的目标点创建焊接路径。

(2)如图 9-28 所示,确保路径平滑、连续,并避免与工件或其他元素发生碰撞。

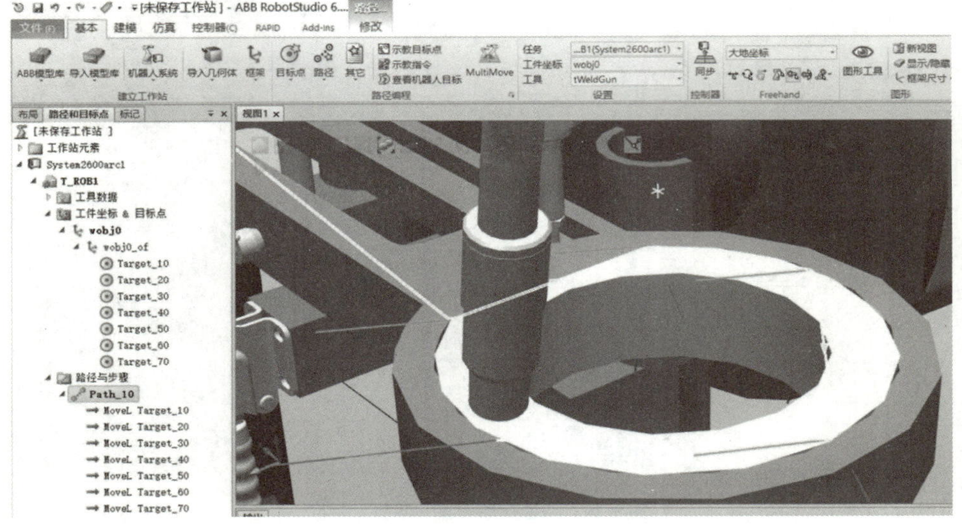

图 9-28 创建焊接路径

9.4.11 添加变位机逻辑

(1)如图 9-29 所示,在 RAPID 程序中添加变位机的控制逻辑,使其在焊接过程中按照预定轨迹运动。

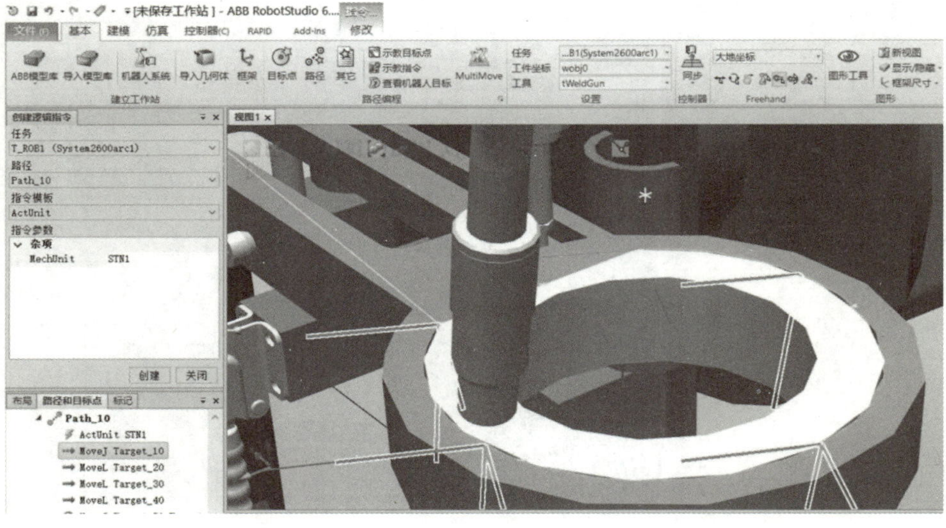

图 9-29 添加变位机逻辑

(2)设置变位机与机器人之间的同步机制,确保两者协同工作。

9.4.12　验证路径运动

（1）在 RobotStudio 软件中进行仿真运行，如图 9-30 所示，验证焊接路径和变位机运动的正确性。

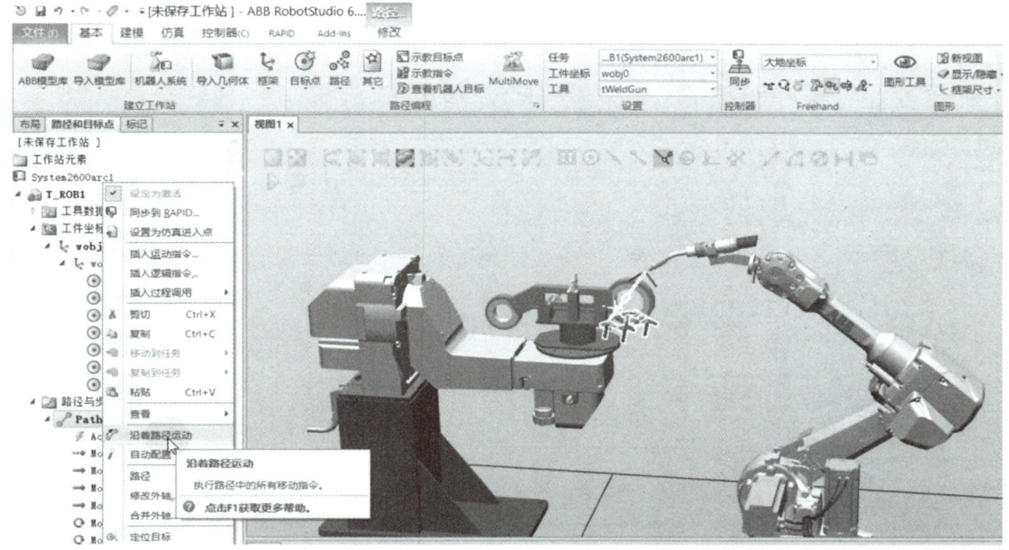

图 9-30　验证路径运动

（2）观察机器人和变位机的运动轨迹，确保它们符合预期要求。

9.4.13　将仿真同步至 RAPID 程序

（1）如图 9-31 所示，将 RobotStudio 软件中的仿真软件同步至 RAPID 程序中。

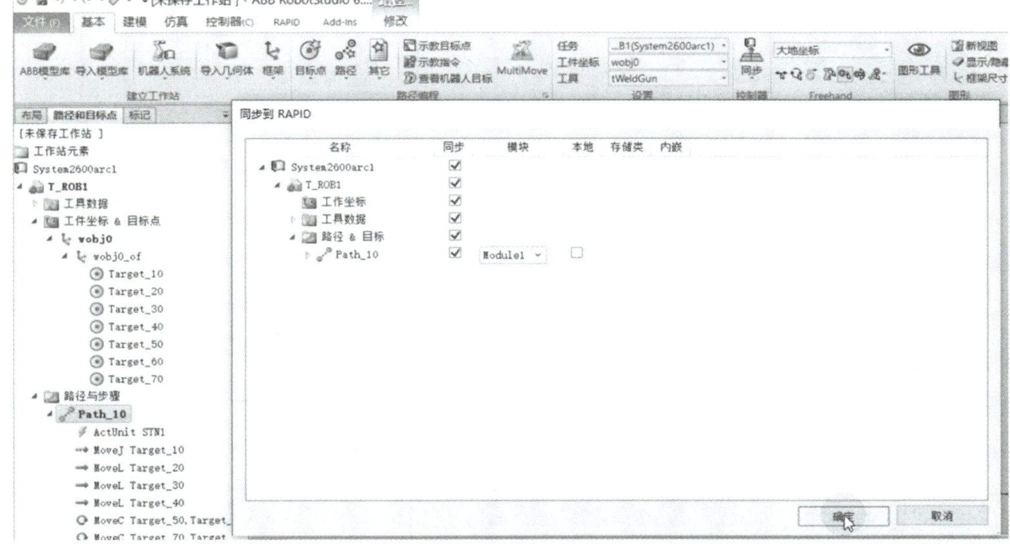

图 9-31　将仿真同步至 RAPID 程序

（2）在 RAPID 程序中检查并调整相关参数和逻辑，确保程序能够正确控制机器人和变位机。

9.4.14 调整仿真设置

（1）如图 9-32 所示，根据需要调整仿真设置，如仿真速度、碰撞检测等。

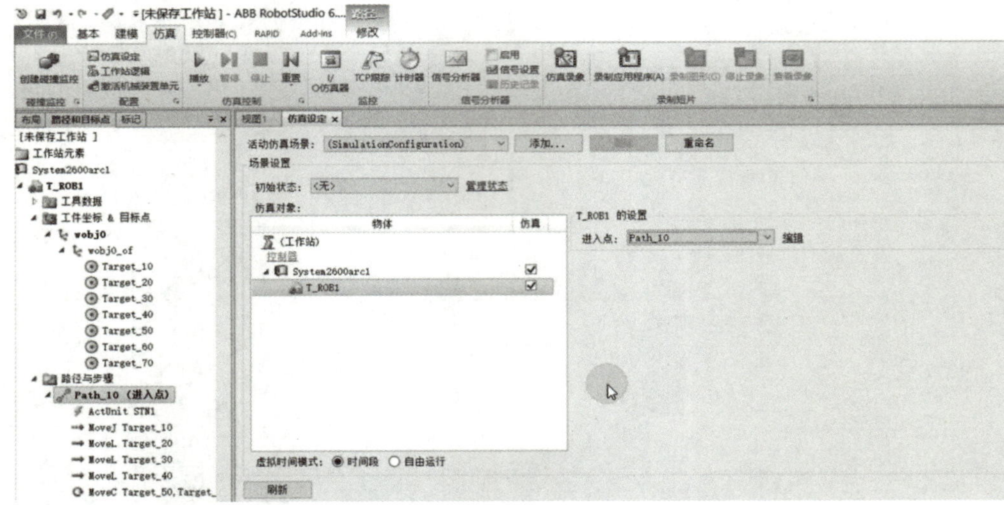

图 9-32　调整仿真设置

（2）确保仿真环境能够真实反映实际工作环境和条件。

9.4.15 实现带变位机焊接机器人仿真

（1）如图 9-33 所示，在 RobotStudio 软件中启动仿真运行，观察带变位机的焊接机器人的完整工作流程。

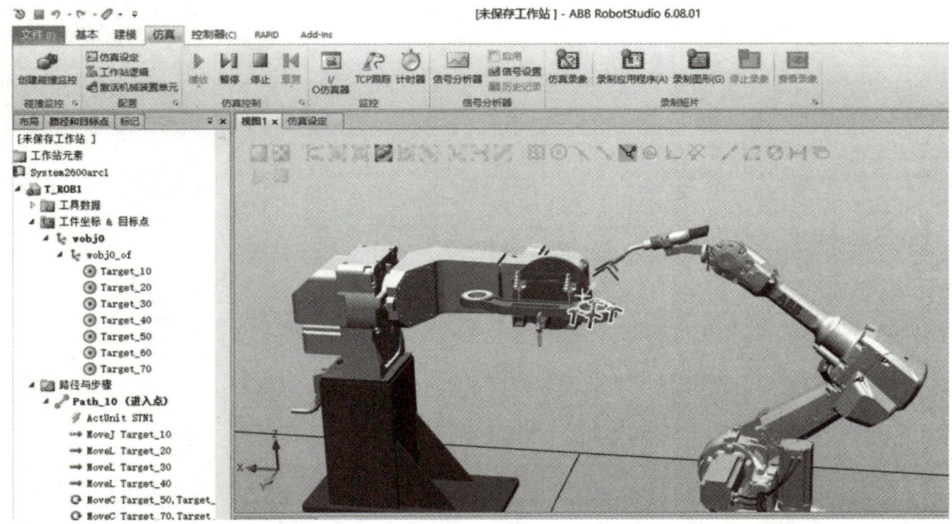

图 9-33　实现带变位机焊接机器人仿真

(2)记录仿真结果,并根据需要进行优化和改进。

通过精心规划和实践上述步骤,可以在 RobotStudio 软件中成功构建出一个带变位机的多姿态焊接机器人仿真系统。这一过程不仅要求对机器人技术和焊接工艺有深入的理解,还需要熟练掌握 RobotStudio 软件的操作技巧。

导入机器人和变位机模型是基础工作,这需要根据实际需求选择合适的模型,并准确地调整它们的位置和姿态,确保它们能够协同工作。接下来,配置变位机的参数是关键步骤,这直接影响焊接过程中的姿态变化和定位精度。需要根据具体的焊接要求,精细地调整变位机的运动范围、速度和精度等参数。在导入焊枪和工件模型后,需要根据焊接工艺的要求,合理规划焊接路径和参数设置。这一步骤需要对焊接技术有深入的了解,以确保焊接过程高效和安全。

编写 RAPID 程序是构建仿真系统的核心环节。在程序中,需要编写控制机器人和变位机协同运动的逻辑,并设置焊接参数。这个过程需要具备扎实的编程基础和对机器人技术的深入理解。通过不断地调试和优化,可以确保程序能够准确地控制机器人和变位机的运动,实现预期的焊接效果。

在 RobotStudio 软件中进行仿真测试是验证系统有效性的重要步骤。通过仿真测试,可以观察机器人和变位机的运动轨迹、焊接效果,以及可能存在的问题。根据测试结果,可以进一步调整程序和参数设置,优化焊接路径和姿态,提高焊接效率和质量。

通过成功创建带变位机的多姿态焊接机器人仿真系统,可以为后续的实际应用提供有力支持。这一系统不仅可以帮助用户更好地理解机器人技术和焊接工艺,还可以在实际生产前进行充分的测试和验证,确保生产过程的顺利进行和产品质量的稳定可靠。因此,熟练掌握 RobotStudio 软件的操作技巧,并深入理解和应用机器人技术和焊接工艺,对于构建高效、可靠的焊接机器人工作站具有重要意义。

练习与作业

作业一:

(1)提交一份详细的创建带导轨机器人工作站的步骤说明和截图。

(2)提交测试程序的 RAPID 代码,并解释程序逻辑。

作业二:

(1)提交一份详细的创建带变位机焊接机器人工作站的步骤说明和截图。

(2)提交焊接程序的 RAPID 代码,并解释程序逻辑和关键步骤。

(3)提交仿真测试的结果报告,包括焊接效果分析和改进建议。

参考文献

[1] 唐海峰.工业机器人仿真技术入门与实践[M].北京:电子工业出版社,2018.6.

[2] 叶晖.工业机器人工程应用虚拟仿真教程[M].北京:机械工业出版社,2021.8.

[3] 陈鑫,桂伟,梅磊.工业机器人工作站虚拟仿真教程[M].北京:机械工业出版社,2020.8.

[4] 张国华,赵亚东.RobotStudio 从入门到精通:工业机器人编程与仿真[M].北京:化学工业出版社,2022.3.

[5] 王伟,李明.基于 RobotStudio 的工业机器人编程与仿真技术[M].上海:上海交通大学出版社,2021.5.

[6] 刘志刚,黄强.工业机器人虚拟仿真技术及应用[M].北京:人民邮电出版社,2020.10.

[7] 杨勇,陈华.RobotStudio 工业机器人编程与仿真实践教程[M].北京:清华大学出版社,2022.1.

[8] 高峰,魏海波.工业机器人仿真与离线编程技术[M].北京:科学出版社,2021.12.

[9] 王晓军,张晓东.工业机器人虚拟仿真与离线编程技术[M].北京:中国铁道出版社,2020.9.

[10] 邹焱飚,胡晓兵.工业机器人仿真与编程[M].成都:西南交通大学出版社,2021.7.

[11] 张宇,王浩.RobotStudio 在工业机器人教学中的应用[J].《工业控制计算机》,2021,34(11):140-141+144.

[12] 李强,赵伟.基于 RobotStudio 的工业机器人离线编程与仿真研究[J].《制造业自动化》,2022,44(1):12-15+23.

[13] 陈明,刘洋.工业机器人仿真技术在高职教学中的应用研究[J].《教育现代化》,2021,8(12):125-127.

[14] 刘佳,张伟.RobotStudio 在工业机器人编程与仿真教学中的应用[J].《职业教育(中旬刊)》,2020,19(10):31-34.

附　录

术语表：

序号	术语	解释
1	RobotStudio	ABB公司推出的一款工业机器人编程与仿真软件，用于虚拟环境中设计、编程和模拟机器人应用。
2	虚拟控制器	在RobotStudio中模拟的机器人控制器，用于在不连接实际硬件的情况下进行编程和仿真测试。
3	工作单元	在RobotStudio中创建的一个包含机器人、工作站设备、夹具、工件等元素的虚拟环境。
4	路径规划	根据任务需求，为机器人规划出从起始点到目标点的运动路径，包括位置、速度和加速度等参数的设置。
5	碰撞检测	在仿真过程中，自动检测机器人、工件或其他设备之间是否会发生物理碰撞，以避免实际运行中的损坏。
6	动态仿真	实时模拟机器人在实际工作环境中的运动情况，包括与其他物体的交互、力的反馈等。
7	离线编程	在不连接实际机器人的情况下，使用软件预先编写机器人程序，并在仿真环境中进行测试和验证。
8	机器人模型库	RobotStudio中集成的各种品牌和型号的机器人三维模型库，用户可以直接调用进行仿真。
9	配件库	提供给用户在仿真环境中添加各种辅助设备（如夹具、传送带、传感器等）的模型库。
10	RAPID编程语言	ABB机器人使用的专有编程语言，用于编写机器人控制程序，包括运动指令、逻辑判断等。
11	脚本编程	在RobotStudio中，使用Python等脚本语言扩展软件功能，实现自动化任务或自定义工具。
12	仿真精度	仿真过程中模拟的机器人运动、物理交互等与实际情况的接近程度，影响仿真结果的可信度。
13	用户界面（UI）	RobotStudio软件中的图形用户界面，用户通过它进行工作单元的创建、编辑、仿真等操作。
14	机器人程序	编写给机器人执行的指令集合，包括运动指令、IO控制、逻辑判断等，用于实现特定的自动化任务。
15	布局优化	在设计工作单元时，对机器人、工作站设备等元素的位置、方向等进行调整，以达到最佳的工作效率和安全性。

基本操作快捷键汇总：

序号	快捷键	描述
1	Ctrl+N	新建项目或工作单元
2	Ctrl+O	打开现有项目或文件
3	Ctrl+S	保存当前项目或文件
4	Ctrl+Z	撤销上一步操作(重做使用 Ctrl+Y)
5	F1	打开帮助文档或在线帮助(根据软件配置可能有所不同)
6	Ctrl+C	复制选中的对象或文本
7	Ctrl+V	粘贴之前复制的对象或文本到当前位置
8	Delete	删除选中的对象或元素
9	Home	将视图重置到初始位置(根据具体软件版本和界面可能有所不同)
10	F5	开始/停止仿真(或刷新视图,取决于当前上下文)
11	方向键	移动选中的对象或视图(上下左右移动)
12	Shift+方向键	加速移动选中的对象或视图(或进行微调,取决于软件设置)
13	Ctrl+滚动鼠标滚轮	放大或缩小视图(根据具体软件界面可能有所不同)
14	Alt+鼠标左键拖动	旋转视图(在 3D 环境中查看不同角度)
15	Ctrl+Alt+鼠标左键拖动	平移视图(在 3D 环境中移动视角而不改变观察点)
16	F2	重命名选中的对象或元素(在可编辑状态下)
17	Space	在某些情况下,用于暂停/继续仿真(具体行为取决于软件版本和任务)
18	Esc	取消当前操作或退出当前模式(如编辑模式、选择模式等)
19	Tab	在不同的属性或设置面板之间切换(具体行为可能因软件版本而异)
20	Alt+F4	关闭当前窗口或退出软件(在所有 Windows 应用程序中通用)

注:上述快捷键可能因 RobotStudio 软件的不同版本或用户自定义设置而有所变化。此外,某些高级功能或特定任务可能具有额外的快捷键,这些快捷键通常可以在软件的帮助文档或设置菜单中找到。

常用工具与命令详解：

序号	工具/命令名称	描述	使用场景
1	路径规划工具	用于规划机器人从起始点到目标点的运动路径。	机器人编程、任务仿真、路径优化等。
	— 直线运动	机器人沿直线移动到指定位置。	简单的物料搬运、定位等任务。
	— 圆弧运动	机器人沿圆弧轨迹移动。	需要平滑过渡或避障的路径规划。
	— 多点运动(路径点)	通过设置多个路径点,让机器人按照预定轨迹运动。	复杂路径规划,如曲线运动、避障路径等。
2	碰撞检测工具	在仿真过程中检测机器人与周围物体是否会发生碰撞。	验证机器人路径规划的安全性,避免实际运行中的碰撞事故。
3	动态仿真工具	实时模拟机器人在工作环境中的动态行为,包括物理交互和力的反馈。	测试机器人在实际工作场景下的性能和行为,验证任务执行效果。
4	编程与指令工具	包括 RAPID 编程语言和其他脚本编程接口。	编写机器人控制程序,实现复杂的自动化任务。

续表

序号	工具/命令名称	描述	使用场景
	— 运动指令	如 MoveL，MoveJ 等，用于控制机器人的运动。	控制机器人的位置、速度、加速度等参数。
	— IO 控制指令	用于控制机器人的输入输出设备，如传感器、执行器等。	实现与外部设备的交互，如触发信号、读取状态等。
	— 逻辑判断与循环指令	如 IF... THEN... ELSE，WHILE 等，用于实现复杂的逻辑控制。	根据任务需求编写控制逻辑，提高程序的灵活性和鲁棒性。
5	布局设计工具	用于设计机器人工作站的布局，包括机器人、夹具、工件等设备的位置和方向。	在虚拟环境中规划和优化工作站的布局，提高生产效率和安全性。
6	仿真设置与参数调整工具	提供对仿真环境、机器人性能、物理属性等参数的调整选项。	根据实际需求调整仿真参数，以获得更准确的仿真结果。
7	模型库与配件库	提供各种机器人模型、夹具、工件等元素的库，方便用户快速搭建仿真环境。	在仿真项目中快速添加所需元素，减少建模时间，提高工作效率。
8	任务仿真与验证工具	允许用户模拟整个任务流程，验证机器人程序的正确性和任务执行效果。	在实际运行前，通过仿真验证程序的正确性和任务的可行性，减少调试时间。
9	用户界面(UI)自定义工具	允许用户根据自己的习惯和需求自定义软件的用户界面。	提高软件使用的便捷性和个性化，满足不同用户的操作习惯。
10	文档与报告生成工具	提供自动生成仿真报告、文档和截图的功能。	便于用户记录仿真过程、结果和发现的问题，方便后续分析和改进。

注：上述表格中的工具和命令可能因 RobotStudio 软件的不同版本或更新而有所变化。此外，RobotStudio 还提供了许多其他高级工具和命令，这些工具和命令通常可以在软件的帮助文档或在线资源中找到更详细的介绍和使用方法。

机器人模型库与配件库介绍：

序号	类别	描述	示例
1	机器人模型库	包含 ABB 公司生产的各种工业机器人模型，用户可以在仿真环境中选择并加载这些模型进行编程和仿真。	— IRB 120：小型六轴机器人，适用于精密装配任务。 — IRB 6640：大型重载机器人，适用于搬运和焊接等任务。
2	配件库	提供与机器人配套使用的各种配件模型，如夹具、传感器、工具等，用于构建完整的机器人工作站。	— 末端执行器：包括不同类型的夹爪、吸盘等，用于抓取和放置工件。 — 传感器：如视觉传感器、力传感器等，用于监测环境和工件状态。 — 夹具支架：用于安装和固定夹具，确保夹具与机器人的正确连接。
3	变位机与导轨	提供变位机和导轨等设备的模型，用于模拟机器人与这些设备的协同工作。	— 变位机：能够旋转或平移工件，以便机器人从不同角度进行加工或装配。 — 导轨：用于引导机器人沿预定路径移动，增加机器人的工作范围和灵活性。

续表

序号	类别	描述	示例
4	工作站环境元素	包括工作台、货架、传送带等环境元素，用于构建真实的工作站场景。	— 工作台：机器人进行加工或装配的主要平台。 — 货架：用于存放工件或成品。 — 传送带：实现工件在生产线上的自动传输。
5	自定义模型	用户可以根据需要创建自定义的机器人模型、配件或环境元素，并添加到库中以便重复使用。	— 用户可以根据实际机器人的尺寸、结构和功能参数，创建精确的机器人模型。 — 设计特定任务的夹具或工具，并添加到配件库中以便在多个项目中使用。
6	模型导入与导出	支持从外部 CAD 软件导入模型文件（如 IGES、STEP 等），也支持将模型导出为其他格式的文件，以便与其他软件或团队共享。	— 导入功能：用户可以将自己或其他 CAD 软件创建的模型导入到 RobotStudio 中，以丰富模型库的内容。 — 导出功能：用户可以将 RobotStudio 中的模型导出为 CAD 软件或其他仿真软件支持的格式，以便进行进一步的编辑或分析。

注：上述表格中的示例是基于 ABB 机器人和 RobotStudio 软件的一般情况提供的，实际可用的模型和配件可能因软件版本、许可证和用户需求而有所不同。

典型项目模板与程序注释：

一、物料搬运项目模板

项目概述

本物料搬运项目模板旨在展示使用工业机器人进行物料从 A 点搬运到 B 点的过程。项目将使用一种假设的工业机器人（如 KUKA、ABB、FANUC 等），并通过编写详细的机器人控制程序来实现物料的自动搬运。此外，还将包括项目的详细配置说明，以确保机器人能够准确地执行任务。

项目的详细代码及注释

以下是一个简化的物料搬运项目的机器人控制程序示例，使用假设的机器人编程语言（类似于 KRL、RAPID 等）：

```
pascal 复制代码
    MODULE MaterialHandlingModule
    ! 定义全局变量
    PERS robtarget startPos := [[100, 200, 300], [1,0,0,0], [0,0,1,0], [9E9,9E9,9E9,9E9,9E9,9E9]]; ! 起始位置
    PERS robtarget endPos := [[400, 500, 600], [1,0,0,0], [0,0,1,0], [9E9,9E9,9E9,9E9,9E9,9E9]]; ! 目标位置
```

```
PERS bool isGripperOpen := FALSE; ! 抓手状态,FALSE 表示关闭,TRUE 表示打开
! 初始化机器人和抓手
PROC initRobot()
! 这里可以添加初始化机器人运动学、I/O 接口等的代码
! ...
! 假设抓手是通过数字输出信号控制的
SetDO gripperOpenSignal, FALSE; ! 初始时关闭抓手
ENDPROC
! 物料搬运主任务
TASK mainMaterialHandlingTask()
! 调用初始化程序
initRobot();
! 等待开始信号(这里简化为直接开始)
! 在实际应用中,可能需要等待外部信号或满足特定条件
! 前往起始位置抓取物料
MoveL startPos, v1000, fine, tool0; ! 使用工具坐标系 tool0,以 1000mm/s 的速度精细移动到起始位置
! 打开抓手抓取物料
SetDO gripperOpenSignal, TRUE; ! 发送信号打开抓手
WaitTime 1.0; ! 等待抓手完全打开(假设需要 1 秒)
! 稍微下降一点以确保物料被牢固抓取
MoveJ offset(startPos, [0, 0, -50], [1,0,0,0]), v500, z50, tool0; ! 使用关节移动,下降 50mm
! 关闭抓手
SetDO gripperOpenSignal, FALSE; ! 发送信号关闭抓手
WaitTime 1.0; ! 等待抓手完全关闭(假设需要 1 秒)
! 将物料搬运到目标位置
MoveL endPos, v1000, fine, tool0; ! 移动到目标位置
! 释放物料(可选步骤,取决于是否需要在目标位置留下物料)
! 如果需要释放,可以重复打开抓手的步骤
! 返回到起始位置或安全位置(可选步骤)
! MoveL startPos, v500, z50, tool0;
! 任务完成,输出信息
TPWrite "Material handling task completed.";
ENDTASK
ENDMODULE
! 注意:
! 1. 上述代码中的变量(如 startPos, endPos)和信号(如 gripperOpenSignal)需要在实际项目中定义和配置。
! 2. 速度(v1000, v500)和精细度(fine, z50)参数也需要根据机器人的实际性能进行调整。
! 3. 抓手控制信号(gripperOpenSignal)的编号和逻辑需要根据实际硬件接口进行配置。
```

```
! 4. 代码中的注释提供了每个步骤的简要说明，但在实际项目中可能需要更详细的注释来解释复杂的逻辑或特殊的配置。
```

二、焊接项目模板

项目概述

本焊接项目模板旨在模拟使用 ABB 机器人进行焊接作业的过程。项目将利用 RobotStudio 软件进行仿真，通过编写详细的 RAPID 程序来控制机器人的焊接路径、速度、焊接参数等，并通过仿真验证程序的正确性和焊接效果。

项目的详细配置说明

1. 机器人配置

- 选择适合物料搬运任务的工业机器人型号，并确保其负载能力、工作范围和精度满足要求。
- 在机器人控制系统中配置机器人的基本参数，如运动学参数、I/O 接口配置等。

2. 抓手配置

- 根据搬运物料的形状、大小和重量选择合适的抓手类型（如气动抓手、电磁铁等）。
- 配置抓手与机器人末端执行器的连接，确保抓手能够准确地安装在机器人上并稳定工作。
- 配置抓手控制信号，将抓手的打开和关闭信号与机器人的 I/O 接口相连接。

3. 路径规划

- 在 RobotStudio 或类似的机器人仿真软件中，规划从起始位置到目标位置的详细路径。这包括确定机器人需要经过的关键点、路径的平滑度以及是否需要避开障碍物。

4. 程序编写与调试

- 根据路径规划结果，在机器人控制系统中编写相应的控制程序。程序应包含机器人的移动指令、抓手控制指令以及任何必要的等待或条件判断语句。
- 在仿真环境中对程序进行初步调试，检查机器人是否能够按照预定路径移动，抓手是否能够正确打开和关闭，以及是否存在碰撞或其他潜在问题。
- 根据仿真结果对程序进行调整和优化，确保机器人能够安全、准确地完成物料搬运任务。

5. 系统集成与测试

- 将机器人系统与实际生产线或工作区域进行集成，确保机器人能够与其他设备（如输送带、传感器等）正确通信和协作。
- 在实际环境中对机器人系统进行全面测试，包括空载测试、负载测试以及长时间连续运行测试。测试过程中应密切关注机器人的运行状态、性能指标以及可能出现的故障或问题。
- 根据测试结果对机器人系统进行必要的调整和优化，以提高其稳定性和可靠性。

6. 操作员培训与文档编写

- 对操作员进行机器人系统的操作和维护培训，确保他们能够正确、安全地操作机器人系统。

● 编写详细的技术文档和操作手册，包括机器人系统的配置说明、操作指南、故障排除方法等，以便操作员和维修人员参考。

7. 维护与保养

● 定期对机器人系统进行维护和保养，包括清洁机器人本体、检查电气连接、更换磨损部件等，以确保机器人系统的长期稳定运行。

● 建立故障记录和维修档案，对机器人系统出现的故障和维修情况进行详细记录和分析，以便后续改进和优化。

项目的详细代码及注释

以下是一个简化的 RAPID 程序示例，用于焊接项目：

```
pascal 复制代码
    MODULE WeldingModule
    ！定义全局变量
    PERS weldData weldSeq；！焊接数据
    PERS num weldCount：=0；！焊接次数计数器
    ！初始化焊接程序
    PROC initWelding()
    ！加载焊接数据
    weldSeq：=loadWeldData("weldSequence1")；
    ！设置焊接速度、电流、电压等参数(这里仅为示例，具体参数需根据实际焊接工艺设置)
    ！注意：在真实应用中，这些参数可能通过外部设备或 PLC 进行控制
    weldSeq.speed ：= 500.0；！焊接速度(单位：mm/s)
    weldSeq.current ：= 200.0；！焊接电流(单位：A)
    weldSeq.voltage ：= 24.0；！焊接电压(单位：V)
    ！其他初始化代码...
    ENDPROC
    ！主焊接任务
    TASK mainWeldingTask()
    ！调用初始化程序
    initWelding()；
    ！开始焊接循环(假设有多个焊接点)
    FOR i ：= 1 TO 10 DO
    ！选择当前焊接点(假设 weldSeq 中包含了多个焊接点的数据)
    ！这里仅作示例，实际中可能需要根据焊接序列或外部信号来选择
    weldSeq.selectWeldPoint(i)；
    ！执行焊接动作
    weld()；
```

```
！更新焊接次数计数器
weldCount := weldCount + 1;
！等待一定时间(模拟焊接冷却时间或等待下一个焊接点)
TPWrite "Completed weld " + STR(i) + ", waiting for next...";
WaitTime 2.0;
ENDFOR
！焊接完成,输出信息
TPWrite "All welds completed. Total welds: " + STR(weldCount);
ENDTASK
！焊接子程序(这里仅作为示例框架,具体实现需根据焊接工艺和机器人型号编写)
PROC weld()
！假设已经选择了焊接点,现在控制机器人移动到焊接起始位置
MoveL weldSeq.startPos, vWeldSpeed, z50, toolWeld;
！开始焊接过程(这里仅为示意,实际中可能涉及复杂的焊接逻辑和参数调整)
！注意:RAPID 本身可能不直接支持焊接控制,这通常通过机器人与外部焊接设备的接口实现
！这里可以用一个简化的循环或延时来模拟焊接过程
FOR j := 1 TO 100 DO
！模拟焊接过程中的某些动作或状态
！例如,可以发送信号给焊接机启动焊接,然后等待一定时间
！这里仅使用 WaitTime 作为占位符
WaitTime 0.1;
ENDFOR
！焊接结束,控制机器人移动到安全位置或下一个焊接点
MoveL weldSeq.endPos, vFast, fine, toolWeld;
ENDPROC
ENDMODULE
！注意:上述代码中的 weldSeq、vWeldSpeed、z50、toolWeld 等变量和常量需要在实际项目中定义和配置。
！此外,焊接参数(如速度、电流、电压)和焊接逻辑(如焊接点的选择和焊接过程的控制)
！需要根据具体的焊接工艺、机器人型号和外部焊接设备进行调整。
```

项目的详细配置说明

1. 机器人型号

选择适用于焊接任务的 ABB 机器人型号,如 IRB 2600 或 IRB 4600 等,确保机器人具有足够的负载能力和精度来满足焊接要求。

2. 工具设置

在 RobotStudio 中创建并配置焊接工具数据(toolWeld),包括焊接枪或焊头的重量、尺寸、中心点等信息。同时,需要确保焊接枪与机器人末端执行器的正确连接和校准。

3. 焊接数据

创建并加载焊接数据(weldData),其中包含焊接点的位置、焊接参数(如速度、电流、电压)、焊接路径等信息。这些信息可以通过 RobotStudio 的焊接规划工具进行定义和编辑。

4. I/O 配置

根据焊接工艺和机器人型号,配置必要的输入输出(I/O)接口。例如,可能需要控制焊接机的启动和停止、监测焊接电流和电压、接收外部传感器信号等。在 RAPID 程序中,使用 SetDO、SetAO(模拟输出)、WaitDI 等指令来控制这些接口。

5. 路径规划

利用 RobotStudio 的路径规划功能,为机器人规划出精确的焊接路径。这包括确定焊接起始点、焊接路径中的关键点、以及焊接结束点。在 RAPID 程序中,通过 MoveL(线性移动)、MoveJ(关节移动)等指令来控制机器人沿规划好的路径移动。

6. 焊接参数调整

根据焊接材料、厚度、类型等因素,调整焊接参数,如焊接速度、电流、电压、送丝速度等。这些参数可以通过 RAPID 程序中的变量进行设置,也可以在 RobotStudio 的焊接规划工具中进行预设置,并在程序中引用。

7. 安全考虑

在焊接项目中,安全是至关重要的。需要确保机器人工作区域的安全围栏设置得当,避免人员进入危险区域。同时,在 RAPID 程序中加入必要的安全检查,如碰撞检测、急停按钮监控等,以确保在发生异常情况时能够迅速停止机器人运动。

8. 仿真测试

在 RobotStudio 中进行详细的仿真测试,以验证焊接程序的正确性和焊接效果。观察机器人是否按照规划好的路径进行焊接,焊接参数是否设置正确,焊接质量是否满足要求。根据仿真结果对程序进行调整和优化。

9. 与外部设备集成

如果焊接项目需要与外部设备(如焊接机、传感器、PLC 等)进行集成,需要编写相应的接口程序,确保机器人能够正确地与外部设备进行通信和数据交换。在 RAPID 程序中,可以使用 ExtCall、NetRead、NetWrite 等指令来实现与外部设备的集成。

10. 文档记录

在项目开发过程中,及时记录相关的技术文档和测试报告。这些文档应包括项目概述、系统配置、程序说明、测试结果等内容,以便于项目的后期维护和升级。

三、焊接项目模板

典型喷涂项目模板与程序注释

项目概述

本项目基于 RobotStudio 软件,实现了一个喷涂作业的虚拟仿真。通过详细配置和编程,确保喷涂机器人能够按照预定路径对工件进行精确喷涂,并在仿真环境中实时显示喷涂效果。

项目模板与配置说明

1. 项目准备

● 确定项目需求：明确仿真项目的具体需求和目标，如机器人型号、工件形状、喷涂颜色等。

● 收集数据和资源：收集相关的CAD模型、工件信息、机器人型号及其规格等资料。

2. 建立工作环境

● 打开RobotStudio软件，选择“新建项目”，并设置项目名称和保存位置。

● 导入工作环境中的3D模型，如生产线、工作台、夹具和工件等。确保模型的尺寸和位置与实际环境一致。

● 从ABB模型库中选择合适的机器人型号，并添加到工作环境中。

3. 机器人配置

● 配置机器人的基础位置和姿态，使其能够覆盖工作区域。

● 为机器人添加末端执行器(工具)，如喷涂枪。

● 配置工具中心点(TCP)和工具坐标系，确保精确操作。

4. 喷涂组件配置

● 在“建模”菜单栏下，点击“Smart 组件”命令按钮，为工作站添加一个空的Smart组件。

● 在空Smart组件中分别添加“PaintApplicator”、“ColorTable”和“RapidVariable”子对象组件。

● PaintApplicator：设置喷涂参数，如喷涂颜色、雾化模型尺寸等。

● ColorTable：定义喷涂颜色列表，设置颜色数量和索引号。

● RapidVariable：用于设置或获取机器人虚拟控制器中的RAPID变量值。

5. 路径规划与编程

● 定义机器人的工作流程，包括各个操作步骤的顺序和逻辑。

● 在3D环境中设置路径点(Targets)，这些点代表机器人在执行任务时的关键位置。

● 使用直线运动、圆弧运动等方式连接路径点，形成完整的操作路径。

● 示例代码片段(RAPID语言)：

```
pascal 复制代码
    MODULE Module1
    ! 定义变量
    VAR num temp;
    PERS num ColorIndex := 0; ! 喷涂颜色索引号
    ! 喷涂程序
    PROC main()
    ! 初始化喷涂枪
    Set do1; ! 发送喷涂启动信号
```

```
! 喷涂路径点
MoveJ p1, v1000, z10, tool0; ! 移动到第一个喷涂点
WaitTime 0.5; ! 等待 0.5 秒
SetOutput ColorIndex, 1; ! 设置喷涂颜色索引号
WaitTime 1; ! 喷涂时间
MoveJ p2, v1000, z10, tool0; ! 移动到第二个喷涂点
WaitTime 0.5;
SetOutput ColorIndex, 2; ! 更换喷涂颜色
WaitTime 1;
! 停止喷涂
Reset do1;
ENDPROC
ENDMODULE
```

注释说明：

- ！开头的行为注释，用于解释代码的功能和目的。
- VAR 和 PERS 用于声明变量，其中 PERS 表示持久变量，在整个程序执行期间保持值不变。
- MoveJ 表示关节运动，p1、p2 为路径点，v1000 为速度，z10 为转弯区域，tool0 为工具坐标系。
- SetOutput 和 Reset 用于控制数字量输出信号，控制喷涂的启动和停止。

6. 仿真与优化

- 启动仿真功能，观察机器人在虚拟环境中的运行情况。
- 确认机器人能够按预期执行各项操作，并且路径顺畅，无碰撞。
- 根据仿真结果，调整路径点、运动参数和工作流程。
- 重复仿真和优化，直到达到满意的效果。

7. 报告与导出

- 使用 RobotStudio 的报告生成功能，生成包含仿真结果、路径图、程序代码等信息的详细报告。
- 将调试好的 RAPID 程序导出，并上传到实际机器人控制器中。

四、组装项目模板

项目概述

本项目旨在通过 RobotStudio 软件模拟一个典型的组装过程，包括从物料搬运到精确组装的完整流程。我们将使用 ABB 机器人进行模拟，并详细展示项目的配置、编程和注释。

项目配置说明

1. 导入资源

- 工作单元：在 RobotStudio 中创建一个新的工作单元，并为其命名。
- 机器人模型：从 ABB 模型库中选择合适的机器人型号（如 IRB 1200），并添加到工作单元中。
- 工作站布局：设计工作站布局，包括工作台、夹具、传送带、物料架等。
- 工具与对象：导入或创建组装所需的所有工具和工件模型（如螺丝、螺丝刀、部件 A、部件 B 等）。

2. 配置机器人系统

- 工具定义：为机器人定义工具（如螺丝刀），并设置其工具中心点（TCP）。
- 坐标系设置：设置基坐标系、工件坐标系和用户坐标系，确保机器人能够准确识别和操作工件。
- I/O 配置：配置机器人的输入输出信号，用于控制外部设备（如传送带启动/停止）和接收传感器信号。

3. 路径规划

- 路径点设置：在 3D 环境中设置机器人的路径点，包括取料点、组装点和放置点。
- 路径优化：使用 RobotStudio 的路径优化工具，确保机器人运动路径平滑且高效。

项目程序代码及注释

以下是一个简化的 RAPID 程序代码示例，用于描述组装过程中的一个基本任务：取螺丝、拧紧螺丝并放置部件。

```
pascal 复制代码
    MODULE AssemblyModule
    ！定义变量
    VAR num screwCount ：= 0；
    VAR robtarget pickScrewPos，screwPos，placePartPos；
    ！初始化路径点
    PROC InitPositions()
    ！这里假设路径点已经在 RobotStudio 中通过图形界面设置，并加载到变量中
    ！实际项目中，这些路径点需要通过 LoadPersData 或类似函数加载
    ！以下为示例代码，实际路径点需根据具体情况设置
    pickScrewPos ：= p10；！假设 p10 是取螺丝的位置
    screwPos ：= p20；！假设 p20 是螺丝拧紧的位置
    placePartPos ：= p30；！假设 p30 是放置部件的位置
    ENDPROC
    ！主程序
    PROC main()
```

```
! 初始化路径点
InitPositions();
! 无限循环,实际使用中应根据需求控制循环次数或条件
WHILE TRUE DO
! 移动到取螺丝位置
MoveJ pickScrewPos, v1000, fine, tool0\WObj:=wobj0;
! 模拟取螺丝动作(实际中可能需要控制外部设备)
! ...
! 移动到螺丝拧紧位置
MoveJ screwPos, v500, z50, tool0\WObj:=wobj0;
! 拧紧螺丝(假设使用螺丝刀工具)
! 这里可能需要调用特定的拧紧程序或函数
! ...
! 螺丝拧紧后,增加计数
screwCount := screwCount + 1;
! 如果需要,可以添加条件判断来停止循环
IF screwCount >= 10 THEN
! 达到指定数量后停止
BREAK;
ENDIF
! 放置部件(假设部件已经与螺丝连接好)
MoveJ placePartPos, v500, z50, tool0\WObj:=wobj0;
! 模拟放置部件动作(实际中可能需要控制外部设备)
! ...
! 等待或进行其他操作
WaitTime 2;
ENDWHILE
ENDPROC
ENDMODULE
```

注释说明:

- ! 开头的行为注释,用于解释代码的功能和目的。
- VAR 用于声明变量,如 screwCount 用于计数拧紧的螺丝数量。
- PROC 用于定义程序块(如 InitPositions 用于初始化路径点,main 为主程序入口)。
- MoveJ 表示关节运动,其中包含了目标位置、速度、精度和使用的工具坐标系等信息。
- WObj:=wobj0 指定了工作对象(工件坐标系),用于精确定位。
- BREAK 用于退出循环。
- IF ... THEN ... ENDIF 构成了条件判断结构。

注意事项

● 实际项目中，路径点、工具定义、坐标系设置等都需要根据实际项目需求进行精确配置。

● 在 RobotStudio 中，路径点（如 p10，p20，p30）通常是通过在 3D 环境中手动设置或通过程序自动计算得到的，并且需要通过特定的函数（如 LoadPersData）或直接在程序中硬编码来加载到 RAPID 程序中。

● 拧紧螺丝的动作可能需要调用特定的拧紧程序或函数，这些程序或函数可能涉及到力控、位置控制或速度控制等复杂算法，具体实现取决于所使用的机器人型号和控制系统。

● 外部设备的控制（如传送带、夹具等）通常通过机器人的 I/O 接口实现，需要在 RAPID 程序中编写相应的 I/O 控制代码。

● 安全和错误处理也是编写机器人程序时需要考虑的重要因素。例如，程序中应该包含对机器人运动范围、碰撞检测、紧急停止等安全功能的监控和响应。

● 在实际部署之前，建议在 RobotStudio 中进行充分的模拟和测试，以确保程序的正确性和可靠性。

五、分选项目模板

项目概述

本项目旨在通过 RobotStudio 软件模拟一个典型的分选过程，其中机器人需要根据工件的特定属性（如颜色、形状、尺寸等）将其从混合物料中分离出来，并放置到指定的容器中。我们将使用 ABB 机器人进行模拟，并详细展示项目的配置、编程和注释。

项目配置说明

1. 导入资源

● 工作单元：在 RobotStudio 中创建一个新的工作单元，并为其命名。

● 机器人模型：从 ABB 模型库中选择合适的机器人型号（如 IRB 1200），并添加到工作单元中。

● 工作站布局：设计工作站布局，包括物料架、分选台、不同类别的收集容器等。

● 工具与对象：导入或创建分选所需的所有工具和工件模型（如不同颜色、形状或尺寸的工件）。

2. 配置机器人系统

● 工具定义：为机器人定义合适的末端执行器（如吸盘、夹爪等），并设置其工具中心点（TCP）。

● 坐标系设置：设置基坐标系、工件坐标系和用户坐标系，确保机器人能够准确识别和操作工件。

● I/O 配置：配置机器人的输入输出信号，用于控制外部设备（如物料输送带、传感器等）和接收传感器信号。

3. 视觉系统（可选）

● 如果分选基于视觉识别，需要配置视觉系统，包括相机、光源和图像处理软件。

- 在 RobotStudio 中集成视觉系统，确保机器人能够接收视觉系统发送的工件信息。

4. 路径规划

- 根据分选逻辑，在 3D 环境中设置机器人的路径点，包括取料点、检测点和放置点。
- 使用 RobotStudio 的路径优化工具，确保机器人运动路径平滑且高效。

项目程序代码及注释

以下是一个简化的 RAPID 程序代码示例，用于描述分选过程中的一个基本任务：识别工件类型，并根据类型将其放置到相应的容器中。

```
pascal 复制代码
MODULE SortingModule
! 定义变量
VAR num partCount := 0;
VAR robtarget pickPos, inspectPos, placePos1, placePos2; ! 假设有两个放置位置
VAR bool isTypeA := FALSE; ! 假设工件有两种类型 A 和 B
! 初始化路径点(实际项目中需从外部加载)
PROC InitPositions()
! ...(省略加载路径点的代码)
! 假设路径点已正确设置并加载到变量中
ENDPROC
! 主程序
PROC main()
! 初始化路径点
InitPositions();
! 循环分选过程
WHILE TRUE DO
! 移动到取料位置
MoveJ pickPos, v1000, fine, tool0\WObj:=wobj0;
! 模拟取料动作(实际中可能需要控制夹爪或吸盘)
! ...
! 移动到检测位置(如果使用视觉系统，则可能在此处接收检测结果)
MoveJ inspectPos, v500, z50, tool0\WObj:=wobj0;
! 假设通过某种方式(如视觉系统)确定了工件类型
! 这里简化为随机设置类型
IF RANDOM() < 0.5 THEN
isTypeA := TRUE;
ELSE
isTypeA := FALSE;
ENDIF
```

```
! 根据工件类型移动到相应的放置位置
IF isTypeA THEN
MoveJ placePos1, v500, z50, tool0\WObj:=wobj0;
! 模拟放置动作(针对类型 A 的工件)
! ...
ELSE
MoveJ placePos2, v500, z50, tool0\WObj:=wobj0;
! 模拟放置动作(针对类型 B 的工件)
! ...
ENDIF
! 增加工件计数
partCount := partCount + 1;
! 如果需要,可以添加条件判断来停止循环
IF partCount >= 100 THEN
! 达到指定数量后停止
BREAK;
ENDIF
! 等待或进行其他操作
WaitTime 2;
ENDWHILE
ENDPROC
ENDMODULE
```

注释说明:

- 程序使用了 VAR 来声明变量,包括计数器和路径点等。
- PROC 用于定义程序块,如 InitPositions 用于初始化路径点,main 为主程序入口。
- MoveJ 用于移动机器人到指定的关节目标位置,这里使用了速度 v1000、v500 和细路径精度 fine,以及指定了工具坐标系 tool0 和工作对象坐标系 wobj0。
- RANDOM()函数用于模拟随机决定工件类型的过程,实际项目中可能会根据视觉系统或其他传感器返回的数据来确定。
- IF ... THEN ... ELSE ... ENDIF 结构用于条件判断,根据工件类型(isTypeA)决定机器人应该移动到哪个放置位置。
- WaitTime 用于在循环中插入延时,以模拟实际生产中的等待时间或其他操作所需的时间。
- partCount 用于计数已分选的工件数量,可以根据需要设置条件来停止循环,如当达到预设数量时。

项目扩展与注意事项

- 视觉系统集成:如果项目需要视觉系统来识别工件类型,那么需要在 RobotStudio 中配置视觉仿真器,并编写代码来接收和处理视觉系统发送的数据。

● 外部设备控制：如果工作站中包含了如输送带、传感器等外部设备，需要在 RAPID 程序中编写相应的 I/O 控制代码，以确保机器人与外部设备的协调运作。

● 错误处理与安全机制：在实际应用中，必须添加错误处理和安全机制，如碰撞检测、紧急停止按钮等，以确保在出现异常情况时能够迅速响应并保护设备和人员安全。

● 优化与调试：在编写完程序代码后，需要进行充分的仿真测试和现场调试，以优化机器人的运动路径和工作效率，并确保程序的稳定性和可靠性。

● 文档与培训：为项目编写详细的文档，包括项目概述、配置说明、程序代码及注释、调试记录等，以便后续维护和培训。

六、检测项目模板

项目概述

本项目旨在通过 RobotStudio 模拟一个典型的检测过程，其中机器人将执行一系列动作来检测工件的质量或特性，并根据检测结果执行相应的操作(如分类、标记或拒绝)。我们将使用 ABB 机器人进行模拟，并详细展示项目的配置、编程和注释。

项目配置说明

1. 导入资源

● 工作单元：在 RobotStudio 中创建一个新的工作单元，并为其命名。

● 机器人模型：从 ABB 模型库中选择合适的机器人型号(如 IRB 1200)，并添加到工作单元中。

● 工作站布局：设计工作站布局，包括上料区、检测区、分类区等。

● 工具与对象：导入或创建待检测的工件模型，以及机器人可能使用的任何工具(如传感器、相机等)。

2. 配置机器人系统

● 工具定义：为机器人定义合适的末端执行器(如相机支架、传感器安装板等)，并设置其工具中心点(TCP)。

● 坐标系设置：设置基坐标系、工件坐标系和用户坐标系，确保机器人能够准确识别和操作工件。

● I/O 配置：配置机器人的输入输出信号，用于与外部设备(如传感器、分类机构等)进行通信。

3. 视觉系统或传感器配置(可选)

● 如果检测基于视觉识别或传感器数据，需要配置相应的视觉系统或传感器，并集成到 RobotStudio 中。

● 配置视觉系统或传感器的参数，以确保能够准确获取工件的质量或特性信息。

4. 路径规划

● 在 3D 环境中设置机器人的路径点，包括取料点、检测点和可能的分类点。

● 使用 RobotStudio 的路径优化工具，确保机器人运动路径平滑且高效。

项目程序代码及注释

```
pascal 复制代码
    MODULE InspectionModule
    ! 定义变量
    VAR num partCount := 0;
    VAR robtarget pickPos, inspectPos, rejectPos, acceptPos;
    VAR bool isGood := FALSE; ! 假设用于标记工件是否合格
    ! 初始化路径点(实际项目中需从外部加载)
    PROC InitPositions()
    ! ...(省略加载路径点的代码)
    ! 假设路径点已正确设置并加载到变量中
    ENDPROC
    ! 检测工件并分类
    PROC InspectAndSort()
    ! 移动到取料位置
    MoveJ pickPos, v1000, fine, tool0\WObj:=wobj0;
    ! 假设此处有取料动作,但在此示例中省略
    ! 移动到检测位置
    MoveJ inspectPos, v500, z50, tool0\WObj:=wobj0;
    ! 模拟检测过程(实际中可能是读取传感器或视觉系统数据)
    ! 假设检测结果存储在 isGood 变量中
    ! ...(省略检测逻辑,实际中需根据具体设备编写)
    ! 假设检测结果已经通过某种方式确定
    ! 这里简化为随机设置合格状态
    IF RANDOM() > 0.5 THEN
    isGood := TRUE;
    ELSE
    isGood := FALSE;
    ENDIF
    ! 根据检测结果进行分类
    IF isGood THEN
    ! 移动到接受位置
    MoveJ acceptPos, v500, z50, tool0\WObj:=wobj0;
    ! 模拟放置合格工件的动作(省略)
    ELSE
    ! 移动到拒绝位置
    MoveJ rejectPos, v500, z50, tool0\WObj:=wobj0;
```

```
! 模拟处理不合格工件的动作(省略)
ENDIF
! 增加工件计数
partCount := partCount + 1;
ENDPROC
! 主程序
PROC main()
! 初始化路径点
InitPositions();
! 循环检测过程
WHILE TRUE DO
InspectAndSort();
! 等待或进行其他操作
WaitTime 2;
! 如果需要,可以添加条件判断来停止循环
IF partCount >= 100 THEN
BREAK;
ENDIF
ENDWHILE
ENDPROC
ENDMODULE
```

注释说明

- 程序使用了 VAR 来声明变量,包括计数器和路径点等。
- PROC 用于定义程序块,如 InitPositions 用于初始化路径点,InspectAndSort 用于检测工件并分类,main 为主程序入口。

七、切割项目模板

项目概述

本项目旨在通过 RobotStudio 模拟一个典型的切割过程,其中机器人将使用切割工具(如激光切割头、水刀等)对工件进行精确切割。我们将详细介绍项目的配置、编程以及程序注释,以确保读者能够清晰地理解整个项目的实现过程。

项目配置说明

1. 导入资源

- 工作单元:在 RobotStudio 中创建一个新的工作单元,并为其命名,如"Cutting-Project"。
- 机器人模型:从 ABB 模型库中选择合适的机器人型号(如 IRB 6640),并添加到工作

单元中。

● 工作站布局：设计工作站布局，包括上料区、切割区、下料区以及切割工具的安装位置。

● 工具与对象：导入或创建待切割的工件模型，并配置切割工具（如激光切割头）及其安装支架。

2. 配置机器人系统

● 工具定义：为机器人定义切割工具，并设置其工具中心点（TCP）。这通常涉及到在 RobotStudio 中创建或修改工具数据。

● 坐标系设置：设置基坐标系、工件坐标系和用户坐标系。工件坐标系尤为重要，因为它定义了工件在机器人工作空间中的位置和方向。

● I/O 配置：配置机器人的输入输出信号，特别是与切割工具、传感器和外围设备（如安全光栅）相关的信号。

3. 切割工具与传感器配置

● 如果切割基于激光或其他需要精确控制的工具，确保在 RobotStudio 中正确配置这些工具的参数。

● 配置任何用于监测切割过程或工件定位的传感器，并设置相应的 I/O 信号。

4. 路径规划

● 在 RobotStudio 的 3D 环境中规划机器人的切割路径。这通常涉及到在工件上定义一系列的点或曲线，作为机器人的运动目标。

● 使用 RobotStudio 的路径规划工具（如 LinearMove、MoveC 等）来创建平滑且精确的切割路径。

项目程序代码及注释

```
pascal 复制代码
MODULE CuttingModule
！定义变量
VAR num partCount ：= 0；！工件计数
VAR robtarget startPos，cutPath1，cutPath2，...，endPos；！切割路径点
VAR bool isCutting ：= FALSE；！切割状态标志
！初始化路径点（实际项目中需从外部加载或计算）
PROC InitPositions()
！...（省略加载或计算路径点的代码）
！假设路径点已正确设置并加载到变量中
ENDPROC
！执行切割任务
PROC PerformCutting()
！假设已经移动到起始位置
！激活切割工具（如激光发射器）
！这里使用假设的 IO 信号来模拟
```

```
SetDO cutOnSignal, TRUE;
! 开始切割过程
isCutting := TRUE;
! 沿切割路径移动
FOR i := 1 TO NumOfCutPaths DO
MoveL cutPath[i], v500, z50, tool0\WObj:=wobjWorkpiece;
ENDFOR
! 停止切割工具
SetDO cutOnSignal, FALSE;
! 切割完成
isCutting := FALSE;
! 增加工件计数
partCount := partCount + 1;
ENDPROC
! 主程序
PROC main()
! 初始化路径点
InitPositions();
! 循环执行切割任务(假设有持续的上料过程)
WHILE TRUE DO
! 等待上料完成信号(这里简化为等待时间)
WaitTime 2;
! 执行切割
PerformCutting();
! 等待下料或其他操作完成(同样简化为等待时间)
WaitTime 2;
! 如果需要,可以添加条件判断来停止循环(如达到生产目标)
IF partCount >= 100 THEN
BREAK;
ENDIF
ENDWHILE
! 清理工作(如关闭切割工具、重置机器人状态等)
! ...(省略清理代码)
ENDPROC
ENDMODULE
! 注意:上述代码中的 cutPath[i]是一个假设的数组表示方式,
! RobotStudio 原生不支持数组作为路径点,实际中应使用单独的变量或动态加载路径点。
! 此外,SetDO 是假设的用于设置数字输出的函数,实际中应使用 RobotStudio 支持的 I/O 控制方法。
```

八、抛光项目模板

项目概述

本项目旨在通过 RobotStudio 模拟一个抛光过程，其中机器人将使用抛光工具对工件表面进行精细处理，以达到光滑或特定光泽度的要求。以下将提供抛光项目的详细配置说明、程序代码及注释。

项目配置说明

1. 导入资源

- 工作单元：在 RobotStudio 中创建一个新的工作单元，命名为“PolishingProject”。
- 机器人模型：从 ABB 或其他机器人制造商的模型库中选择合适的机器人型号，如 IRB 6700，并添加到工作单元中。
- 工作站布局：设计工作站布局，包括上料区、抛光区、下料区以及抛光工具的安装位置。
- 工具与对象：导入或创建待抛光的工件模型，并配置抛光工具（如电动抛光机）及其安装支架。

2. 配置机器人系统

- 工具定义：为机器人定义抛光工具，并设置其工具中心点（TCP）。在 RobotStudio 中创建或修改工具数据，以反映抛光工具的几何特性。
- 坐标系设置：设置基坐标系、工件坐标系和用户坐标系。工件坐标系特别重要，因为它定义了工件在机器人工作空间中的位置和方向。
- I/O 配置：配置机器人的输入输出信号，特别是与抛光工具、传感器和外围设备（如安全光栅）相关的信号。

3. 抛光工具与传感器配置

- 配置抛光工具的参数，如转速、压力等，以确保抛光效果符合要求。
- 配置用于监测抛光过程或工件定位的传感器，并设置相应的 I/O 信号。

4. 路径规划

- 在 RobotStudio 的 3D 环境中规划机器人的抛光路径。这通常涉及到在工件上定义一系列的点或曲线，作为机器人的运动目标。
- 使用 RobotStudio 的路径规划工具（如 MoveL、MoveC 等）来创建平滑且高效的抛光路径。

项目程序代码及注释

```
pascal 复制代码
    MODULE PolishingModule
    ！定义变量
    VAR num partCount ：= 0；！已抛光工件的计数
```

```
VAR robtarget startPos, endPos; ! 抛光起始和结束位置
VAR robtarget[] polishingPaths; ! 抛光路径点数组
VAR bool isPolishing := FALSE; ! 抛光状态标志
! 加载抛光路径点的过程
PROC LoadPolishingPaths()
! 假设此处从文件或数据库中加载抛光路径点
! ...(省略具体加载逻辑)
! 假设路径点已成功加载到 polishingPaths 数组中
ENDPROC
! 初始化抛光程序
PROC InitPolishingProgram()
! 设定抛光起始和结束位置
startPos := ...; ! 根据实际工作站布局设置
endPos := ...; ! 抛光完成后的机器人位置
! 加载抛光路径
LoadPolishingPaths();
ENDPROC
! 执行单次抛光任务的程序
PROC PerformSinglePolishing()
! 激活抛光工具(这里使用假设的 DO 信号)
SetDigitalOutput(polishOnSignalID, TRUE);
isPolishing := TRUE;
! 移动到抛光起始位置
MoveL startPos, v500, fine, tool0\WObj:=wobjWorkpiece;
! 遍历抛光路径点并执行抛光
FOR i := LOW(polishingPaths) TO HIGH(polishingPaths) DO
MoveL polishingPaths[i], v200, z10, tool0\WObj:=wobjWorkpiece, \ToolData:=tPolishingTool;
! 可以在此处添加速度控制、压力调整等以满足不同的抛光需求
ENDFOR
! 停止抛光工具
SetDigitalOutput(polishOnSignalID, FALSE);
isPolishing := FALSE;
! 移动到结束位置
MoveL endPos, v500, fine, tool0\WObj:=wobjHome;
! 增加抛光计数
partCount := partCount + 1;
ENDPROC
! 主程序
```

```
PROC main()
! 初始化抛光程序和路径
InitPolishingProgram();
! 循环执行抛光任务,直到达到某个条件(如达到生产目标或接收到停止信号)
WHILE NOT StopRequested() AND partCount < 100 DO
! 等待新的工件就位(这里简化为等待时间,实际中可能需要传感器信号)
WaitTime 2;
! 执行单次抛光
PerformSinglePolishing();
! 处理抛光完成后的工件
    ! Move the robot to the unloading area (simplified)
        MoveL unloadingStartPos, v500, fine, tool0\WObj:=wobjUnloadArea;
        ! 这里可以添加具体的下料逻辑,如使用抓手抓取工件并放置到下料区

        !(可选)进行质量检测(这里简化为打印信息)
        ! Perform quality inspection (simplified as printing a message)
        TPWrite "Polishing completed for part #" + Str(partCount);
        TPWrite "Continuing with next part..." ;

      ENDWHILE

      ! 抛光任务完成后的清理工作
      ! Clean-up tasks after polishing is completed
      ! 例如,关闭抛光工具电源,将机器人移回安全位置等
      MoveL homePos, v500, fine, tool0\WObj:=wobjHome;
      SetDigitalOutput(polishOnSignalID, FALSE);

      ! 停止程序
      TPWrite "Polishing program completed. Total parts polished: " + Str(partCount);
      Stop;
    ENDPROC

    ENDMODULE
```

九、注塑项目模板

项目概述

本项目旨在通过 RobotStudio 模拟一个注塑机自动化生产线上的机器人操作过程。机器人将负责从注塑机取出成品,并可能进行后续的处理或放置到指定的位置。以下将提供注塑项目的详细配置说明、程序代码及注释。

项目配置说明

1. 导入资源

● 工作单元：在 RobotStudio 中创建一个新的工作单元，命名为“InjectionMolding-Project”。

● 机器人模型：从 ABB 或其他机器人制造商的模型库中选择合适的机器人型号，如 IRB 1200，并添加到工作单元中。

v 工作站布局：设计工作站布局，包括注塑机、机器人基座、成品收集区以及可能的原料处理区。

● 工具与对象：导入注塑机模型、注塑模具以及待取出的成品模型。配置机器人末端执行器（如吸盘或机械爪）以抓取成品。

2. 配置机器人系统

● 工具定义：为机器人定义末端执行器，并设置其工具中心点（TCP）。在 RobotStudio 中创建或修改工具数据，以反映末端执行器的几何特性。

● 坐标系设置：设置基坐标系、注塑机坐标系、成品坐标系和用户坐标系。成品坐标系特别重要，因为它定义了成品在机器人工作空间中的位置和方向。

● I/O 配置：配置机器人的输入输出信号，特别是与注塑机、传感器和外围设备（如安全光栅）相关的信号。

3. 传感器与信号配置

● 配置传感器以检测注塑机的开模状态、成品是否在位等。

● 设置相应的 I/O 信号，以便机器人能够根据注塑机的状态执行相应的操作。

4. 路径规划

● 在 RobotStudio 的 3D 环境中规划机器人的运动路径。这包括从等待位置移动到注塑机前，抓取成品，然后移动到成品收集区等步骤。

● 使用 RobotStudio 的路径规划工具（如 MoveL、MoveJ 等）来创建平滑且高效的路径。

项目程序代码及注释

```
pascal 复制代码
    MODULE InjectionMoldingModule
    ！定义变量
    VAR num partCount ：= 0；！已取出的成品计数
    VAR robtarget waitPos，pickupPos，dropPos；！等待、抓取和放置位置
    VAR bool isMoldOpen ：= FALSE；！注塑模具是否打开
    ！初始化注塑项目
    PROC InitInjectionProject()
```

```
! 设定机器人等待、抓取和放置位置
waitPos := ...; ! 根据实际工作站布局设置
pickupPos := ...;
dropPos := ...;
! 初始化 I/O 信号(假设)
! ...(省略具体初始化逻辑,依赖于实际硬件配置)
ENDPROC
! 检查注塑模具是否打开
FUNC bool CheckMoldIsOpen()
! 这里应使用实际的 I/O 信号来检查模具状态
! 假设有一个函数或信号可以返回模具状态
RETURN GetDigitalInput(moldOpenSignalID);
ENDFUNC
! 执行单次取件任务
PROC PerformPickAndPlace()
! 等待注塑模具打开
WHILE NOT CheckMoldIsOpen() DO
TPWrite "Waiting for mold to open...";
WaitTime 0.5;
ENDWHILE
! 移动到抓取位置
MoveL pickupPos, v500, fine, tool0\WObj:=wobjMoldingMachine;
! 假设使用吸盘抓取成品(具体动作依赖于末端执行器类型)
! Activate suction cup (simplified)
SetDigitalOutput(suctionOnSignalID, TRUE);
WaitTime 0.5; ! 等待吸盘牢固吸附
! 提起成品并移动到放置位置
MoveL dropPos, v500, fine, tool0\WObj:=wobjDropArea;
! 释放成品(关闭吸盘)
SetDigitalOutput(suctionOffSignalID, TRUE);
WaitTime 0.5; ! 等待吸盘完全释放
! 回到等待位置
MoveL waitPos, v500, fine, tool0\WObj:=wobjHome;
! 增加成品计数
partCount := partCount + 1;
ENDPROC
```

```
! 主程序
    PROC main()
        ! 初始化项目
        InitInjectionProject();

        ! 设定生产目标(例如,生产 100 个成品)
        CONST num TARGET_PARTS := 100;

        ! 循环执行取件任务,直到达到生产目标或接收到停止信号
        WHILE (partCount < TARGET_PARTS) AND NOT StopRequested() DO
            TRY
                ! 尝试执行单次取件任务
                PerformPickAndPlace();

                ! (可选)在每次循环后增加延时,以模拟实际生产中的其他耗时操作
                WaitTime 1;  ! 假设每次循环后需要 1 秒的额外处理时间

            CATCH
                ! 错误处理:如果在执行取件任务时发生错误(虽然这里未具体实现错误触发机制)
                TPWrite "Error occurred during pick and place operation. Retrying...";
                ! 可以选择在这里重试、记录错误或采取其他恢复措施
                ! 但为了简化,这里仅记录错误并继续循环
            ENDTRY
        ENDWHILE;

        ! 生产完成后的清理工作
        TPWrite "Production completed. Total parts produced: " + Str(partCount);

        ! 将机器人移回安全或初始位置
        MoveL homePos, v500, fine, tool0\WObj:=wobjHome;

        ! 停止所有输出信号(如关闭吸盘等)
        SetDigitalOutput(suctionOffSignalID, TRUE);
        ! (其他需要关闭的输出信号...)

        ! 停止程序
        Stop;
    ENDPROC

    ENDMODULE
```

编写高级编程技巧与进阶应用：

编号	高级编程技巧与进阶应用	描述	示例代码/说明
1	使用 Python 脚本扩展 RobotStudio 功能	利用 Python 的强大库和灵活性，在 RobotStudio 中执行复杂的计算和数据处理任务，或自动化重复性工作。	示例代码(假设通过 Python 脚本控制机器人移动)：pythonfrom robotstudio. api import Applicationapp = Application. instancerobot = app. robots[0] # 假设只有一个机器人 robot. move_to(target_position, speed=500) # 假设有相应的 move_to 方法说明：通过 Python 脚本，可以实现更复杂的逻辑判断和数据处理，增强 RobotStudio 的自动化能力。
2	自定义用户界面(UI)	使用 RobotStudio 的 ScreenMaker 或其他 UI 开发工具，创建符合特定需求的用户界面，提高机器人操作的友好性和直观性。	步骤说明：1. 在 RobotStudio 中打开 ScreenMaker。 2. 设计界面布局，包括按钮、文本框、进度条等控件。 3. 编写控件的事件处理程序，定义用户操作时的行为。 4. 将自定义 UI 与机器人程序集成，实现用户输入与机器人动作的同步。
3	集成外部库和框架	将 RobotStudio 与 MATLAB、Simulink、TensorFlow 等外部库和框架集成，利用它们的高级功能进行机器人控制、路径规划、机器学习等。	集成 MATLAB 示例：在 RobotStudio 中配置 MATLAB 引擎接口，通过 MATLAB 脚本进行复杂的数值计算和数据分析，然后将结果传递给机器人程序。
4	多机器人协同作业	在 RobotStudio 中模拟和编程多个机器人的协同作业，实现复杂的自动化生产流程。	编程思路： 1. 定义每个机器人的任务和路径。 2. 使用同步信号或共享变量协调机器人之间的动作。 3. 编写冲突检测和解决机制，确保机器人不会相互干扰。
5	使用高级编程语言(如 C#)进行开发	利用 C# 的面向对象特性和强大功能，开发复杂的机器人应用程序，实现更高级的自动化逻辑。	示例：使用 C# 编写一个机器人路径规划算法，通过 RobotStudio 的 API 与机器人控制器交互，实时调整机器人运动轨迹。
6	实时数据监控与分析	在 RobotStudio 中集成实时数据监控系统，收集并分析机器人运行过程中的各种数据，用于性能评估和优化。	实现方式： 1. 在 RobotStudio 中配置数据采集模块。 2. 使用数据库或实时数据平台存储和分析数据。 3. 创建可视化界面，实时展示机器人运行状态和数据统计信息。

续表

编号	高级编程技巧与进阶应用	描述	示例代码/说明
7	机器人仿真与离线编程优化	利用 RobotStudio 的仿真功能，对机器人程序进行离线测试和验证，优化程序逻辑和参数设置，提高生产效率和安全性。	仿真流程： 1. 在 RobotStudio 中创建机器人模型和工作环境。 2. 编写并调试机器人程序。 3. 使用仿真功能模拟机器人运动，检查程序正确性和潜在问题。 4. 根据仿真结果优化程序，并重复测试直到满足要求。

注：上述表格中的示例代码和步骤说明是基于假设和一般情况的描述，具体实现可能会因 RobotStudio 的版本、硬件配置和具体需求而有所不同。在实际应用中，需要根据具体情况进行调整和优化。

项目实验课程模板：

实验课程目的：

本实验课程旨在通过一系列精心设计的 RobotStudio 实验项目，使学生深入理解工业机器人的工作原理、编程方法、路径规划及仿真验证等关键技术。通过实践操作，增强学生的动手能力、问题解决能力和创新思维，为后续的实际应用打下坚实基础。

实验前准备：

1. 确保已安装最新版本的 ABB RobotStudio 软件。
2. 熟悉 RobotStudio 的基本界面、菜单栏、工具栏及常用快捷键。
3. 预习相关教材章节，理解实验项目所涉及的理论知识。

实验项目一：基础工作站搭建与机器人示教

实验目标：

- 掌握 RobotStudio 中工作站的基本搭建流程。
- 学习使用示教器对机器人进行手动操作与编程。

实验步骤：

1. 创建新项目：在 RobotStudio 中新建工作站项目，设置项目名称和保存位置。
2. 导入模型：导入机器人模型、工作台、工件等 3D 模型至工作站。
3. 配置机器人系统：设置机器人控制器类型、配置 I/O 信号等。
4. 机器人示教：使用示教器(或仿真示教器)控制机器人移动到指定位置，记录路径点。
5. 编写简单程序：将示教点转换为程序，并运行程序验证机器人动作。

预期结果：

- 机器人能够按照预定路径准确移动至各个目标点。
- 仿真过程中无碰撞发生，机器人运动平滑。

思考题：

- 如何调整机器人路径点以优化运动效率？
- 简述 I/O 信号在机器人控制中的作用。

实验项目二：机器人路径规划与避障

实验目标：

- 学习使用 RobotStudio 中的路径规划工具进行复杂路径设计。
- 掌握设置障碍物并自动调整机器人路径以避开障碍的方法。

实验步骤：

1. 添加障碍物：在工作站中放置障碍物模型，并设置其属性。
2. 路径规划：利用 RobotStudio 的路径规划工具设计一条穿越工作区且避开障碍物的路径。
3. 自动避障：启用避障功能，观察机器人自动调整路径避开障碍物。
4. 仿真验证：运行程序，检查机器人是否成功避开所有障碍物并完成任务。

预期结果：

- 机器人能够智能规划路径，有效避开所有障碍物。
- 路径调整过程中无碰撞发生，机器人运动连续。

思考题：

- 避障算法的选择对机器人运动效率有何影响？
- 如何通过调整避障参数来优化路径规划结果？

实验项目三：机器人与外部设备联动

实验目标：

- 掌握机器人与外部设备（如输送带、传感器等）的通信与联动控制。
- 设计并实现一个简单的自动化生产线流程。

实验步骤：

1. 配置外部设备：在 RobotStudio 中添加并配置输送带、传感器等外部设备模型。
2. 编写联动程序：编写机器人程序，使其能够根据传感器信号或输送带状态执行相应动作。
3. 设置 I/O 信号：定义并配置机器人与外部设备之间的 I/O 信号连接。
4. 仿真测试：运行程序，验证机器人与外部设备的联动效果。

预期结果：

- 机器人能够准确响应外部设备信号，执行预定动作。
- 整个自动化生产线流程顺畅，无卡顿或错误发生。

思考题：

- 如何提高机器人与外部设备通信的可靠性和稳定性？
- 简述自动化生产线中故障排查与修复的基本步骤。

注：以上实验项目仅为示例，实际教学中可根据教材内容和学生水平进行适当调整与扩展。每个实验项目结束后，教师应组织学生进行讨论，分享实验心得，解答疑问，以促进学生之间的知识交流与共同进步。

RobotStudio 2024 版本更新说明

一、新增功能

序号	新增功能描述	详细说明/作用
1	新型号机器人模型支持	增加了对 ABB 最新机器人型号的支持，使用户能够直接在 RobotStudio 中仿真这些新型机器人，提高了仿真的准确性和实用性。
2	高级路径规划算法	引入了更高级的路径规划算法，能够自动优化机器人运动路径，减少时间和能耗，提高生产效率。
3	实时数据监控与分析功能	添加了实时数据监控面板，用户可以实时监控机器人的运动参数、传感器数据等，并进行数据分析，为优化生产流程提供数据支持。
4	AI 辅助编程与故障预测	初步集成了 AI 助手功能，提供编程建议、故障预测等智能辅助，帮助用户更高效地编写程序并预防潜在问题。
5	云端协作与数据共享功能（假设性）	（注：此功能可能未直接在 RobotStudio 2024 中提及，但为趋势性新增功能）支持用户将项目数据上传至云端，实现多用户之间的协作和数据共享，提高团队工作效率。

二、改进点

序号	改进点描述	详细说明/作用
1	用户界面优化	对用户界面进行了全面优化，采用更现代的 UI 设计，提高了操作便捷性和视觉体验，使用户能够更快速地完成操作。
2	性能提升	对软件核心算法进行了优化，显著提升了仿真速度和响应能力，减少了用户等待时间，提高了工作效率。
3	兼容性增强	增强了与最新操作系统、硬件设备的兼容性，支持更多种类的机器人控制器和外围设备，降低了用户的升级成本。
4	文档与教程更新	完善了用户手册和在线教程，提供了更丰富的案例和实战指导，帮助用户更好地掌握软件使用技巧。
5	稳定性与错误修复	修复了旧版本中存在的多个已知错误和稳定性问题，提高了软件的稳定性和可靠性。

三、与旧版本的兼容性

序号	兼容性描述	详细说明/操作建议
1	项目迁移工具	提供了项目迁移工具，帮助用户将旧版本项目无缝迁移到 RobotStudio 2024 版本，减少用户升级时的数据迁移工作量。
2	插件兼容性	大多数官方插件已更新以支持 RobotStudio 2024 版本，但部分第三方插件可能需要更新或重新配置才能在新版本中使用。建议用户在升级前检查并更新相关插件。
3	升级建议与注意事项	强烈建议用户在升级前备份所有重要数据和项目，以防不测。同时，仔细阅读升级指南和更新日志，了解新版本中的变化和可能的影响。

注意：由于 RobotStudio 的具体更新内容可能随时间而变化，且可能涉及商业秘密或未公开的信息，因此以上信息是基于当前可获取的资料进行整理的。实际使用时，请以 RobotStudio 官方网站或官方发布的更新说明为准。